¿Qué hacen por nosotros los semiconductores?

1ª edición, 2025

© Ignacio Mártil de la Plaza

© Guillermo Escolar Editor S.L.
Calle Princesa 31, planta 2, puerta 2
28008 Madrid
info@guillermoescolareditor.com
www.guillermoescolareditor.com

Diseño de cubierta: Javier Suárez
Maquetación: Equipo de Guillermo Escolar Editor

ISBN: 979-13-87789-21-3
Depósito legal: M-18362-2025

Impreso en España / Printed in Spain

Ignacio Mártil de la Plaza

¿Qué hacen por nosotros los semiconductores?

El petróleo del siglo XXI

Guillermo Escolar
EDITOR
Análisis y crítica

Nadie debería investigar sobre semiconductores. Son una porquería. ¿Quién sabe si realmente existen?

Comentario de Wolfang Pauli –Premio Nobel de Física de 1945– dirigido en 1931 a Rudolph Peierls, colaborador del Proyecto Manhattan.

Prólogo

Los lectores aficionados al cine que hayan visto *La vida de Brian,* la genial película de Monty Python, habrán reconocido algo familiar en el título de este libro. La película contiene múltiples escenas desternillantes, pero hay una en especial que es, sencillamente, sublime. En una reunión clandestina, varios conspiradores judíos discuten acerca de lo que habían hecho por sus vidas los romanos, y, poco a poco, llegan a la conclusión de que todo lo que tenían en esos momentos se lo debían a ellos, a los romanos. La figura P.1 recuerda aquella mítica escena.

Figura P.1. ¿Qué han hecho los romanos por nosotros? Plano de *La vida de Brian*[1].

En cierto sentido, cambie el lector la palabra «romano» por «semiconductor» y tendrá la idea que inspira este libro. De hecho, podría plantearse la pregunta de otra forma: ¿hay algo en nuestra vida cotidiana que no se lo debamos a los semiconductores? Anticipo la respuesta (destripe o spoiler, como se dice hoy en día): NO.

Desde que empecé mi tesis doctoral (en el otoño de 1979) hasta el tiempo en que este libro ve la luz han pasado la friolera de 46 años, ¡casi medio siglo! Toda mi vida académica, y alguna parte de mi vida de ocio, la

---

[1] https://www.youtube.com/watch?v=WYU5SAQwc4I

he dedicado al estudio de los semiconductores, esos asombrosos materiales que, aunque no lo sepamos, están instalados en nuestra vida diaria hasta extremos difíciles de entender para el público no especializado y para una parte del especializado, también.

Mi recorrido científico dentro del campo de los semiconductores es bastante variado. Empezando por mi tesis doctoral, en la que estudié el CdS, de utilidad en dispositivos fotovoltaicos de lámina delgada, posteriormente los semiconductores policristalinos Cu_xS, $CuInSe_2$ y $CuGaInSe_2$, también de aplicación en dispositivos fotovoltaicos. Hoy en día, esos materiales son el núcleo de un tipo de célula solar que ha alcanzado un notable éxito comercial, lo cual ni en el mejor de mis sueños podía imaginar que llegara a suceder.

A principios de la década de 1990, me dediqué a los aislantes SiN_x:H, SiO_x:H, SiO_xN_y:H, de interés en dispositivos clave en la industria microelectrónica, y su aplicación en transistores de efecto campo basados en InP e InGaAs, dos de los semiconductores compuestos más interesantes por sus utilidades en el campo de la alta frecuencia. A partir de los primeros años de este siglo, me involucré en estudiar las posibilidades del silicio (Si) como detector de infrarrojo, así como en nuevos conceptos en células solares basadas de nuevo en Si. Como se aprecia, todo mi afán científico lo he dedicado a entender las propiedades de estos materiales.

En paralelo, y de la misma importancia en mi desarrollo personal y profesional —sí, también en el personal—, desde que fui profesor titular primero (1986) y catedrático de Electrónica después (2007), mi actividad docente ha estado siempre vinculada a transmitir a mis estudiantes las propiedades y algunas de las aplicaciones de estos asombrosos materiales.

Simultaneando estas actividades, desde hace más de una década intento explicar a los ciudadanos interesados en estos asuntos los entresijos de la ciencia y de la historia que hay detrás de ellos. Así, en 2018 publiqué mi primer libro sobre la historia de la microelectrónica, en 2020 sobre el campo de la energía solar fotovoltaica, y en 2023 hice una excursión por la historia del radar y sobre el papel que los semiconductores jugaron en su desarrollo, uno de los grandes desconocidos de la historia de la ciencia del siglo XX. Los tres tienen a los semiconductores como protagonistas, aunque el tercero en menor medida que los otros dos.

A la vista de mi trayectoria, parece obvio que creo firmemente que los científicos debemos ser capaces de comunicarnos con los ciudadanos ajenos a nuestro oficio, y describir el contexto y la historia de nuestros temas especializados debe constituir sin duda una parte vital de esa comunicación. Confieso mi gran afición a desentrañar la historia de aquellos asuntos científicos que he tenido el privilegio de conocer en profundidad, y uno de los propósitos de este libro, entre otros que mostraré en su desarrollo, es dar a conocer a sus lectores unas pequeñas pinceladas históricas de los diversos asuntos que abordo en él.

El objetivo no ha sido nada fácil de cubrir, porque trasladar a un lenguaje universal el muy especializado de la ciencia y la tecnología de los semiconductores no es nada sencillo. Siempre tengo miedo de trivializar conceptos e ideas que son intrínsecamente complejos, porque, digámoslo claramente, **divulgar no es trivializar**. Ese dicho de tanto éxito entre algunos comunicadores científicos que dice aquello de que divulgar es algo parecido a «contar la teoría de la relatividad como se la contarías a tu abuela» no lo comparto en absoluto, salvo que tu abuela sea física.

Ahora que mi jubilación está a la vuelta de la esquina, va siendo hora de rendirles homenaje en forma de libro a los semiconductores, de forma que cualquiera que se anime a leerlo pueda entender hasta qué punto son importantes en nuestro mundo. Leída hoy, la afirmación de Wolfgang Pauli que abre este libro –«¿quién sabe si realmente existen los semiconductores?», se preguntaba el científico austríaco hace poco más de un siglo–, parece una broma, un anacronismo o una mezcla de ambos, a la vista del papel hegemónico que tienen en la actualidad. Pero no siempre ha sido así y una parte del contenido de este libro está destinada a entender las dificultades a las que se enfrentaron quienes «abrieron brecha» en su momento para lograr alcanzar desarrollos viables comercialmente y útiles socialmente. Creo firmemente que la física y la tecnología de los semiconductores representan un logro de la humanidad, a la altura de los acueductos romanos –de nuevo los romanos– o la música de Haendel. Sé que esto a algunos les parecerá una especie de sacrilegio profano, pero estoy firmemente convencido de la veracidad de lo que digo.

1. ¿INTERESA LA CIENCIA?

Otro destripe-spoiler: SÍ. Entendiendo la ciencia podremos entender por qué nuestra vida cotidiana es tan diferente de lo que fue la de nuestros padres y abuelos. Parece obvio que la ciencia ha cambiado nuestras vidas de un modo inimaginable hace solo unos años. Vean, vean la figura P.2.

Figura P.2. Unos jóvenes en 2022... y en 1910. Seguro que no hace falta explicar cuál es cual[2].

Hay muchas razones por las que los científicos debemos divulgar, ya que cuando pienso en el futuro que aguarda a nuestros hijos, me surgen diversos interrogantes: ¿qué mundo van a heredar?, ¿seguirán viviendo en un país que nunca ha hecho una apuesta decidida por la ciencia y por la innovación? Siempre que pienso en esta cuestión me viene a la cabeza aquello del «cambio del modelo productivo», que tanto se invocó al comienzo de la Gran Recesión en 2008. Casi dos décadas después, tras la pandemia, la guerra de Ucrania, la guerra en Gaza o el desastre de la DANA en Valencia, no sé en qué ha cambiado ese modelo, si es que lo ha hecho.

Tal vez dando a conocer a amplias capas de la población lo que la ciencia puede hacer por mejorar nuestra vida sería posible iniciar ese anhelado

---

[2] Tic's (Tecnologías de la Información y la Comunicación), (https://bit.ly/3ZeEBI7); S. R. Schneider, «What Men REALLY Wore in the 1910s» (https://bit.ly/3OgIohW).

cambio. La divulgación es una tarea permanente, casi diaria y no algo que haya que hacer únicamente en ocasiones especiales; debe formar parte íntegra de las obligaciones cotidianas de cualquier profesor universitario que se precie de serlo y que sea consciente de que no vive en un mundo aparte, de que tiene el privilegio de acceder a conocimientos que casi nadie posee y tiene conciencia de que, no siendo el centro del mundo, puede contribuir a que el mundo esté un poco más centrado.

Soy un privilegiado que he podido desempeñar mi actividad profesional en un campo tan creativo y enriquecedor como este y es de justicia que trate de devolver a la sociedad lo poco o mucho que puedo aportar. Se da una curiosa paradoja en nuestro país: de una parte, los científicos somos una de las profesiones mejor valoradas por la ciudadanía, pero de otra, la cultura científica de la sociedad brilla por su ausencia. Carl Sagan, el gran astrofísico y mejor divulgador lo decía así:

Vivimos en una sociedad totalmente dependiente de la ciencia y la tecnología, en la cual prácticamente nadie sabe nada acerca de la ciencia o la tecnología[3].

La única manera de lograr que se valore la ciencia es lograr que la sociedad sepa lo que hacemos los científicos. Se dice, y con razón, que sin ciencia no hay futuro, pero sin divulgación de la ciencia tampoco hay futuro para la ciencia.

Desgraciadamente, la comunicación científica en España es manifiestamente mejorable y una parte de la culpa de que esto sea así la tenemos los científicos. Buscar a ciegas en Google, en general, no suele ser la mejor opción, pero es un recurso frecuente entre la ciudadanía cuando trata de averiguar detalles sobre alguna noticia científica, porque habitualmente o los científicos estamos desaparecidos, o el interés de los medios de comunicación por lo que hacemos es residual. Tuvimos ocasión de verlo en 2020 con motivo de la pandemia del coronavirus y pudimos comprobar entonces, una vez más, el terreno abonado a toda clase de bulos que se dan en una sociedad poco informada de lo que la ciencia hace, de lo que puede hacer y, también, de sus limitaciones. Si la sociedad estuviera bien informada sobre la repercusión que tienen nuestros trabajos, tendría otra percepción de la ciencia y de su utilidad.

---

[3] Carl Sagan, *The Demon-Haunted World: Science as a Candle in the Dark*, Ballantine Books, New York, 1997.

2. Contenidos de este libro

Antes de pasar a describir los contenidos del libro, déjeme que le haga una confesión, que imagino que usted, amable lector, da por supuesta: hago esto porque disfruto haciéndolo, creo que es obvio que no hay sufrimiento alguno en la tarea de explicar qué es un semiconductor o cómo funciona una bombilla LED. También quiero destacar que el tono y el estilo del libro que tiene entre sus manos está pensado para lo que denomino mi «público diana», integrado por todos aquellos ciudadanos que, no teniendo formación especializada, sienten interés por la ciencia y sus objetivos: ese es el lector al que me dirijo en mis actividades de divulgación. Sin olvidar, cómo no, a mis estudiantes, a los que este libro creo que les resultará de gran utilidad y les servirá para ampliar su visión acerca de los semiconductores, desde una perspectiva diferente a la más académica con que abordamos su estudio en el aula.

El libro está escrito en un lenguaje todo lo asequible que soy capaz de escribir. Algunos puntos de algunos capítulos están marcados con asteriscos, lo que indica que ese punto en concreto no es de lectura sencilla, pero el lector los podrá omitir sin perder continuidad en el resto del libro, si así lo desea.

Como aspecto esencial del libro y con objeto de facilitar en la medida de lo posible la comprensión de los asuntos que trato, el texto está ilustrado con 181 figuras. Tras dos capítulos introductorios, el libro se estructura en dos grandes bloques: el primero dedicado por entero al silicio, integrado por siete capítulos, y el segundo dedicado al resto de semiconductores, estructurado en otros cinco, más un Apéndice. La razón de esto es bastante obvia; por una parte, el silicio es el semiconductor hegemónico, ya que desde la electrónica de los teléfonos móviles a la de la Inteligencia Artificial, todos los grandes hitos de la electrónica moderna se articulan en torno al silicio. Por otra y como tendremos ocasión de ver, el silicio tiene limitaciones que le hacen inviable para cierto tipo de aplicaciones de gran relevancia: emisión de radiación, electrónica de alta frecuencia, electrónica de potencia, etc. Ese es precisamente el lugar para los otros semiconductores que veremos en la segunda parte del libro, cuya estructura detallada es la siguiente:

- El capítulo 1 está dedicado a presentar al lector la infinidad de actividades, tanto profesionales como de ocio y de vida cotidiana, en las que los semiconductores juegan un papel clave. Por resumir el contenido en una frase célebre: tenemos semiconductores hasta en la sopa.

14

- El capítulo 2 describe lo que muchos autores ya denominan «el petróleo del siglo XXI». Muestro algunas de las infinitas peculiaridades de estos materiales.

Primer bloque
- El capítulo 3 recorre brevemente la historia del uso del silicio como semiconductor, que le ha conferido la categoría de rey absoluto de este mundo.
- El capítulo 4 mete de lleno al lector dentro de un circuito integrado, para ver de qué está compuesto este prodigio de la ciencia y la tecnología. En la terminología anglosajona, al circuito integrado se le denomina también «chip», denominación que usaré en este libro.
- El capítulo 5 es uno de los más técnicos del libro, ya que en él describo las tecnologías que permiten fabricar los semiconductores, los dispositivos y los chips.
- El capítulo 6 está conectado directamente con el anterior y muestra las peculiaridades del proceso más crítico de fabricación de un chip: la fotolitografía. Dada su importancia, que va más allá de la propia técnica y alcanza niveles de geoestrategia, he considerado adecuado dedicarle un capítulo específico.
- El capítulo 7 presenta con gran detalle una de las cuestiones de más relevancia en la tecnología actual de los chips de silicio: el nodo tecnológico. Para no adelantar contenidos, el lector encontrará allí una amplia discusión del asunto.
- El capítulo 8 analiza los dispositivos que nos permiten hacer fotos o grabar vídeos con las cámaras de nuestros teléfonos móviles, que es uno de los aspectos al que los compradores de un nuevo terminal prestan mayor atención. Describo aquí los denominados CCD –Charge Coupled Device, dispositivos acoplados por carga–.
- El capítulo 9 se dedica a analizar cuestiones relevantes de la aplicación del silicio en dispositivos fotovoltaicos. Esta es una temática que ya he analizado extensamente en otro libro[4], por lo que aquí solo analizo los últimos avances en este campo. Un libro sobre semiconductores y sobre silicio no puede olvidar un campo de tanta importancia y proyección de futuro como es la energía solar fotovoltaica, razón por la que está presente.

---

[4] I. Mártil, *Energía solar. De la utopía a la esperanza*, recogido en la Bibliografía.

Segundo bloque

- El capítulo 10 presenta, de forma organizada, cuáles son los otros semiconductores que no son silicio: los semiconductores compuestos.

- El capítulo 11 entra en los dispositivos capaces de emitir radiación: los diodos emisores de luz –LED, Light-Emitting Diode– y los Láser, gracias a los cuales disfrutamos de iluminación eficiente, comunicaciones rápidas y un sinfín de otras utilidades.

- El capítulo 12 muestra algunas de las aplicaciones menos «civilizadas» de los semiconductores: los detectores de radiación, esenciales en los sistemas de guía de misiles. También muestra la utilidad de esos detectores en aplicaciones más pacíficas y trascendentales para comprender el universo: el uso de los semiconductores en los grandes telescopios, como es el caso del James Web Space Telescope.

- El capítulo 13 muestra cuáles son los semiconductores diferentes del silicio con los que podemos obtener energía, otra de las grandes cuestiones candentes de nuestro tiempo.

- El capítulo 14 describe los principales semiconductores y aplicaciones de uso en dos terrenos a los que las propiedades del silicio le impiden dar respuesta: velocidad y potencia, es decir, semiconductores especiales para su uso en alta frecuencia y alta potencia. Aquí, el lector encontrará los semiconductores que se integran en una aplicación cada día de mayor actualidad e interés: el vehículo eléctrico.

- En el último capítulo, el 15, describe la asombrosa industria de los semiconductores, una de las de mayor importancia estratégica en la actualidad.

- Para finalizar los contenidos científicos y descriptivos, hay un Apéndice que recoge los aspectos más técnicos y las propiedades esenciales de los semiconductores.

- He escrito todos los capítulos –salvo el 5 y el 6, que forman un todo único– de manera que un lector interesado en alguno de los contenidos pueda leer ese capítulo específico sin haber leído previamente los que le preceden. En todo caso, el lector se formará una idea más completa de la importancia de los semiconductores leyendo el libro en su integridad.

- El último apartado es una sección bibliográfica donde he recogido las principales referencias que he utilizado para la escritura de este libro. La bibliografía sobre semiconductores es abrumadora e inabarcable, se necesitarían varias vidas para poder analizarla. Como solo tengo una y el lector solo tiene otra, he seleccionado cuidadosamente qué referencias incluir en este apartado y las he organizado de la siguiente manera: aquellas referencias que son muy específicas y concretas (una patente, un dato particular, un pie de figura, etc.), aparecen como notas al pie dentro del cuerpo general del texto. Las referencias de carácter más generalista que abarcan buena parte de los contenidos de uno o varios capítulos están agrupadas por capítulos o grupos de capítulos de temática común.

Para que el lector pueda hacerse una idea de la cantidad de documentos que se publican en el mundo sobre este asunto, excluyendo páginas web, la figura P.3 muestra el número de publicaciones por año que recoge el portal científico Scopus. Muestro la evolución desde la invención del circuito integrado (1960) hasta diciembre de 2024, último año del que disponemos de datos completos. Estamos por encima de los ¡2.5 millones de documentos! dedicados a los semiconductores. ¿Entiende usted lo de poseer varias vidas?

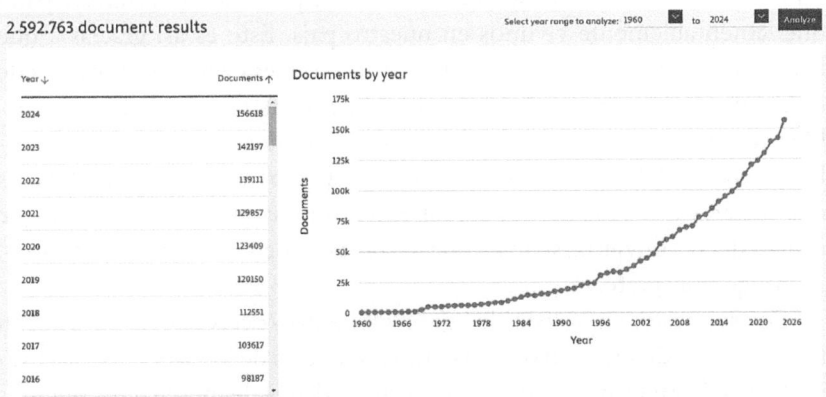

Figura P.3. Número de publicaciones por año sobre semiconductores, para el período 1960-2024. La tendencia es siempre creciente, un año tras otro[5].

---

[5] Scopus (https://www.scopus.com/standard/marketing.uri). En una búsqueda bajo el epígrafe «Semiconductors» se obtienen más de 2.5 millones de documentos.

3. Agradecimientos y dedicatorias (tanto monta, monta tanto)
Quienes me conocen no se sorprenderán al mostrar aquí mi primera y
más emotiva dedicatoria, dedicada a mi muy querido hijo Andrés. Me
siento la persona más afortunada del mundo por poder manifestar en
estas líneas lo mucho que él representa para mí, en todos los planos de la
vida, los obvios del cariño paterno y los vinculados a las reflexiones y discusiones, más o menos sesudas, que mantenemos con frecuencia. Todos
constituyen una riqueza que me hace sentir un privilegiado. Y también
quiero manifestar mi gratitud por recibir de su parte todos los parabie-
nes y ánimos que me regala continuamente para seguir adelante con este
oficio de escribir.

Un agradecimiento especial va destinado a mis compañeros del Grupo
de Láminas Delgadas y Microelectrónica de la Facultad de Ciencias Físicas
de la Universidad Complutense de Madrid, a quienes también dedico este
libro. Con ellos he ido aprendiendo a lo largo de los años buena parte de
lo que sé sobre los semiconductores. A diario, mantenemos discusiones
de los asuntos más variados, desde los de naturaleza científica, pasando
por los relacionados con nuestras responsabilidades docentes y llegando a
otros de la más diversa naturaleza, entre los cuales está incluida, cómo no,
la política, tanto la académica como la general. Estas charlas representan
uno de los momentos más agradables del día, a pesar del clima tan crispado
que lamentablemente vivimos en nuestro país. Esto es así gracias a que
los jóvenes compañeros con los que comparto mesa y mantel a diario –de
ideologías variadas y tan diversas como lo es nuestra sociedad– son ama-
bles, respetuosos y, algo esencial para la convivencia, dotados de un excelente sentido del humor. Ese conjunto único y extrañísimo de cualidades
que tienen y que procuramos cuidar entre todos como un tesoro hace que
el día a día se convierta, si no en una fiesta (tampoco nos vengamos arriba),
sí en algo muy grato.

Por supuesto, en la lista de agradecimientos/dedicatorias no pueden
faltar mis estudiantes, cuyo trato cotidiano es uno de los aspectos más esti-
mulantes de mi trabajo. Una de las peculiaridades de mi oficio es que mis
alumnos tienen siempre la misma edad, entre 21 y 24, lo que me permite
un curso tras otro estar en contacto siempre con jóvenes estudiantes, con
grandes ganas de aprender y con el ímpetu característico de sus jóvenes
vidas. Gracias a ese contacto, mi ritmo de envejecimiento es muy inferior
al marcado irremediablemente por las leyes de la biología, aspecto en el
que ellos no reparan, pero que para mí es un verdadero regalo. El contacto
con sus ganas de aprender y entender toda la magia que esconden los semi-

conductores es uno de los mayores estímulos de los que puedo disfrutar en mi trabajo.

Finalmente, quiero hacer una mención de gratitud muy especial a mis antiguos compañeros de colegio. A muchos de ellos les perdí la pista hace muchos años, pero gracias al buen hacer de algunos de ellos he podido recuperar ese tesoro que representan los amigos de los años escolares, que tanto marcaron, para bien, mi vida posterior. A ellos también va dedicado este libro.

Un pequeño comentario final antes de empezar, muy necesario en los tiempos que corren: ni uno solo de los capítulos, epígrafes o párrafos que componen este libro se ha escrito con ayuda directa o indirecta de ninguna aplicación de Inteligencia Artificial. Absolutamente ninguno.

Capítulo 1

¡Están por todas partes!

En este capítulo vamos a dar una visión general de hasta qué punto los semiconductores dominan nuestra vida desde que nos levantamos hasta que nos acostamos. Para ello, vamos a hacer un recorrido por un día cualquiera en el quehacer de un ciudadano cualquiera.

1. Un mundo dominado por los semiconductores

Los semiconductores, la materia prima de la electrónica, han cambiado nuestra vida diaria en términos difíciles de imaginar hace unas pocas décadas. Pensemos por un momento en un día laborable e imaginemos qué aparatos utilizará a lo largo de su jornada laboral un ciudadano que trabaje en alguna empresa del sector de los servicios –consultoría, banca, agencias de viajes, oficinas, etc.– y miremos con algún detenimiento la figura 1.1, en la que se muestra un reloj de 24 horas y el recorrido por los aparatos y equipos que este ciudadano, cualquiera de nosotros, utiliza a diario.

Figura 1.1. Una vida dominada por los semiconductores. El lector puede hacerse una idea de la presencia de los semiconductores en la vida diaria echando un vistazo a los aparatos que aparecen en una jornada de 24 horas, en las que el teléfono móvil, los ordenadores, vehículos, electrodomésticos, etc., forman parte de nuestro quehacer diario.

Todos y cada uno de los instrumentos y equipos mostrados en la imagen, desde los electrodomésticos a los vehículos de transporte, pasando por los ordenadores conectados a internet, etc., funcionan gracias a los semiconductores que albergan en su interior. En otras palabras, muchas de nuestras actividades cotidianas, por no decir casi todas, dependen en gran medida de la magia de los semiconductores. Por si no está convencido de lo que digo, repasemos con cierto detenimiento cómo sería la vida de ese ciudadano y vamos a relacionarla con los aparatos-dispositivos que aparecen en la figura 1.1.

Antes de levantarse, este ciudadano probablemente escuche su programa de radio habitual en una radio digital –omito detallar la emisora, para no herir susceptibilidades–, o verá algún vídeo en su teléfono móvil, siguiendo a alguna «celebrity» que le amenaza el comienzo de la jornada con un mensaje grabado en Instagram o Tik Tok; se habrá dado cuenta, amable lector, que este es un guiño a los lectores más jóvenes de este libro, que espero que sean muchos. El teléfono móvil es el dominador absoluto de nuestra vida diaria, hay todo un debate en la sociedad acerca de si debiéramos prohibir o limitar su uso a nuestros jóvenes estudiantes –no creo que prohibir la tecnología sirve de gran cosa, pero ese es otro asunto en el que no me voy a meter–. En su interior llevan varios circuitos integrados o chips fabricados con silicio, el rey del universo de los semiconductores, como veremos en la primera parte de este libro. Una de las múltiples peculiaridades de los teléfonos modernos es que disponen de cámaras de fotos que han desplazado a las cámaras tradicionales, que ya casi no existen en el ámbito de la electrónica de consumo, salvo en entornos profesionales.

Es hora de ir a trabajar. Si nuestro ciudadano tiene garaje en su vivienda o cerca de ella, abrirá la puerta con un mando a distancia, que es un dispositivo en el que hay un dispositivo LED que abre o cierra la puerta. Nuestro protagonista entrará en su coche pulsando el botón de arranque del motor, dotado de un sistema de encendido electrónico que arranca el motor inmediatamente y de un sistema de gestión electrónica que se encargará de que siga funcionando durante el tiempo de uso. El cuadro de instrumentos le informa de la temperatura exterior, del nivel de aceite del motor, de los kilómetros que faltan para la próxima revisión, de que se le ha olvidado soltar el freno de mano, de que una de las puertas del coche no está bien cerrada o de que no se ha abrochado el cinturón de seguridad. Todas estas funciones las llevan a cabo diversos chips de los que dispone el vehículo, que no tienen por qué ser de los más avanzados que hay en el mercado, pues no son necesarios para las funciones descritas. Si el vehículo es eléctrico o híbrido, una serie de chips de unos semiconductores poco conocidos (SiC, GaN) se encargarán de gestionar toda la andadura del vehículo.

Una vez en marcha, el ordenador de a bordo le informa del tiempo que tardará en recorrer el número de kilómetros que le separan de su destino y de cuántos litros por kilómetro consumirá durante el trayecto. Así mismo, el vehículo dispondrá de toda una serie de sistemas de ayuda a la conducción, que le avisan de cambios de carril indebidos, facilitan las maniobras de aparcado y un largo etcétera. Todos ellos son posibles gracias a una nueva legión de chips que lleva el vehículo. Naturalmente, volverá a escuchar de nuevo la radio sin la menor interferencia, salvo que esté dentro de alguno de los numerosos túneles que tienen las grandes ciudades. Si empezara a llover, un nuevo sensor basado en semiconductores detectará la lluvia y activará automáticamente los limpiaparabrisas del coche. Sin olvidar el sistema de navegación por satélite integrado en el coche, que resuelve para siempre esas aparentemente inevitables discusiones con los acompañantes sobre si en ese cruce hay que girar a la izquierda o a la derecha. Y, mientras espera ante otro semáforo en rojo, puede que se fije en el salpicadero y repare en los colores de los diodos emisores de luz, que sirven para visualizar toda la información que recibe el conductor. Esos dispositivos (LED) están fabricados con diversos semiconductores compuestos – GaAlAs, GaAsP, GaInN, entre otros– que han sustituido a las anticuadas y frágiles bombillas de filamento. Tampoco olvidemos que otros LED de luces muy brillantes constituyen el sistema de iluminación frontal y trasero del vehículo. La figura 1.2 lo muestra.

Figura 1.2. Iluminación LED del salpicadero de un vehículo actual. En la parte inferior, faros LED delanteros y traseros de otros vehículos modernos.

Una vez que ha llegado al lugar de trabajo, nuestro ciudadano encenderá el ordenador y comprobará la infinidad de correos electrónicos que le esperan en la bandeja de entrada. El ordenador personal, portátil o de torre, merece un comentario similar al del teléfono móvil a propósito de su abrumadora presencia. En realidad, el teléfono móvil es un ordenador de bolsillo que permite efectuar llamadas de teléfono y fotografías, con lo que debería estar incluido en la categoría de ordenadores. Y no olvidemos la conexión a Internet de su empresa y de su domicilio, que con toda probabilidad se realizará mediante fibra óptica. Los terminales emisor y receptor de dicha fibra tienen dispositivos láser/LED (los primeros) y fotodetectores (los segundos), basados en InP, GaAs, GaInAs, InGaAsP, etc. Mediante las comunicaciones por fibra óptica se realizan intercambios de ingentes cantidades de datos.

Nuestro ciudadano, durante su trayecto al trabajo o la vuelta a su hogar, podría haberse encontrado con multitud de paneles y anuncios publicitarios en los que los LED están presentes de forma rutinaria, como se puede ver en la figura 1.3.

Figura 1.3. Los edificios de Times Square inundados de grandes y llamativas pantallas LED[1].

En la empresa donde trabaja nuestro protagonista, el asunto principal del día es una presentación de objetivos por parte de un direc-

---

[1] L. Weiss, «Times Square buildings one-up each other with flashy LED signs», *New York Post*, 21-mayo-2019 (https://bit.ly/3ZelCor).

tivo, presentación que hará con un ordenador portátil, para la que se servirá, por descontado, de un archivo Power Point. Es posible que un día de la semana necesite viajar a Barcelona, Valencia o Sevilla, donde su empresa tiene sedes. Naturalmente, lo hará haciendo uso de la red AVE de España, utilizando trenes que funcionan con motores eléctricos, gracias a una formidable electrónica de potencia que llevan en su interior. De nuevo, el SiC y el GaN son los semiconductores de referencia en este caso.

De regreso a casa, el hogar se mantiene protegido por una alarma antirrobo electrónica, basada en algún detector de infrarrojos y activada por un mecanismo de control electrónico sencillo y fiable. Para comer, utilizará un horno microondas controlado electrónicamente que decide por sí mismo cómo debe procesarse el pollo, la ternera o el pescado, y lo consumirá mientras ve su serie favorita en un receptor de televisión de pantalla plana. Si este ciudadano ya tiene una cierta edad, sin entrar en incómodos detalles de cuánta edad, seguramente escuchará música en un reproductor de discos compactos cuyo lector es un láser de semiconductor, o puede que le apetezca ver una película en un reproductor DVD, también dotado con un lector láser, de color azul si el equipo es un Blu-Ray. Estos son algunos de los muchos artículos domésticos cuyo funcionamiento depende de la electrónica de semiconductores, ya que hoy día prácticamente todos los electrodomésticos llevan chips en su interior. En el caso de la televisión, además, su pantalla incorpora dispositivos emisores de luz LED, basados en InGaN o en compuestos orgánicos que tienen comportamiento semiconductor –Organic LED, OLED–. La iluminación de la vivienda estará dotada, con toda probabilidad, de bombillas LED de luz blanca de diversas tonalidades.

Cuando uno de sus amigos le llama desde una avenida de Washington, escuchará su voz con gran claridad, como si estuviera en la calle de su domicilio, gracias, cómo no, a un teléfono móvil, que no tiene por qué haberle costado más de 200 € para que la conversación se produzca sin la menor interferencia. A la hora de acostarse, programará ese mismo teléfono o un despertador digital controlado por satélite para despertarse a la mañana siguiente.

Si nuestro ciudadano, en alguna ocasión, tiene la poca fortuna de ser paciente de hospital, entrará en contacto con una verdadera falange de equipos de electrónica médica diseñados para vigilar todas sus constantes vitales, como los mostrados en la figura 1.4.

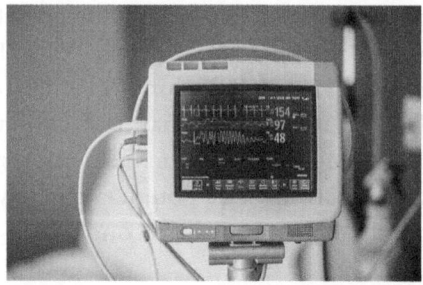

Figura 1.4. Las aplicaciones de la electrónica médica se han multiplicado, sobre todo las relacionadas con la monitorización de los pacientes en los hospitales modernos[2].

Las aplicaciones de la electrónica a la medicina son innumerables: equipos de diagnóstico por imagen como RMN o TAC, cirugía mediante láser, dispositivo al que dedico un capítulo específico en este libro, etc. Todos utilizan chips en sus circuitos electrónicos de control y de intercomunicación con sus operarios.

Sin duda, al lector se le ocurrirán otros ejemplos de las aplicaciones electrónicas que, de una forma u otra, afectan a nuestras vidas cotidianas y no tan cotidianas. Sin embargo, creo que la cuestión ya está clara: la electrónica basada en semiconductores es fundamental para la existencia misma de cualquiera que haya tenido la fortuna de nacer en una democracia occidental y, sin duda, se está extendiendo rápidamente por el resto del mundo. Y qué decir del autoconsumo de energía eléctrica, cada vez más extendido en nuestros hogares, gracias a la sorprendente evolución de la tecnología de los dispositivos fotovoltaicos. De hecho, si dispone de una instalación de autoconsumo, los paneles estarán fabricados mayoritariamente con silicio y, en menor medida, con $CuInGaSe_2$ o CdTe.

Todo lo descrito hasta aquí se refiere a los usos personales de nuestro ciudadano. Si ampliamos el marco, nos vamos al mundo en el que vivimos y pensamos por un momento en otros aspectos de las sociedades más o menos desarrolladas, podemos entender la importancia de los semiconductores. Una pequeña muestra podría ser la siguiente:

1. Control de tráfico aéreo y marítimo mediante el radar, uno de los campos donde los semiconductores son esenciales, como la historia

---

[2] A. J. Princy, «4 Reasons Why Patient Monitoring Device is Pertinent for Individuals These Days», ResearchDive, 30-julio-2021 (https://bit.ly/48ZNyZe).

de este instrumento demuestra, tal y como tuve ocasión de describir en mi anterior libro[3]. Además del omnipresente silicio, los radares modernos utilizan GaN, GaAs o InP, entre otros semiconductores.

2. Satélites artificiales: satélites de posicionamiento –GPS–, meteorológicos, de comunicaciones, etc. La electrónica que controla sus operaciones está construida con semiconductores y los paneles solares que alimentan sus sistemas están fabricados con células solares de multi unión, basadas también en semiconductores, como por ejemplo GaInP, GaInAs, GaAs, Ge, etc.

3. Si nos vamos al sector de la defensa, hay una casi infinita gama de aplicaciones militares: sistemas de visión nocturna, guiado de misiles, ayudas a la navegación, comunicaciones en el campo de batalla, controles de armas, vigilancia por satélite y drones, radares y sistemas de detección por infrarrojos son solo algunas de ellas (figura 1.5).

Figura 1.5. Arriba: la antena de un radar de un avión de combate Saab Gripen E/F. El avión está fabricado en Suecia y el radar, por la empresa italiana Leonardo, utilizando semiconductores adaptados al trabajo en alta frecuencia y alta potencia, como es el caso del GaN. Abajo izquierda: gafas de visión nocturna, fabricado por la empresa estadounidense SiOnyx; emplea un silicio especialmente procesado, denominado «Black Silicon». Abajo derecha: un soldado ucraniano lanza un misil Javelin fabricado por las empresas estadounidenses Raytheon y Lockheed Martin; lleva en su cabeza un semiconductor, CdHgTe, capaz de detectar la radiación infrarroja emitida por el objetivo[4].

---

[3] I. Mártil, *El radar en la historia del siglo xx. Una de las armas decisivas de la Segunda Guerra Mundial*, recogido en la Bibliografía..

[4] J. Lake, «Airborne AESA Fighter Radars», Armada International, 10-mayo-2022

Las necesidades militares fueron, de hecho, algunas de las primeras que satisfizo la incipiente industria de la electrónica de los semiconductores. Por ejemplo, la idea de montar un sistema de guiado electrónico en un misil exigía un dispositivo de estado sólido fiable frente al frágil equivalente de la válvula de vacío, y los generosos presupuestos militares de la Guerra Fría contribuyeron enormemente al desarrollo inicial de la industria de semiconductores. La importancia relativa de la inversión militar en la actualidad es menor que en décadas anteriores, pero no cabe duda de que sigue siendo un factor clave a la hora de estimular nuevos desarrollos. Y, dado el estado actual de confrontación de gran parte del mundo, parece que seguirá siendo así durante mucho tiempo. Nos guste o no, las armas forman parte de nuestra realidad, como tenemos ocasión de ver a diario.

En los capítulos 12 y 14 explicaré cómo funcionan algunos de esos equipos, atendiendo al uso que hacen de los semiconductores. El campo de batalla se ha transformado drásticamente, en buena medida por el papel que los semiconductores desempeñan en los sistemas de armas modernos. Ahí encontramos GaAs, GaN, CdHgTe, PbSe o InSb, entre otros.

En definitiva, creo que podemos afirmar sin lugar a duda que los semiconductores están instalados en nuestras vidas desde que nos levantamos hasta que nos acostamos. A tratar de comprender y explicar esta verdadera revolución en el conocimiento, a la que denominé en mi primer libro la mayor revolución silenciosa del siglo XX[5], es a lo que dedico mi actividad como profesor universitario y como divulgador científico.

Esta idea de que se puede disfrutar con la ciencia de los semiconductores es la que intento trasmitir a mis estudiantes cada vez que comienzo un nuevo curso académico. De este disfrute y satisfacción también intento hacer partícipes a todas aquellas personas que se acercan a leer artículos de divulgación científica y mis libros, de los cuales este pretende ser quizá el más elaborado y ambicioso de cuantos he escrito.

La importancia de la industria electrónica en la actualidad se puede medir de muchas formas, pero basta un dato para darse cuenta de su rele-

---

(https://bit.ly/3B29hmF); M. Iriarte, «SiOnyx to deliver night vision cameras for IVAS program», Military Embedded Systems, 18-enero-2019 (https://bit.ly/4i15VRN); C. Parker, A. Horton y W. Neff, «What to know about the role Javelin antitank missiles could play in Ukraine's fight against Russia», *The Washington Post*, 12-marzo-2022 (https://bit.ly/3AGVq5k)

[5] I. Mártil, *Microelectrónica. La historia de la mayor revolución silenciosa del siglo XX*, recogido en la Bibliografía

vancia en la actualidad: de acuerdo con la lista de empresas más valiosas del mundo en 2024, entre las diez primeras, hay nueve que pertenecen al sector de las tecnologías de la información y las comunicaciones. Las cuatro primeras son Apple, Microsoft, Google y Amazon. Los puestos del sexto al décimo los ocupan empresas vinculadas también a la electrónica. Ninguna de tales empresas existiría tal y como las conocemos sin los semiconductores. La figura 1.6 lo muestra.

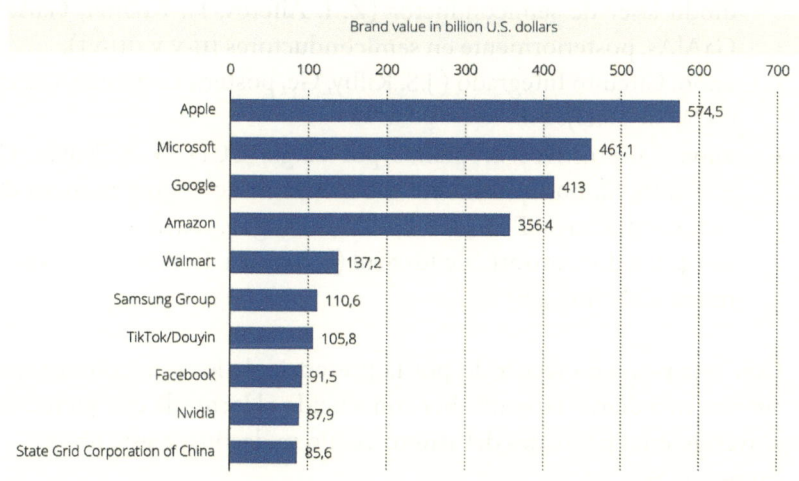

Figura 1.6. Las diez empresas más valiosas del mundo[6].

2. LA PRESENCIA DE LOS SEMICONDUCTORES EN LOS PREMIOS NOBEL
Una prueba cuantitativa de la importancia que tienen los semiconductores y los dispositivos construidos con ellos en nuestro mundo es que han recibido no menos de nueve Premios Nobel de Física desde la invención del transistor bipolar en 1947, habiendo sido galardonados veintiún científicos. La lista de los descubrimientos, de los premiados, y de los semiconductores que protagonizaron el premio, en orden cronológico, es la siguiente:

- **1956.** Transistor bipolar (W. Shockley, J. Bardeen, W. Brattain, Ge, posteriormente en casi cualquier semiconductor conocido).
- **1973.** Efecto túnel en semiconductores (Leo Esaki, Ivar Giaever y Brian Josephson, Ge y Si, posteriormente, semiconductores compuestos III-V).

---

[6] «Most valuable brands worldwide in 2024», Statista (https://bit.ly/3CA58XE).

- **1977.** Semiconductores amorfos (Sir N. F. Mott, P. W. Anderson, J. H. van Vleck, a-Si, a-Ge).
- **1985.** Efecto Hall cuántico (K. Von Klintzing, Si, observado en dispositivos MOSFET).
- **1998.** Efecto Hall cuántico fraccionario (R. Laughlin, H. Stormer, D. Tsui, GaAs/GaAlAs observado en dispositivos HEMT).
- **2000.** Heteroestructuras de semiconductores, específicamente diodo laser de semiconductor (Z. I. Alferov, H. Kramer, GaAs/GaAlAs, posteriormente en semiconductores III-V y UU-VI).
- **2000.** Circuito Integrado (J.S. Kilby, Ge, posteriormente Si, GaAs, GaN, SiC, etc.).
- **2009.** Dispositivos acoplados por carga, CCD (W.S. Boyle, G. E. Smith, Si, posteriormente CCD híbridos con gran número de semiconductores: PbSe, PbTe, InSb, CdHgTe, etc.).
- **2014.** Diodos emisores de luz azul (I. Akasaki, H. Amano, S. Nakamura, GaN/InGaN)[7].

Con este pequeño recorrido por la presencia de los semiconductores en nuestra vida diaria, espero haber convencido al lector de que merece la pena averiguar un poco más del asunto. A ello va destinado este libro.

Empezamos.

---

[7] «All Nobel Prizes in Physics», www.nobelprize.org (https://bit.ly/412Lldo).

Capítulo 2

El petróleo del siglo XXI

Como ya he mostrado en el capítulo anterior, no cabe la menor duda de que los semiconductores dominan nuestro mundo y han modelado en buena medida el estilo de vida de la inmensa mayoría de los habitantes del planeta. Sin los semiconductores, muchos dispositivos y aplicaciones de los que dependemos sencillamente no existirían. Sin embargo, estos materiales pasan absolutamente desapercibidos ante nuestros ojos y ante nuestra conciencia, a pesar de que, como también hemos visto en el capítulo anterior, los utilizamos a diario en un sinfín de dispositivos con los que estamos muy familiarizados.

1. Los asombrosos semiconductores

Los semiconductores son una tecnología clave que está detrás de múltiples cadenas de suministro que, a su vez, alimentan una amplia gama de sectores del mercado, entre los que se incluyen: las tecnologías de la información y las comunicaciones, la industria aeroespacial, las tecnologías sanitarias, la seguridad y la defensa, los grandes datos (Big Data), el Internet de las cosas, los primeros pasos de la Inteligencia Artificial, tan de actualidad últimamente, la eficiencia energética, la robótica, los medios de transporte, tanto de personas como de mercancías, etc.

El mercado mundial de semiconductores está abrumadoramente dominado por el silicio, al que dedico varios capítulos de este libro. No obstante, hay numerosos «nichos» de los mercados descritos en el párrafo anterior a los que el silicio no es capaz de responder. De manera muy resumida, los de mayor importancia cuantitativa son la iluminación LED, las comunicaciones por fibra óptica, la detección de la radiación infrarroja en defensa y en el sector aeroespacial, el radar, la electrónica de los vehículos eléctricos y los trenes de alta velocidad, los dispositivos fotovoltaicos no basados en silicio, etc. Es en estos sectores donde juegan su papel esencial los denominados semiconductores compuestos, que veremos con detalle en la segunda parte de este libro, a partir del capítulo 10.

i. La Tabla Periódica y la electrónica

Podría decirse que los materiales y dispositivos electrónicos modernos se basan en casi toda la Tabla Periódica, que se muestra en la figura 2.1.

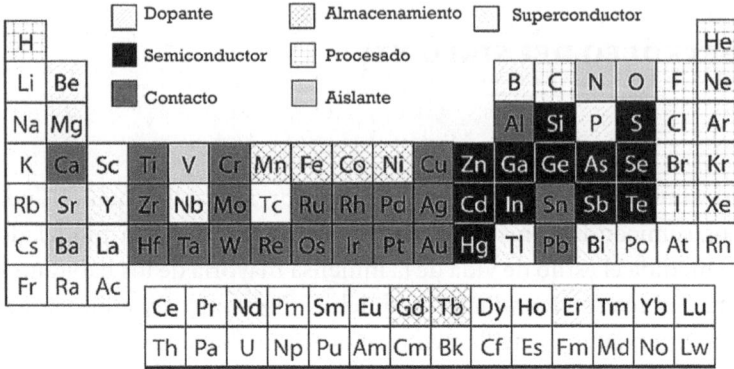

Figura 2.1. Tabla Periódica, que muestra la aplicación principal de los distintos elementos que la integran en microelectrónica. Los elementos que aparecen en blanco apenas tienen utilidad. Muchos elementos, como el aluminio (Al), tienen varias aplicaciones: como contacto/metalización, componente en semiconductores compuestos, dopante y componente en aislantes.

Un buen número de los elementos químicos es necesario para responder a los numerosos y grandes retos que plantean los dispositivos electrónicos. Las aplicaciones electrónicas abarcan desde simples hilos de cobre hasta materiales magnéticos para discos duros de ordenador, pasando por semiconductores para dispositivos microelectrónicos de última generación y muchos más. A su vez, las propiedades clave de los materiales van desde la conductividad electrónica a la transmisión óptica, pasando por las propiedades mecánicas, de resistencia a la corrosión, etc. En este libro me limitaré a los materiales semiconductores utilizados en dispositivos activos, aunque trataré de manera tangencial a los metales, dieléctricos y otros materiales utilizados en procesos microelectrónicos al estudiar los procesos de fabricación de chips en el capítulo 5. La naturaleza ferozmente competitiva de la industria microelectrónica ha hecho que se requieran generaciones completamente nuevas de dispositivos, así como materiales y procesos electrónicos también completamente nuevos en una escala temporal de meses en lugar de años o décadas.

Todos los semiconductores de aplicación electrónica tienen una característica en común: se les exige un rendimiento mayor que a cualquier otra clase de productos. Trabajar con estos materiales es trabajar en un entorno lleno de desafíos y de dificultades, que aparecen como insuperables casi siempre, pero para eso están los científicos e ingenieros implicados, para superarlos una vez tras otra. La industria microelectrónica ha mostrado esta capacidad de superación un año tras otro. Veremos cuáles son en los diversos capítulos de este libro.

ii. Los materiales electrónicos

Los materiales electrónicos abarcan una gama tan amplia de propiedades que resulta difícil definirlos. ¿Por qué los dispositivos electrónicos utilizan una variedad tan grande de elementos mientras que, en otros campos de la tecnología y la industria, como en el caso de los automóviles, solo se utiliza un conjunto mucho más reducido? Vamos a verlo muy por encima.

En el caso de la tecnología de procesado de chips basados en silicio, los dispositivos electrónicos y los métodos de fabricación utilizan con frecuencia sólidos, líquidos, gases e incluso plasmas gaseosos. Esta variedad es necesaria para alcanzar el nivel de control requerido para fabricar los chips actuales. Entre los sólidos, se utilizan materiales elementales, aleaciones y compuestos. Entre estos últimos, es habitual que se requiera un compuesto muy específico, que posea una propiedad muy determinada. Por ejemplo, para dieléctricos avanzados se usa uno que podríamos calificar como «exótico»: HfO_2, óxido de Hafnio[1]. El material concreto que se necesita suele estar muy bien definido y solo sirve ese material. En la figura anterior 2.1 podemos ver que la posición de un determinado elemento en la Tabla Periódica no tiene gran importancia. Las propiedades de los elementos situados en las distintas columnas tienden a estar estrechamente relacionadas y, por tanto, estos elementos tienen aplicaciones similares. Veamos algunos ejemplos.

i. Los gases inertes suelen ser poco reactivos, pero existen compuestos como los fluoruros de xenón, que se utilizan ocasionalmente en procesos de grabado de circuitos, cuestión que veremos en el capítulo 5. Los gases inertes se utilizan sobre todo para depositar materiales por pulverización, técnica que en inglés se denomina «sputtering»[2].

---

[1] Como cuestión personal, puedo decir que trabajé durante varios años con este material. Es un material tan peculiar, que entrar en sus detalles ocuparía demasiado espacio en el texto.

[2] Otra cuestión personal: hice mi Tesis Doctoral utilizando esta técnica para obtener

ii. Los elementos del grupo VII, denominados halógenos: F, Cl, Br, etc., son muy reactivos, tienden a formar compuestos volátiles con muchos elementos y se utilizan también en los procesos de grabado.

iii. Los elementos del grupo VI (O, S, Se, Te) producen compuestos con fuertes energías de enlace. Los óxidos suelen utilizarse como dieléctricos, mientras que los compuestos que se forman con los elementos situados por debajo del oxígeno –sulfuros, seleniuros y telururos– son semiconductores en su mayoría.

iv. Si nos fijamos en los semiconductores compuestos, los elementos más utilizados en microelectrónica pertenecen a los grupos III (Al, Ga, In), IV (C, Si, Ge) y V (N, P, As, Sb). Los elementos del grupo V se utilizan sobre todo para formar semiconductores compuestos y como dopantes en los semiconductores del grupo IV, que incluyen los semiconductores comunes Si y Ge. Los elementos del grupo III incluyen el excelente conductor eléctrico Al, así como elementos que se encuentran en compuestos semiconductores con elementos del grupo V y como dopantes en semiconductores del grupo IV. Los elementos del grupo II (Zn, Cd, Hg) forman semiconductores compuestos y tienen otros usos diversos. Todo esto lo veremos con más detalle en el capítulo 10.

v. Si miramos a los metales que actúan como conductores eléctricos, los más comunes son algunos elementos del grupo I (Cu, Au), aunque ocasionalmente también se utiliza plata (Ag). Los metales de transición suelen utilizarse en forma de compuestos, ya sea como siliciuros o nitruros, principalmente como materiales de contacto estables que sirven de puente entre el silicio y un metal altamente conductor, o como barreras de difusión.

Así pues, la elección de los elementos se realiza en función de la aplicación y las propiedades y viene determinada por lo que se le va a demandar al dispositivo que los usa. Las aplicaciones microelectrónicas suelen requerir cantidades relativamente pequeñas de material, por lo que su disponibilidad en grandes cantidades no es un factor crítico, como sí lo es en otros dispositivos esenciales para la transición energética: disprosio (Dy) para los motores de los aerogeneradores, litio (Li) para las baterías, teluro (Te), o indio (In) para ciertas células solares, para bombillas LED, etc.

---

y estudiar las propiedades de un semiconductor, CdS. Prometo no abrumar al lector con más cuestiones personales.

Otro de los factores clave a analizar siempre es el coste de los materiales empleados para fabricar los dispositivos semiconductores. Por ejemplo, el coste de los pocos miligramos de paladio (Pd) o platino (Pt) que llevan ciertos circuitos integrados es una pequeña parte del coste total del dispositivo finalizado. Esto sugiere que, en la industria microelectrónica, en una primera aproximación, el precio por unidad de volumen de un determinado elemento no es un factor crítico. Nos planteamos entonces una pregunta clave: si el precio y la disponibilidad no son en general importantes, ¿cuáles son los factores críticos por excelencia? Esencialmente dos: el tamaño y la pureza.

2. El tamaño sí importa

En 1965, Gordon Moore, uno de los fundadores de Intel, observó que el número de transistores integrados en un circuito por cada centímetro cuadrado de superficie se había duplicado cada año desde que se inventó el circuito integrado en 1958. Su previsión[3] de que esta tendencia continuaría se conoce como la Ley de Moore y ha colgado como la espada de Damocles sobre las mentes de la mayoría de los ingenieros de microelectrónica, que se preguntan un día sí y otro también durante cuánto tiempo más podrán mantenerla. A pesar de muchas predicciones sobre su inminente fin, la Ley de Moore ha demostrado ser correcta durante más de 60 años. Veremos la historia detallada de esta ley en el capítulo 4.

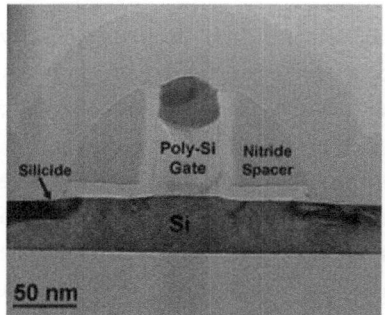 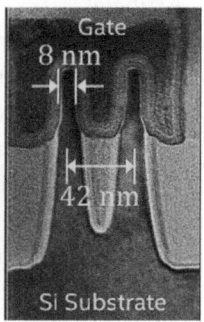

Figura 2.2. Los grandes protagonistas de la tecnología microelectrónica: el MOSFET (izquierda) y el FinFET (derecha). Veremos en el capítulo 4 el significado de esas denominaciones[4].

---

[3] G. Moore «Cramming more components onto integrated circuits», recogido en la Bibliografía.

[4] R. S. Rai, «Role of transmission electron microscopy in the semiconductor indus-

El tiempo ha demostrado que no hay ninguna razón obvia por la que no sea posible mantener la Ley de Moore hasta que los dispositivos se reduzcan muy por debajo de la escala de unos pocos nanómetros, es decir, en dispositivos individuales con longitudes típicas inferiores a 10^{-5} mm. La figura 2.2 muestra un corte transversal obtenido con microscopía electrónica de dos transistores actuales: un MOSFET y un FinFET, cuyas peculiaridades veremos en el capítulo 4.

Más allá de ese punto, es difícil imaginar cómo podrá continuar la tendencia y será necesario un nuevo paradigma de dispositivos, lo que se conoce en el sector como «More than Moore», cuestión que abordaré en los capítulos 4 y 15.

Junto con este asombroso aumento de la densidad de dispositivos, el rendimiento de estos ha mejorado espectacularmente, mientras que el precio se ha mantenido más o menos constante, alimentando un mercado explosivo de ordenadores y teléfonos móviles, como principales dispositivos de nuestro modo de vida. Para mantener este mercado y animar a la gente a comprar nuevos ordenadores, es necesario que cada generación de circuitos mejore lo suficiente como para justificar la inversión en la actualización de los equipos. El reto consiste en crear un nuevo combustible tecnológico para la industria microelectrónica basado en conceptos que aún no están ni tan siquiera concebidos, aunque el Internet de las Cosas se va revelando cada vez más claramente como ese combustible, unido a la Inteligencia Artificial.

Las enormes mejoras en el rendimiento de los dispositivos se han producido a costa de ingentes y continuos esfuerzos de investigación y desarrollo, que han dado lugar a la creación de nuevos materiales y procesos y a mejoras espectaculares en nuestra comprensión de los dispositivos implicados. Como ejemplo paradigmático de esto, veremos en la primera parte de este libro cómo los monocristales de silicio de grado de pureza electrónico son los materiales más perfectos y más estudiados que jamás se hayan producido. Cada vez es más difícil conseguir nuevas mejoras y los retos a los que nos enfrentamos son de naturaleza más fundamental.

---

try for process development and failure analysis», *Progress in Crystal Growth and Characterization of Materials*, 55, 63 (2009), DOI: 10.1016/j.pcrysgrow.2009.09.002; K. O. Petrosyants, D. S. Silkin abd D. A. Popov, «Comparative Characterization of NWFET and FinFET Transistor Structures Using TCAD Modeling», *Micromachines*, 13, 1293 (2022), DOI: 10.3390/mi13081293

En la actualidad, las dimensiones de los dispositivos de producción de los denominados «nodos maduros» –por ejemplo, el nodo de 90 nm; veremos qué es esto en el capítulo 7– tienen los tamaños típicos que se muestran en la figura 2.3.

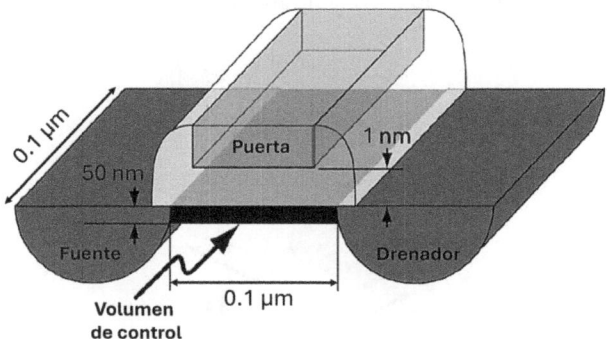

Figura 2.3. Diagrama esquemático de un MOSFET del nodo de 90 nm como el que se analiza aquí. Las dimensiones no están a escala.

Incluso en este caso, que lleva en el mercado desde comienzos de este siglo, los retos que plantea la producción de un dispositivo con estas dimensiones se hacen más evidentes cuando se tiene en cuenta aspectos tales como el dopado del semiconductor o la densidad de corriente de electrones que atraviesa el dispositivo, ideas que describo con detalle en el Apéndice, pero que vamos a analizar aquí en el contexto de las cantidades de átomos implicados en el adecuado funcionamiento de los dispositivos.

En el caso del dispositivo mostrado en la figura 2.3, el «volumen de control» de un dispositivo así, es decir, la zona donde tiene lugar el proceso de transferencia de electrones de la región denominada «fuente» a la denominada «drenador» y que es el que determina si el dispositivo está encendido o apagado, tiene unas dimensiones típicas como las que se ven en la figura 2.3, es decir, longitud y anchura de ~ 0.1 μm (10^{-5} cm) y un grosor de 50 nm (5×10^{-6} cm). Con esas dimensiones, el volumen de la región de control es de $\sim 5 \times 10^{-16}$ cm^3. La densidad atómica del silicio es de 5×10^{22} átomos en cada centímetro cúbico. Esto indica que el volumen de control de los MOSFET de los nodos maduros actuales contiene solo 25 millones de átomos. Dopar el semiconductor con una parte por millón de átomos de impurezas, es decir, introducir 5×10^{16} cm^{-3} de átomos dopantes, valor típico de los dispositivos de los nodos maduros, significa que la región de control contendría solo 25 átomos de impurezas. La eliminación de ¡un solo átomo de dopante! significaría un cambio del 4% en el nivel de dopado, lo que no es admisible de cara a obtener la conductividad y la reproducibilidad adecuadas.

En 2012, cuando se introdujo el FinFET, las dimensiones del volumen de control eran las mostradas en la figura 2.4:

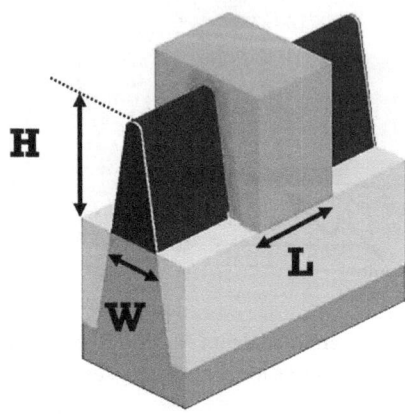

Figura 2.4. Definiendo las dimensiones críticas del transistor FinFET: Longitud (L): 20 nm. Anchura (W): 50 nm. Altura (H): 20 nm.

En este caso el volumen crítico es 2×10^{-17} cm³, lo cual implica que en ese volumen hay un millón de átomos de silicio. Si el dopado requerido fuera de nuevo de 5×10^{16} cm⁻³ átomos, eso significaría que en el volumen crítico solo habría ¡un átomo de impureza!, lo que haría inviables los transistores. En uno de los nodos de vanguardia actuales –nodo de 10 nm e inferiores–, que emplean FinFET, las dimensiones típicas del volumen de control son L: 10 nm; W: 5 nm; H: 40 nm. Ahora el volumen crítico es 2×10^{-18} cm³, por lo que en ese volumen habrá 100.000 átomos de silicio. Con el dopado anterior, allí habría 0.1 átomos de impureza, algo absurdo, evidentemente.

Hay más problemas que aparecen como consecuencia de unas dimensiones tan reducidas, relacionados con las corrientes y tensiones de trabajo de los dispositivos actuales. Para que los transistores puedan funcionar, las densidades de corriente deben ser muy elevadas ($\sim 10^5$ A/cm²), lo que provoca fallos catastróficos de los metales conductores. En efecto, al fluir por los hilos conductores unas densidades de corriente de esta magnitud, los átomos del conductor se ven literalmente «empujados» a lo largo del conductor, desplazándolos de sus posiciones correctas y provocando verdaderos agujeros en las pistas metálicas de interconexión entre dispositivos. Este fenómeno se conoce como «electromigración» y ha sido durante mucho tiempo una de las causas de los fallos de los dispositivos y uno de los dolores de cabeza más persistentes de los ingenieros dedicados a intentar resolver ese problema. Es la razón principal de la transición de los conductores de aluminio a los de cobre en los dispositivos actuales y se ha considerado como el principal problema que limita en última instancia la vida útil de los circuitos integrados operativos.

El otro problema que aparece se refiere a los voltajes de trabajo de los transistores. En este caso, quien tiene que soportar esos voltajes es el mejor aislante conocido: el SiO_2 obtenido por oxidación térmica de obleas de silicio. Estos óxidos pueden soportar campos eléctricos de hasta 10^7 V/cm. Esto significa que una tensión de 1 voltio requiere un mínimo de 1 nm de óxido para que este no se rompa en los procesos de conmutación del transistor. La reducción de las dimensiones totales del dispositivo ha exigido la reducción correspondiente del espesor del óxido de silicio, siguiendo unas leyes de escalado que veremos en el capítulo 7. Cuando ese espesor se acerca a 1 nm, es decir ~3 moléculas de grosor, es necesario reducir los voltajes de funcionamiento del MOSFET, lo que a su vez provoca cambios drásticos en el diseño de los transistores de conmutación. La reducción de los voltajes permitidos impulsó a principios de este siglo el desarrollo de nuevos materiales aislantes con constantes dieléctricas más elevadas. No daré más detalles de este asunto, que harían la discusión muy prolija. Baste con saber que es otro, uno más, de los retos de la industria microelectrónica.

3. LA PUREZA

La propiedad fundamental común a todos los materiales electrónicos es la pureza. Todas las clases de compuestos que se utilizan deben contener el menor número posible de otros elementos no deseados, denominados impurezas. En muchos casos se toman medidas extremas para evitar la contaminación. El silicio de grado de pureza electrónico es el ejemplo por excelencia y representa el mayor reto en cuanto a pureza de materiales en cualquier campo en el que se piense. Prácticamente todos los contaminantes deben eliminarse hasta niveles de parte por millón y algunas impurezas, como los metales de transición, tienen efectos indeseables en los dispositivos hasta el nivel de parte por billón, es decir, uno en 10^{12}.

i) Una «siembra» extraordinaria
Para visualizar el requisito de pureza tan extremo del silicio, imagine el lector que se realiza una plantación de árboles en toda la extensión de Europa.

Supongamos que esa plantación es de abetos, que representan a los átomos de silicio, y que hay algún roble, que juega el papel de átomos de hierro. La superficie de Europa, entendiendo como tal el territorio que llega hasta los Montes Urales y hasta la cordillera del Cáucaso en Rusia, es de unos 10 millones de kilómetros cuadrados o 10^{13} metros cuadrados. Si se pudiera sembrar en toda esa superficie un bosque extremadamente denso de abetos, a razón de uno por cada 10 m^2, sembraríamos 10^{12} abetos en total, es decir, un billón de abetos. Imaginemos por un momento que, al hacer la siembra, se ha colado inadvertidamente una semilla de roble, de manera que, al finalizar el proceso, habríamos sembrado un billón de abetos y un roble. Si a esta plantación se le aplicaran los requisitos de pureza exigibles al silicio, esta plantación en la que hay un roble en un billón de abetos debería declararse ¡contaminada por robles! Lo que habitualmente entendemos por «malas hierbas», en el caso del silicio, es de otra dimensión.

Vamos a traducir estos números a un dispositivo de silicio: un billón de átomos de silicio llenan un cubo de ~ 3 µm de lado y, de acuerdo con lo visto en el párrafo anterior, no se puede permitir más de un átomo de hierro en tal volumen. Esto es más de 1.000 veces más estricto que el requisito de pureza de otras aplicaciones, por ejemplo, en la industria farmacéutica. La situación real en los dispositivos actuales es incluso mucho más restrictiva que este valor ya extremo. Por medio de la figura 2.3 hemos efectuado unos cálculos para mostrar el volumen de control de un dispositivo del nodo de 90 nm; con esos datos, hemos visto que dicho volumen contiene 25 millones de átomos de silicio. Dentro de este volumen, un solo átomo representa 40 partes en 1.000 millones de átomos de Si. Esto indica que la presencia de ¡un solo átomo de hierro! en ese volumen arruinaría definitivamente el dispositivo. Si esos cálculos se extienden a los nodos de vanguardia de 10 nm, 7 nm y 5 nm, también mostrados, la conclusión es todavía más dramática. No hay ninguna otra industria o proceso tecnológico que tenga unos requisitos de pureza tan exigentes. Por ejemplo, la cantidad de impurezas que hay en cualquier medicamento es de tal magnitud que, si nos pusiéramos «electrónicos», jamás nos atreveríamos a tomar un antibiótico o un analgésico.

En los circuitos actuales, las reglas de diseño incorporan lo que se denomina transistores «redundantes», de modo que un solo transistor defectuoso no suele arruinar todo el chip. Aun así, es necesario tener en cuenta la posibilidad de la presencia de impurezas como el hierro en el diseño de los dispositivos y mantener un bajo nivel de contaminación en cada paso de la fabricación del circuito. Este ejemplo permite ilustrar por qué el precio de la materia prima no es un problema con la mayoría de los elementos utilizados en los dispositivos semiconductores. Por lo general, el coste de la purificación representa la mayor parte del coste del material. Veremos en el capítulo 5 cómo se lleva a cabo el proceso de purificación del silicio para lograr esa pureza tan extraordinaria. Estos requisitos tan extremos de pureza son una de las razones por la que las plantas de fabricación de circuitos integrados cuestan miles de millones de euros y por qué los operarios que trabajan en su interior deben vestirse con unas prendas especiales que impiden que las escamas de la piel, pelo, etc., puedan entrar en contacto con los equipos de fabricación, arruinando el proceso. También veremos estas cuestiones con más detalle en el capítulo 5.

ii) Más allá de la pureza
La pureza suele ser solo una parte de la ecuación que determina la utilidad de un material electrónico; otro factor de la ecuación es el rendimiento, es decir, la capacidad de funcionar eficientemente de manera repetitiva un ciclo tras otro, sin que muestre un deterioro significativo. Por ejemplo, la purificación no es el factor más crítico cuando un material que se desea utilizar intencionadamente como parte del dispositivo es intrínsecamente propenso a moverse y causar problemas, la electromigración que hemos visto antes. Esa es la razón por la que se ha tardado años en sustituir al aluminio por el cobre como metal de conexión de los dispositivos en los circuitos integrados. El cobre se difunde rápidamente y causa problemas muy grandes si entra en las regiones activas del dispositivo. La solución ha sido diseñar materiales que actúan como barrera de difusión con los que rodear los conductores de cobre para evitar que este se escape hacia donde no debe. El rendimiento del cobre es pobre en términos de estabilidad química, pero su rendimiento eléctrico es lo suficientemente bueno como para compensar otras consideraciones.

Esta regla general no se aplica a todos los materiales y dispositivos. Dado que el precio está directamente relacionado con la oferta y la demanda de elementos, algunos elementos raros pueden resultar prohibitivos para los procesos a gran escala. En general, sin embargo, un precio más alto estimula una mayor producción, manteniendo el precio más o menos constante. Por otro lado, algunos dispositivos, como las células solares, deben ser lo menos costosos posible. En estos dispositivos, incluso pequeñas cantidades de material caro pueden suponer un problema.

Otra cuestión importante que abordaremos en este libro es la de los límites del silicio: ¿qué hacer cuando lo que queremos hacer no lo podemos hacer con silicio? Redactado en forma de trabalenguas, pretendo llamar la atención sobre ese asunto. A lo largo de los años se han realizado grandes esfuerzos para explorar la Tabla Periódica en busca de nuevos semiconductores. Sin embargo, es esencial tener en cuenta todos los aspectos del rendimiento de un material, como ha descubierto a lo largo de los años la comunidad de circuitos integrados del arseniuro de galio (GaAs), que utilizo a continuación para explicar esto. Teóricamente, los electrones pueden acelerarse más fácilmente en GaAs que en silicio y tienen tiempos de vida menores. Ambos factores contribuyen a aumentar la velocidad de los dispositivos –el primero– y su capacidad de emitir radiación –el segundo–. ¿Por qué entonces el GaAs no ha sustituido al silicio en los microprocesadores normales? Hay muchas razones, pero las principales son la falta de un buen aislante, la carencia de buenos contactos y la relativa fragilidad del GaAs. Estos problemas nunca se han resuelto, mientras que todos los principales problemas a los que se enfrentan las aplicaciones basadas en silicio, excepto su incapacidad para emitir luz, se han superado en su totalidad. Así pues, cuando se estudia el rendimiento de un material electrónico, hay que considerarlo en el contexto de una aplicación determinada e incluir todos los aspectos del rendimiento en el análisis. Iremos viendo todas estas cuestiones en los sucesivos capítulos de este libro.

PRIMERA PARTE
EL REY DEL MUNDO, EL SILICIO

Capítulo 3

Breve historia de un reinado sin fin: el silicio

Del silicio sacamos los chips que hacen funcionar prácticamente todo en la sociedad moderna e hiperconectada, como ya hemos visto en el capítulo 1. Hay mucha arena en el planeta, pero no toda vale, ya que la que se necesita para extraerlo no es la de la playa, sino que está en minas subterráneas y no es infinita. En la actualidad, el silicio es el segundo recurso más demandado del planeta, tan solo por detrás del agua. Según Naciones Unidas, el mundo gasta 50.000 millones de toneladas anuales de silicio y esta cantidad seguirá creciendo un año tras otro. La arena y sus derivados son una cuestión de Estado. Chris Miller, el autor del magnífico libro recogido en la Bibliografía, *La guerra de los chips,* lo confirma y da un dato concluyente: China ya gasta más dinero en importar chips de silicio que en la compra de petróleo y lo recalca: «No tengo duda de que no hay en el comercio internacional un producto más importante que los semiconductores». Más claro, agua.

Veremos en este capítulo una breve historia del desarrollo de la electrónica desde sus orígenes a comienzos del siglo xx hasta el día de hoy y cómo principalmente el silicio, junto con otros semiconductores como el GaAs, han estado detrás de su impresionante auge desde la década de 1950. Posteriormente, analizaremos las razones que explican el enorme éxito del silicio en nuestro mundo.

1. Los antecesores: las válvulas de vacío

Los dispositivos electrónicos modernos se basan en una larga historia de invenciones, descubrimientos e investigación científica básica. Esta historia empezó con las válvulas de vacío, principalmente el diodo, el triodo y después el tetrodo y el pentodo. El diodo original fue inventado en 1905 por J. Ambrose Flemming a partir de observaciones realizadas en los laboratorios de Edison Electric. Esta válvula de vacío contenía un filamento caliente, que emite electrones y una placa metálica colectora. Los electrones fluyen del filamento al colector, pero no en sentido inverso, por lo que el dispositivo se utilizó para rectificar señales eléctricas, dando comienzo a la generalización de tecnologías tales como la radiodifusión y las comunicaciones telefónicas. Al año siguiente, en octubre de 1906, Lee De Forest creó otra válvula de vacío, el triodo, y se inició la revolución electrónica. El triodo de vacío consta de un cátodo similar al filamento del diodo, es decir, que al calentarse emite electrones, una rejilla intermedia y una placa o ánodo. Su funcionamiento venía determinado por el papel de control que jugaba la rejilla: un pequeño cambio de tensión en la rejilla produce un gran cambio en la corriente que fluye del cátodo al ánodo, siendo además esta corriente una réplica de la aplicada a la rejilla. Por lo tanto, el triodo permite amplificar señales débiles.

Esta capacidad de amplificación es uno de los elementos esenciales de los circuitos electrónicos modernos, el otro es la conmutación. Entre 1906 y mediados de la década de 1950, las válvulas de vacío se desarrollaron y adaptaron a aplicaciones cada vez más especializadas, con estructuras internas cada vez más sofisticadas para modificar la corriente de electrones, dando lugar a dispositivos conocidos como tetrodo y pentodo, llamados así por el número de placas y/o rejillas que tienen. Pero las válvulas, al igual que las bombillas incandescentes, tienen una vida útil muy limitada y consumen grandes cantidades de energía eléctrica, produciendo una gran cantidad de calor. Ni siquiera el desarrollo de válvulas en miniatura pudo superar estos problemas. La situación llegó a un punto de crisis irresoluble con la aparición de los ordenadores. El primero de ellos, ENIAC[1], fue el paradigma de esto: su tamaño, la energía consumida, el altísimo índice de fallos, etc. mostró la inviabilidad de las válvulas para aplicaciones como ordenadores o radares.

La Segunda Guerra Mundial supuso un impulso enorme a la muy incipiente física y tecnología de los semiconductores y gracias al desarrollo del radar de microondas, que necesitaba dispositivos semiconductores para funcionar correctamente, los dispositivos de estado sólido emergieron como los sustitutos naturales y eficientes de las válvulas. Esa historia la he contado con detalle en *El radar en la historia del siglo xx*, recogido en la bibliografía.

En la actualidad, las válvulas de vacío se siguen utilizando en aplicaciones poco frecuentes, como en etapas de salida en amplificadoras de muy alta potencia en transmisores de radio y en entornos en los que los tran-

---

[1] E. O. Vicente, *El ENIAC un pionero de los computadores*, Museu Informàtica, Universidad Politécnica de Valencia (https://bit.ly/4eA8wz2).

sistores se dañarían y degradarían su rendimiento mucho más rápido de lo que lo haría un circuito basado en válvulas de vacío pero, en todo caso, su aplicación es muy limitada.

2. EL TRANSISTOR, EL CIRCUITO INTEGRADO Y LA ERA DE LA INFORMACIÓN
i) El transistor
La experiencia de los años de la Segunda Guerra Mundial facilitó el camino a la solución de los problemas creados por las válvulas, que se encontró en el transistor de puntas de contacto, creado en las navidades de 1947 en los Bell Telephone Laboratories por John Bardeen, Walter H. Brattain y William Shockley. Años después recibieron el Premio Nobel de Física por su invención[2].

El dispositivo original se fabricó a partir de un trozo de germanio (Ge) que había sido purificado gracias al programa del radar de los tiempos de la guerra. Se descubrió que el dispositivo controlaba la corriente con eficacia y proporcionaba amplificación como las válvulas de vacío, pero no contenía ningún filamento caliente y consumía relativamente poca energía. En los años siguientes, a medida que mejoraban los diseños, las prestaciones aumentaron notablemente. Aunque el transistor de puntas de contacto de Ge fue revolucionario, no era una solución práctica a largo plazo. El Ge tiene un gap de energía prohibida relativamente bajo –0.67 eV, ver Apéndice para entender el significado de este parámetro esencial–, que lo hace relativamente conductor a temperatura ambiente, lo que a su vez provocaba corrientes de fuga apreciables en los dispositivos, o lo que llamaríamos más técnicamente «ruido térmico». Estas fugas hacen que todo el circuito consuma cantidades apreciables de energía en todo momento y disminuye la ganancia de la amplificación que se puede obtener. La solución a este dilema fue cambiar el Ge por el silicio (Si). A partir de ese momento, el transistor bipolar se convirtió en un elemento omnipresente en los circuitos electrónicos fabricados durante las décadas de 1950 y 1960.

Otro dispositivo de este tipo, el transistor de efecto de campo, se creó casi al mismo tiempo. Aunque ya en 1930 se presentaron patentes de dispositivos de conmutación de efecto de campo, debidas al científico ucraniano Julius Lilienfeld, el primer dispositivo práctico se fabricó en 1960[3].

---

[2] I. Mártil «El 75 aniversario del transistor bipolar. La invención más importante del siglo XX», *Rev. Esp. Fís.*, recogido en la Bibliografía.
[3] I. Mártil, «El protagonista silencioso de la Revolución Digital», *Investigación y Ciencia*, recogido en la Bibliografía.

Debido a las características del transistor de efecto de campo, denominado MOSFET, este dispositivo sustituyó mejor a las válvulas de vacío en muchas aplicaciones, siendo la opción óptima para los dispositivos de conmutación, base de la electrónica digital moderna. Veremos con más detalle las características principales del MOSFET en el siguiente capítulo.

El cambio a los dispositivos basados en Si se produjo rápidamente a medida que mejoraba su tecnología. El silicio tiene un gap de energía prohibida mayor (1.12 eV) y, en consecuencia, el Si puro es menos conductor a temperatura ambiente que el Ge. Esto reduce drásticamente las corrientes de fugas y la potencia disipada en el circuito. Sin embargo, las principales razones por las que el Si sigue siendo el semiconductor más popular son sus elevadas prestaciones, su gran estabilidad, la excelente calidad de la intercara Si/SiO_2 y los contactos que pueden fabricarse con él. Todas estas cuestiones las analizaremos en profundidad en los capítulos 4, 5 y 6.

Los avances necesarios para el uso del Si en dispositivos microelectrónicos incluían dos importantes mejoras del proceso: métodos de purificación del material, en particular la eliminación de impurezas indeseadas como el hierro, que vimos en el capítulo anterior, y métodos para el crecimiento de cristales de elevado tamaño y de gran calidad. Esto último ya se había resuelto en 1916 con la creación del método ideado por el científico polaco Jan Czochralski, que ahora es omnipresente para el crecimiento de cristales de gran tamaño. Con el paso del tiempo y el conocimiento de los fundamentos científicos del método Czochralski, el tamaño de las obleas ha pasado de 25 mm de diámetro en la década de 1960 a 300 mm en la actualidad. Veremos los detalles de esta técnica en el capítulo 5.

La purificación supuso un problema mucho mayor. A principios de la década de 1950, la empresa Siemens desarrolló un método basado en la reacción del Si con HCl para producir diclorosilano, SiH_2Cl_2, un líquido fácil de evaporar. El diclorosilano se destila fraccionadamente y con posterioridad se reduce en una reacción inversa para producir Si puro. También veremos los detalles en el capítulo 5.

ii) El circuito integrado

La miniaturización de los circuitos electrónicos dio otro gran paso adelante con la invención del circuito integrado en 1958 por Jack Kilby en Texas Instruments y por Robert Noyce en Fairchild Semiconductor, quien más tarde fundaría el gigante de la tecnología microelectrónica Intel Corporation junto con Gordon Moore. Los vemos en la figura 3.1.

Figura 3.1. Las diferentes concepciones del circuito integrado de Jack Kilby (abajo izquierda) y de Robert Noyce (abajo derecha). En realidad, el circuito de Noyce es la imagen del primer circuito integrado comercial de Fairchild, que materializaba la invención[4].

Kilby y Noyce, de manera independiente, desarrollaron métodos para fabricar e interconectar todos los elementos básicos de un circuito en una sola pieza de Si –en realidad, Kilby lo hizo sobre Ge–. El resultado son circuitos electrónicos individuales que pueden realizar funciones extraordinariamente complejas, en una forma infinitamente más compacta de la que podría obtenerse a partir de dispositivos discretos.

Se ha demostrado que es mucho más barato, fiable y rápido producir circuitos complejos a partir de circuitos integrados estándar que interconectar los dispositivos a partir de componentes discretos. En la actualidad, existen chips de un grado de complejidad asombroso, ejemplo de los cuales son los procesadores de los ordenadores y de los teléfonos móviles. La potencia y complejidad de estos circuitos ha crecido con asombrosa rapi-

---

[4] Jack Kilby, «Engineering and Technology History Wiki» (https://ethw.org/Jack_ Kilby); Robert Noyce, «Engineering and Technology History Wiki» (https://ethw. org/Robert_Noyce); T. Youngblood, «Jack Kilby and the World's First Integrated Circuit», All about Circuits, 16-septiembre-2017 (https://bit.ly/4eOimxy); «First production planar IC, 1960», Computer History Museum (https://bit.ly/494rMnk).

dez desde la invención de circuito integrado. Buena prueba de esto es que en 1971 Texas Instruments comercializó las primeras calculadoras de bolsillo, diseñadas específicamente para utilizar la tecnología de transistores. El primer microprocesador, invención de Ted Hoff en Intel, llegó también en 1971, y el primer ordenador personal en 1975.

Mención especial merece el programa de la NASA «Man on the Moon», que llevó al ser humano a la Luna en julio de 1969. La potencia disponible de los cohetes Saturno V era relativamente limitada, por lo que se tuvieron que descartar desde el principio los sistemas de control electrónico basados en válvulas de vacío debido a su excesivo peso, por no mencionar las elevadas demandas de potencia y la escasa fiabilidad. Una solución para la electrónica de control de las naves, basada en dispositivos semiconductores, era esencial para el éxito global de la misión y también era cierto que la financiación de la NASA era esencial para el éxito de la electrónica de semiconductores. Esta relación simbiótica es uno de los mejores ejemplos de dos tecnologías incipientes que se estimularon mutuamente. Cuando el mundo se quedó boquiabierto al ver a Neil Armstrong y Edwin Aldrin saltando sobre la superficie lunar, quizá no se comprendió la contribución esencial de la electrónica de semiconductores. En los meses venideros tras julio de 1969 se demostró algo que está fuera de toda duda: sin el circuito integrado el alunizaje habría sido sin duda una «misión imposible».

La década de 1960 marca el inicio de la era de la información y en los siguientes sesenta años se han ido sucediendo cambios sin precedentes en cuestiones tales como el almacenamiento de datos, el cálculo científico, las telecomunicaciones, la reproducción del sonido y la imagen, el control de los motores de los automóviles, el control de las máquinas eléctricas y, por supuesto, una multiplicidad de aplicaciones militares que tendremos ocasión de ver en varios capítulos de este libro.

3. LAS RAZONES DE UNA HEGEMONÍA

En la actualidad, la electrónica basada en el silicio es abrumadoramente dominante y no se vislumbra en el horizonte ningún nubarrón que amenace este dominio. Podemos preguntarnos por las razones que hacen que el silicio disfrute de la hegemonía de la que goza. En esencia son las siguientes:

- El Si es el elemento sólido más abundante en la corteza terrestre, ya que cerca del 28% de la composición química de la misma es silicio, lo que se refleja en la figura 3.2 que muestra la escasez o abundancia relativa de diversos elementos de la Tabla Periódica de interés en la tecnología de semiconductores, en las proporciones en las que se encuentran en la corteza terrestre:

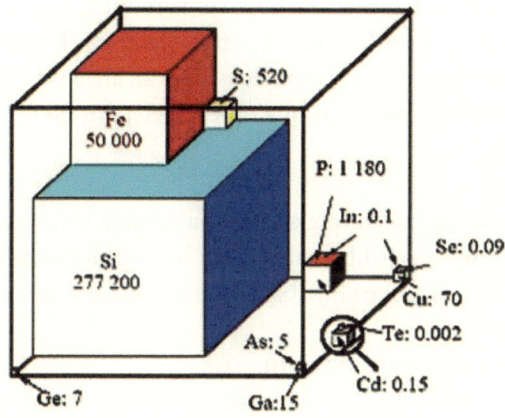

Figura 3.2. Distribución de un millón de átomos, en las mismas proporciones que se encuentran en la corteza terrestre.

- La tecnología de fabricación de dispositivos electrónicos basados en Si es muy madura, fruto del avance espectacular que ha experimentado la tecnología microelectrónica, alumbrando lo que hoy conocemos como la sociedad de la información.
- La calidad extraordinaria de la intercara Si/SiO_2. Como veremos en el capítulo siguiente, esa intercara es la clave de funcionamiento de los dispositivos de efecto campo –MOSFET, FinFET, GAA-FET–, hegemónicos de la tecnología del Si y que ha permitido llegar hasta los límites auténticamente asombrosos a los que llega hoy en día esa industria.
- En el campo de los dispositivos fotovoltaicos, el sector responsable de la transición energética en marcha en el mundo, las eficiencias de conversión de los módulos comerciales llegan a alcanzar valores por encima del 22-24%, muy cercanas a las eficiencias de las células de laboratorio, situadas en el margen 26-27%.

No obstante, junto a estas indudables ventajas, el Si tiene algunas limitaciones muy severas que, en esencia, son las siguientes:

- Desde el punto de vista estrictamente científico, el silicio es un semiconductor de gap indirecto, lo que hace que no pueda detec-

tar ni emitir radiación electromagnética, aunque en la práctica sí
que hay detectores de radiación basados en silicio; lo veremos en
el capítulo 8.
- La otra limitación esencial del Si es la reducida capacidad de movimiento de sus portadores de carga eléctrica. Este factor se denomina movilidad y en el caso del silicio alcanza un valor máximo de
1.500 cm^2/V.s, mientras que en el GaAs, por ejemplo, es de 8.000
cm^2/V.s.

Estas limitaciones hacen que el Si no valga para todo. Lo abordaremos
en la segunda parte de este libro, al analizar las aplicaciones de los semiconductores compuestos, cuyos inicios vemos a continuación.

4. LOS SEMICONDUCTORES COMPUESTOS
El estudio científico de los materiales semiconductores compuestos
de las columnas III y V de la Tabla Periódica comenzó a principios de
la década de 1950. Habían pasado muy pocos años desde la invención
del transistor y nadie se había dado cuenta todavía de la importancia
que iba a adquirir el silicio. El trabajo pionero fue realizado por Heinrich Welker[5], que había trabajado en el desarrollo del primer transistor
europeo, conocido como «transistron», junto con Herbert Mataré[6], en
el laboratorio de Erlangen de la empresa alemana Siemens. Welker se
había incorporado a Siemens en 1951 y encontró allí un entorno especialmente favorable a su interés por este nuevo y complejo mundo de los
semiconductores compuestos.
Siemens estaba interesada en estudiar la posibilidad de que alguno de
estos materiales pudiera tener propiedades que rivalizaran con la posición
aún algo insegura de los semiconductores elementales en el mundo de la
industria. En un principio, Welker decidió concentrarse en dos compuestos, el AlSb y el InSb, que confirmaron una serie de teorías relativas al
enlace químico, el valor del gap de energía prohibida, la movilidad de los
portadores de carga eléctrica, etc. Welker comprendió desde el principio
que era vital emplear materiales de partida lo más puros posible y dedicó
un esfuerzo considerable a purificar el aluminio, el indio y el antimonio

[5] A. Van Dormael, «Heinrich Welker», *IEEE Annals of the History of Computing*, 32, 72 (2010). DOI: 10.1109/MAHC.2010.39.
[6] I. Mártil, «El primer transistor europeo. Un éxito que pudo ser y no fue», *Rev. Esp. Fis.*, recogido en la Bibliografía.

antes de obtener pequeños cristales de esos semiconductores a partir de las mezclas adecuadas.

Welker prosiguió sus estudios fundamentales y Siemens no tardó en sacar provecho de su trabajo. En 1952 patentaron los semiconductores III-V y los dispositivos que pudieran fabricarse con ellos. Parece sorprendente que pudieran hacerlo pero no pudieron defender la patente con éxito; poco a poco fueron apareciendo solicitudes de otras muchas empresas de Europa y del otro lado del Atlántico. Más concretamente, el descubrimiento más espectacular de Welker había sido la medida de la extraordinariamente alta movilidad electrónica del InSb que, en su material más puro, alcanzaba valores hasta 30 veces superiores a los valores típicos del Si. Siemens pronto encontró formas prácticas de explotar esta propiedad para medir campos magnéticos con una precisión sin precedentes, mediante dispositivos conocidos como sondas Hall.

Poco después, en Inglaterra, se comenzó a trabajar con el GaAs como rival potencial del Si para fabricar transistores bipolares. Esto se basaba en su movilidad electrónica mucho mayor, aproximadamente cinco veces la del Si, que prometía el funcionamiento de los transistores a frecuencias mucho más altas de las que se podían alcanzar con el Si. El gap del GaAs es de 1.4 eV y su temperatura de fusión de 1238º C, ligeramente inferior a la del Si, y es químicamente estable. Sin embargo, tenía un inconveniente muy molesto y difícil de sortear: la presión de vapor del arsénico en el punto de fusión era extremadamente alta, lo que provocaba numerosas explosiones cuando crecían cristales a partir de la fusión llevada a cabo en frágiles tubos de cuarzo. Esto dificultaba un posible uso comercial, por lo que había que hacer algo para desarrollar un método viable de crecimiento de cristales.

El avance decisivo, siguiendo el ejemplo del Ge y el Si, fue experimentar con la técnica de Czochralski. Un científico alemán, R. Gremmelmaier, lo llevó a cabo en 1955 y desarrolló una técnica denominada Liquid Encapsulated Czorchalski (LEC), que analizo en el capítulo 5 de este libro, donde veremos en qué consiste. Los primeros transistores fabricados con el GaAs obtenido con esta técnica tenían una ganancia casi inexistente, lo que podría haber sido fácilmente el final de una «burbuja GaAs» si los protagonistas no hubieran decidido seguir, a pesar de las dificultades. Los trabajos prosiguieron y, en la década de 1960, el GaAs encontró nuevas utilidades y se pudo demostrar la posibilidad de fabricar transistores de efecto campo capaces de trabajar a frecuencias de trabajo más elevadas que las del Si: nacía el MESFET, transistor de efecto de campo metal-semiconductor. El funcionamiento del MESFET es muy similar al del MOSFET de Si, que describo en el siguiente capítulo, por lo que aquí no entraré en más detalles.

Durante el periodo comprendido entre 1960 y 1980, el Si continuaba su progresión a toda velocidad, mientras que la del GaAs se enfrentaba permanentemente a grandes dificultades. Entre los que nos dedicamos a este mundo, se convirtió en un cliché decir que «el GaAs es el semiconductor del futuro y siempre lo seguirá siendo». En retrospectiva, se puede ver que era bastante falso, pero no obstante reflejaba una opinión muy extendida. Un famoso científico, J.B. Gunn, describió en una ocasión el GaAs como «solo germanio con un protón desplazado», basándose en el hecho de que el átomo de galio se sitúa inmediatamente a la izquierda del germanio en la Tabla Periódica y tiene un protón menos, mientras que el arsénico se sitúa inmediatamente a la derecha y tiene un protón más. Esta relación implica que los dos materiales son muy similares en algunas de sus propiedades físicas, como la densidad y el parámetro de red –una medida de la distancia entre átomos vecinos–, aunque difieren en muchas propiedades electrónicas debido a las diferencias en los enlaces químicos. Los cristales de Ge se mantienen unidos mediante lo que los químicos denominan enlace covalente, que se describe en el Apéndice, mientras que en el GaAs el enlace químico entre sus elementos combina tanto enlace covalente como enlace iónico. Por razones en las que no me detendré, este enlace mixto hace que el gap del GaAs sea directo y también que su movilidad de electrones sea muy elevada. El gap directo y la alta movilidad de los electrones desempeñaron un papel clave en el futuro de nuevos dispositivos fabricados con este material, principalmente dos de ellos: el ya mencionado MESFET, por la alta movilidad de electrones, y el láser de semiconductor, por el gap directo[7].

4.1. Más allá de la electrónica: optoelectrónica

No toda la microelectrónica se centra en los circuitos integrados de Si, aunque es cierto que ese sector impulsa gran parte del campo, pues recibe la mayor parte de la atención de la prensa y las descomunales inversiones de los Estados que desean tener plantas de fabricación de chips en sus territorios. Hay otros dispositivos y otras aplicaciones que también dependen de

---

[7] Para disponer de más detalles de estos dispositivos, recomiendo acudir al libro de J. W. Orton *Semiconductors and the Information Revolution: Magic Crystals that made IT Happen*, recogido en la Bibliografía.

semiconductores y que representan un segmento muy importante dentro de la industria microelectrónica.

Los dispositivos ópticos están recibiendo cada vez más atención a medida que la era de la información aumenta la necesidad de transferir datos. Dicho en una forma más coloquial, dondequiera que uno mire, encuentra pequeños puntos de luz de colores que brillan. Se trata principalmente de diodos emisores de luz o LED. El primer diodo práctico emisor de luz visible nació en 1962, cuando N. Holonyak lo creó a partir de una aleación Ga(As,P). Desde entonces, la progresión de los dispositivos de iluminación basada en LED ha sido espectacular, hasta el punto de que hoy en día la gran mayoría de los dispositivos de iluminación, tanto interior como exterior, están basados en LED. La figura 3.3 lo muestra.

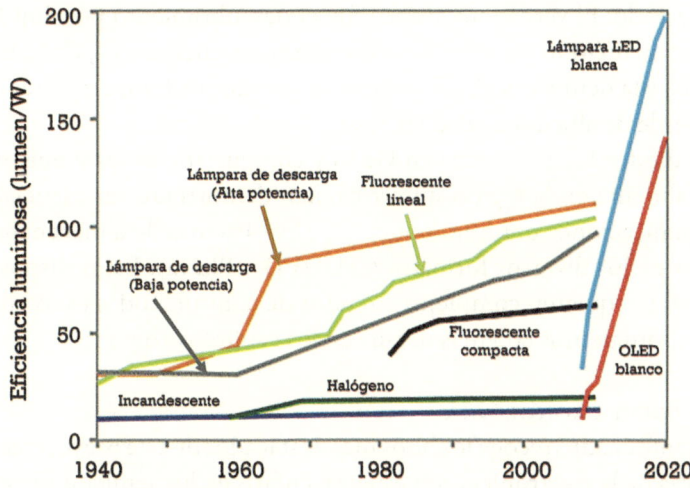

Figura 3.3. Evolución en el tiempo de la eficiencia luminosa de diferentes dispositivos emisores de luz. Los avances en los dispositivos fotónicos continúan a un ritmo asombroso[8].

La primera patente de un láser basado en semiconductores también es de 1962, pero disponer de un diodo láser de funcionamiento continuo a temperatura ambiente tuvo que esperar hasta el desarrollo, a principios de la década de 1970, de unas estructuras denominadas de «heterounión», concepto que veremos en el capítulo 11. El láser de semiconductor tiene

---

[8] S. Evanczuk, «Solar-Powered HB-LED Street Lighting», DigiKey, 8-agosto-2012 (https://bit.ly/4i1mgWk).

detrás una historia bastante curiosa que, por razones de claridad, describiré con detalle en ese capítulo. El uso del láser y de los LED ha crecido de forma explosiva en los últimos años, crecimiento que se ha visto impulsado desde finales del siglo pasado por el desarrollo de nuevos emisores eficientes de luz azul y verde a partir de los semiconductores compuestos de algunos elementos de las columnas III y V de la Tabla Periódica basados en nitrógeno: GaN, InGaN y AlGaN. Estos dispositivos permiten ahora generar el espectro completo de colores y, por tanto, fabricar pantallas emisoras a todo color.

Los primeros emisores de luz azul y verde se basaban en compuestos de las columnas II y VI de la Tabla Periódica, como el ZnS y CdS. Sin embargo, por diversas razones, no resultaron satisfactorios. Se hicieron varios intentos de desarrollar dispositivos basados en SiC, que tampoco tuvieron el éxito deseado. El verdadero avance fue el descubrimiento por Suji Nakamura[9] de un método para producir los nitruros mencionados, GaN, InGaN y AlGaN, y la demostración de poder fabricar dispositivos emisores de luz azul y verde de alta intensidad en 1992.

Los diodos láser, basados en GaAs y compuestos afines y que emiten principalmente en la región infrarroja, han demostrado ser esenciales en las comunicaciones por fibra óptica y en los sistemas de almacenamiento de datos en los diversos formatos CD, DVD y Blu-ray. Estos dispositivos son caros y requieren complejos circuitos de control. Todas estas cuestiones las abordaremos con más detalle en los capítulos 10 y 11.

5. Una breve cronología

El siguiente cuadro recoge los hitos más destacados de este breve repaso por la historia de la electrónica, con especial énfasis en los semiconductores.

- **1905.** Diodo de vacío (J. A. Flemming).
- **1906.** Válvula de vacío triodo (Lee DeForest).
- **1916.** Técnica de crecimiento de cristales de Czochralski (J. Czochralski).
- **1926.** Primera patente de un transistor de efecto de campo (J. Lilienfeld).
- **1947.** Transistor de puntas de contacto (J. Bardeen, W. Brattain y W. Shockley).

---

[9] «Shuji Nakamura: Inventor of the High Brightness Blue LED (light emitting diode)», Radiant History (https://bit.ly/4hVN2j5).

- **1958.** Invención del primer circuito integrado (J. Kilby).
- **1959.** Primer circuito integrado comercialmente viable (R. Noyce).
- **1960.** Primer transistor práctico de efecto campo MOSFET (M. Atalla y D. Kangh).
- **1962.** Primer diodo práctico emisor de luz visible (N. Holonyak).
- **1962.** Primer diodo láser (varias empresas y centros de investigación).
- **1966.** Primer MESFET funcional (C. Mead).
- **1969.** Primer CCD (W. Boyle y G. Smith).
- **1971.** Primer microprocesador (Intel 4004).
- **1972.** Primer circuito integrado de GaAs (Hewlett Packard).
- **1976.** Primer circuito integrado de microondas de GaAs (Plessey Company).
- **1978.** Primer diodo láser de semiconductor de funcionamiento continuo a temperatura ambiente (varios laboratorios).
- **1992.** Primer diodo LED de luz azul comercial (S. Nakamura, Nichia).
- **1997.** Introducción de interconexiones basadas en cobre (IBM).
- **2012.** Primer circuito integrado con tecnología FinFET (Intel).
- **2023.** Primer circuito integrado con tecnología GAAFET (Samsung).

Obviamente no es una cronología pormenorizada, dado que recoge solo los que se consideran los grandes hitos de la ciencia y la tecnología electrónica basada en semiconductores. Con toda probabilidad, más de un lector echará en falta tal o cual invención, desarrollo, dispositivo, etc. En los diferentes capítulos del libro aparecerán muchos otros nombres e ideas que se pueden encontrar en la multitud de cronologías publicadas sobre el desarrollo histórico de la electrónica. Recomiendo al lector interesado consultar las referencias del pie de página[10].

---

[10] «Silicon Engine Timeline», Computer History Museum (https://bit.ly/3ZiimRG); «The History of Semiconductor», TEL Nanotec Museum (https://bit.ly/4eEdCKD).

Capítulo 4

¿Qué hay dentro de un chip?

Antes de meternos de lleno con el capítulo, vamos a responder a una pregunta previa: ¿qué aspecto tiene un circuito integrado actual al mirarlo con un microscopio? Se puede ver en la figura 4.1.

Figura 4.1. Imagen ladeada de un circuito integrado. Se han eliminado mediante ataques químicos selectivos los aislantes para dejar visibles únicamente las interconexiones metálicas. La escala se especifica en la línea punteada de la esquina inferior derecha[1].

Lo que se aprecia en la imagen son finas pistas metálicas de interconexión entre transistores, que no se ven en la imagen, ya que quedan por debajo del mallado mostrado. Podemos hacer un símil de un circuito integrado con una gran ciudad: los edificios serían los transistores; las calles y avenidas, las interconexiones entre los transistores y las personas, los electrones moviéndose a través de las pistas de interconexión.

En los chips más avanzados hay ¡miles de millones de transistores!, por lo que hay que realizar hasta quince «pisos» diferentes de interconexión.

---

[1] Spirit Electronicas (https://bit.ly/4fQbS1Y).

Los transistores se encargan de realizar todas las operaciones necesarias que requiera la aplicación a la que va destinado el chip, esencialmente transferir de un lugar a otro pequeños paquetes de electrones que llevan la información.

Sí, ha leído bien, miles de millones. Asombroso, ¿verdad? Pues aún lo es más si piensa que esos transistores ocupan poco más de un centímetro cuadrado de superficie. Entonces, ¿qué tamaño tienen? Se dice con frecuencia que una imagen vale más que mil palabras, así que ahí va la figura 4.2, que le dejará mudo.

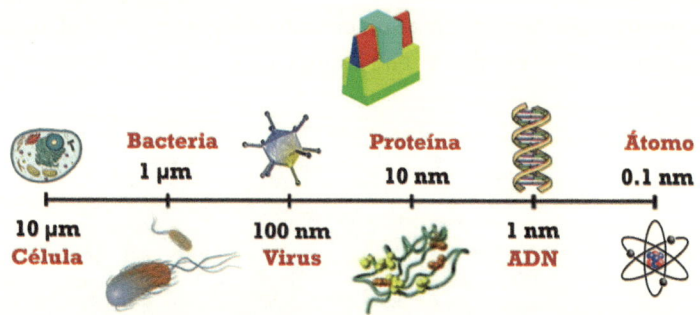

Figura 4.2. Comparando tamaños con la biología. Algunos dispositivos actuales son tan pequeños como una proteína: el transistor de la imagen es un FinFET, en el que algunas dimensiones son menores de 10 nm. Lo veremos en el punto 3.

Pues sí, son realmente pequeños. Seguro que siente curiosidad por saber cómo se puede fabricar algo así. Un poco de paciencia, eso lo veremos en el capítulo 5. Lo que sí es conveniente y oportuno recordar aquí es que no siempre han sido tan pequeños. Desde los comienzos de la tecnología electrónica, que podemos situar en la invención del circuito integrado, a comienzos de la década de 1960, hubo una premisa que ha guiado desde entonces a la industria: integrar cada vez más transistores en una determinada superficie de chip, con un objeto evidente: hacer chips con mayor potencia de cálculo o de almacenamiento de datos. Esa premisa, que guía desde entonces el devenir de la industria tiene un nombre: la Ley de Moore, tal y como hemos tenido ocasión de ver en el capítulo 2. Vamos a ver con cierto detalle qué es y cómo surgió esta ley.

1. UN POCO DE HISTORIA: LA LEY DE MOORE

En 1965, Gordon Moore, por entonces director de I+D de Fairchild, escribió un artículo para la revista *Electronics*, con el llamativo título «Cramming more components onto integrated circuits» («Abarrotar los circuitos integrados con más componentes»), en el que describía cómo se había duplicado en cada uno de los cuatro años anteriores el número de transistores que podían integrarse en un chip. Si se mantenía este ritmo, preveía que el número de transistores por chip alcanzaría los 65.000 en 1975. La figura 4.3 lo muestra.

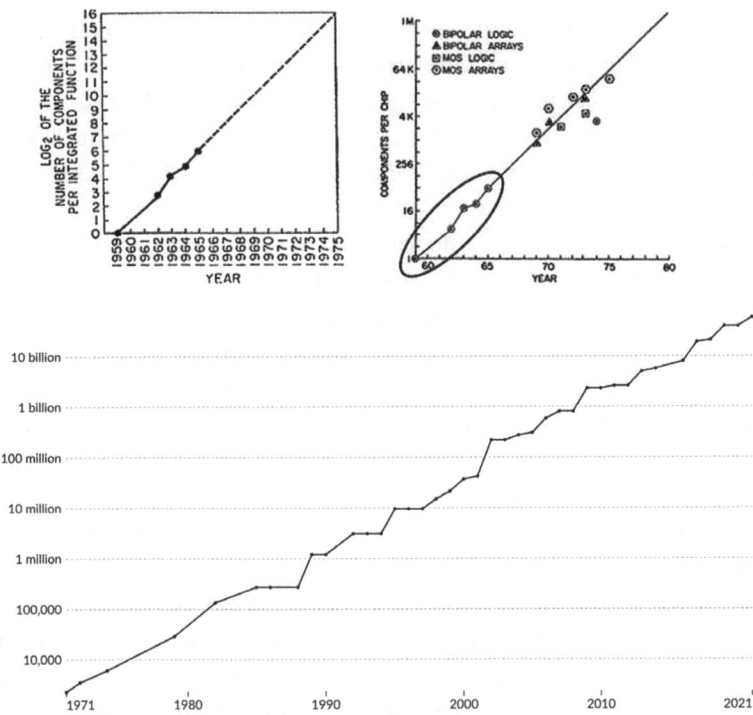

Figura 4.3. Izquierda arriba: la gráfica original de 1965 que describe la Ley de Moore. Nótese lo extraño de la escala del eje vertical, es un logaritmo en base 2, una forma muy poco habitual de mostrar datos. Derecha arriba: número de transistores contabilizados en los chips hasta 1975, incluyendo los cinco datos de la primera predicción realizada en 1965[2]. Abajo: la Ley de Moore, desde la aparición del primer microprocesador en 1971 hasta hoy. El «billion» del eje vertical es 1.000 millones[3].

---

[2] G. Moore, «Cramming more components onto integrated circuits» y «Progress in digital integrated electronics», recogidos en la Bibliografía.
[3] K. Rupp, «Microprocessor Trend Data (2022), processed by Our World in Data», (https://bit.ly/4fRDMLz).

Es decir, la Ley de Moore no es una ley de la naturaleza o de la ciencia, sino una observación de Gordon Moore, que evolucionó a lo largo de los años y se convirtió en una de las máximas más conocidas de la tecnología microelectrónica. Como tendencia imperativa, ha servido de principio impulsor de la industria de fabricación de los chips desde su formulación original hasta el día de hoy. La figura 4.3 muestra la gráfica original que Moore dibujó en 1965 para describir esta regularidad y la corrección posterior que hizo en 1975. Su hipótesis era que esta relación continuaría a un ritmo similar en los siguientes años. Según sus palabras: «No hay ninguna razón para creer que no se mantendrá constante durante al menos diez años». No le faltaba razón, ya que la tendencia que predecía su gráfica se viene manteniendo desde entonces, es decir, desde hace más de medio siglo.

En los primeros tiempos de los circuitos integrados solo había unos pocos dispositivos en el circuito. Su número aumentó a cientos en los años sesenta, a miles y decenas de miles en los setenta, a millones y decenas de millones a principios de este siglo y a miles de millones en la actualidad. El tiempo de duplicación del número de transistores integrados en un dispositivo se ha movido hacia los dieciocho meses desde los doce meses iniciales, que fue lo que formuló Moore en su artículo de 1965. Moore representó en la gráfica el número máximo de componentes que los tecnólogos de la empresa en la que trabajaba entonces, Fairchild Semiconductors, habían sido capaces de introducir en un chip de silicio. Es decir, se valió exclusivamente de los datos de su propia empresa para un período temporal comprendido entre 1959 y 1965. Trazando una línea a través de solo cinco puntos de datos, se aventuró a decir que «con la reducción del coste unitario a medida que aumenta el número de componentes por circuito, en 1975 la economía y la tecnología podría permitir la inclusión de hasta 65.000 componentes en un único chip de silicio». Esto indicaba que, cada doce meses, se duplicaría el número de transistores integrados en un chip.

En 1975, Moore, que en ese momento era presidente y consejero delegado de Intel, señaló que los avances tecnológicos habían permitido hacer realidad su proyección del año 1965 y volvió a representar los datos disponibles hasta ese año para constatar que, efectivamente, diez años después de haberla enunciado, su ley se seguía cumpliendo, tal y como muestra la imagen superior de la derecha de la figura 4.3, aunque Moore modificó la tendencia y redujo su estimación del ritmo futuro de aumento de la complejidad a «una duplicación cada dos años, en lugar de cada año».

Al revisar de nuevo el estado de la industria en 1995, momento en el que un microprocesador Intel Pentium contenía casi cinco millones de transistores, Moore concluyó que «La predicción actual es que esto no va a parar pronto» –desde luego que no, de hecho, ¡todavía no ha parado!–. Los chips actuales siguen cumpliendo la predicción de Moore de 1965, lo que significa que hoy en día la ley no se ha frenado todavía.

La predicción de Gordon Moore se convirtió en una profecía autocumplida que guio las acciones y objetivos de las empresas del sector en todo el planeta. Para darnos cuenta de la importancia de esta gráfica, un conocido inversor del sector dijo en una breve nota publicada en 2015 que esa figura es «el gráfico más importante de la historia de la humanidad»[4]. De hecho, todo lo que veremos en este capítulo está inspirado en el cumplimiento de esa ley.

2. EL GRAN PROTAGONISTA: EL MOSFET

Estamos ya en condiciones de meternos de lleno en el interior de un chip y entender cómo funciona su principal protagonista. Buena parte del éxito de la Ley de Moore y de la industria microelectrónica en general se debe a que en 1960 se fabricó por primera vez un transistor que reunía todos los requisitos necesarios para poder reducirse de tamaño sin menoscabo de sus propiedades, hasta un cierto límite, que ya veremos. Ese dispositivo, casi por sí solo, ejerce un dominio absoluto del mercado actual: el transistor de efecto campo, más conocido como MOSFET, acrónimo de Metal Oxide Semiconductor Field Effect Transistor.

Sea cual sea la aplicación a la que vaya destinado el chip: telefonía móvil, inteligencia artificial, minado de criptomonedas, procesado de gráficos, etc., todos los chips contienen en su interior transistores MOSFET o alguna de sus variantes que veremos aquí. Desde unos pocos cientos en chips destinados a diversas funciones de un vehículo, a miles de millones en las aplicaciones más punteras. Lo que diferencia unos chips de otros, además del número de transistores, es su tamaño, tanto menor cuanto mayor sea el número de transistores y, muy importante, cómo se conectan entre sí tales transistores. Entrar en el detalle de las funciones que realiza un chip, como, por ejemplo, la CPU de un teléfono móvil o un chip destinado a una aplicación de Inteligencia Artificial, haría la lectura del capítulo muy farragosa y demasiado especializado como para poder seguirlo

---

[4] D. Laws, «Moore's Law@50: 'The most important graph in human history'», recogido en la Bibliografía.

sin dificultad. Por lo tanto, con lo único que debe quedarse el lector, que no es poco, es con lo que aquí vamos a ver, cierto detalle del aspecto y el funcionamiento de esos transistores.

Principio descriptivo de operación del MOSFET
El MOSFET se basa en una idea relativamente sencilla de entender, pero difícil de llevar a la práctica. Es un dispositivo que controla el paso de electrones de una zona del dispositivo a otra y, en consecuencia, de la corriente eléctrica. Para realizar esa función, dispone de tres terminales denominados «drenador», «puerta» y «fuente», tal y como muestra la figura 4.4.

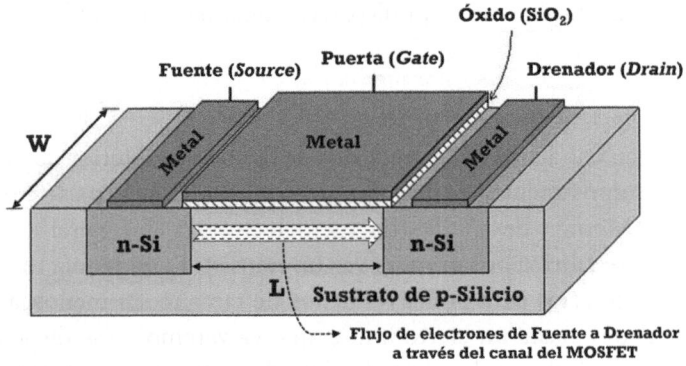

Figura 4.4. Sección transversal de un MOSFET, detallando la geometría del dispositivo, la denominación de cada zona y el proceso de conducción entre la fuente y el drenador.

De acuerdo con la figura anterior, el propósito esencial del dispositivo es permitir o evitar el paso de corriente entre las zonas que se denominan «fuente» (en lo que sigue, S, de Source) y «drenador» (en lo que sigue, D, de Drain), controlando la tensión que se aplica en la zona intermedia, la «puerta» (en lo que sigue, G, de Gate). Como se puede ver en la figura 4.4, esta zona la integran un metal, un aislante que es óxido de silicio, SiO_2, y el semiconductor situado justo debajo. Esta zona se conoce como la estructura MOS (Metal-Oxide-Semiconductor) del dispositivo y es su elemento esencial.

La región del semiconductor que se encuentra justo debajo del óxido se denomina «canal», tiene una longitud L y actúa como barrera para el paso de los electrones desde la fuente (S) al drenador (D.) Esa barrera se puede suprimir aplicando una tensión eléctrica al metal de la puerta. En ese momento se dice que el canal se abre y la corriente puede fluir entre ambas zonas del dispositivo, de manera que el voltaje aplicado a la puerta se encarga de modular esa corriente; en otras palabras, a mayor tensión en la puerta, mayor corriente entre S y D. Por el contrario, si al metal de la puerta se le aplica una tensión de signo opuesto a la anterior, la barrera se incrementa: se dice entonces que el canal está cerrado, no existiendo en este caso flujo de electrones entre S y D. Una vez que se ha abierto el canal, el tránsito de los electrones desde la S hasta el D es tanto más rápido cuanto más corta es la longitud L del canal. Por consiguiente, cuanto más reducido sea este, más rápido será el dispositivo, de ahí que sea una tendencia desde los orígenes de la tecnología MOSFET acortar esa dimensión y, en consecuencia, todas las demás. La figura 4.5 muestra la barrera que hay en el canal y como se reduce tras la aplicación de una tensión positiva en la puerta:

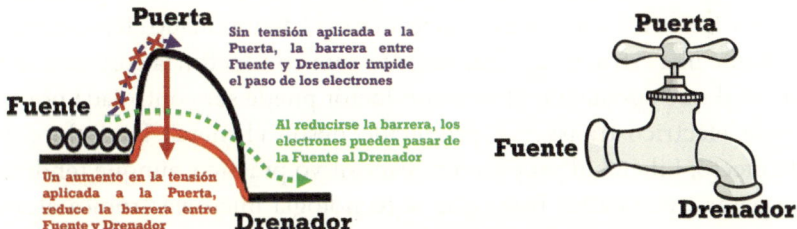

Figura 4.5. Izquierda: esquema de la barrera que encuentran los electrones en la fuente para alcanzar el drenador. Cuando aumenta la tensión en la puerta, la barrera se reduce y los electrones pueden fluir desde la Fuente hacia el drenador. Derecha: equivalente simplificado del MOSFET: el flujo de agua desde la fuente (la tubería) al drenador (la boca del grifo), se regula con la puerta (la llave del grifo). Aquí, el agua juega el papel de la corriente eléctrica en el dispositivo.

De lo descrito en el párrafo anterior se puede deducir que el funcionamiento del MOSFET es parecido al de un conmutador: está apagado para tensiones de puerta de un signo y encendido para las del otro. En definitiva, su correcta operación depende del control que ejerce la estructura metal-óxido-semiconductor que hay en la puerta y será tanto más rápido cuanto más corta sea la longitud del canal[5]. A continuación, vamos a ver los orígenes del MOSFET y su evolución hasta llegar a los dispositivos actuales y los que vendrán en un futuro más o menos inmediato.

---

[5] En este vídeo se muestran las ideas expuestas en este párrafo: https://www.youtube.com/watch?v=tz62t-q_KEc.

2.1. La partida de nacimiento del MOSFET
i) Un nacimiento prematuro y frustrado

Podemos decir que la actual revolución digital no nació ni en EE. UU., ni en ninguno de los países científicamente a la cabeza de la innovación digital, sino que surgió en Ucrania. Es más, si atendemos a la fecha de nacimiento de su progenitor, podemos decir que el origen de la actual revolución digital hay que situarlo ¡en el Imperio austrohúngaro! En efecto, el científico Julius E. Lilienfeld –nacido en Lvov, en la actualidad Ucrania; hasta 1918, Imperio austrohúngaro– propuso a lo largo del período 1926-1933 las ideas esenciales de funcionamiento de los dispositivos de efecto campo, ideas que registró en tres patentes: US 1745175, US 1877140 y US 1900018[6].

En esas patentes describía el sistema teóricamente más simple de controlar la corriente en un material semiconductor, de un modo parecido a como se hace en una válvula de vacío, que es el denominado efecto campo. Mediante una estructura metal-aislante-semiconductor, la corriente longitudinal que circula por el semiconductor puede ser controlada por un campo eléctrico transversal producido desde el metal. Basándose en este efecto, Lilienfeld propuso un dispositivo práctico, aunque tendrían que pasar treinta años hasta que la tecnología microelectrónica alcanzara un grado de madurez suficiente como para construir un dispositivo operativo.

Ya antes de la Segunda Guerra Mundial, en los Laboratorios Bell se investigaba en esta dirección, tratando de llevar a la práctica las ideas de Lilienfeld. Sin embargo, todos los intentos resultaron infructuosos debido a que, en esos años, el conocimiento de la física de los semiconductores era incompleto y la tecnología de estos materiales, inadecuada.

De manera independiente, el científico alemán Oskar Heil, mientras trabajaba en la Universidad de Cambridge, patentó en 1934 el que puede considerarse el primer transistor de efecto campo –patente GB 439457–[7]. Tanto las patentes de Lilienfeld como la de Heil fueron registradas y aceptadas, pero nunca pudieron llevarlas a la práctica, porque el estado de la tecnología y del conocimiento sobre semiconductores existente en aque-

---

[6] J. E. Lilienfeld, «Method and apparatus for controlling electric currents» (https://bit.ly/4hTZrUJ); «Amplifier for electric currents» (https://bit.ly/3Zj4NBy); «Device for controlling electric current» (https://bit.ly/4fAPI4b).
[7] O. Heil, «Improvements in or relating to electrical amplifiers and other control arrangements and devices» (https://bit.ly/3V36osP).

llos años era insuficiente e inadecuado, lo que impidió fabricar dispositivos funcionales con sus ideas. Es decir, el transistor de efecto campo, al menos, las ideas para llevarlo a la práctica, es anterior al transistor bipolar, aunque en la historia quedó registrado este último como el primer transistor operacional, tras los desarrollos de los Laboratorios Bell que culminaron en diciembre de 1947, tal y como describí en el libro *Microelectrónica. La historia de la mayor revolución silenciosa del siglo xx*, recogido en la Bibliografía.

Aunque conceptualmente el MOSFET es más sencillo que el transistor bipolar, su fabricación se enfrentó durante décadas a un problema irresoluble, ya que para construir un MOSFET se necesita un aislante depositado sobre la superficie del silicio y ahí se encuentra el cuello de botella de la tecnología del dispositivo, que impidió su materialización práctica hasta que se resolvió adecuadamente. En efecto, para realizar las funciones de control del flujo de corriente, la estructura MOS intermedia debe fabricarse de manera que se obtenga una intercara entre el óxido (SiO_2) y el silicio, que debe estar absolutamente libre de defectos; si no es así, en esa intercara se atrapa carga, impidiendo su funcionamiento. Esa fue la causa del retraso en el desarrollo de la tecnología MOSFET, que solo pudo llevarse a la práctica cuando la madurez de la tecnología microelectrónica hizo posible construir una superficie de silicio libre de defectos, junto con un aislante excepcional, como es el SiO_2. Los detalles de esta cuestión clave los veremos en el siguiente capítulo.

ii) El primer MOSFET funcional

El avance decisivo se produjo en 1959, cuando los científicos M. M. Atalla y D. Kahng de los Bell Labs obtuvieron el primer dispositivo MOSFET funcional, al conseguir la pasivación efectiva de la superficie entre el SiO_2 y el silicio. Investigando en las propiedades de capas de SiO_2 crecido térmicamente, encontraron que la carga atrapada en la intercara SiO_2/Si se reducía drásticamente logrando un funcionamiento reproducible. La figura 4.6 muestra la figura clave de la patente de ese primer MOSFET operativo.

Pero el dispositivo de Atalla y Kahng era lento y no resolvía las necesidades de los sistemas de comunicaciones telefónicas, prioridad absoluta del negocio de A.T. & T. –los Bell Labs eran los laboratorios de investigación de esa compañía–, por lo que no se continuó con su desarrollo. No obstante, en un informe que elaboró en 1961, Kahng señaló el enorme potencial que tenía el MOSFET debido a su facilidad de fabricación, lo que posibilitaba incorporarlo en los circuitos integrados que por aquellos años empezaban a comercializarse. Esta falta de perspectiva ante lo que tenían entre manos fue el inicio del declive de A.T. & T., compañía hegemónica en el campo de las comunicaciones hasta ese momento.

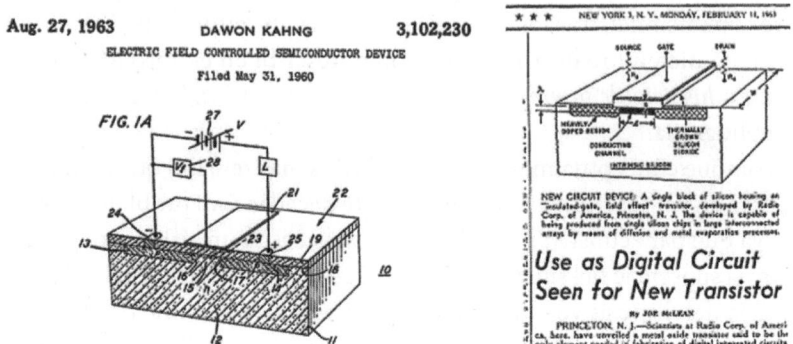

Figura 4.6. Izquierda: patente de D. Kahng para el primer MOSFET funcional. Derecha: la noticia del primer dispositivo comercial de la compañía RCA en la prensa generalista[8].

Casi simultáneamente, varios científicos de las compañías Fairchild y RCA se percataron de las ventajas del MOSFET y en 1960 ambas empresas fabricaron dispositivos funcionales. Poco tiempo después, en 1962 científicos de RCA fabricaron el primer circuito integrado con 16 transistores MOSFET, aunque no llegó a comercializarse por su elevado coste. Finalmente, en 1964 los dispositivos MOSFET llegaron al mercado de la mano de General Microelectronics y Fairchild, que comercializaron dispositivos para aplicaciones de conmutación y para amplificación, respectivamente. Ese mismo año, se comercializó el primer circuito integrado con tecnología MOS, de General Microelectronics.

Desde su incorporación al mercado, la tecnología MOS mostró dos ventajas que la hicieron superior a la bipolar: menos pasos de fabricación que la tecnología bipolar, lo que se traduce en costes de fabricación más bajos y mayores rendimientos, entendiendo por tal el cociente entre el número de circuitos funcionales y el número total de circuitos fabricados. Y una tercera esencial: el transistor bipolar no puede reducirse de tamaño sin degradar sus características operativas, mientras que el MOSFET puede reducirse sin comprometer su funcionamiento. Esto último es crítico, ya que la reducción del tamaño del MOSFET redunda en una mayor

---

[8] K. Dawon, «Electric field-controlled semiconductor device» (https://bit.ly/4fX-olOd); «VLSI design MOSFET» (https://bit.ly/3CGEjB4).

rapidez de respuesta unida a un menor consumo de potencia eléctrica de cada transistor.

Lo que vino en los años siguientes fue una evolución vertiginosa de la tecnología hasta llegar a hoy en día, cuando los circuitos integrados basados en MOSFET representan el 99% del mercado de los chips, aunque alcanzar tal predominio llevó décadas de esfuerzo y de mejora impresionante de la tecnología microelectrónica, según vamos a ver a continuación.

2.2. El MOSFET en la actualidad

Usted seguramente no lo sabe, pero lleva el MOSFET en su bolsillo –o sus evoluciones, FinFET y GAAFET, que analizamos en los puntos 3 y 4 de este capítulo–. Miles de millones de ellos trabajan para usted a cada instante. Gracias a ellos, puede estar seguro de que, si alguien quiere ponerse en contacto con usted, ellos se encargarán de lograr la comunicación; gracias a ellos, puede hablar con la persona que quiera, esté en la calle de al lado o en la avenida principal de Melbourne; gracias a ellos, las fotos de sus hijos, paraje, amigos, etc. le acompañan permanentemente. Su teléfono móvil los alberga, también el GPS de su automóvil, el ordenador de su casa o su trabajo, la televisión donde ve sus series favoritas, puede que hasta su reloj. Vamos a ver en los siguientes puntos algunas peculiaridades de este dispositivo incomparable y ubicuo.

Figura 4.7. Imagen del corte transversal de un MOSFET, tomada por microscopía electrónica. En la esquina inferior izquierda se muestra la escala, lo que permite hacerse una idea del tamaño tan reducido del dispositivo[9].

---

[9] S. Dixon-Warren, «A review of 28 nm process», Tech Insights (https://bit. ly/3CIs8Ur).

i) El MOSFET más avanzado: nodo de 28 nm

Antes de empezar este epígrafe, el lector no especialista habrá leído una palabra que probablemente no le diga nada: nodo. El concepto «nodo tecnológico» tiene una importancia extraordinaria, debido a lo que le dedico un capítulo específico, el 7. Por el momento, baste con saber que es una medida de lo avanzado que es un chip: cuanto más pequeño sea el número que le acompaña, más potente es ese chip.

Baste un dato para entender la relevancia de lo que estamos tratando en este apartado: en términos del número de transistores funcionando en la actualidad, se estima que en el mundo hay una cifra de MOSFET que supera holgadamente 10^{22} desde su invención en 1960, es decir, la inabarcable cantidad de más de diez mil trillones de transistores, que lo hace el dispositivo fabricado por el ser humano más numeroso de la historia. La figura 4.7 muestra un MOSFET actual.

En los primeros tiempos de los circuitos integrados, los chips basados en transistores bipolares fueron hegemónicos en el mercado debido a su gran madurez tecnológica. Con la llegada de la electrónica digital, el MOSFET comenzó a dominar el mercado hasta llegar al momento presente, en el que el 99% de los chips que se comercializan están basados en MOSFET. Esto se debe a varios factores que se pueden resumir así:

i. «Sencillez» de la fabricación de los dispositivos MOSFET, que permite, entre otras cosas, una gran reducción del tamaño de los transistores, lo que redunda a su vez en una mayor escala de integración de los chips basados en la tecnología MOSFET frente a los bipolares. Este aspecto, el del tamaño reducido de los transistores, es crucial para entender su dominio en la actualidad.

ii. Mayor rapidez de conmutación de los chips basados en transistores MOSFET. En electrónica digital, toda la información se codifica a los dígitos binarios 1 y 0, y dado que el MOSFET funciona esencialmente como un conmutador, esa función la cumple con superioridad frente al transistor bipolar.

iii. Bajo consumo de potencia. En las acciones de conmutación entre 1 y 0, el MOSFET apenas disipa potencia frente al transistor bipolar, lo que hace preferible el primero, en especial en circuitos de muy alta escala de integración, donde el consumo es un factor extremadamente crítico.

Unas dimensiones tan reducidas como las que muestra la figura 4.7 conllevan infinidad de problemas de carácter tecnológico, ya que es extremadamente complejo obtener dimensiones tan pequeñas de manera repetitiva, lo que hace que los circuitos MOSFET se puedan considerar la vanguardia de la tecnología microelectrónica. Y surge una pregunta natural: ¿por qué hay que integrar cada vez más transistores en un chip? Esencialmente, para poder realizar operaciones más complejas en menos tiempo; piénsese, por ejemplo, en las capacidades de los teléfonos móviles de hace diez años y en las que tienen en la actualidad. Ese aumento en las prestaciones se debe a una sinergia asombrosa entre un software cada vez más desarrollado, con un hardware –es decir, con un chip– cada vez más potente. Buena parte de la responsabilidad de ese avance tecnológico sin parangón se debe a las propiedades del MOSFET.

3. El FinFET

Para seguir aumentando el número de transistores a integrar en un chip, hay que incorporar nuevas ideas en el diseño y la fabricación, que se traducen en la puesta en marcha de nuevos conceptos a la hora de construir los dispositivos. A principios de la década de 2010, se introdujo en las cadenas de fabricación de chips un nuevo concepto: el transistor vertical sobre la oblea del semiconductor. Los dispositivos resultantes de este nuevo y revolucionario concepto se denominan FinFET –Aleta FET– debido a que la zona de control del dispositivo, la puerta, tiene forma de aleta. Estos dispositivos ya se incorporan desde 2012-2013 en chips comercializados por los gigantes de la electrónica Intel, Samsung y TSMC.

Los FinFET nacieron como resultado de la ralentización en el ritmo de integración de dispositivos, por los problemas señalados en el párrafo anterior, ya que, para lograr los grandes aumentos en los niveles de integración de hoy en día, muchos parámetros de diseño y fabricación han cambiado. Fundamentalmente, los tamaños de los dispositivos se han reducido para permitir que se fabriquen más dispositivos dentro de un área determinada. Esto ha hecho necesario analizar otras opciones más revolucionarias como un cambio en la estructura del transistor MOSFET plano tradicional, cuya imagen hemos visto en la figura 4.7.

Lo que en esencia plantea el FinFET es fabricar el dispositivo en vertical, en vez de en horizontal, como se muestra en la figura 4.8, donde se detalla la estructura de un MOSFET tradicional, fabricado en horizontal, junto con un dispositivo vertical, el FinFET.

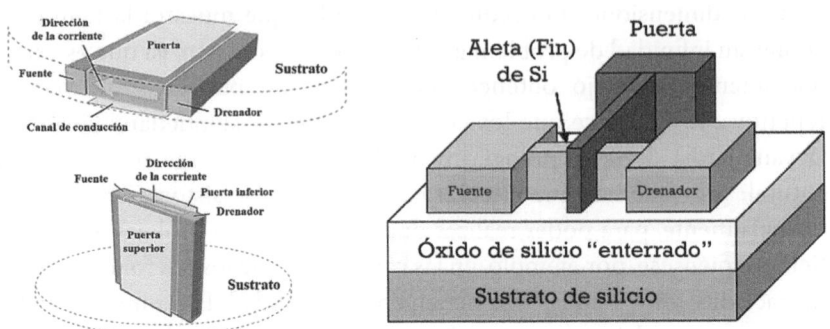

Figura 4.8. Izquierda: esquema de un MOSFET tradicional y esbozo del concepto FinFET, con la reducción de la huella que deja en la superficie de la oblea de silicio donde se fabrica. En este caso, la estructura se construye en vertical, reduciendo el espacio que ocupa en la oblea. Derecha: esquema detallado de un FinFET.

El objetivo de esta nueva disposición es doble: de una parte, reducir las fugas de corriente a través del canal del transistor –no entraré en más detalles sobre esta cuestión– y, de otra, reducir el espacio que ocupa cada dispositivo en la superficie del semiconductor, con objeto de poder aumentar el número de estos a incluir en el chip. En esencia, con las estructuras FinFET y, en general, con los dispositivos GAAFET, la nueva generación de transistores que veremos en el siguiente punto, se reduce sustancialmente el área que ocupa cada dispositivo en la oblea, permitiendo aumentar la densidad de integración por encima de lo que es posible con las estructuras planares convencionales, que se puede decir que ya han llegado al límite del número de dispositivos que incorporan en un chip. Desde noviembre de 2013, TSMC comercializa chips con tecnología FinFET, siendo el primero en el mundo en hacerlo, a los que después se han sumado los otros dos grandes: Intel y Samsung.

En la figura 4.9 se muestra una zona de un procesador Samsung Exynos 8 donde apreciamos una vista inclinada de un conjunto de transistores FinFET fabricados en el nodo de 14 nm. Los canales del transistor están formados como aletas de silicio que van desde la parte inferior izquierda a la parte superior derecha de la fotografía. Las aletas están enterradas bajo dieléctricos y no son visibles, por lo que se han dibujado flechas para indicar su orientación. Las puertas de metal se encuentran en la dirección perpendicular, envolviendo los lados y la parte superior de las aletas. Se ven grandes contactos de fuente y drenador (S/D) a ambos lados de los electrodos de puerta. Con la tecnología FinFET también se pueden realizar los dispositivos CMOS, las puertas lógicas esenciales para la realización de todas las operaciones binarias que se llevan a cabo con los transistores basados en estos dispositivos. Se muestran también en la parte inferior de la imagen.

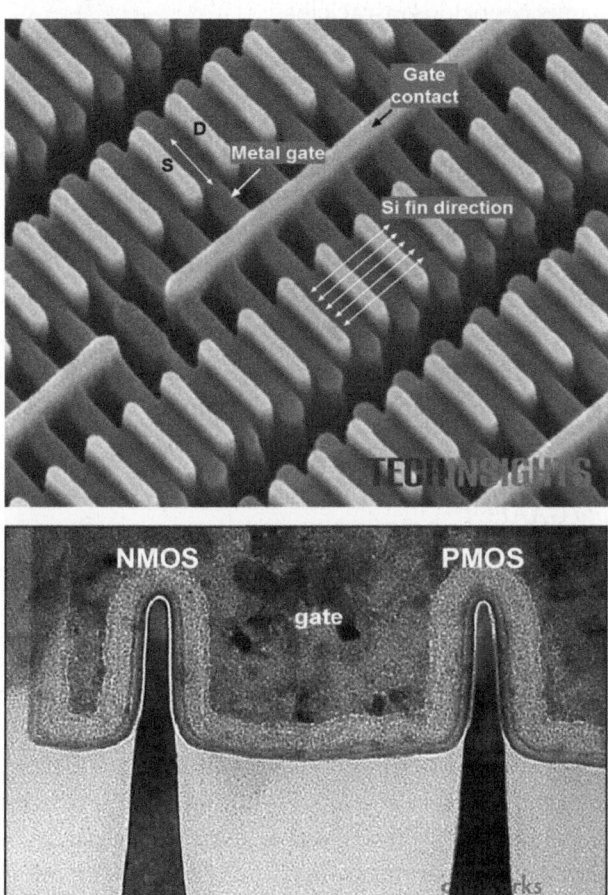

Figura 4.9. Arriba: vista inclinada de un conjunto de transistores FinFET fabricados en el nodo de 14 nm, se indican los detalles del dispositivo. Abajo: vista en corte transversal de un inversor CMOS en tecnología FinFET, también fabricado en el nodo de 14 nm[10].

---

[10] K. Gibb, «Samsung's 14 nm LPE FinFET Transistors», *EE Times*, 19-enero-2016 (https://bit.ly/3YZl9oW); D. James, «Moore's law continues into the 1x-nm era», *27th Annual SEMI Advanced Semiconductor Manufacturing Conference (ASMC)*, (2016): 324-329. DOI: 10.1109/ASMC.2016.7491159

Los dispositivos FinFET y, en general, los GAAFET abren la puerta a soluciones que son muy conocidas en arquitectura, y es que no hay más que mirar lugares como Manhattan, Hong Kong o Tokio: una vez que el espacio horizontal está saturado, hay que mirar hacia arriba y edificar en vertical, los muy conocidos rascacielos.

4. EL GAAFET (**)

Uno de los problemas que presenta los tamaños tan reducidos de los transistores es que sus posibilidades se encuentran auténticamente al límite, unido a algo que es evidente: el escalado no puede continuar para siempre porque los transistores los podemos seguir reduciendo de tamaño, pero hay un límite obvio: ¡no pueden ser más pequeños que un átomo! Eso significa, entre otras cuestiones, que ya no es posible seguir fabricando los transistores «clásicos», puesto que no es viable seguir reduciendo todas las dimensiones sin comprometer de modo irreversible su funcionamiento. Ese límite se conoce en el argot científico como los límites de escalado de los dispositivos MOSFET.

i) El concepto GAAFET

Para abordar uno de los problemas críticos, las fugas de corriente a medida que se reduce la anchura de la puerta, el GAAFET envuelve la puerta alrededor de todo el canal. De este modo se consigue un mejor control de los portadores de carga eléctrica que atraviesan el canal para reducir estas fugas y mejorar el consumo total de energía, sobre todo en modo de espera.

El GAAFET –Gate All Around FET o Transistor de Efecto Campo de Puerta Perimetral o «todo alrededor»– quizá se convierta en la evolución natural del FinFET y, tal vez, será el dispositivo clave de los chips del próximo futuro, ya que promete mayor rendimiento, menor consumo y menos fugas de corriente de las que tiene el FinFET. Su diferencia esencial con el FinFET estriba en la posibilidad de transportar más corriente sin aumentar el tamaño del dispositivo y, lo que es crucial, manteniendo reducida su huella en el chip. En estos dispositivos la corriente fluye a través de varias capas finísimas de silicio, apiladas una encima de otra, que están completamente rodeadas por el aislante de la puerta del transistor, tal y como muestra la figura 4.10.

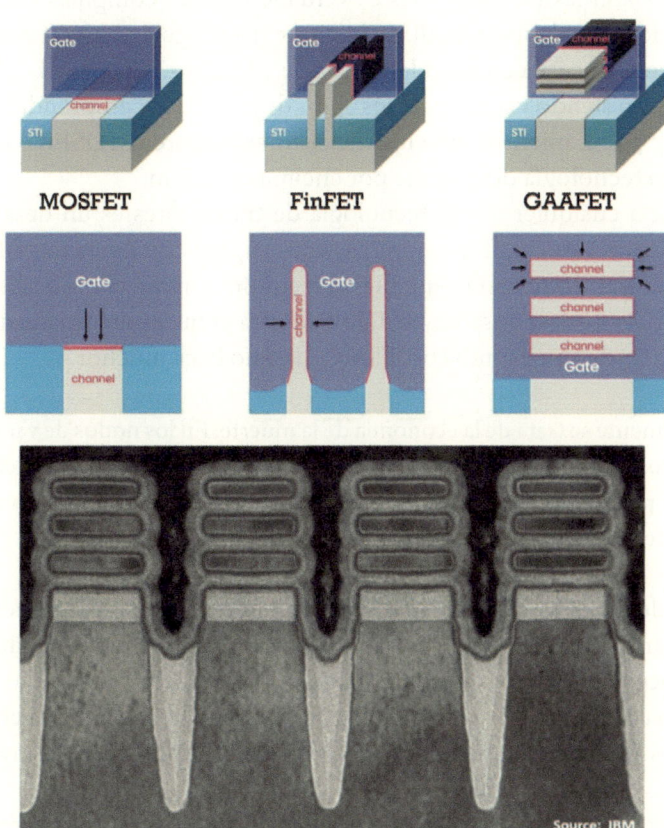

Figura 4.10. Arriba: ilustrando las diferencias entre MOSFET, FinFET y GAAFET. Abajo: imagen tomada al microscopio de un corte transversal de la puerta de un GAAFET. La anchura de cada apilado es del orden de 10 nm[11].

Sin duda, el FinFET ha sido un gran éxito. Desde 2012, ha sido el caballo de batalla de los chips de vanguardia, pero todo lo bueno también termina. Con el nodo de 3 nm, los FinFET sencillamente ya no están a la altura. Excelente como es, el FinFET también tiene sus problemas: puede conducir más corriente y conmutar más rápido, pero también requiere un proceso de fabricación más complejo y costoso. No entraré en más detalles

---

[11] «3nm GAA MBCFET™: Unrivaled SRAM Design Flexibility, Samsung Tech Blog, 21-junio-2023 (https://bit.ly/4g1IRAC)»; S. Davis, «IBM Announces 2nm GAA-FET Technology – the Sum of «Aha!» Moments», *Semiconductor Digest*, 3-junio-2021 (https://bit.ly/3V3EIUA).

de cuáles son las razones, pues es verdaderamente complicado tratar de explicarlo con palabras sencillas. Créanme si les digo que no está a la altura de lo que se necesita en el nodo de 3 nm e inferiores. En todo caso, los Fin-FET siguen siendo viables para los chips de los nodos comprendidos entre 16 nm y 5 nm, mientras que los transistores planares MOSFET seguirán siendo la tecnología dominante por encima de 22 nm.

Pasar a cualquier nueva tecnología de transistores es un desafío, y la gran pregunta es cuántas empresas serán capaces de financiar, fabricar y comercializar de manera rentable esta continua reducción de dimensiones. Uno de los responsables de UMC, la otra gran compañía taiwanesa de fabricación de chips junto con TSMC, dijo no hace mucho:

> Realmente se trata de la economía de la muerte. En los nodos de vanguardia, los costes de las obleas son astronómicos, por lo que muy pocos clientes y muy pocas aplicaciones pueden permitirse aprovechar de manera rentable esta tecnología.

Sin duda, estas ideas abrirán todo un nuevo mundo en la electrónica. En los próximos años, las dimensiones de los dispositivos se reducirán a muy pocos nanómetros y será prácticamente imposible reducirlas más, lo que parece condenar a su fin a la Ley de Moore y, en general, a la era de los circuitos integrados tal y como los hemos conocido desde su invención, hace más de medio siglo.

Pronto nos quedaremos sin nanómetros para nombrar las generaciones de chips futuras, pero la experiencia nos dice que la industria de los semiconductores seguirá progresando, porque todavía hay muchas formas de avanzar en la tecnología más allá de la miniaturización en dos dimensiones (2-D) y también porque la demanda social de sistemas electrónicos cada vez más capaces es insaciable. El ejemplo evidente de esto es al auge de la Inteligencia Artificial, que se sustenta precisamente en los chips más avanzados[12].

En conclusión, podemos dar por seguro que la creatividad que los ingenieros y diseñadores de estos dispositivos han demostrado durante más de cincuenta años permitirá «arrebatar la victoria de las fauces de la derrota». No tengo la menor duda de que el futuro de la tecnología microelectrónica seguirá deparándonos sorpresas.

---

[12] R. Toes, «The Geopolitics of AI chips will define the future of AI», *Forbes*, 8-mayo-2023 (https://bit.ly/4fYeKKi).

5. LOS OTROS COMPONENTES CLAVE DE UN CHIP: EL ALMACENAMIENTO DE LA INFORMACIÓN

Hasta ahora, nos hemos ocupado de los dispositivos que realizan las funciones lógicas en un chip, que en esencia es conmutar de encendido a apagado y viceversa. Ahora, para finalizar el capítulo, nos vamos a detener en el otro elemento clave de la electrónica moderna: los datos, qué son y cómo se guardan en los dispositivos que los utilizan. Si por algo se caracteriza la electrónica en la actualidad, es por la descomunal cantidad de datos que maneja, sea cual sea la aplicación en la que pensemos. Entonces surge una pregunta natural: ¿qué es un dato? En electrónica, el conjunto de datos que componen un mensaje de voz, un vídeo, un texto, una imagen, etc. están codificados, «reducidos» a un código binario de dos dígitos constituido exclusivamente por 1 y 0, de ahí lo de electrónica digital. Cualquier información en la que usted piense, desde un vídeo de tres horas de duración a un simple ¡Hola! en un mensaje de WhatsApp, tal vídeo, tal mensaje, tal imagen se convertirá por medio de la electrónica que maneje esos datos en secuencias de esos dos dígitos, que habrán codificado o traducido, para poder manejar esa información: enviarla a un teléfono móvil, retocar una imagen, etc.

¿Cómo guardo esos datos? A fin de cuentas, yo quiero tener en mi móvil las imágenes de la última comida a la que asistí con mis amigos, el Banco B quiere guardar los detalles de las cuentas de todos sus clientes, etc. Para ello necesitamos unos nuevos componentes electrónicos: las memorias. Además de con semiconductores, los datos admiten otro tipo de almacenamiento no basado en estos materiales, sino en materiales magnéticos. No describiré esos procedimientos, que se salen del objetivo de este libro, centrado exclusivamente en los semiconductores.

Clasificando las memorias de semiconductores

Desde el punto de vista de su manera de operar, las memorias basadas en semiconductores se pueden clasificar atendiendo a su capacidad de almacenar información de manera temporal o permanente y solemos hablar de memorias volátiles en el primer caso o no volátiles en el segundo. La memoria que se ocupa del trabajo con el ordenador es la RAM –«Random Acces Memory», Memoria de Acceso Aleatorio–, es una memoria volátil, es decir, cuando se apaga el ordenador la información que ha utilizado no queda guardada. Esta memoria, por lo tanto, pierde los datos utilizados tan pronto como se apaga el sistema; por lo tanto, requiere estar conectada permanentemente a una fuente de energía eléctrica para seguir cumpliendo su tarea. La mayoría de los tipos de memoria RAM de acceso aleatorio entra en esta categoría de memorias volátiles.

Por otra parte, el ordenador posee las denominadas memorias no volátiles, que son unos dispositivos que no pierden sus datos cuando el sistema está apagado. Como veremos enseguida, la unidad elemental de memoria no volátil es una variante del MOSFET, que ya hemos descrito en este capítulo. Esta memoria es la que permite guardar por tiempo indefinido la información y se denomina genéricamente disco duro, que es interno al ordenador o disco externo o disco extraíble. En la actualidad, los discos duros son mayoritariamente aún discos magnéticos –Hard Disk Drive o HDD– y es de justicia reconocer que la tecnología magnética ha sido y sigue siendo uno de los principales logros de la tecnología electrónica del siglo xx, pero estos dispositivos tienen algunas limitaciones muy importantes y en este momento son el punto más débil en la era de la información debido a dos causas principales: su no muy alta fiabilidad y la lentitud de acceso y extracción de la información almacenada.

Por estas razones, hoy en día ya hay muchos ordenadores personales que utilizan discos duros de estado sólido, que es en esencia lo mismo que un «pendrive», pero de gran capacidad. Hay varios tipos de memorias que responden a esta categoría, que no pierden la información cuando el ordenador se apaga, por lo que permiten almacenarla por tiempo indefinido. La figura 4.11 muestra esquemáticamente todos los tipos indicados, agrupadas en las dos principales categorías descritas, volátiles y no volátiles:

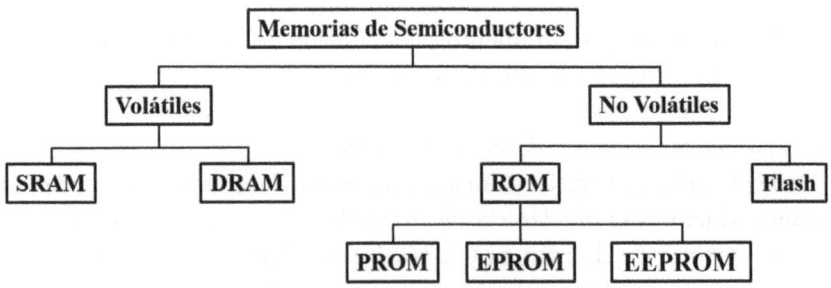

Figura 4.11. Clasificación de las memorias de semiconductores; el significado de las siglas es el siguiente Volátiles: DRAM: Dynamic Random Access Memory; SRAM: Static Random Access Memory. No volátiles: ROM: Read Only Memory, PROM: Programmable ROM, EPROM: Erasable Programmable ROM, EEPROM: Electrically Erasable Programmable ROM, FLASH: una variante de EEPROM.

5.1. La memoria RAM

La unidad de memoria RAM que describiré a continuación es la que se conoce universalmente como DRAM –Dinamic RAM–, constituida en su arquitectura más sencilla por un transistor MOSFET y un condensador. Básicamente, la unidad de una memoria DRAM consta de dos elementos: un conmutador, papel que desempeña el MOSFET, que se encarga de abrir o cerrar el paso de la corriente y un depósito, papel que cumple un condensador situado al lado del primero, donde se almacena el paquete de electrones que codifica la información. La figura 4.12 muestra esquemáticamente dicha unidad.

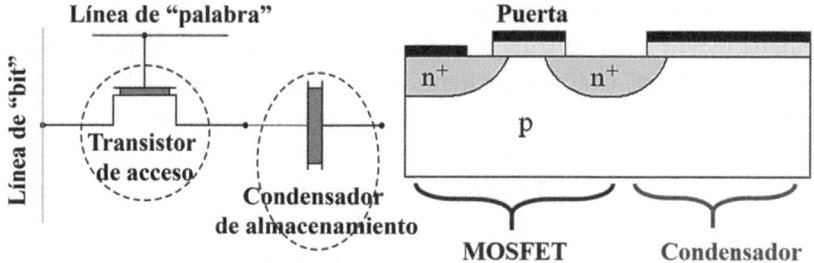

Figura 4.12. Izquierda: esquema de una unidad de memoria RAM, constituida por un transistor MOSFET, el transistor de acceso y un condensador de almacenamiento del bit. Derecha: sección transversal esquemática de la unidad RAM en un circuito integrado.

Su funcionamiento, de manera muy simplificada, es el siguiente: cuando se quiere guardar un 1, se aplica una tensión en la «línea de palabra», que está conectada con el MOSFET, que permite el paso de la corriente desde la «línea de bit» durante un determinado tiempo hacia el condensador de almacenamiento. Una vez que este se carga, el flujo de corriente se interrumpe. En este momento, la unidad tiene almacenado un 1. Debido a que cualquier condensador tiene fugas, es necesario recargar su contenido constantemente, proceso que se realiza en fracciones de milisegundo; esta es una operación que el usuario no percibe mientras está utilizando el ordenador. Por otra parte, cuando el condensador está cargado y tiene almacenado el 1, este se puede extraer mediante la aplicación de las tensiones adecuadas en la «línea de palabra» y en la «línea de bit», que posibilitan que dicho 1 salga hacia la electrónica de lectura del dispositivo, que no se muestra en la figura anterior. Cuando el condensador se descarga, almacena un 0.

Cuando se apaga el ordenador, el proceso de recarga cesa y, debido a las fugas del condensador, la información se pierde, por lo que para guardarla de manera permanente se necesitan otros dispositivos. El almacenamiento de datos de manera permanente lo llevan a cabo las memorias no volátiles y, si se utilizan dispositivos basados en semiconductores para hacerlo, esa función la cumplen las conocidas como memorias «Flash», cuya estructura y funcionamiento describiré en el próximo punto.

Hasta mediados de la década de 1980, los condensadores de las unidades de memoria DRAM eran coplanares con el transistor de acceso, es decir, se construían en la superficie del semiconductor, por lo que se los denominaba condensadores planos. La necesidad de aumentar la densidad y, en menor medida, el rendimiento, requería diseños que permitieran mucha mayor capacidad de almacenamiento ocupando espacios mucho más reducidos. Este es uno de los grandes cuellos de botella de la tecnología de las memorias RAM, la gran cantidad de espacio que ocupa el condensador de almacenamiento de la información en el chip, especialmente si este se construye con la geometría planar descrita; es ahí donde se han hecho y se siguen haciendo los principales esfuerzos para poder fabricar memorias de gran densidad y que ocupen espacios reducidos. Para ello, por una parte, se intenta reducir el área ocupada por el condensador, pero cuanto menor es el área, menor es su capacidad y se necesitan valores de la capacidad elevados para lograr tiempos de recarga más dilatados, razón por la que se trata de hacer condensadores de gran área, pero que ocupen espacios reducidos. En ese cruce de factores contrapuestos reside el cuello de botella de la tecnología de memorias.

Con objeto de satisfacer ambas condiciones simultáneamente, desde mediados de 1980, el condensador se ha movido por encima o por debajo del sustrato de silicio para cumplir estos objetivos. Las unidades DRAM con condensadores fabricados por encima del sustrato se denominan condensadores apilados; mientras que aquellos con condensadores enterrados debajo de la superficie del sustrato se conocen como condensadores de zanja o de trinchera. En la década de 2000, los fabricantes estaban muy divididos por el tipo de condensador utilizado en sus DRAM, y el costo relativo y la escalabilidad a largo plazo de ambos diseños ha sido objeto de un extenso debate. La mayoría de las DRAM de los principales fabricantes como Hynix, Micron Technology o Samsung utilizan la estructura del condensador apilado, mientras que los fabricantes más pequeños como Nanya Technology utilizan la estructura del condensador de trinchera o zanja. La figura 4.13 muestra la unidad básica de una memoria RAM, en sus dos configuraciones comerciales más habituales: zanja y apilado.

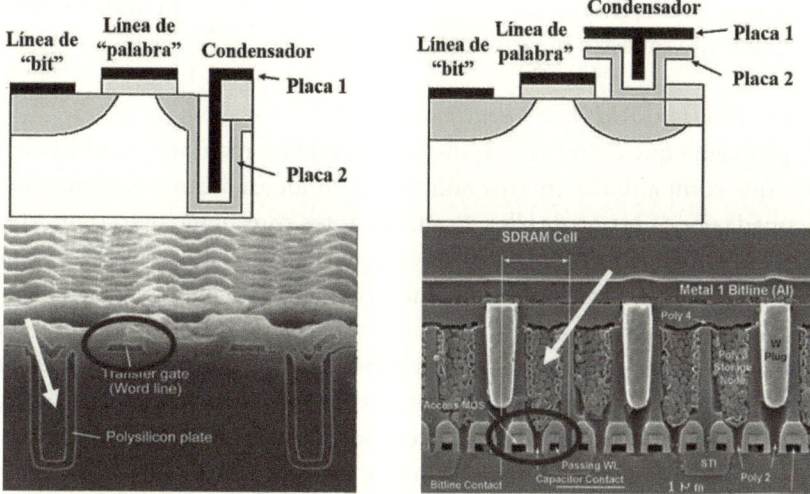

Figura 4.13. Arriba izquierda: corte transversal esquemático de una unidad RAM con condensador de zanja. Arriba derecha: unidad RAM con condensador apilado. Abajo izquierda: imagen tomada mediante microscopía electrónica de un corte transversal de una unidad de memoria RAM con condensador de zanja. Abajo derecha: con condensador apilado. En círculo, el transistor MOSFET que actúa como llave de paso de los paquetes de electrones hacia o desde el condensador, que está señalado en ambos casos con una flecha[13].

Debido al incremento en el número de transistores por chip, la capacidad de los procesadores también se ha duplicado cada dos años debido a la mayor velocidad de respuesta de los transistores. Pero ese incremento en las prestaciones de los procesadores no ha venido acompañado de un incremento en las prestaciones del ordenador en su conjunto, entendido este como la unión entre procesador y memoria, debido a que el rendimiento del ordenador está limitado fundamentalmente por la interacción entre ambos elementos. Además, a diferencia de las grandes mejoras habidas en el rendimiento del procesador, el rendimiento de las memorias ha sido relativamente modesto en los últimos treinta años.

---

[13] H. Sunami, «The Role of the Trench Capacitor in DRAM Innovation», *IEEE Solid-State Circuits Newsletter* 13, 42 (2008). DOI: 10.1109/N-SSC.2008.4785691; A. Das, «DRAM: the field for material and process innovation», *EE Times*, 16-noviembre-2009 (https://bit.ly/492n3Cw).

Como resultado de este desequilibrio, en la actualidad la principal limitación en el rendimiento de los ordenadores modernos se debe a las limitaciones de su unidad de memoria y, en concreto, a las limitaciones de la memoria RAM. Este es un cuello de botella que hoy en día tiene difícil solución y lo muestro brevemente a continuación.

¿Las memorias RAM en la encrucijada?
El problema que enfrentan los diseñadores de las memorias RAM es que hay que compatibilizar mayor número de condensadores con menor área ocupada por cada uno de ellos. Los fabricantes consideran que el concepto de unidad de memoria descrito en este punto, el constituido por un transistor y un condensador, está próximo a su final y vaticinan que quedan por llegar al mercado muy pocas generaciones de este dispositivo, dado que sus dimensiones actuales no permiten más reducciones. Lo que no está en absoluto claro es qué dispositivo será su sustituto. Las únicas alternativas que actualmente parecen tener la velocidad adecuada para reemplazarlas son las denominadas MRAM –Magnetorresistive RAM– y RRAM –Resistive RAM–. No obstante, su desarrollo hasta el momento ha sido lento y la posibilidad de relevar a la «vieja» RAM, hoy por hoy, parece lejana. No las describiré y remito al lector a la bibliografía especializada para profundizar en esta cuestión.

5.2. La memoria Flash 2-D (**)
La producción de un chip de memoria de una superficie determinada cuesta más o menos lo mismo, independientemente del número de bits que contenga. Por consiguiente, cuantos más bits se puedan meter en el chip, más barato será el precio por bit. Un coste reducido es de suma importancia en el mundo de la memoria, como es fácil de imaginar. Desde los comienzos de las memorias basadas en semiconductores, introducidas en el mercado a mediados de la década de 1960, los fabricantes de los chips de memoria han reducido el coste de un bit en unos diez órdenes de magnitud, gracias a la reducción de los tamaños o «escalado» de los dispositivos, lo que ha permitido aumentar de manera espectacular el número de bits que se integran en una determinada superficie, un proceso muy similar al que han experimentado los tamaños de los transistores de los procesadores y como consecuencia, la capacidad de cálculo de las CPU y GPU, como ya hemos visto en los puntos anteriores de este capítulo.

Desee hace varias décadas, la memoria Flash 2-D ha sido la principal tecnología para el almacenamiento de datos de bajo coste y gran densidad.

Esta clase de memoria no volátil está presente en todos las aplicaciones electrónicas de gran consumo, como teléfonos móviles, servidores, PC, tablets y unidades USB.

La importancia del segmento de las memorias Flash se refleja en su impresionante cuota de inversión en la industria de semiconductores, donde representa alrededor del 30% del total. Su éxito está relacionado con su capacidad para aumentar continuamente la densidad de almacenamiento, manteniendo un coste reducido, los principales motores del desarrollo de la tecnología Flash. Aproximadamente cada dos años la industria de las memorias Flash ha sido capaz de mejorar sustancialmente la densidad de almacenamiento de bits, expresada en términos de aumento de Gbit/mm^2, una tendencia que, de nuevo, viene marcada por la Ley de Moore.

Entrando en detalles de la estructura física, que muestro en la figura 4.14, una memoria Flash es una variante del MOSFET, tal y como describo en el siguiente párrafo.

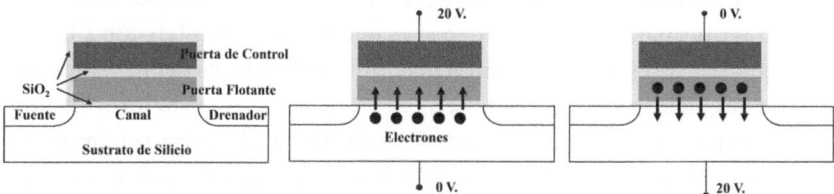

Figura 4.14. Corte transversal esquemático de una unidad de memoria Flash. Izquierda: estructura de la unidad. Centro: acción de grabar. Derecha: acción de borrar.

i) Proceso de escritura/borrado de la información de una celda Flash

En esencia, la unidad de almacenamiento de una memoria Flash es parecida al «grifo» de una memoria RAM, pero con una zona intermedia algo más compleja, la figura 4.14 lo muestra con detalle. Una unidad de memoria Flash es muy similar a un MOSFET, salvo en la región de la puerta, en la que hay una estructura constituida por dos metales en vez de uno como ocurre en el MOSFET convencional. Ahora, la puerta consta de dos finas capas metálicas, que están señaladas en la figura 4.14, que se denominan puerta de control (Control Gate, CG) y puerta flotante (Floating Gate, FG) y ambas están inmersas totalmente en un material no conductor que es SiO$_2$.

En la zona central de la figura 4.14, un paquete de electrones que codifica un determinado dato fluye por debajo de la región de la puerta, a través del canal del MOSFET. Mediante la aplicación de una tensión eléctrica adecuada a la CG, que en el ejemplo de la figura es de 20 V, ese paquete es atraído hacia la FG; en ese momento y mediante efecto túnel, los electrones atraviesan el aislante (SiO_2) y se quedan atrapados en la FG; el aislante que rodea la estructura por todas partes hace las veces de una pared, impidiendo a los electrones escaparse. De esta forma queda almacenada la información codificada por ese paquete de electrones. Si quisiéramos borrar ese dato, bastaría con aplicar una tensión adecuada en el sustrato, lo que se puede ver en la parte derecha de la figura 4.14.

Las memorias Flash están integradas por muchos dispositivos idénticos al de la figura 4.14, cada uno de los cuales se denomina «celda», que almacenan/no almacenan electrones en la FG. Si una unidad Flash almacena electrones, se entiende que tiene guardado un 0, mientras que si no tiene electrones, se entiende que tiene guardado un 1, tal y como veremos en el siguiente punto. El estado natural de la celda Flash se entiende que es un 1, es decir, sin electrones atrapados en la FG. Por lo tanto, para almacenar un 1 no es necesario aplicar una tensión en la CG, mientras que, para almacenar un 0 sí es necesario aplicar tensión a la CG. Tras guardar de este modo la información codificada, es decir, celdas con electrones/celdas sin electrones en la FG, se debe leer esta información, proceso que tiene lugar tal y como describo en el punto siguiente. La diferencia esencial entre las memorias Flash y las memorias RAM es que, cuando se apaga el ordenador, el paquete de electrones permanece confinado en la FG, quedándose guardada la información asociada al mismo por tiempo indefinido.

ii) ¿Cómo se lee la información en una memoria Flash?
La figura 4.15 muestra un dibujo esquemático de un disco duro de estado sólido simplificado, del que nos vamos a servir para mostrar cómo se lee la información almacenada en las celdas que lo componen. La figura muestra un dispositivo capaz de almacenar 32 bits de información, que están organizados en ocho filas y cuatro columnas. Cada bit se almacena en cada una de las 32 celdas, cada una de las cuales tiene una estructura idéntica a la mostrada en la figura 4.14.

Cada bit, es decir, cada celda, se selecciona para almacenar información aplicando voltajes apropiados a su línea de palabra y a su línea de bit correspondientes. El lado derecho de la figura 4.15 muestra un diagrama ampliado de la celda correspondiente a la línea de palabra 6 y la línea de bit 3.

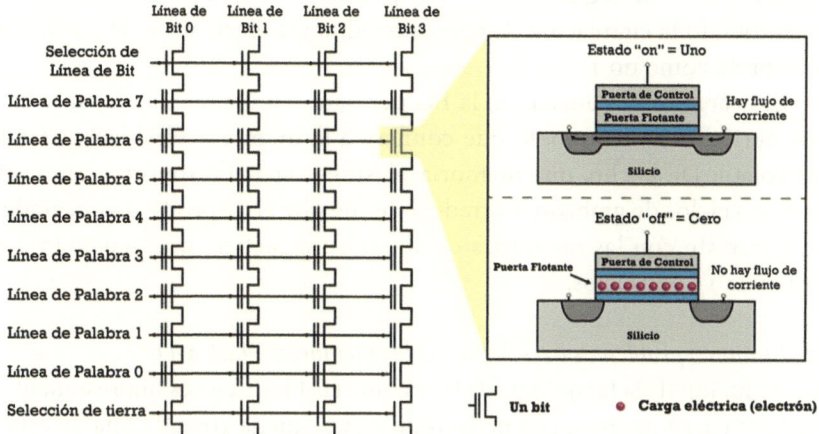

Figura 4.15. Esquema simplificado de un disco duro de estado sólido de 32 bits. La parte derecha de la imagen muestra cómo es cada unidad de almacenamiento, en las dos situaciones posibles: arriba, sin carga atrapada en la FG (un 1) y abajo, con carga atrapada (un 0)[14]. Cuando está funcionando, los electrones del sustrato pueden atravesar por efecto túnel la capa inferior de SiO_2 y quedar atrapados en la puerta flotante. Esto cambia un parámetro denominado «voltaje umbral» del transistor, que puede detectarse por la cantidad de corriente que fluye a través del transistor, proporcionando una función de memoria.

Para proceder a la lectura de la información, la carga almacenada en la FG de cada celda, es decir, el paquete de electrones descrito en el párrafo anterior, condiciona que exista flujo o no de corriente a través del canal de la celda. Para leer los datos almacenados en la celda, se debe medir la corriente que circula por el canal de esta. Si se detecta flujo de corriente, la electrónica de lectura, que no se muestra en la imagen anterior, lee un bit 1, situación que ocurre cuando no hay carga atrapada en la FG de la celda en cuestión. Si no se detecta el flujo de corriente, situación que se produce cuando hay carga atrapada, se leerá un bit 0. Es decir, si no circula corriente por el canal de una celda, significa que la carga almacenada en la FG impide la circulación de esa corriente, y eso la electrónica del sistema lo interpreta como un 0. Si por el canal de la celda hay circula-

---

[14] J. Huguenin-Love, «Song on Wire: A Technical Analysis of ReDigi and the Pre-Owned Digital Media Marketplace», *Journal of Intellectual Property and Entertainment Law*, 4, 1 (2014) (https://bit.ly/3AUOwJ).

ción de corriente, significa que no hay electrones almacenados en la FG, permitiendo la circulación de corriente; ahora la electrónica de lectura lo interpreta como un 1.

Las cargas almacenadas en la FG permanecen inalteradas durante largos periodos de tiempo, lo que confiere a la memoria Flash su carácter no volátil. De hecho, una memoria Flash es capaz de soportar cerca de 100.000 ciclos de grabado/borrado antes de que el dispositivo se degrade, en contraste con las memorias de soporte magnético, que aguantan del orden de 15.000 ciclos.

iii) Límites y problemas irresolubles de las memorias Flash 2-D
La evolución de la tecnología de las memorias Flash 2-D es impresionante. La figura 4.16 muestra una imagen de una pequeña zona de una de estas memorias.

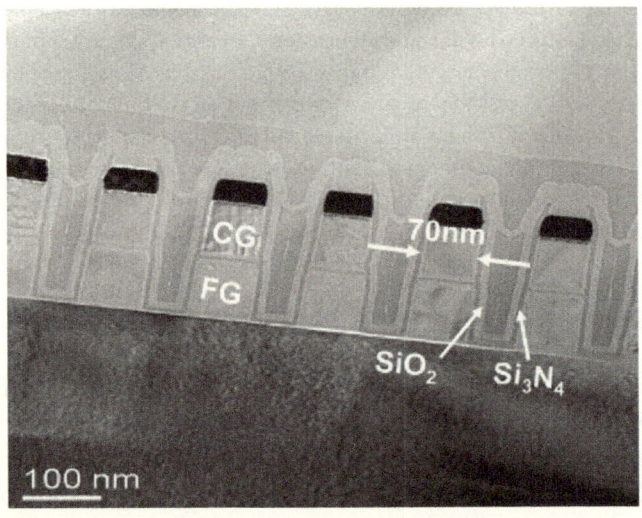

Figura 4.16. Sección transversal a lo largo de la línea de bits de seis celdas de una memoria Flash 2-D, con una longitud de canal de 70 nm, identificando la Puerta de Control (CG) y la Puerta Flotante (FG). El material que separa cada celda de la adyacente es una bicapa de SiO_2 y Si_3N_4, también identificada en la imagen[15].

---

[15] S.-G. Jung *et al.*, «Modeling of V_{th} Shift in NAND Flash-Memory Cell Device Considering Crosstalk and Short Channel Effects», *IEEE Trans. Electron. Dev.* 55, 1020 (2008). DOI: 10.1109/ted.2008.916769; «TechInsights: Inside 1X nm Planar NAND», *EE News Europe*, 21-junio-2015 (https://bit.ly/3B3QB5Z).

La celda de puerta flotante ha sido el dispositivo de referencia para construir las memorias Flash 2-D durante más de 20 años, ya que ofrece un funcionamiento fiable a pesar de su compleja estructura. En los últimos años, la reducción continuada de las dimensiones de las celdas ha permitido mejorar la densidad de almacenamiento de bits. Sin embargo, el escalado de las Flash 2-D se satura para celdas con longitudes de canal por debajo de los 15 nm, debido principalmente a problemas de interferencias electrostáticas entre celdas contiguas. De hecho, se supo desde sus orígenes que la tecnología Flash 2-D alcanzaría un límite de escalabilidad debido a ese problema, límite que ya se ha alcanzado.

En 2010, a medida que la tecnología se acercaba al nodo de proceso de 15 nm, los tecnólogos desarrollaron nuevos procedimientos de fabricación y utilizaron materiales innovadores para llevar el escalado más allá de lo que se esperaba. Al final, sin embargo, todo el mundo en la industria sabía que llegaría un punto en el que la memoria Flash 2-D simplemente ya no podría reducirse más. Esto se debe al hecho de que las celdas estaban tan juntas que el acoplamiento capacitivo entre dos celdas adyacentes era más intenso que el acoplamiento entre la FG y la CG de una misma celda, lo que las hacía inservibles, tal y como se muestra en la figura 4.17.

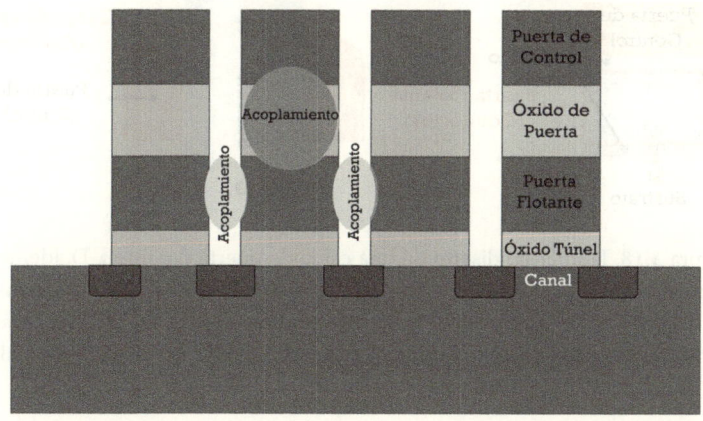

Figura 4.17. Mostrando el acoplamiento entre celdas adyacentes en una memoria Flash 2-D.

5.3. La memoria Flash 3-D (**)

Debido a las limitaciones inherentes a la memoria Flash 2-D, desde hace algo más de una década los fabricantes diseñan y fabrican dispositivos en los que el empaquetamiento se hace en 3-D, es decir, además de en la superficie del chip, se fabrican «pisos» sucesivos de unidades de memoria, interconectados entre sí, lo que se conoce como la memoria Flash NAND 3-D o, de manera simplificada, Flash 3-D. Este paso a la tercera dimensión supuso un nuevo aumento de la densidad de almacenamiento de bits. No se trata de apilar capas de tipo 2-D, ya que el número de pasos necesarios para ello aumentaría el coste de forma disparatada. La idea básica de la «verdadera» Flash 3-D es apilar las celdas para formar una cadena vertical y alcanzar así una mayor densidad por unidad de superficie. La forma en la que se almacena la información en esta nueva configuración es ligeramente diferente a la memoria Flash 2-D, como analizamos a continuación.

i) Flash 2-D vs. Flash 3-D
¿Cómo se pasa de un dispositivo 2-D a uno 3-D? Ahora, los transistores que almacenan la información tienen una estructura diferente al transistor de puerta flotante visto en el punto previo y son del tipo denominado «Transistor de Atrapamiento de Carga» (Charge Trap Transistors, CTT). Su principio de funcionamiento se muestra de manera esquemática en la figura 4.18.

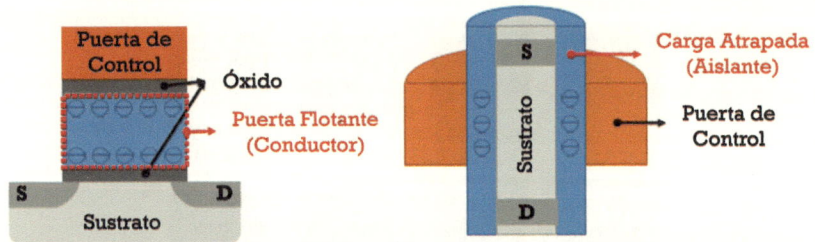

Figura 4.18. Izquierda: diseño de una celda de puerta flotante 2-D, idéntico al mostrado en la figura 4.14. Derecha: diseño de una celda de atrapamiento de carga 3-D[16]. En ambos tipos de celdas se muestra la zona donde se atrapa la carga, coloreada en azul. También se muestra donde se sitúan en drenador (D) y la Fuente (S) de cada celda.

La sustitución de la celda de puerta flotante por una celda de atrapamiento de Carga implica un proceso de fabricación más simplificado. El principio de funcionamiento de ambos tipos de celdas es relativamente

[16] Y. Liu *et al.*, «Improving 3D NAND Flash Memory Lifetime by Tolerating Early Retention Loss and Process Variation», *Proceedings of the ACM on Measurement and Analysis of Computing Systems*, 2, 1 (2018), DOI: 10.1145/3224432

similar, ya que los procesos de grabado, borrado y lectura siguen el mismo patrón que en las memorias 2-D, pero en una memoria 3-D, en las celdas de atrapamiento de carga, la capa de atrapamiento es un aislante, normalmente nitruro de silicio, Si_3N_4. Esto reduce las interferencias electrostáticas entre celdas vecinas. Este tipo de celda de atrapamiento de carga es ahora la base de la mayoría de las memorias Flash 3-D como la que se muestra en la figura 4.19.

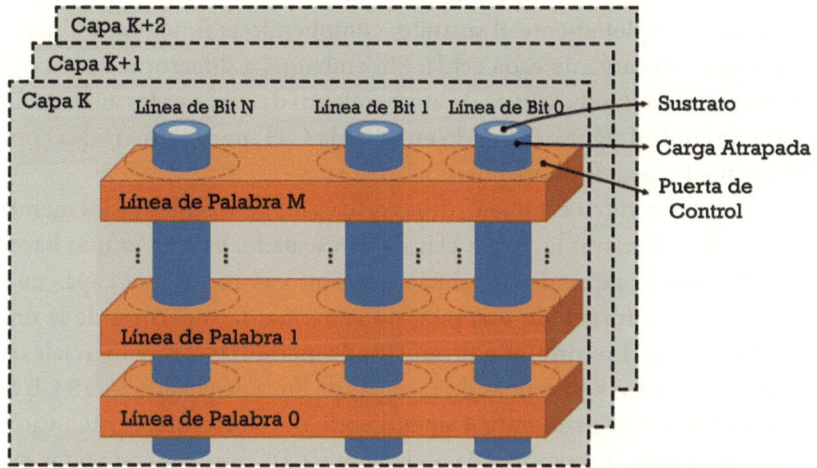

Figura 4.19. En una memoria Flash 3-D, todas las celdas situadas en el eje vertical comparten el mismo aislante de atrapamiento de carga, de forma similar a como se conectan las celdas en una línea de bits de una memoria 2-D[17].

De acuerdo con la figura 4.19, el diseño de la celda de atrapamiento de carga permite que la línea de bits de un bloque se sitúe verticalmente, es decir, a lo largo del eje Z en el chip. En otras palabras, la línea de bits conecta ahora una celda de atrapamiento de carga de cada capa del chip, ya que las celdas están apiladas unas sobre otras

Tanto en las memorias 2-D como en las 3-D, cada celda está formada por un transistor de atrapamiento de carga, CTT. La diferencia principal con las memorias 2-D es que estas últimas utilizan un transistor de puerta flotante para cada celda, tal y como se ha mostrado en la figura 4.18. En este último tipo de celdas, conviene recordar ahora que en la parte superior del transistor hay una puerta de control. Las operaciones de grabado, borrado

---

[17] Ver nota anterior.

y lectura se realizan aplicando un voltaje sobre la puerta de control para atrapar o extraer carga. En el centro del transistor esta la puerta flotante, que se construye con un material conductor que almacena la carga y está rodeada por capas de óxido de silicio.

Como se ve en la figura 4.19, en las memorias 3-D, la unidad de almacenamiento es un CTT. El sustrato y por tanto el canal entre la fuente y el drenador se sitúa verticalmente en el centro de la celda. La capa donde se atrapa la carga, que ocupa el lugar de la puerta flotante en la memoria 2-D, rodea completamente al sustrato, cumpliendo la función de almacenamiento de la carga de cada celda. Sin embargo, a diferencia de la celda 2-D de puerta flotante, la capa de atrapamiento de carga es un aislante. La puerta de control sigue existiendo en la celda CTT, pero ahora rodea completamente la capa de atrapamiento de carga.

En lugar de reducir el tamaño de las celdas, los fabricantes de las memorias 3-D abandonaron la forma clásica de escalado, ya que lo que hacen para aumentar la capacidad de almacenamiento es añadir más capas unas encima de otras formando una pila, sin aumentar la superficie de la unidad de memoria. Los primeros productos de memorias 3-D comerciales se presentaron en 2013, con pilas de 24 capas de línea de palabra y 128 Gb de capacidad de almacenamiento. Dependiendo del fabricante, existen variaciones en la estructura mostrada en la figura 4.19, que son conocidas por diferentes nombres: V-NAND (Vertical NAND, Samsung) o BICS (Bit Column Stacked; Toshiba, después Kioxia).

Como tal, la memoria Flash 3-D ha sido la primera y, hasta ahora, la única tecnología en lanzar al mercado verdaderos dispositivos 3-D. En los años siguientes, se han ido superponiendo muchas más capas para mantener la tendencia de escalado de la densidad de bits. Recientemente, algunos de los principales fabricantes han introducido productos de ¡176 capas! y se espera que esta tendencia de aumento de capas continúe en los próximos años. Veremos esto con más detalle en el último capítulo del libro, al analizar la evolución prevista de la tecnología microelectrónica de aquí a 2030 y más allá.

ii) Proceso de fabricación de la memoria Flash 3-D
La fabricación de una unidad de memoria 3-D es compleja, pero factible y comercial desde hace una década. Esquemáticamente, el proceso es como se muestra en la figura 4.20.

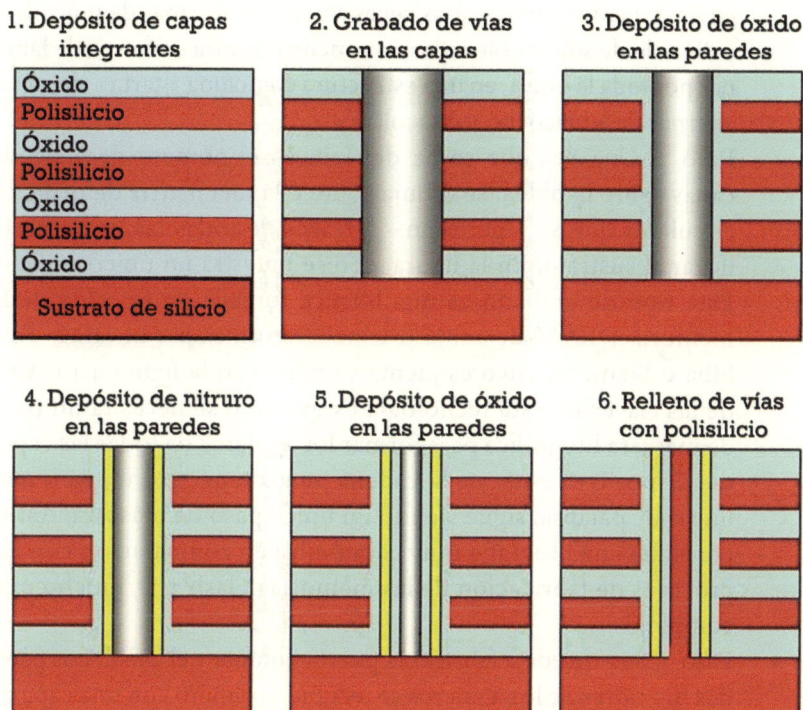

Figura 4.20 Pasos de fabricación de una memoria Flash 3-D[18]. El detalle de cada paso se describe en el texto.

Las peculiaridades de cada uno de los seis pasos mostrados en la figura 4.20 son las siguientes:

• Paso 1. Sobre el sustrato que va a actuar de soporte de la unidad de memoria, se construye una estructura CMOS en el chip para que sirva de lógica periférica, es decir, es la electrónica encargada de procesar la información que entra y sale de la memoria propiamente dicha. A continuación, esta lógica se aísla con una capa de dióxido de silicio. Encima se deposita una capa de polisilicio conductor para formar la primera línea de palabra y la puerta de control, y encima del polisilicio crece una nueva capa de dióxido de silicio para aislarlo de la capa de polisilicio que se depositará

[18] J. Hardy, «3D NAND: Making a Vertical String», *The Memory Guy Blog*, 30-agosto-2024 (https://bit.ly/403mV1E)

encima. Esto se repite varias veces con pares de capas de polisilicio y dióxido de silicio colocadas una encima de otra en forma de láminas por toda la oblea, en una estructura como una «tarta» de capas alternas de «bizcocho y chocolate».

- Paso 2. Una vez que se ha depositado el número deseado de capas sobre la oblea, se dibuja sobre ella una matriz de orificios circulares que se «perforan» a través de todas las capas hasta llegar al sustrato. En la figura 4.20 se muestra un único orificio. Este tipo de grabado es una técnica tomada de la celda de la memoria DRAM de zanja o trinchera utilizada por IBM, Toshiba o Siemens, cuyo esquema ya vimos en la figura 4.13. Una de las claves de esta tecnología es que solo se necesita un paso de máscara litográfica para formar los agujeros de todas las capas del dispositivo. Aunque la cadena pueda tener 16, 32, 64 o más líneas de palabra, sigue siendo un único paso de máscara. Así se consigue una litografía muy económica en comparación con los procesos de fabricación de las memorias Flash 2-D, mucho más complejos.

- Paso 3. Se procede a fabricar la puerta flotante y el canal. Las paredes interiores de los agujeros se recubren primero con una capa de dióxido de silicio para crear el dieléctrico de la puerta, es decir, el dieléctrico entre la puerta de control y la puerta de atrapamiento de carga. Esto es como un tubo que recubre las paredes de todos los agujeros.

- Paso 4. Se crea la capa de atrapamiento de carga, que sustituye a la puerta flotante de la celda 2-D, paro lo que se deposita una capa de nitruro de silicio sobre el dióxido de silicio, formando un nuevo tubo dentro del tubo.

- Paso 5. Sobre el nitruro de silicio se deposita otra capa de óxido para formar el dieléctrico a través del que tendrá lugar el efecto túnel, siendo el tercero de los tres tubos concéntricos que recubren las paredes del agujero.

- Paso 6. En el último paso, se rellena todo el agujero, o lo que queda de él una vez que los tubos concéntricos se han depositado en las paredes laterales, depositando ahora polisilicio en su interior. A esta estructura se la conoce en el sector con el gráfico nombre de Macaroni. Al final se obtiene una cadena Flash 3-D que se comporta de forma similar a la 2-D.

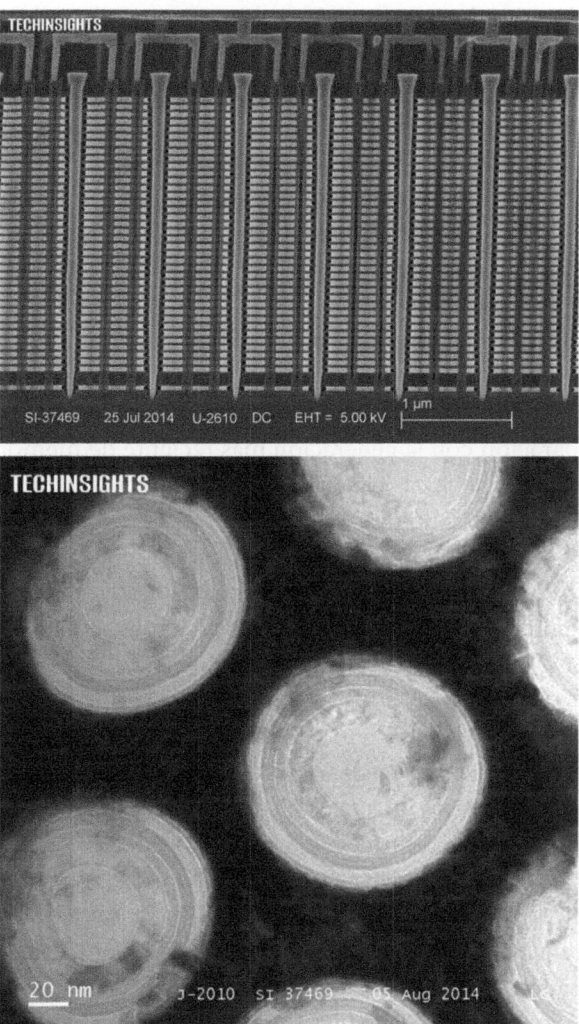

Figura 4.21. Arriba: imagen tomada al microscopio (1.500 aumentos) de la sección transversal de una memoria Flash 3-D con 32 pisos. Se puede ver el apilamiento vertical de los transistores de un chip de Samsung. Abajo: vista desde arriba hacia abajo de los canales Macaroni (30.000 aumentos). Aunque las columnas de la imagen tienen un diámetro de 80 nm, hay otras características que son más pequeñas, por lo que el proceso en sí está en el rango de los ~40 nm[19].

---

[19] «Samsung's 32-layer VNAND dissected by TechInsights, analysed by 3DInCities», *PC Perspective*, 11-diciembre-2014 (https://bit.ly/4fiK6KL).

Desde el punto de vista litográfico, la anchura de la cadena Flash 3-D está limitada por el grosor de las paredes de los tubos que recubren el agujero y el grosor del canal de polisilicio. Cuando estos elementos alcanzan un determinado grosor, ya no pueden encogerse más, lo que limita el número de columnas que pueden empaquetarse en un área determinada de un chip. La idea de la memoria Flash 3-D es que abandona la reducción litográfica en el plano como hace la memoria Flash 2-D, para conseguir el aumento en la capacidad de almacenamiento mediante el aumento del número de capas que la integran.

En la figura 4.21 vemos una imagen tomada en corte transversal de una de estas memorias, así como una imagen vista desde arriba, donde se aprecia la estructura Macaroni de los canales.

En comparación con la generación más reciente de memoria 2-D, que tienen longitudes de canal de celdas del orden de 10-15 nm, la memoria 3-D utiliza un nodo tecnológico de proceso de fabricación mucho mayor (30-50 nm). Dado que la memoria 3-D tiene un gran número de capas, que hoy en día se sitúan entre 24 y 128, puede alcanzar la misma densidad de almacenamiento que la generación más reciente de memoria 2-D, pero utilizando celdas mucho más grandes, simplificando el proceso litográfico y reduciendo costes.

En realidad, la litografía retrocedió con la adopción del 3-D y se ha mantenido en el mismo nodo de ~40 nm durante toda su historia, después de haber alcanzado los 15 nm en los dispositivos 2-D. Esta es la razón por la que Toshiba acuñó el término «Escalado del coste del bit». El objetivo de la memoria 3-D ha sido continuar reduciendo los costes para seguir la Ley de Moore sin utilizar litografías cada vez más avanzadas y, por lo tanto, más caras y complejas. Se trata de un enfoque completamente distinto al que se había intentado hasta ahora en el campo de los chips.

En el más o menos inmediato futuro, las memorias Flash pueden inaugurar la próxima era de la tecnología informática. Varios terabytes de datos cabrán en la palma de la mano —el prefijo tera es 10^{12}, o lo que es lo mismo, un billón de datos— y un petabyte se podrá transportar en el bolsillo del pantalón, que equivalen a ~250 millones de canciones, o ~1.500 años de música almacenable en un MP3 —el prefijo peta es 1.000 tera— . Esto tendrá una repercusión directa no solo en la capacidad de almacenado, sino también en la enorme potencia de cálculo de los ordenadores del futuro.

Las ingeniosas tecnologías de proceso, que veremos en el próximo capítulo, han permitido construir este tipo de estructuras apilando las celdas verticalmente en lugar de horizontalmente. Esto ha cambiado radicalmente la cuestión de la densidad, ya que ahora se puede conseguir una mayor densidad de dispositivos en la tercera dimensión en lugar de en 2-D. En las tecnologías 3-D, docenas o cientos de capas se depositan verticalmente unas sobre otras para formar las celdas de memoria apiladas. Estas tecnologías proporcionan matrices de memoria muy densas, pero requieren tecnologías de grabado y depósito muy sofisticadas, que veremos esquemáticamente en el próximo capítulo 5. La evolución de este concepto 3-D para el resto de la década la veremos en el último capítulo del libro.

6. ¿PARA CUÁNDO EL FINAL DE LA LEY DE MOORE?

Los expertos del sector llevan mucho tiempo señalando que las características físicas de los chips y el coste de los equipos e instalaciones necesarios para fabricarlos anuncian la reducción de los avances al mismo ritmo al que se han sucedido hasta la fecha. El propio Moore comentó en 2003 que «ninguna ley exponencial continúa para siempre» –estrictamente, dijo que ninguna ley exponencial es para siempre: ¡pero «para siempre» puede retrasarse!–. En todo caso, desde hace años se viene pronosticando el final de la Ley de Moore[20]. Sin embargo, parece que prevalecerá al menos hasta el final de esta década. Lo que resulta evidente es que la reducción del tamaño de los transistores no podrá continuar indefinidamente, por lo que el número de transistores por chip también se estancará en los próximos años. La pregunta que surge entonces es: ¿qué consecuencias puede tener ese estancamiento? A partir de ahora, los grandes fabricantes parece que van a seguir una estrategia que en el medio se conoce como «More than Moore», o «Más allá de Moore». Lo vemos a continuación.

El concepto «More than Moore»
Durante la mayor parte del último medio siglo, la reducción del tamaño de los transistores ha sido relativamente fácil de lograr y se ha asociado a una disminución continuada del coste de cada transistor, una mejora en el rendimiento y un consumo de energía notablemente reducido. Para la mayoría de los que hemos vivido en directo esa evolución deslumbrante, nos viene a la cabeza decir «¡qué tiempos aquellos!». Desde hace unos años, la tendencia ha cambiado y ahora es cada vez más difícil, tanto técnica como

---

[20] J. Hruska, «Moore's Law is dead, long live Moore's Law», Extreme Tech, 16-abril, 2015 (https://bit.ly/4fFaT54).

económicamente, conseguir sucesivas reducciones, por lo que las mejoras en el coste de los transistores, la potencia o el rendimiento son cada vez más complejas de alcanzar. La evolución tecnológica MOSFET-FinFET-GAAFET así lo atestigua. Sea cual sea el futuro, la competitividad de la industria de los semiconductores ha convertido al transistor fabricado en un chip en el artefacto humano más producido de la historia.

En la actualidad, la miniaturización continua del tamaño de los transistores siguiendo las previsiones de la Ley de Moore ha permitido la integración de diferentes componentes funcionales, como la lógica y el almacenamiento de memoria, en un único chip a través de lo que conocemos como un System-on-Chip (SoC) bidimensional (2-D). El enfoque «More than Moore» explora la integración de un gran número de funciones del chip mediante el uso eficiente de la tercera dimensión. Es decir, estamos hablando de integración 3-D. La integración 3-D es un nuevo paradigma de diseño que consiste en el proceso de apilar verticalmente varios chips y formar conexiones eléctricas entre ellos, lo que proporciona una transformación espacial del tradicional dispositivo planar en 2-D al apilamiento de varios chips en 3-D, lo que nos lleva al concepto chiplet 3-D. Lo veremos con detalle en el último capítulo.

La reducción del tamaño de los transistores de silicio ha sido decisiva para hacer posibles dispositivos electrónicos más rápidos, pequeños y baratos. Aunque se prevé que la última tecnología FinFET y los GAAFET amplíen la posibilidad de seguir reduciendo ese tamaño siguiendo el concepto tradicional de «Más Moore» hasta el final de la década, la industria de semiconductores hace cada vez más hincapié en el apilamiento de dispositivos tridimensionales 3-D para avanzar en el concepto «Más allá de Moore». La integración monolítica en 3-D puede permitir aumentar la densidad de interconexión y mejorar otras características de los chips.

Sin embargo, en el caso de los dispositivos basados en silicio, la limitación de la temperatura de proceso por debajo de 450 °C para los niveles superiores del empaquetado restringe por ahora el desarrollo de la integración monolítica en 3-D. En todo caso, como ya ha demostrado sobradamente la industria microelectrónica, este y otros problemas que surjan se resolverán. En una entrevista que le hicieron en 2005 a Gordon Moore, en la que se le pedía que reflexionara sobre su ley, admitió estar:

(…) periódicamente asombrado de cómo somos capaces de progresar. Varias veces a lo largo del camino, pensé que habíamos llegado al final de la línea, las cosas se estrechan, pero nuestros creativos ingenieros idean formas de sortearlas [las dificultades][21].

Una vez que ya hemos visto qué hay dentro de un chip, sigue quedando una pregunta sin contestar: ¿cómo se hacen los chips? Ha llegado el momento de describirlo. Los dos capítulos siguientes están dedicados íntegramente a responder a esa pregunta.

---

[21] «Excerpts from a conversation with Gordon Moore: Moore's Law», Stanford. Edu (https://bit.ly/3Z4OMO0).

Capítulo 5

¿Cómo se fabrica un chip?

Todos y cada uno de los procesos tecnológicos que se utilizan para fabricar chips son un mundo cada uno de ellos y darían para un libro como este, sin entrar en grandes profundidades. Por esa razón, voy a dar una visión general de los más importantes.

Fabricar un chip es un procedimiento extraordinariamente complejo y delicado, en el que confluyen un elevado número de procesos, de materiales diferentes, de reglas de diseño, etc. La tecnología microelectrónica que lo hace posible debe entenderse como el conjunto de reglas de diseño, materiales y procesos tecnológicos que, aplicados en una secuencia determinada, permiten obtener un circuito integrado. Dependiendo de la aplicación concreta del chip, el número de pasos tecnológicos que hay que llevar a cabo para su fabricación puede superar ampliamente el número de 1000. La figura 5.1 ilustra de manera muy esquemática todo lo que vamos a ver en este capítulo.

1. El entorno: sala limpia

Lo primero que destaca en el proceso de obtención de un chip es el requisito de limpieza del ambiente en donde se fabrica, que es extraordinariamente restrictivo. Ese entorno se denomina «sala limpia»[1] y las condiciones de limpieza que hay en ella son tales que, en comparación, la sala de un quirófano, un lugar de extraordinaria asepsia, parece un lodazal.

Para lograr esas condiciones de limpieza extrema, la sala limpia es un lugar parcialmente hermético, donde el aire que entra a su interior es filtrado previamente para eliminar gran parte de las partículas de polvo que se encuentran en suspensión en la atmósfera ordinaria. Junto a ese proceso de filtrado, los operarios encargados del funcionamiento y trabajo en su interior deben vestirse con unos trajes especiales que impiden el contacto de la piel humana con dicho ambiente, debido a que el cuerpo desprende continuamente células muertas de la piel, cabellos, etc. Todas podrían contaminar el entorno de fabricación y hacer inviable el chip. La figura 5.2 muestra un esquema de una sala limpia.

---

[1] «What is a Cleanroom?», Clean Air Technology, Inc. (https://bit.ly/3Z6mmnc).

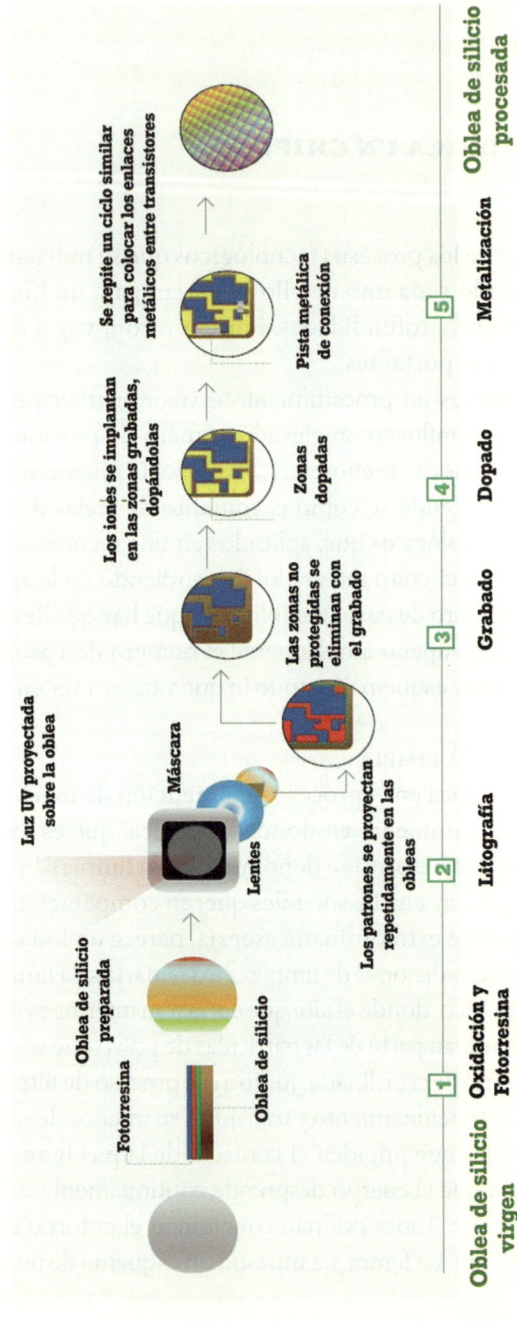

Figura 5.1. Secuencia simplificada (muuuuy simplificada) del proceso de fabricación de un chip.

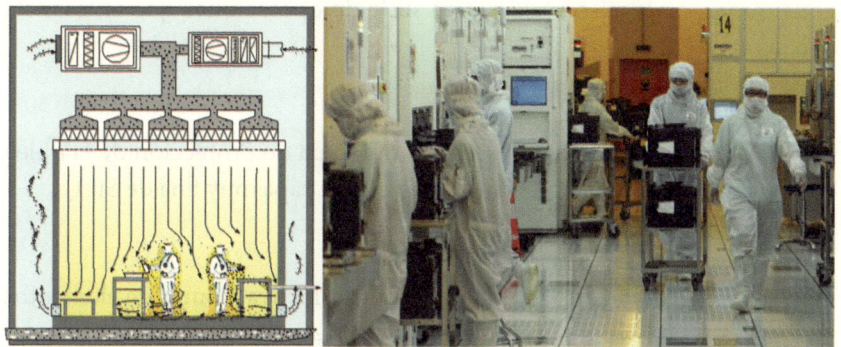

Figura 5.2. Izquierda: esquema del flujo de aire entrante y saliente en una sala limpia, para evitar que el polvo contamine alguno de los pasos de fabricación del chip. Derecha: imagen real del interior de una sala limpia, con unos operarios de los equipos vestidos con el traje de trabajo[2].

Las salas limpias se clasifican según el grado de pureza del ambiente en diversas clases seguidas de un número (Clase-NN), que indica el número de partículas que hay en suspensión en cada metro cúbico de aire: cuanto menor es la clase, menor es el número de partículas y, por consiguiente, mayor el grado de pureza del ambiente de fabricación del chip. Las de mayor pureza, habitualmente en la zona donde se realiza la fotolitografía, son de clase 1.

En la sala limpia se sitúan todas las máquinas necesarias para la fabricación del chip, cuyo esquema general describiré a continuación de forma muy simplificada, para analizarlas a partir del punto 2 del capítulo con más detalle.

1.1. Dentro de la sala limpia: los procesos

En esencia un chip es un dispositivo que incorpora, en una única pieza de un semiconductor denominada oblea («wafer»), todos los elementos de un circuito electrónico: resistencias, condensadores, transistores, metales de interconexión, capas de aislamiento entre elementos, etc[3]. Para definir todos y cada uno de esos componentes, así como sus inter-

---

[2] R. Simon, M+W Group GmbH, «Air Flow principle for unidirectional (laminar) flow Cleanrooms» (https://bit.ly/3APVccb); C. Ting-Fang, «China's top chipmaker SMIC to boost capex 20% despite downturn», Nikkei Asia, 15-febrero-2019 (https://bit.ly/3CJEWd3).

[3] En la gran mayoría de los chips comerciales la oblea es de silicio.

conexiones, es preciso realizar una serie de operaciones que en esencia son las siguientes:

i) Oxidación
Es uno de los pasos iniciales, se crece una capa de protección de la oblea con el denominado óxido térmico, que es una capa muy fina de SiO_2.

ii) Dopado
Con este proceso, se incorporan de manera selectiva átomos de elementos diferentes al silicio, con objeto de modificar de manera controlada sus propiedades eléctricas, de acuerdo con lo que detallo en el Apéndice del libro.

iii) Fotolitografía de definición de componentes
Etimológicamente «fotolitografía» significa grabar con luz (fotones) en la piedra, es decir, en la oblea del semiconductor. Este es uno de los pasos más críticos y esenciales de la fabricación del chip. Mediante la fotolitografía, se trasladan a la superficie del semiconductor unos patrones geométricos que permiten definir los elementos constitutivos del chip, sus interconexiones y el aislamiento eléctrico entre ellos. Los procesos fotolitográficos son el cuello de botella de la tecnología microelectrónica y su desarrollo espectacular es el que ha propiciado, en gran medida, que los tamaños de los elementos integrantes sean tan asombrosamente pequeños. Dada la gran relevancia de este proceso, le dedico un capítulo específico, el siguiente a este.

iv) Grabado: eliminación selectiva de componentes
Permite eliminar de manera controlada, y en áreas del chip predefinidas con antelación, capas de metales o aislantes de zonas no deseadas. Facilita, entre otros aspectos, la correcta interconexión entre los diferentes transistores, resistencias, condensadores, etc. constituyentes del chip.

v) Depósito de aislantes
Proceso mediante el que se depositan capas muy delgadas de materiales aislantes para evitar interconexiones no deseadas entre los elementos activos del chip. Es crucial dado lo extraordinariamente juntos que se encuentran los dispositivos.

vi) Interconexiones o metalización
Es un proceso similar al anterior, pero que se realiza con capas de materiales conductores, con objeto de interconectar eléctricamente los distintos

constituyentes del chip. Los procesos de aislamiento y metalización necesitan de técnicas de planarización dado que, al haber múltiples capas de interconexión, es imprescindible garantizar la planitud de las sucesivas etapas de fabricación para no comprometer las siguientes. El elevadísimo número de componentes que incorporan los chips actuales es de tal magnitud que, para interconectar los transistores entre sí, es preciso definir sucesivas capas de metalización, junto con las correspondientes capas de aislamiento entre ellas, ya que con una sola capa sería imposible conectar adecuadamente todos los elementos. El aspecto final de un chip sencillo de la década de 1980 se puede ver en la figura 5.3.

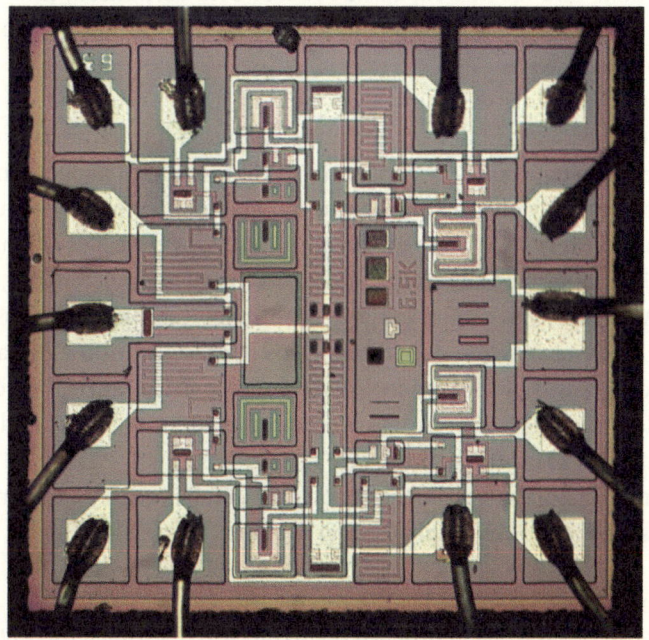

Figura 5.3. Un chip de los años ochenta utilizado en un reloj espacial Soyuz. La foto al microscopio muestra la distribución de los componentes en el interior del chip. El silicio aparece en color rosáceo o violáceo, mientras que las diversas capas metálicas de interconexiones son blancas. Alrededor del borde del chip, los cables de conexión, de color negro, conectan las almohadillas del chip a las patillas de este. Las pequeñas estructuras que se aprecian en el chip son resistencias y transistores[4].

---

[4] «Looking inside a vintage Soviet TTL logic integrated circuit» (https://bit.ly/3O-NiYZL). También hay imágenes de excelente calidad y detalle aquí: (https://bit.ly/4eN2Dyz).

vii) Encapsulado y prueba final
Los chips ya fabricados se prueban en la oblea, se separan individualmente, se encapsulan, se vuelven a probar y ya están listos para su utilización.

Todos los procesos descritos, salvo el encapsulado y la prueba final, deben repetirse en numerosas ocasiones. Para lograr como resultado final un chip funcional y con especificaciones prefijadas, es preciso realizar un proceso previo del diseño de cada uno de los pasos de fabricación y de las máscaras que se utilizan en los procesos fotolitográficos que lo hacen factible. No es difícil imaginar los costes tan elevados que conlleva instalar una fábrica capaz de realizar este verdadero milagro de la tecnología que es el chip. Estas cuestiones las abordaremos en el último capítulo del libro.

El mantenimiento de las instalaciones también es muy costoso y abarca materiales y procesos tales como filtros de la sala limpia, vestuario, mantenimiento de equipos con consumibles diversos, etc. Especial mención cabe hacer a la elevadísima pureza que deben tener todos los consumibles, cuestión que ya hemos visto en el capítulo 1, aspecto este crítico cuando se trabaja con semiconductores, lo que se traduce, lógicamente, en más costes. A esto hay que sumar los costes laborales, también elevados dada la altísima capacitación que deben reunir los operarios. Todo este panorama se traduce en que hay muy pocos países donde existan fábricas de circuitos integrados. También abordaremos esta cuestión, muy relacionada con la geopolítica, en el último capítulo.

A continuación, voy a describir con más detalle todos y cada uno de los procesos implicados en la fabricación del chip.

2. CRECIMIENTO DE CRISTALES
Se divide en dos partes: el proceso de extracción y purificación del silicio y la obtención, a partir de él, de los cristales de silicio.

2.1. Purificación del silicio
Como ya vimos en el capítulo 2, para que sea posible controlar adecuadamente las propiedades de un semiconductor dado, es preciso reducir el nivel de sus impurezas indeseadas a un valor muy inferior a los niveles de dopado, es decir, a una parte en mil millones de átomos o menos, y esto exige un gran cuidado en la preparación y purificación de los materiales de partida. Veamos entonces cómo se purifica el silicio, ya que es el semiconductor protagonista de la primera parte de este libro.

Como ya hemos visto en el capítulo 3, el silicio es el elemento sólido más abundante en la corteza terrestre, lo cual no es de extrañar, ya que la arena es silicio. Ahora bien, el silicio que se utiliza en los dispositivos electrónicos es extraordinariamente puro, pero en la naturaleza está mezclado con otros elementos químicos que lo hacen inviable para esas aplicaciones, por lo que es preciso purificarlo. Los niveles de pureza requeridos para la preparación de semiconductores son enormemente estrictos: por ejemplo, en la industria del acero, las impurezas admisibles exigen un control de estas en el nivel de porcentaje (1 en 100), mientras que un semiconductor ese grado de control debe ser, como ya hemos visto en el capítulo 2, de partes por mil millones (1 en $1.000.000.000$) o menos. El proceso de purificación del silicio es laborioso y se realiza en varios pasos, en cada uno de los cuales se obtiene un silicio con un grado de pureza creciente. A grandes rasgos, el procedimiento es el siguiente:

i) Primer paso: obtención de silicio de pureza metalúrgica
El silicio originalmente se encuentra en la naturaleza en la arena formando silicatos, cuya fórmula química genérica es $(SiO_3)^{2-}]_n$. En el caso de que todos los átomos de oxígeno estén compartidos, el compuesto resultante es una red tridimensional denominada sílice o dióxido de silicio, SiO_2. Lo primero que hay que hacer es separar el silicio del oxígeno mediante una reacción con carbono calentándolo a 1500-$2000°$ C en un horno de arco eléctrico. Allí se somete a campos eléctricos muy elevados que rompen los enlaces químicos que unen el silicio con el oxígeno. La reacción química que se produce es la siguiente:

$$SiO_2 + C + Calor \rightarrow Si_{metalúrgico} + CO_2$$

El silicio resultante tiene un grado de pureza del 99%, denominado «pureza metalúrgica», lo que significa que tiene proporciones significativas de contaminantes metálicos tales como Fe, Al, C, B, etc. El silicio metalúrgico se utiliza en la industria principalmente para la fabricación de metales, aleaciones de aluminio, etc., pero no vale para la fabricación de dispositivos electrónicos. Por consiguiente, es preciso someter a este silicio metalúrgico a procesos de purificación adicionales.

ii) Segundo paso: obtención de silicio de pureza electrónica
Se alcanza en dos nuevos pasos: en el primero, el silicio metalúrgico, con sus contaminantes, se convierte en gas. Para ello, el silicio metalúrgico

sólido se hace reaccionar con HCl a 300° C en un reactor para formar $SiHCl_3$ mediante la reacción:

$$Si_{metalúrgico} + 3\ HCl + Calor \rightarrow SiHCl_3\ (gas) + H_2 + (FeCl_3, AlCl_3, BCl_3 \ ...)$$

La clave del proceso es que, durante la reacción, las impurezas del silicio tales como Fe, Al, y B reaccionan con el ClH formando haluros ($FeCl_3$, $AlCl_3$ y BCl_3). A continuación, estos se pueden separar del silicio realizando un proceso que se denomina destilación fraccionada, que consiste en la separación sucesiva de los líquidos de la mezcla del $SiHCl_3$ y los diversos haluros de impurezas, aprovechando la diferencia entre sus puntos de ebullición.

Posteriormente, mediante una técnica conocida como proceso Siemens, el $SiHCl_3$ gaseoso ya purificado se hace reaccionar con hidrógeno a 1100° C durante 200 – 300 horas mediante una nueva reacción:

$$SiHCl_3\ (gas) + H_2 + Calor \rightarrow Si_{electrónico} + 3\ HCl$$

La técnica Siemens tiene lugar en el interior de grandes cámaras de vacío, en las que el silicio se condensa y se deposita sobre barras de polisilicio –silicio policristalino– para obtener sobre ellas el silicio sólido ya purificado con un grado de pureza que se denomina electrónico, al ser su destino esta industria. El silicio así obtenido sigue teniendo impurezas, pero en una proporción bajísima, por debajo de un átomo de impureza por cada 1.000 millones de átomos de silicio. Como ya hemos visto, este silicio ya es adecuado para la industria microelectrónica y se utiliza como materia prima para el proceso de fabricación de obleas.

En definitiva, el proceso de purificación exige un gran cuidado y atención al detalle de la preparación de los materiales de partida. Para lograrlo, la industria de los semiconductores se ha enfrentado a desafíos nunca antes imaginados en el dominio de la tecnología de los materiales, desafíos que solo pueden ser entendidos en el contexto de los grandes éxitos comerciales a los que han dado lugar. De nuevo, veremos estas cuestiones en el último capítulo.

2.2. Fabricación de cristales semiconductores: método Czochralski

Una vez purificado, el silicio se somete a un proceso de obtención de las obleas donde se fabricarán los circuitos integrados. El procedimiento es conocido como Czochralski, debido al científico polaco, de apellido impronunciable, Jan Czochralski, que lo desarrolló en 1916 mientras investigaba las propiedades de ciertos metales. La figura 5.4 muestra esquemáticamente el método:

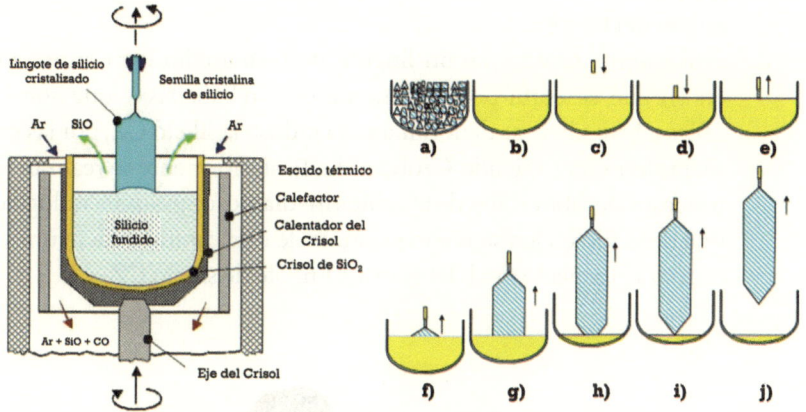

Figura 5.4. Esquema de un sistema Czorchalski de obtención de obleas de silicio[5]. Los diversos pasos del a) al j) se describen en el texto.

Los detalles del proceso son los siguientes:

- Una vez purificado el silicio, se introduce en un crisol de cuarzo donde se calienta hasta licuarlo y dejar al silicio fundido, es decir, en fase líquida. Son los pasos a) y b) de la figura 5.4.
- A continuación, la superficie del silicio líquido se pone en contacto con una pequeña semilla cristalina de silicio sujeta desde la parte superior del sistema mediante una pértiga, de acuerdo con los pasos c) y d). Esa semilla es un trozo de silicio de elevada calidad, cuya función es hacer de guía durante el proceso de obtención del semiconductor.
- Posteriormente, la pértiga con la semilla fijada en su extremo se gira lentamente y se extrae del crisol; en el proceso, los átomos de silicio se van situando en el lingote, siguiendo la orientación marcada por la semilla. Durante la extracción, el silicio se enfría y solidifica, obteniéndose el lingote de silicio cristalizado, siguiendo la

[5] J. Friedrich, «Methods for Bulk Growth of Inorganic Crystals: Crystal Growth», *Reference Module in Materials Science and Materials Engineering*, 2016. DOI: 10.1016/B978-0-12-803581; «Single Crystal Growth», Univ. Kiel (https://bit. ly/3B2lW9q).

secuencia desde el e) hasta el i). Se requiere un control cuidadoso de la velocidad de rotación del cristal a medida que se extrae de la masa de silicio fundida; así mismo, se lleva a cabo un control estricto de los gradientes de temperatura tanto a lo largo como a lo ancho del lingote.

- Finalmente, se obtiene un lingote de forma cilíndrica, mostrado en j), que se corta posteriormente en «rebanadas», que son las obleas. Este silicio se denomina en la industria silicio CZ, por las primeras letras del apellido Czorchalski. Posteriormente se realizan los procesos de fabricación de los chips mediante los pasos tecnológicos que describo en los siguientes puntos de este capítulo. La figura 5.5 muestra el aspecto final del enorme lingote de silicio CZ.

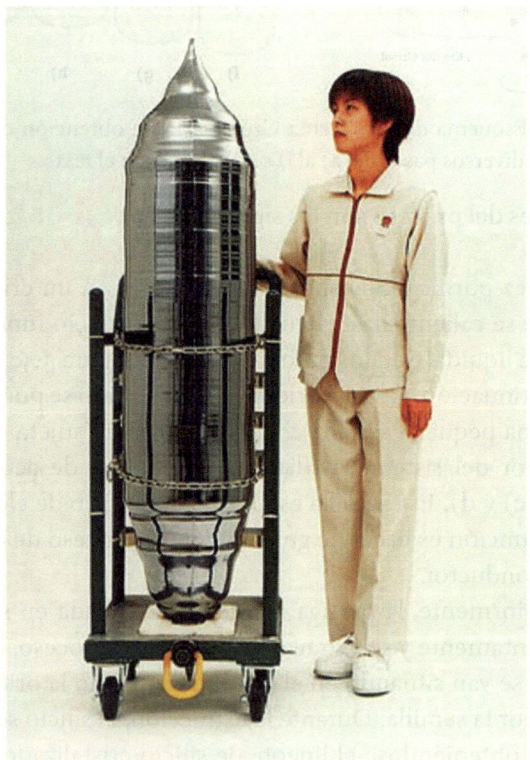

Figura 5.5. Un lingote de silicio cristalino, obtenido mediante el proceso Czorchalski, descrito en el texto[6].

---

[6] «Single Crystal Silicon», Univ. Kiel (https://bit.ly/3CJqkuv).

No es necesario entrar en los múltiples detalles que acompañan el proceso de obtención de los cristales de silicio, pero ciertamente podemos quedarnos asombrados por su espectacular resultado: hoy en día se producen cristales de una altísima calidad cristalina, con un diámetro de las obleas de producción de 300 mm, sencillamente espectacular. El diámetro de las obleas ha crecido constantemente desde los comienzos de la industria microelectrónica hasta la actualidad, dado que tal aumento lleva aparejado una reducción de costes, muy deseable para las fábricas de chips.

Sobre estas obleas, extraordinariamente puras y con sus átomos perfectamente situados en el espacio, es sobre los que se construyen los dispositivos que han alumbrado la revolución de las comunicaciones del final del siglo XX y de comienzos del actual. Sin este «ladrillo» esencial, el edificio de la microelectrónica no se habría podido edificar. Estos monocristales de silicio no contienen ni una sola dislocación, un tipo de defecto muy perjudicial. Son, hasta ahora, los únicos cristales grandes que podemos fabricar completamente libres de dislocaciones. Se trata de un hecho extraordinario. Los cristales de otros semiconductores, como el GaAs que veremos en el capítulo 10 y posteriores, son mucho menos perfectos que el silicio y nunca están libres de dislocaciones.

Es una coincidencia asombrosa que las propiedades básicas del silicio cumplan admirablemente todas las especificaciones electrónicas y que sea el único material que se puede obtener en cristales individuales enormes y casi perfectos. Además, estos cristales son extremadamente puros, ya que solo contienen algo de oxígeno disuelto, unas pocas partes por millón (p.p.m.) y algo menos de 1 p.p.m. de carbono. Todo lo demás está muy por debajo del nivel de p.p.m.

2.3. *La variante para semiconductores compuestos: Liquid Encapsulated Czochralski*

Para obtener cristales de semiconductores compuestos se utiliza una técnica que, en esencia, es muy similar a la descrita en este capítulo para el silicio, aunque con algunas peculiaridades específicas de los compuestos. Describo a continuación el proceso para la obtención de obleas de GaAs. Los materiales de partida, habitualmente trozos policristalinos de GaAs, o bien Ga y As elementales, se colocan en el crisol de crecimiento junto con una pastilla de trióxido de boro. A continuación, el conjunto se va calentando lentamente. A 460°C, el trióxido de boro se funde para formar un líquido espeso y viscoso que flota por encima de toda la masa fundida de Ga y As, de ahí el nombre de la técnica: Liquid Encapsulated. Esta capa, en combinación con la presión que se mantiene en el reactor, impide que el elemento volátil del grupo v, el As en nuestro ejemplo, se pueda escapar del crisol.

Se sigue aumentando la temperatura hasta que se sintetiza el compuesto. A continuación, se sumerge la semilla cristalina a través de la capa de trióxido de boro en la masa de GaAs fundida y el proceso es idéntico al que acabamos de describir en el punto anterior. El esquema, muy similar al de la técnica de silicio, se muestra en la figura 5.6.

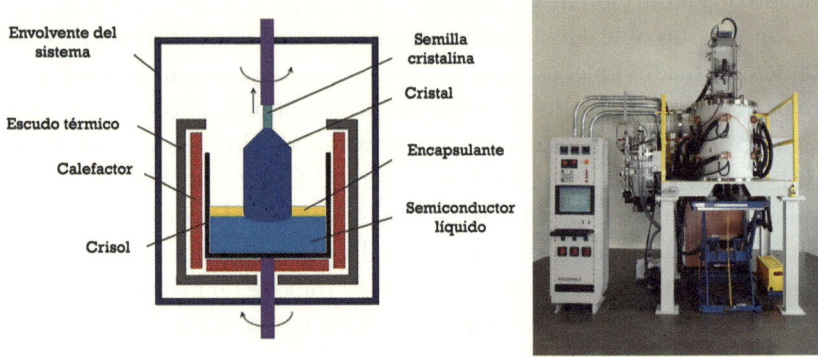

Figura 5.6. Izquierda: esquema de un sistema LEC. Consta de un calefactor de grafito rodeado de aislamiento térmico y un recipiente de alta presión refrigerado por agua con conductos estancos a la presión para la traslación y rotación del cristal y el crisol, respectivamente. El crisol de nitruro de boro pirolítico contiene la masa fundida de GaAs cubierta por el encapsulante de óxido de boro líquido para evitar pérdidas de arsénico durante el crecimiento de la masa fundida. Derecha: un sistema LEC comercial[7].

3. OXIDACIÓN

Una de las razones del éxito de la tecnología del silicio es la posibilidad de oxidarlo, que da como resultado un aislante de características excepcionales, el SiO_2, y una intercara Si/SiO_2 de propiedades extraordinarias. Gracias a esa conjunción, se pueden fabricar los MOSFET, una de cuyas claves de funcionamiento es precisamente esa intercara, lo que ya hemos visto en el capítulo 4. Aquí vemos cómo se obtiene el SiO_2 a partir del silicio.

La oxidación térmica del silicio suele realizarse a una temperatura de entre 800 y 1200 °C. Puede utilizarse vapor de agua ultrapuro u oxígeno

---

[7] J. Liu *et al.*, «Impurities related micro-defects in GaSb crystal grown by LEC method», *Journal of Crystal Growth*, 630, 127585 (2024), DOI: 10.1016/j.jcrys-gro.2024.127585; «Crystal Growth Furnace Systems, Thermal technology LLC» (https://bit.ly/3B94X56).

molecular como agente oxidante; por consiguiente, se denomina oxidación húmeda en el primer caso, o seca en el segundo. Las reacciones, en cada caso, son las siguientes[8]:

$$Si + 2H_2O + Calor \rightarrow SiO_2 + 2H_2$$
$$Si + O_2 + Calor \rightarrow SiO_2$$

El óxido térmico así obtenido se logra a expensas del silicio consumido, por lo que crece tanto hacia el interior de la oblea como hacia el exterior. Debido a las diferentes densidades del Si y del SiO_2, por cada unidad de espesor de silicio consumido se obtienen 2.25 unidades de espesor de óxido. Es decir, si se oxida una superficie de silicio, el 46% del grosor del óxido quedará por debajo de la superficie original y el 54% por encima. La figura 5.7 lo ilustra:

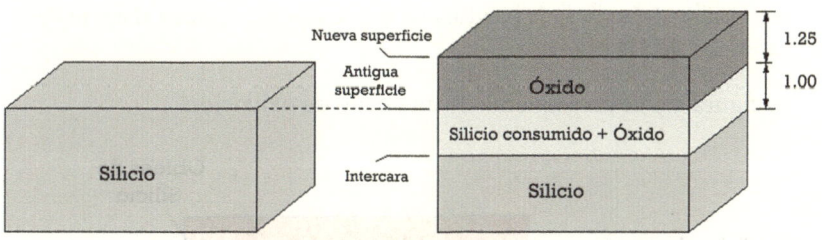

Figura 5.7. Proceso de oxidación de una oblea de silicio.

El dióxido de silicio ha sido, posiblemente, el material más importante de las distintas láminas delgadas empleadas para la fabricación de dispositivos semiconductores desde hace más de medio siglo. El hecho de que el silicio forme un óxido estable y adherente con buenas propiedades eléctricas es una de las razones del éxito de la industria microelectrónica.

Los óxidos térmicos se utilizan principalmente como óxidos para la estructura de la puerta en dispositivos MOSFET. En esta aplicación, es fundamental que la intercara dióxido de silicio/silicio sea lo más perfecta posible, con un mínimo de defectos a escala atómica, defectos que se denominan «enlaces colgantes», como muestra la figura 5.8. Para garantizarlo, los sustratos de silicio se someten a una fase de preparación de la superficie inmediatamente antes de la oxidación. Este paso suele consistir en la eliminación de cualquier óxido nativo seguida de un proceso de pasivación de la

---

[8] L. M. Nogueira, «Thermal Oxidation of Silicon and the Deal-Grove Model», 3-julio-2021 (https://bit.ly/4fIe6kr).

superficie por medio de hidrógeno, lo que se consigue con un ataque químico en HF diluido.

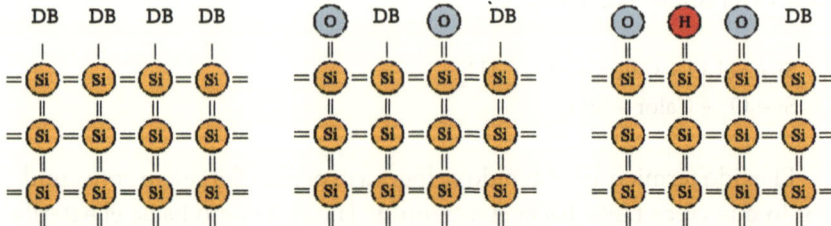

Figura 5.8. Intercara silicio/óxido de silicio, en tres situaciones diferentes. Izquierda: en la superficie del silicio faltan átomos de silicio y existen electrones no apareados que forman trampas en la superficie eléctricamente activas («DB, Dangling Bonds» o «enlaces colgantes»). Centro: tras la oxidación, la mayoría de los enlaces de la intercara están saturados con átomos de oxígeno. Derecha: tras el tratamiento de la superficie con HF, la cantidad de defectos en la intercara se reduce aún más, gracias al efecto de pasivación del H[9].

La figura 5.9 es un esquema de un horno de oxidación.

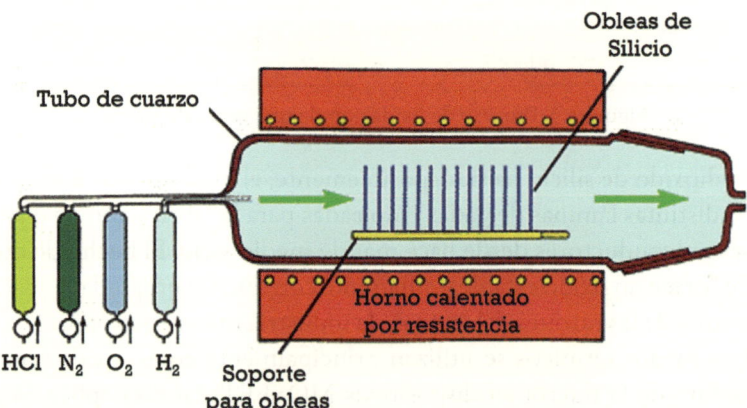

Figura 5.9. Esquema de un horno de oxidación.

4. DOPADO

El proceso de dopado consiste en la introducción intencionada en la oblea de silicio de átomos de elementos químicos diferentes, con objeto de

---

[9] «Silicon Dangling Bonds» (https://www.iue.tuwien.ac.at/phd/entner/node14.html).

modificar sus propiedades eléctricas[10]. El procedimiento más importante de introducir átomos dopantes en los sustratos de silicio, o cualquier otro semiconductor, es la implantación iónica y es el único método que se analiza aquí, donde solo trataré brevemente los aspectos básicos de la técnica. Los interesados en profundizar en los temas relacionados con la implantación de iones pueden consultar la referencia de J. D. Plummer y P. B. Griffin «Integrated Circuit Fabrication. Science and Technology», recogida en la Bibliografía. La implantación iónica debe su importancia a que permite controlar con precisión la profundidad de penetración de los átomos dopantes en el silicio. La figura 5.10 muestra un esquema de un implantador de iones.

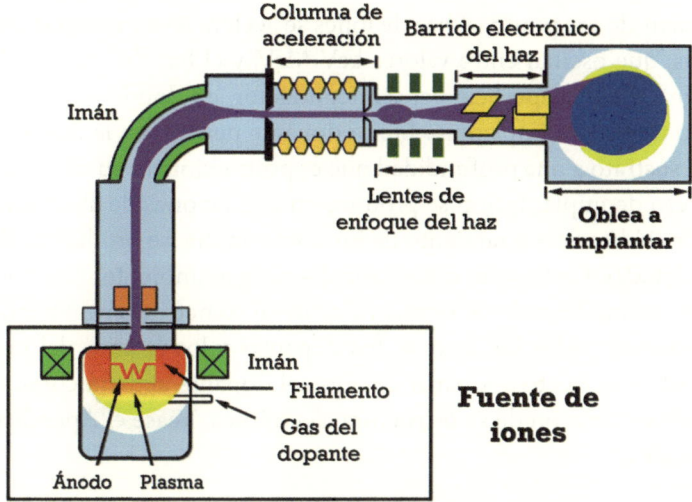

Figura 5.10. Componentes de un implantador iónico[11].

La técnica debe su nombre, entre otras razones, a que en el proceso de implantación los átomos dopantes se ionizan primero en una fuente de iones. Una vez ionizados los elementos que se van a implantar, los iones se extraen de la fuente donde se han generado y se dirigen a un imán formando

---

[10] En el Apéndice del libro hay una explicación detallada del dopado de semiconductores.
[11] F. Chen, H. Amekura and Y. Jia «Fundamentals of Ion Beam Technology, Waveguides, and Nanoparticle Systems», *Ion Irradiation of Dielectrics for Photonic Applications. Springer Series in Optical Sciences*, vol 231. Springer, Singapore, 2020. DOI: 10.1007/978-981-15-4607-5_1.

un haz, donde se enfoca y se curva a la salida en un ángulo de 90º. La idea es que, tras salir del imán, el haz esté completamente limpio de otros iones que no sean el que se desea implantar. Es decir, solo se selecciona el átomo dopante elegido entre los distintos iones que pueden proceder de la fuente de iones. Esa selección se logra controlando la relación entre la carga y la masa del ion a implantar, para lo que se fija un valor específico del campo magnético del imán de la figura 5.10. Con la elección correcta, la trayectoria del ion seleccionado se desvía exactamente 90º, mientras que cualquier otro ion con relaciones carga/masa diferentes sufren desviaciones de su trayectoria mayores o menores de 90º. De esta forma, a la salida del imán, el haz está compuesto exclusivamente por iones del elemento químico que se desea implantar.

A partir de ese punto, el haz de iones se acelera hasta alcanzar energías elevadas, que oscilan entre valores keV-MeV, y el haz de iones acelerado se dirige hacia la superficie del semiconductor, en donde se incrusta –el término técnico es implanta–. El ion dopante penetra en la matriz cristalina del sustrato a una profundidad que es proporcional a su energía. Todo el proceso de implantación se produce en condiciones de alto vacío para permitir el libre desplazamiento de los iones sin que se produzcan dispersiones debidas a colisiones con moléculas del gas ambiente.

Una vez implantado, el semiconductor se somete a un calentamiento para recolocar todos los átomos, los dopantes y los átomos del huésped en sus sitios correctos. A partir de aquí, el dopante actuará como donor o aceptor en función de su estructura electrónica. Véase el Apéndice para más detalles.

5. Litografía y grabado

Ambos procesos van indisolublemente unidos y son los más críticos de todos, ya que de ellos depende definir correctamente los tamaños tan extraordinariamente pequeños de los transistores y sus interconexiones. Dada la complejidad de los dos procesos, en especial de la litografía, le dedico un capítulo exclusivo, el siguiente. En todo lo que sigue en este punto, se debe entender que el grabado se lleva a cabo una vez que se ha realizado la litografía, proceso mediante el que quedan definidos en la oblea del semiconductor los motivos que hay que eliminar, esencialmente de materiales aislantes y de metales, que formarán las interconexiones entre los diferentes componentes del chip.

De manera específica, el grabado se refiere a cualquier tecnología que elimine selectivamente material de una película delgada depositada previa-

mente sobre un sustrato y mediante esta eliminación se crea un patrón de
ese material sobre el sustrato, con objeto de lograr una variedad de situaciones: definir regiones donde implantar el semiconductor, eliminar un
aislante o un metal para realizar interconexiones, etc. El patrón se define
mediante una máscara que es resistente al proceso de grabado que se usa
en el proceso de litografía, cuestión que veremos en detalle en el siguiente
capítulo.

Una vez colocada la máscara, se puede proceder al grabado, es decir, a
la eliminación del material que no está protegido por la máscara, ya sea por
métodos químicos húmedos o por métodos físicos secos. La figura 5.11
muestra una representación esquemática de un proceso completo de litografía y grabado.

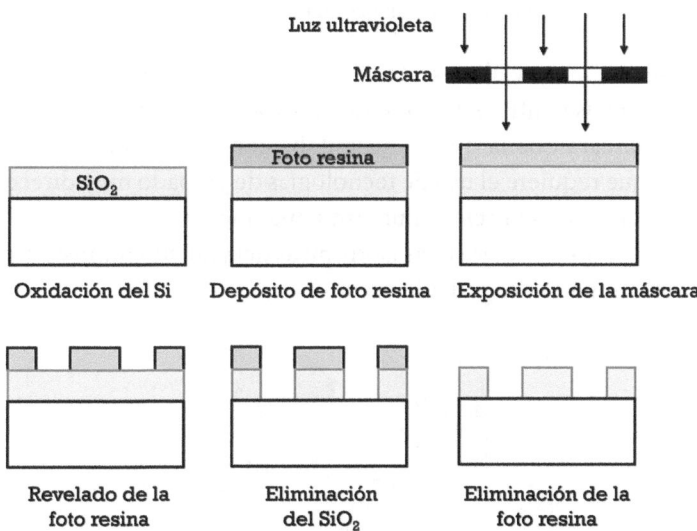

Figura 5.11. Grabado para crear un patrón geométrico en un sustrato. En
el ejemplo mostrado, se desea eliminar de la oblea dos zonas de SiO_2. El
resultado final es el que se muestra en el último paso.

Históricamente, los métodos químicos húmedos han desempeñado un
papel importante en el grabado para la definición de patrones, hasta la llegada de la tecnología de muy alta escala de integración, a mediados de la
década de 1980, que permitía integrar más de un millón de transistores por
chip. A partir de ese momento, se redujo el tamaño de los dispositivos y la
topografía de las superficies se hizo más crítica, momento en el que el grabado químico húmedo dio paso a las tecnologías de grabado en seco o por

plasma. Este cambio se debió, principalmente, a la naturaleza isotrópica del grabado húmedo, ya que este procedimiento provoca la eliminación de material en todas las direcciones, como se muestra en la figura 5.12, lo que da lugar a una discrepancia entre el tamaño de la característica definida por la máscara y el que se reproduce en el sustrato.

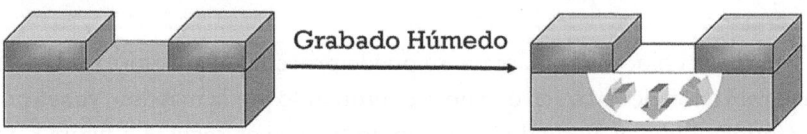

Figura 5.12. Ilustrando el carácter isótropo de los procesos de grabado húmedo. Aunque se desea eliminar solo la región central, el grabado húmedo elimina también regiones situadas debajo del SiO$_2$ de los laterales, con lo que el grabado no ha respetado el patrón geométrico que se quería eliminar.

Los diseños de muy alta escala de integración exigen una correlación mucho más precisa entre el tamaño de las características del patrón dibujado en la máscara que la que se necesitaba con tamaños de transistores mayores, lo que requiere el uso de tecnologías de grabado muy direccionales. En la figura 5.13 se presenta un esquema que ayuda a comprender la diferencia entre las características isotrópicas del grabado húmedo frente a las muy direccionales del grabado seco.

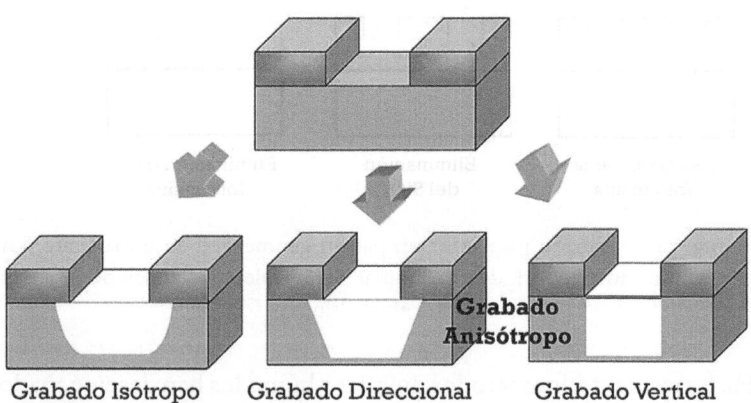

Figura 5.13. Grabado isótropo (izquierda), direccional (centro) y vertical (derecha). Los dos últimos son anisótropos. La imagen muestra el carácter direccional de ambos.

El golpe final a la utilidad del grabado húmedo en la tecnología microelectrónica puede haber sido el hecho de que muchos de los materiales más nuevos que se utilizan para la fabricación de dispositivos no tenían atacantes químicos húmedas accesibles que pudieran emplearse para el grabado. Estos problemas se combinaron para relegar las tecnologías de grabado húmedo a un uso casi exclusivo para la limpieza. Solo los dispositivos con características de tamaño relativamente grande, como los dispositivos fotovoltaicos o algunos de potencia, siguen empleando métodos húmedos para el grabado.

Todas las tecnologías de grabado en seco se llevan a cabo en condiciones de vacío y recurren a generar plasmas de especies reactivas. A continuación, describo en términos muy generales los principios generales del grabado por plasma. Dado el carácter sumamente específico y especializado del grabado por plasma, el siguiente punto está señalado con doble asterisco, por lo que se puede omitir su lectura sin pérdida del hilo conductor del libro.

5.1. Grabado por plasma (**)

Todas las técnicas de grabado seco utilizan las propiedades de unos gases especiales, denominados genéricamente plasma. El plasma es uno de los cuatro estados de la materia, junto con los sólidos, los líquidos y los gases. Un plasma es un gas ionizado formado por el mismo número de iones con carga positiva y electrones libres con carga negativa. Por lo tanto, en el plasma se mantiene la neutralidad eléctrica general. Quizá usted no lo sepa, pero los plasmas son el componente mayoritario en el universo: cerca del 99% del universo está formado por plasmas naturales. Esto es debido a que las nebulosas y las estrellas son esencialmente plasmas de hidrógeno y helio. Los plasmas se utilizan ampliamente en diversas tecnologías con las que interactuamos a diario. Pensemos en las lámparas fluorescentes y los letreros de neón: están hechos de tubos de vidrio llenos de gases que al encenderse se ionizan, generando un plasma, que proporciona la luz que vemos.

i) Generación de un plasma

El medio práctico para crear un plasma consiste en aplicar un campo eléctrico a un gas confinado en un recinto de baja presión. Debido a la presencia del campo eléctrico, cualquier electrón libre que esté en el recinto puede acelerarse y ganar energía suficiente para ionizar una molécula al colisionar con ella. Así, se crea un par electrón negativo/ion positivo. El nuevo electrón libre podrá adquirir también energía, continuará el proceso y el plasma se establecerá mediante esta reacción en cadena que se automantiene en el tiempo. La figura 5.14 ilustra el tipo de cámaras que usa la industria microelectrónica para generar los plasmas y utilizarlos en los procesos de grabado.

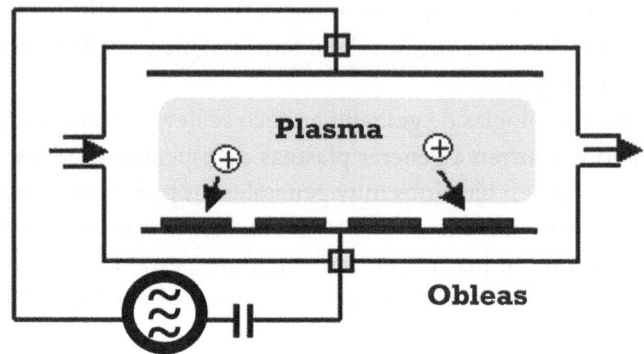

Figura 5.14. Esquema simplificado de un sistema de plasma para grabado.

Una vez que se ha definido por fotolitografía el patrón geométrico a replicar en el sustrato, se procede a efectuar el grabado, de manera análoga a como se realiza con el grabado húmedo.

ii) Principios del grabado por plasma
Como en el grabado húmedo, en el grabado por plasma se elimina la zona deseada del material de que se trate, tal y como ya hemos visto reflejado en la figura 5.13. Para ello, se introduce en el recinto un gas que contiene una especie químicamente reactiva (flúor, cloro...) y se confina en un reactor como el mostrado en la figura 5.14. A continuación, se aplica energía electromagnética, normalmente en la gama de frecuencias de MHz, a uno de los dos electrodos del reactor. Los electrones, acelerados por el campo eléctrico, ionizan las moléculas de gas y crean el plasma. De este modo, tras el impacto de los electrones, se forman moléculas excitadas, radicales e iones, mientras que los electrones siguen adquiriendo energía y auto manteniendo activo el plasma. Los radicales reaccionan químicamente con el material expuesto de la oblea para formar subproductos volátiles o no volátiles. Al mismo tiempo, los iones cargados positivamente bombardean la oblea, lo que define en el sustrato grabado el patrón definido por la máscara.

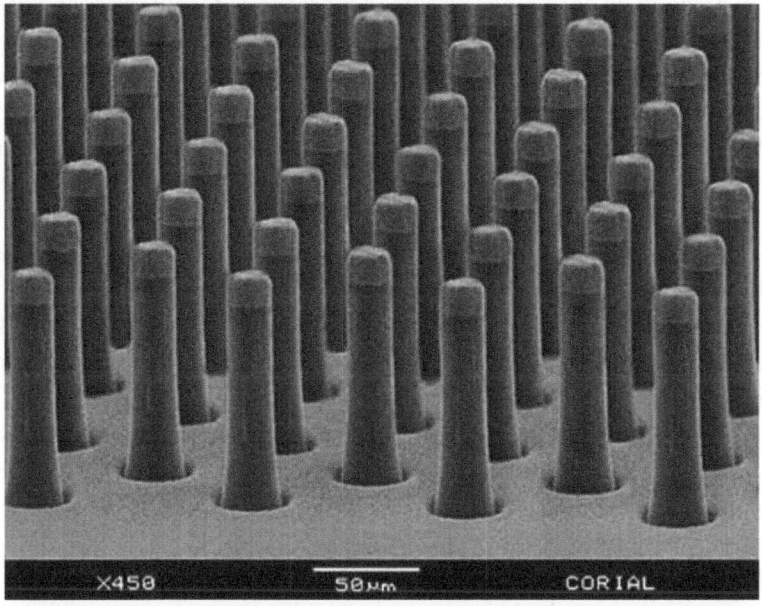

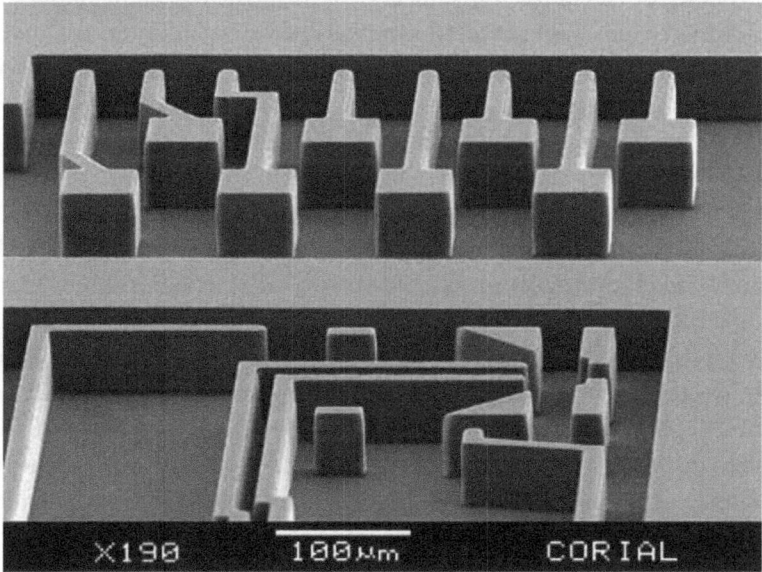

Figura 5.15. Dos imágenes tomadas por microscopía electrónica ilustrando el carácter fuertemente direccional de los procesos de grabado por plasma. La escala de las imágenes se muestra en la parte inferior de cada una[12].

---

[12] «Plasma Etch, Corial» (https://bit.ly/4g9oYro).

El grabado en seco o por plasma incluye varias tecnologías: el pulverizado físico, el grabado por plasma y el grabado por iones reactivos. El grabado iónico reactivo se adopta habitualmente en la fabricación de dispositivos de dimensiones muy pequeñas, generalmente por debajo de 50 nm. Es fundamental que los subproductos formados por las reacciones químicas sean lo suficientemente volátiles como para que puedan evacuarse de la cámara de vacío.

Los procesos de grabado por plasma pueden eliminar prácticamente todos los tipos de materiales utilizados en la industria de fabricación de chips: metales, dieléctricos, semiconductores, y crear una gran variedad de estructuras, algunas verdaderamente asombrosas, tal y como se aprecia en la figura 5.15.

No me detendré en más pormenores, que escapan a los objetivos de este libro. Remito al lector interesado a consultar las referencias de este capítulo recogidas en la Bibliografía.

6. Aislamiento y metalizaciones

El proceso de metalización conecta los dispositivos semiconductores fabricados en un chip, utilizando metales como el aluminio o el cobre. Estas interconexiones son las que permiten que un determinado chip cumpla la función para la que se diseñó, lo que pone de relieve la importancia de la metalización en la fabricación de cualquier circuito integrado. Es uno de los pasos clave para que el chip finalizado funcione, y responde a la pregunta clave: ¿cómo conectamos entre si los miles de millones de transistores definidos en el chip para que este haga su trabajo –una CPU de un ordenador portátil, una GPU de un ordenador dedicado a diseño de automóviles, etc.–?

En los chips más avanzados podemos tener del orden de 200 millones de transistores en cada mm^2 de su superficie. Para conectarlos adecuadamente, se deben definir líneas metálicas muy finas, tan finas como el tamaño de los transistores, es decir, del orden de nm. Para que la conexión funcione, las líneas de conexión de cada transistor deben estar correctamente aisladas de las de otros de los transistores que se encuentren en la vecindad o más alejados. El proceso global se hace mediante la sucesiva combinación de depósitos de capas aislantes y capas metálicas, definidas mediante los procesos ya vistos de litografía y grabado. Con un número de transistores tan elevado, son necesarias numerosas capas o «pisos» de ambos componentes para aislar adecuadamente las conexiones metálicas entre sí. En la figura 5.16 se puede observar un corte transversal de un chip donde se muestra un esquema de lo que estamos tratando aquí, para un chip con cinco niveles de metalización.

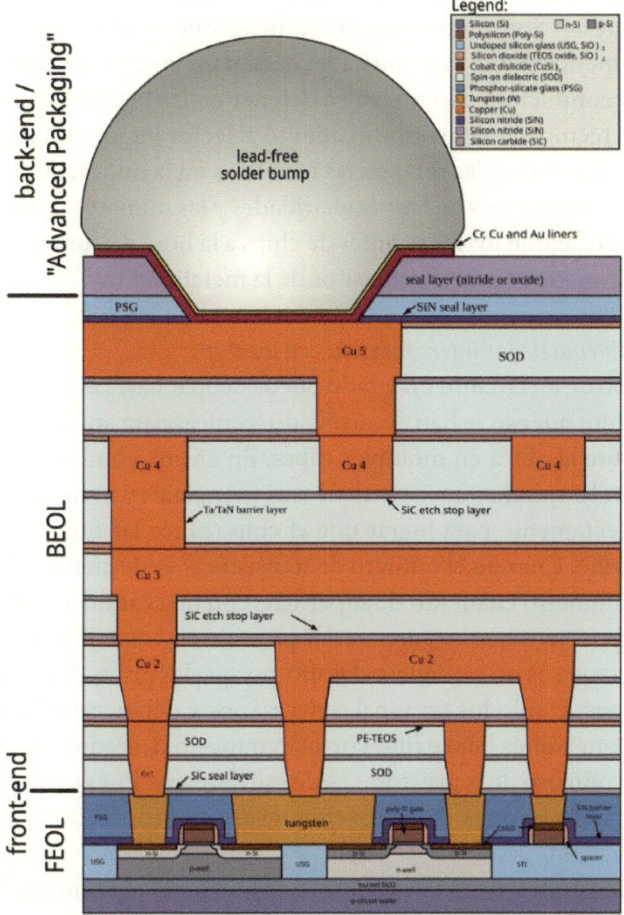

Figura 5.16. Esquema en corte transversal de un chip de lógica CMOS, como se construía a principios de la década de 2000, en el que hay cinco «pisos» o niveles de metalización, señalados con la sigla BEOL (Back-End Of Line). Los transistores están en la «planta baja» de la imagen, señalada con la sigla FEOL (Front-End Of Line), y las conexiones con el mundo exterior, en la «azotea», el back-end. Cada uno de los materiales que se usan para fabricarlos está especificado en el cuadro de la parte superior derecha. La protuberancia situada en la parte superior («lead free solder bump») es el punto de conexión con las patillas que lleva el chip para insertarlo en su destino final[13].

---

[13] «CMOS-chip structure in 2000s» (https://bit.ly/3Z1oc5G).

Las técnicas con las que se depositan las capas aislantes (SiO_2, Al_2O_3, HfO_2, etc.) y las metálicas (Al, Cu, Co, W, Ni, etc.) pertenecen a un conjunto de tecnologías denominadas genéricamente «thin film deposition technologies». Son numerosas las técnicas que se engloban dentro del paraguas mencionado, cada una adecuada para un tipo concreto de capa aislante o conductora. No me voy a detener en las peculiaridades de cada una de las técnicas que se utilizan, remito al lector interesado en profundizar en esta cuestión a las referencias recogidas en la nota al pie[14].

Vamos a centrarnos en las peculiaridades y las numerosas dificultades a las que se enfrentan los fabricantes de chips a la hora de cumplir satisfactoriamente con los exigentes requisitos de la metalización.

6.1. El problema de las interconexiones en los chips

El cableado de un circuito integrado puede ocupar hasta el 80% de la superficie del chip; por eso se han desarrollado técnicas para apilar las interconexiones sobre la oblea en múltiples capas. En efecto, como ya hemos visto en el capítulo 4, cada transistor tiene tres terminales y todos deben conectarse correctamente para lograr que el chip realice las funciones para las que se diseñó. Cuando el número de transistores es de cientos de millones en cada milímetro cuadrado de superficie, con una cantidad tan descomunal de dispositivos necesitamos varios pisos de vías metálicas para lograr el objetivo, lo que es un verdadero desafío, porque las pistas de interconexión deben conectar solo los terminales necesarios y deben estar bien aislados de otras conexiones para evitar cortocircuitos no deseados. ¿Y qué ocurre cuando el número de transistores es de ese número? Pues lo que se ve en la figura 5.17, que es un corte transversal de un chip con siete pisos o niveles de metalización.

Esta metalización en varios niveles es lo que en el mundillo se conoce como «multilevel interconexion», paradigma vigente en la industria desde hace más de treinta años, cuando lo puso en marcha IBM.

Históricamente, el aluminio ha sido el metal de elección para los conductores metálicos de interconexión entre dispositivos. A medida que fue aumentando el número de niveles, se hizo cada vez más necesario reducir

---

[14] «What is Thin Film Deposition?, Denton Vacuum» (https://bit.ly/3BafGw7); «Semiconductor Front-End Process Episode 6: Metallization Provides the Connections that Bring Semiconductors to Life», 14-marzo-2023, SK Hynix Newsroom (https://bit.ly/4fIzypl); «Metal Thin Films for Contacts and Interconnects», MKS (https://bit.ly/3ZpLvdG).

las pérdidas resistivas ocasionadas por las numerosas pistas de metalización y resultó imprescindible utilizar un metal con menor resistencia al paso de la corriente eléctrica. Este es el caso del cobre, introducido en 1997 por IBM, que fue la primera empresa en adoptar las interconexiones con este metal, que se muestra en la figura 5.18. En años sucesivos, se han ido proponiendo nuevos metales para mitigar nuevos problemas, como es el caso del cobalto, por ejemplo.

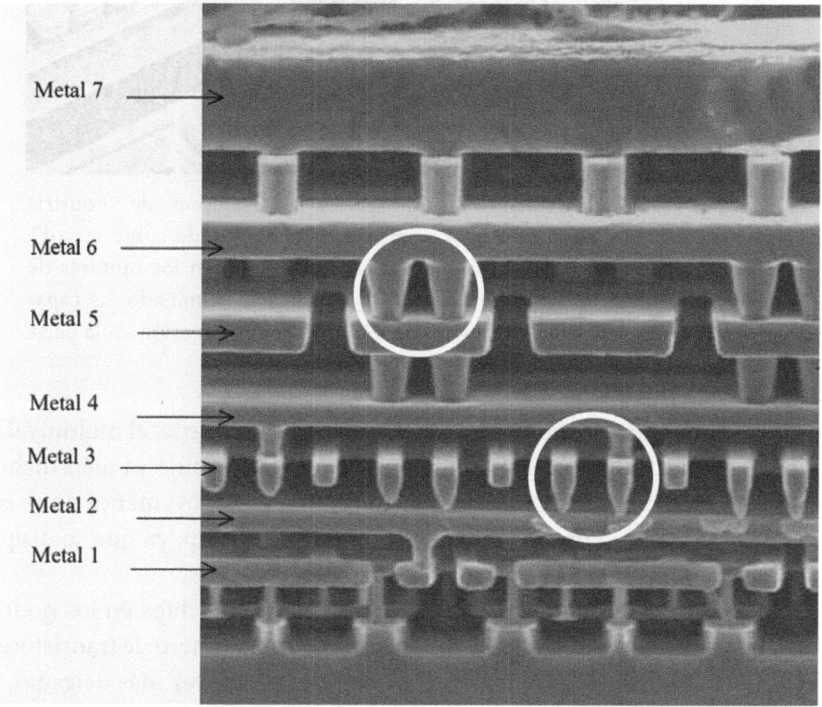

Figura 5.17. Dentro de un chip de última generación. La imagen tomada con un microscopio muestra los diversos niveles de interconexión de los transistores, que se encuentran en la parte inferior del chip, justo debajo del Metal 1. Cada capa metálica es plana y, a medida que nos movemos hacia la parte superior, las capas se hacen más gruesas para reducir la resistencia al paso de la corriente. Entre cada capa hay pequeños cilindros de metal conocidos como «vías» que se utilizan para conectar dos capas entre sí. Hay dos señaladas en la imagen. Las capas de aislamiento entre cada capa metálica se han eliminado con un ataque químico selectivo para poder ver bien los metales[15].

---

[15] W. Gayde, «How CPUs are Designed, Part 3: Building the Chip», Techspot, 20-mayo-2019 (https://bit.ly/4fRfKAk).

Figura 5.18. Esta es una de las imágenes más famosas de industria microelectrónica, que muestra la primera interconexión de cobre en 3-D. El cobre en los microprocesadores fue como el turbo en los motores de combustión interna. Como en la figura 5.17, se han eliminado las capas de aislamiento y al igual que en esa figura, los transistores están en la parte inferior de la imagen y no se ven[16].

Estrictamente, lo que IBM introdujo fue, por una parte, el multinivel y por otra, la sustitución del aluminio por el cobre que, como ya se ha dicho, conduce la electricidad mejor que el aluminio, con un 40% menos de resistencia, mejorando con ello el rendimiento de cada chip, ya que se disipa mucha menos potencia en las interconexiones.

El problema al que se enfrentan los fabricantes de chips en los nodos de 5 nm e inferiores es el siguiente: a medida que el número de transistores crece, las pistas de interconexión deben hacerse cada vez más delgadas, y es aquí donde empiezan los problemas: una pista metálica presenta cada vez mayor resistencia al paso de la corriente eléctrica cuanto más delgada se hace. A su vez, si tenemos cada vez más transistores interconectados con pistas cada vez más delgadas el problema se desboca, si pensamos en que los chips más avanzados tienen no menos de 10 capas, con un máximo que, por ahora, no supera las 15 capas. Unos números para ilustrar las casi infinitas complejidades de los chips más avanzados: la longitud total de las interconexiones de uno de tales dispositivos supone cerca de ¡30 km! distribuidos por una superficie que, dependiendo del chip, oscila en el

---

[16] «IBM's development of copper interconnect for ICs», The Chip History Center, 22-septiembre-1997 (https://bit.ly/3VcXYz4).

margen 4-8 cm^2. En los nodos más avanzados (5 nm), esa longitud puede llegar a ser de 100 km. No resulta sencillo imaginar algo así.

6.2. ¿Estamos llegando al límite?

Al reducir el tamaño de los transistores, las diferentes capas de conexión entre ellos tienen que ser más robustas, deben presentar menor resistencia al paso de la corriente y deben tener unas dimensiones cada vez más reducidas, en consonancia con la reducción del tamaño de los transistores, y esos requisitos son incompatibles entre sí, ya que una menor resistencia al paso de corriente entra en contradicción con tamaño más reducido de las interconexiones. La figura 5.19, de nuevo real, lo ilustra:

Figura 5.19. Imagen tomada por microscopía electrónica de un corte transversal de un chip Broadwell de Intel, fabricado en tecnología de 14 nm. Se muestran las 13 capas de interconexión. A medida que los diseños de chips reducen el tamaño de los transistores, las capas de metalización se vuelven más complicadas de realizar[17].

Al reducir el tamaño de cada transistor, conectar las primeras capas, es decir, el nivel FEOL señalado en la figura 5.16, con las últimas, que es el

---

[17] J. Hruska, «Intel's 14nm Broadwell chip reverse engineered, reveals impressive FinFETs, 13-layer design», Extreme Tech, 30-octubre-2014, https://bit.ly/4g8Kkou).

BEOL de la misma figura, requiere de nuevos materiales que permitan una conductividad eléctrica y térmica igual o mejor en un espacio entre capas que es cada vez más pequeño. Reducir el tamaño de los transistores en escala nanométrica implica tener que reducir lo que se denomina el «Metal Pitch» o «paso de metal», que es el parámetro que mejor define en la actualidad el tamaño real de cada transistor en el chip, tal y como muestra la figura 5.20.

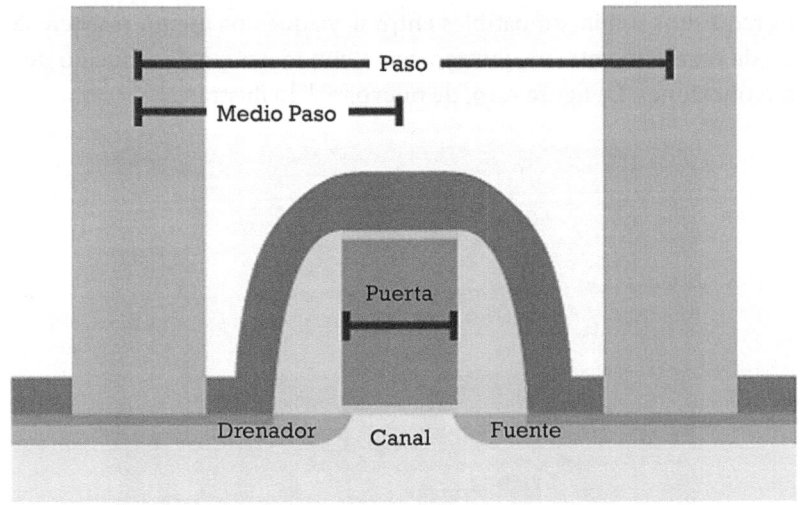

Figura 5.20. Ilustrando el concepto de «Metal Pitch» (paso de metal), que mide la separación entre los contactos a las regiones externas de un transistor, es decir al drenador y la fuente.

El cobre está dejando de ser el material de referencia porque, con un Metal Pitch por debajo de 30-40 nm, este metal se vuelve totalmente inestable para conducir corriente con la velocidad y precisión que se necesita. En otras palabras, se pueden tener transistores con unas dimensiones de pocos nanómetros, pero si no se pueden conectar con el metal apropiado, no se puede fabricar un chip sin pérdidas, fugas o rupturas eléctricas, lo que dispara el consumo o directamente lo vuelve impracticable en la realidad. Una instalación para realizar las metalizaciones se muestra en la figura 5.21.

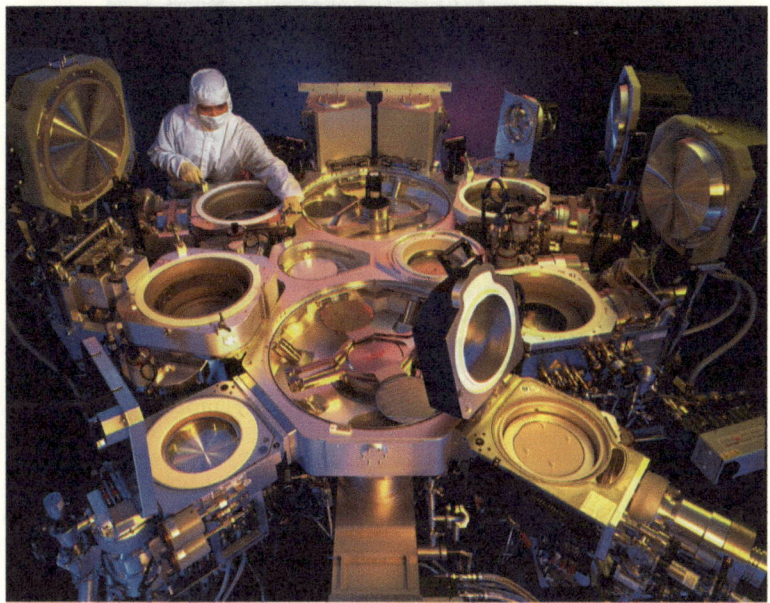

Figura 5.21. En los últimos pisos de metalización, es preciso depositar varias capas de metal con pasos de pretratamiento para garantizar la producción de metal de buena calidad con buena adherencia, propiedades eléctricas y estabilidad. Esto lleva a realizar la metalización en un sistema «multicámara» como el que se muestra en la imagen[18].

En la actualidad, parece que el cobalto o el rutenio podrían ser sustitutos viables para el cobre, pero utilizando técnicas que, hoy por hoy, son desconocidas o no suficientemente probadas. En todo caso, este es uno más de los desafíos a los que se enfrenta la industria microelectrónica en los próximos años. Sin la menor duda, esta industria seguirá deparándonos sorpresas e imaginación, como hace cada vez que un nuevo obstáculo aparece en el horizonte.

7. PRUEBA Y ENCAPSULADO

Antes de separar los chips de la oblea donde se han fabricado, hay que probarlos para garantizar que funcionan correctamente. Esto se hace sometiendo a cada chip a una serie de pruebas que permiten verificar si es o no funcional. El proceso se realiza en estaciones de puntas automatizadas, similares a la mostrada en la figura 5.22.

---

[18] «Endura® PVD», Applied Materials (https://bit.ly/3BagcKz).

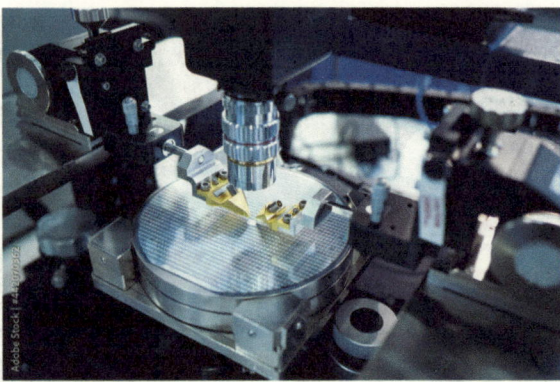

Figura 5.22. Equipos de prueba de chips, se muestra el proceso de prueba de los chips fabricados en la oblea de la imagen[19].

Una vez probados, los chips se cortan para separarlos de la oblea, se descartan los no funcionales y se encapsulan los operativos. El encapsulado es el paso final del proceso de fabricación de un chip y consiste en «embutir» un circuito integrado en una carcasa o paquete protector, que sirve de medio de conexión del chip con otros componentes y sistemas, al mismo tiempo que lo protege de posibles daños mecánicos, humedad, corrosión, etc. El encapsulado es un paso crucial, ya que garantiza que el chip pueda funcionar correctamente y con fiabilidad en una amplia gama de condiciones ambientales. Se muestra en la figura 5.23.

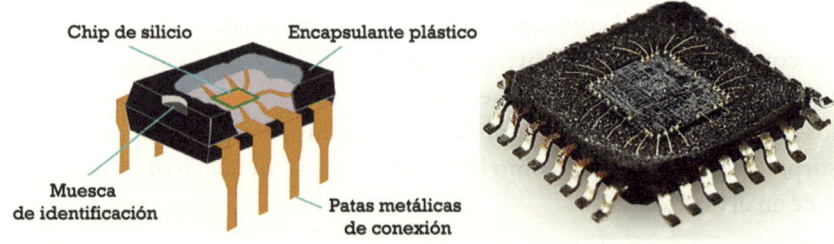

Figura 5.23. Izquierda: esquema de un chip encapsulado. Derecha: el interior de un chip, visible tras retirar la parte superior del encapsulado[20].

---

[19] «Chip testing equipment. Manufacturing of microchips. A close-up study of a test sample of a transistor chip under a microscope in the laboratory. Automation of production» (https://bit.ly/496EFNz).
[20] «The guts of an integrated circuit, visible after removing the top» (https://bit.ly/4fMwCI7).

El proceso de encapsulado implica varios pasos. Veamos brevemente cada uno:

i) Fijación al marco soporte
El primer paso consiste en unir el chip a un sustrato o marco soporte, que proporciona una conexión física y eléctrica con el resto del sistema donde va a funcionar. La fijación puede realizarse mediante diversos métodos, como la unión adhesiva o la soldadura, en función de los requisitos específicos de la aplicación.

ii) Soldadura de cables
Una vez fijado el marco, el siguiente paso es realizar las conexiones eléctricas entre el propio marco y el resto del encapsulado. Para ello, se utilizan cables finos que se unen a las almohadillas de unión de la matriz a las patillas del encapsulado. Se utilizan técnicas de unión por ultrasonidos o termocompresión, que emplean calor y presión para lograr una unión fiable y duradera entre el alambre y las almohadillas metálicas. Se muestra un ejemplo en la figura 5.24.

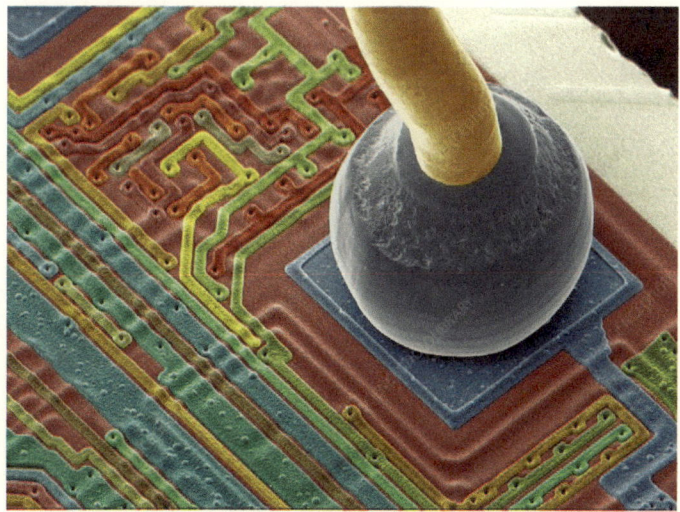

Figura 5.24. Imagen coloreada, obtenida por microscopía electrónica –260 aumentos– del extremo soldado (gris) de un micro-cable de oro (amarillo) conectado a un chip de silicio. Los micro-cables de oro conectan el circuito integrado (tiras multicolores) de silicio a unas patillas, que no se ven[21].

---

[21] «Silicon chip micro-wire SEM», Science Photo Library (https://bit.ly/3AWVm1n).

iii) Encapsulado

Una vez colocados el chip y los cables, todo el paquete se «embute» en un material para proteger física y medioambientalmente el circuito integrado. Los materiales de elección suelen ser epoxi, plástico, cerámica o similares.

iv) Pruebas

El último paso en el proceso es probar el chip encapsulado para garantizar que funciona correctamente y cumple los requisitos especificados. Las pruebas pueden consistir en una serie de técnicas, como pruebas eléctricas, térmicas y de estrés, para simular las distintas condiciones que puede encontrar el circuito integrado en su aplicación prevista.

En general, el proceso de encapsulado es complejo y altamente especializado, por lo que requiere conocimientos en diversas disciplinas, como ciencia de los materiales, ingeniería eléctrica, técnicas de medida, etc. El lector que desee profundizar en las técnicas expuestas aquí puede hacerlo en las referencias recogidas para este capítulo en la Bibliografía.

Capítulo 6

El proceso más crítico: fotolitografía

Como ya se ha indicado en el capítulo anterior, al que nos vamos a referir a menudo en este, pues van íntimamente unidos, el proceso de fotolitografía es el más difícil de llevar a cabo y el que requiere más tiempo. Un chip de lo que denominaremos «nodos maduros» en el siguiente capítulo generalmente necesita de 20 a 30 pasos de fotolitografía durante el proceso de producción, lo que significa alrededor del 50% del tiempo necesario para fabricarlo, pero en los chips de vanguardia, el número de pasos de fotolitografía supera los 300. El coste asociado al proceso de fotolitografía es extremadamente alto, aproximadamente el 30% del precio final del chip.

Los equipos de fotolitografía necesarios para la fabricación de semiconductores compuestos, a los que se dedica la segunda parte de este libro, que empieza en el capítulo 10, son similares a los utilizados en los procesos de silicio. Sin embargo, las máquinas que se utilizan en la fabricación de chips de semiconductores compuestos suelen ir varias generaciones por detrás de las que se encuentran en las plantas de fabricación de chips de silicio. Esto es debido a que los dispositivos basados en GaAs, SiC, GaN, etc. necesarios en aplicaciones de alta frecuencia o potencia no requieren características a escala nanométrica, como tampoco las requieren la mayoría de los circuitos fotónicos, diodos emisores de luz o láseres fabricados con semiconductores III-V. Por tanto, en la fabricación se pueden utilizar herramientas litográficas mucho menos costosas. No obstante, se basan en los mismos principios que se exponen en este capítulo para los chips de silicio avanzados.

1. Algunas cuestiones previas

Como ya he indicado en el capítulo anterior, los procesos combinados de fotolitografía y grabado constituyen los dos pasos esenciales de la fabricación del chip. Por medio de la fotolitografía y mediante el uso de una máscara, se trasladan a la superficie del semiconductor unos patrones geométricos que están delineados en esa máscara, que permiten definir los elementos constitutivos del chip; por ejemplo, las diferentes zonas que conforman los transistores, sus interconexiones, etc.

Según vimos en el punto 5 del capítulo anterior, mediante una serie de procesos físico-químicos, se graban o definen esos patrones en el semiconductor. Por ejemplo, incorporar en ciertas zonas de la oblea de silicio elementos que actuarán como dopantes del silicio, depositar una pista metálica sobre una determinada superficie definida por el patrón geométrico dibujado en la máscara, etc. Con la fotolitografía se pueden crear patrones extremadamente pequeños, tan pequeños como unas pocas decenas de nanómetros. Con esos tamaños, resulta obvia la necesidad de llevarlo a cabo en el entorno de salas limpias, tal y como ya hemos visto.

Los procesos fotolitográficos son **el cuello de botella** de la tecnología microelectrónica y su avance espectacular es el que ha propiciado, en gran medida, que los tamaños de los elementos integrantes sean tan asombrosamente pequeños. Vamos a ver las claves de este proceso.

2. Secuencia completa de un proceso de fotolitografía

Un proceso completo de fotolitografía combina varios pasos en secuencia. El procedimiento que describo aquí es esquemático y no entra en ciertos detalles que lo haría demasiado engorroso de seguir para los lectores. Además, describo un proceso de fotolitografía que podemos definir como tradicional. La más avanzada conocida como EUV –Extreme Ultra Violet, Ultra Violeta Extremo– y dada la importancia que está cobrando, la describiré en los últimos puntos de este capítulo. Los pasos de un proceso fotolitográfico completo son los mostrados en la figura 6.1.

i) Limpieza de las obleas de semiconductor

Este es el primer paso que, en el caso del silicio, está muy estandarizado desde hace años y es esencial para eliminar cualquier resto de contaminantes de la superficie de la oblea, pues, caso de no eliminarlos, el proceso de fotolitografía se vería seriamente comprometido. La adecuada combinación de ciertos agentes químicos, agua desionizada y control de temperatura permite realizarlo con éxito.

ii) Oxidación del silicio

Esta es una de las claves de la tecnología microelectrónica, que ha permitido su descomunal desarrollo, tal y como hemos visto en el punto 3 del capítulo anterior. En este paso se oxida la superficie del silicio, gracias a lo cual se crea una capa de SiO_2 en su superficie. Este material juega un doble papel: actúa como capa protectora de la superficie del silicio y como aislante eléctrico.

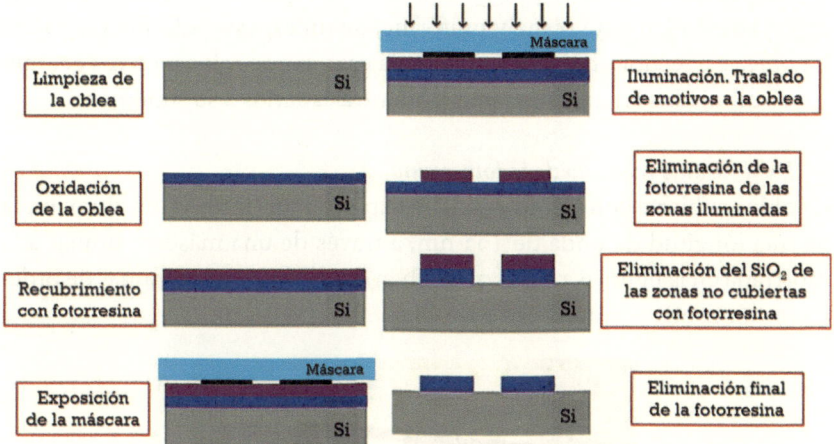

Figura 6.1. Secuencia esquemática de un proceso completo de fotolitografía, de izquierda a derecha y de arriba a abajo. Se muestra un corte transversal de una oblea de silicio con los pasos clave del proceso completo. Los tres últimos pasos se realizan mediante un proceso de grabado, siguiendo las pautas descritas en el capítulo anterior[1].

iii) Aplicación de una resina sensible a la luz (foto-resina)

A continuación, la oblea con la capa de SiO_2 formada se cubre uniformemente en toda su superficie con una sustancia semilíquida que es sensible a la luz, denominada foto-resina. El proceso se realiza mediante un equipo que hace girar a la oblea a una determinada velocidad para que la foto-resina se extienda con la uniformidad y el espesor requeridos sobre la superficie. La figura 6.2 ilustra varias etapas del proceso:

Figura 6.2. De izquierda a derecha, diversas fases del proceso de recubrimiento de la oblea con foto-resina[2].

---

[1] D.-I. Cho, «Photolitography», School of Electrical Engineering and Computer Science, Seoul National University (https://bit.ly/3OsQJPN).
[2] H. Xiao, «Photolitography», Univ. Austin, TX (https://bit.ly/3VhPZAH).

Tras la finalización de este paso, la oblea ha quedado recubierta de una capa extremadamente plana y uniforme, de un espesor inferior a 0.5 mm. La oblea así recubierta ya está preparada para exponer los motivos geométricos dibujados en una máscara y poder trasladarlos a su superficie.

iv) Exposición y revelado de la foto-resina

La oblea cubierta con la foto-resina se expone a una intensa luz ultravioleta de una longitud de onda de 193 nm, a través de una máscara similar a la mostrada en la figura 6.3, en la que se han dibujado con programas de ordenador los motivos a transferir a la oblea.

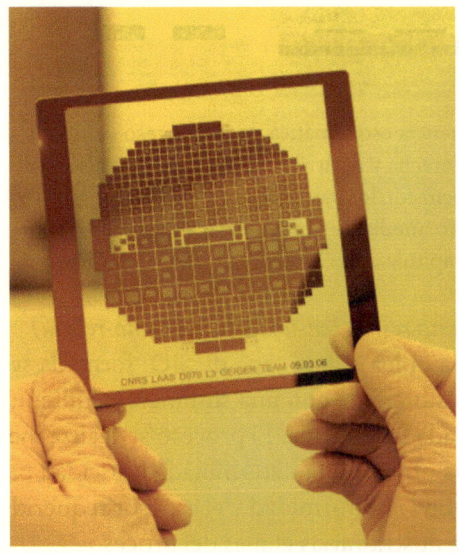

Figura 6.3. Imagen de una máscara de fotolitografía[3].

La foto-resina se ilumina a través de las zonas no oscurecidas por los motivos dibujados en la máscara, mientras que no recibe luz en las zonas donde la máscara es opaca. La exposición a la luz provoca cambios químicos en la foto-resina que la hacen muy endeble, permitiendo eliminar fácilmente las zonas iluminadas con una disolución especial, llamada revelador.

A continuación, se somete al conjunto integrado por **oblea + SiO2 + foto-resina** iluminada, a un calentamiento que permite ablandar las partes de la foto-resina que fueron iluminadas, para eliminarlas con un agente

---

[3] «Micro and nanotechnology platform: photolithography mask», mediHAL (https://bit.ly/4idq9HM).

químico. De esta forma, la oblea queda recubierta de foto-resina solo en algunas zonas, las que están debajo de los sitios no iluminados.

Hemos de detenernos en el proceso de exposición a la luz UV de la oblea recubierta con foto-resina, a través de la máscara. Este se realiza en la actualidad mediante un sistema de proyección, conocido por su terminología en inglés como «Step and Repeat». Con ese procedimiento el motivo delineado en la máscara se expone secuencialmente en diferentes zonas de la superficie de la oblea que van a formar los chips finales. Téngase en cuenta que de cada oblea se pueden obtener 50-200 chips idénticos. De esta forma, se repite el proceso de exposición tantas veces cuantos chips se vayan a obtener de cada oblea, tal y como muestra la figura 6.4.

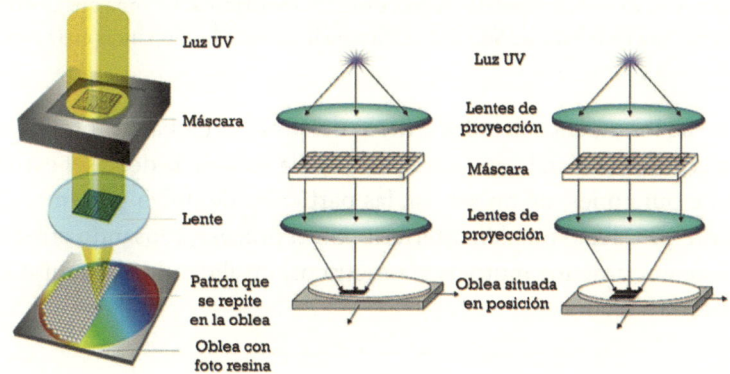

Figura 6.4. Izquierda: exposición de la máscara a la oblea recubierta con foto-resina. Derecha: sistema de proyección de la máscara sobre la oblea de silicio[4].

v) Grabado
Como ya hemos visto en el capítulo anterior, durante el grabado un agente químico líquido (grabado húmedo) o un plasma (grabado seco) elimina la capa de SiO_2 de la oblea de silicio de aquellas zonas que no han quedado protegidas por la foto-resina. De esta forma, el patrón geométrico de la máscara se traslada con la mayor fidelidad a la oblea de semiconductor. Este es uno de los pasos más críticos del proceso global.

vi) Eliminación de foto-resina
Cuando ya no se necesite la foto-resina, esta debe retirarse del SiO_2 mediante un nuevo proceso de disolución y eliminación. En este momento,

---

[4] H. Xiao, «Photolitography», Univ. Austin, TX (https://bit.ly/3VhPZAH).

la oblea está preparada para el siguiente proceso de fabricación que, en sus primeros pasos, puede consistir en incorporar ciertos elementos químicos a las zonas del silicio no recubiertas con el SiO_2, lo que hemos denominado el dopado. En la figura 6.5 se puede apreciar cómo, tras un proceso de fotolitografía, la superficie de silicio, que ha quedado sin el SiO_2 en la zona central de la muestra, ya está lista para implantar los dopantes, representados en la figura por la zona coloreada en gris oscuro.

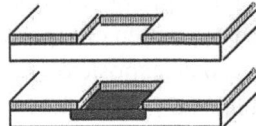

Figura 6.5. Resultado final de un proceso de fotolitografía. La zona que quedó desprovista de la capa de SiO_2 está lista para implantar los dopantes en la zona coloreada en gris oscuro.

Uno de los muchos detalles críticos del proceso global de fotolitografía es que la atmósfera en la que se realiza toda la secuencia debe ser extremadamente pura pues, de no ser así, las partículas de polvo presentes en el ambiente de trabajo pueden interferir con el proceso, causando errores en la transferencia de los motivos geométricos, invalidando el circuito final. Lo muestra la figura 6.6.

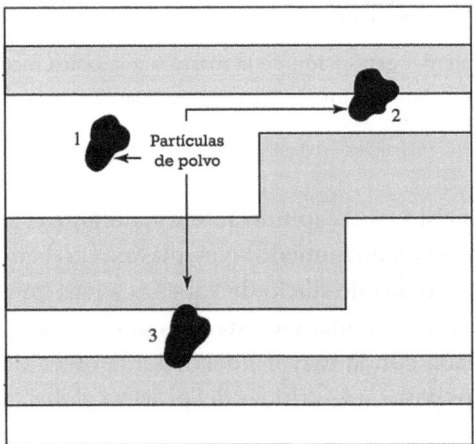

Figura 6.6. Consecuencias de los posibles fallos de un proceso fotolitográfico debido a la presencia de partículas de polvo en el ambiente. Las zonas blancas representan pistas de metalización: 1.– Agujeros en una pista de metalización, 2.– Estrechamiento de una pista, 3.– Rotura de una pista, que provoca un circuito abierto.

Tras un proceso fotolitográfico, se suceden otros como el dopado, la metalización, etc., que requerirán a su vez de nuevos pasos de fotolitografía. Como ya he indicado al principio del capítulo, en los chips más avanzados, la fotolitografía puede tener que realizarse más de 300 veces. La figura 6.7 muestra uno de estos equipos.

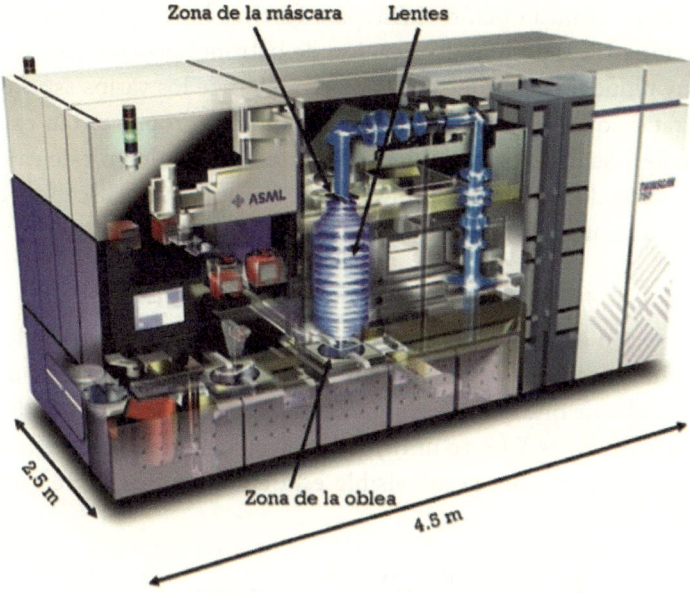

Figura 6.7. Impresión artística de un equipo de fotolitografía industrial. Es un equipo de ultra violeta profundo de longitud de onda λ=193 nm[5].

Las equipos litográficos de última generación de Ultra Violeta Profundo (UVP, λ=193 nm) cuestan hoy en día más de 50 millones de euros debido a la precisión que requieren estos sistemas. La litografía representa al menos un tercio de los costes totales del proceso de fabricación de un chip. Así, con un coste total de fabricación de obleas de unos pocos miles de euros para una oblea de silicio de 300 mm de diámetro, es fácil entender por qué estas máquinas deben imprimir patrones en un número significativo de obleas por hora de fabricación para justificar su coste y obtener rentabilidad. Normalmente, los sistemas de UVP pueden procesar hasta 250

[5] M. Heertjes et al., «Improved noise sensitivity under high-gain feedback in nano-positioning motion systems», 2009 American Control Conference, St. Louis, MO, USA, 2009, pp. 283-288. DOI: 10.1109/ACC.2009.5160172.

obleas por hora. Las herramientas de litografía de Ultra Violeta Extremo, que veremos a continuación, son radicalmente diferentes y cada equipo de estos sistemas cuesta más de 150 millones de euros.

3. LITOGRAFÍA DE ULTRA VIOLETA EXTREMO

La Litografía de Ultravioleta Extremo –en lo que sigue, UVE– se ha mostrado como la única opción viable para fabricar los chips más avanzados. La litografía UVE permite la creación de patrones geométricos de tamaños muy reducidos, por debajo de 20 nm. Uno de los varios aspectos que voy a tratar aquí es mostrar cómo la tecnología europea es tan excelente como la que se hace en cualquier otra parte del mundo en este campo de la fabricación de chips. Varias empresas de Europa están a la cabeza de esta tecnología puntera.

i) ¿Qué es la radiación UVE?

En el espectro electromagnético, el UVE es la parte más energética de la región ultravioleta, tal y como se muestra en la figura 6.8. Se extiende entre las longitudes de onda comprendidas entre 100 y 10 nanómetros, lo que la sitúa entre los rayos X (< 10 nm) y el ultravioleta lejano (100 a 200 nm). A modo de comparación, la luz visible está comprendida entre 400 nm y 700 nm.

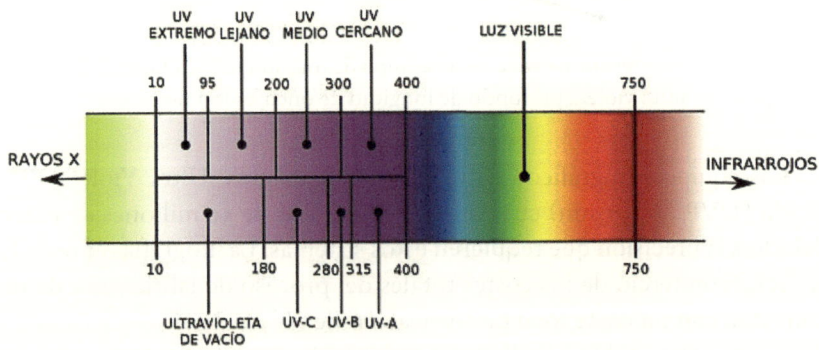

Figura 6.8. El espectro electromagnético, con los detalles de la zona ultravioleta del mismo[6].

---

[6] M. Lavorato, «La radiación Ultra Violeta y su efecto en la población», Equipo de Estudios en Clima, Ambiente y Sociedad, Pontificia Universidad Católica Argentina, 3-septiembre-2016 (https://bit.ly/49fCR50).

La corona del Sol produce radiación UVE, pero no llega a la superficie de la Tierra porque la atmósfera y la capa de ozono la absorben, ya que esta radiación es absorbida por cualquier tipo de materia, lo que condiciona fuertemente los equipos de litografía que se quieran construir basados en ella. En la Tierra, la radiación UVE solo se puede producir mediante fuentes artificiales.

ii) En los límites de la tecnología fotolitográfica

Como ya hemos visto en al punto anterior, el desafío de la fotolitografía es trasladar a la oblea semiconductora patrones geométricos de dimensiones cada vez más reducidas, lo que complica mucho el proceso, puesto que definir nítidamente motivos de un tamaño inferior a 100 nm desafía algunas leyes de la física. La óptica nos enseña que el límite de resolución de cualquier proceso fotolitográfico viene determinado por el criterio de Rayleigh[7], en virtud del cual el tamaño mínimo que se puede resolver por un equipo está limitado por la siguiente expresión:

$$\text{Tamaño mínimo} = \frac{k \times \lambda}{N\,A}$$

Donde λ es longitud de onda de la radiación con la que iluminamos la máscara en la que se han dibujado los motivos a transferir a la oblea; k es un coeficiente que depende de factores relacionados con las características de la máquina de litografía, cuyo valor límite para la litografía convencional es $k = 0.25$; finalmente, el término NA es la «apertura numérica» del sistema óptico en su conjunto, que determina con cuánta luz se ilumina la oblea semiconductora.

Con el paso de los años, los fabricantes de chips han ido reduciendo los tamaños de los patrones geométricos, aplicando una regla basada en la expresión anterior, que pone de manifiesto que cuanto menor es el tamaño del motivo a resolver, menor debe ser la longitud de onda con la que debemos iluminarlo. De hecho, la historia moderna de los equipos de litografía es una «simple» letanía de opciones de longitud de onda, siempre decreciente. Desde la década de 1960 hasta la década de 1980, la industria de semiconductores ha ido recorriendo las líneas espectrales de las lámparas de mercurio que van desde $\lambda=436$ nm. a $\lambda=365$ nm. Después, a medida que aumentaban los requisitos de resolución, las lámparas de mercurio se reemplazaron por láseres de excímeros, primero el

---

[7] «The Rayleigh criterion», ASML (https://bit.ly/3Z9OEgu).

fluoruro de criptón –introducido en 1990, $\lambda=248$ nm– y luego los láseres de fluoruro de argón –introducido en 2002, $\lambda=193$ nm–. Estas dos últimas longitudes de onda se encuentran en el Ultra Violeta Profundo (UVP) del espectro electromagnético y es la tecnología mayoritariamente utilizada en la actualidad.

De nuevo según las leyes de la óptica, con $\lambda=193$ nm es posible resolver motivos de tamaños del orden de 50 nm y superiores, siempre que los otros dos factores (k y NA) tengan los valores óptimos. Si se quieren definir tamaños inferiores hay que reducir aún más la longitud de onda de la fuente luminosa. Después de evaluar una serie de alternativas no ópticas –litografía por haz de electrones, litografía de Rayos X–, la industria de semiconductores finalmente decidió dar un salto revolucionario en la longitud de onda y pasar a la radiación UVE, a la que consideraron la mejor apuesta. Esto ha significado un gran reto, porque a pesar de que los principios que subyacen a una máquina de litografía de UVE son los mismos que para sus predecesores de UVP, la puesta en práctica en forma de equipos industriales es completamente diferente y acarrea todo un conjunto de desafíos extraordinarios.

En la fotolitografía de UVE se utiliza una longitud de onda de $\lambda=13.5$ nm para iluminar la máscara donde se han dibujado los motivos a transferir a la oblea de semiconductor. Eso es un factor 15 veces menor que los sistemas de UVP, que trabajan con $\lambda=193$ nm. Esta elección de longitud de onda se debe esencialmente a la perspectiva de conseguir una resolución mucho mejor que la que se puede alcanzar con UVP. Debido a que la mejora es tan significativa, la litografía de UVE debería poder utilizarse durante un largo período de tiempo, al menos una década más. Esto resulta de gran interés para los fabricantes de chips, que esperan hacer uso de esa tecnología para fabricar chips cada vez más potentes durante el mayor tiempo posible. Por eso en ciertos ámbitos del sector se dice que la litografía de UVE ha venido para salvar la Ley de Moore.

iii) ¿Por qué la litografía UVE difiere tanto de las generaciones anteriores?
Por varias razones, siendo las principales dos. En primer lugar, la radiación UVE es difícil de generar de manera controlada. En segundo lugar, la radiación UVE es fácilmente absorbida por el aire y, en general, por toda clase de materia sólida. Debido a esto, los sistemas de litografía UVE utilizan ópticas totalmente reflectantes. Esto implica nuevas consideraciones a la hora de construir las máquinas de litografía basadas en esta radiación: la luz del sistema de proyección de los motivos de las máscaras tiene

que viajar a través de un vacío de alta calidad desde el momento en que se genera hasta el momento en que se transfieren los motivos a la oblea. También significa que es imposible construir máscaras de UVE al modo que se hace con la litografía UVP, donde los rayos atraviesan las zonas transparentes de la máscara sin ser absorbidos, debido a que en esta máscara tradicional también se absorbe la luz UVE, impidiendo grabar la oblea. En su lugar, es necesario emplear espejos reflectantes de una complejidad extraordinaria en los que se deben definir los motivos a transferir; es decir, la máscara también debe ser reflectante, tal y como se muestra en la figura 6.9. Entraré en más detalles de esta cuestión más adelante en el capítulo.

Máscara de litografía Óptica   Máscara de litografía UVE

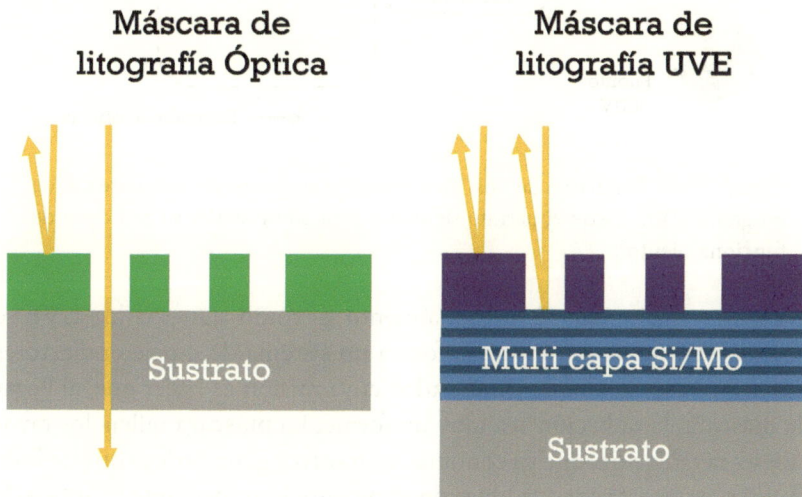

Figura 6.9. Diferencia entre las máscaras de litografía de UVP (izquierda) y de UVE (derecha). En la primera, la transferencia de patrones a la oblea se hace con una óptica de transmisión, relativamente sencilla de fabricar, mientras que en la segunda se hace con una de reflexión, de una complejidad extraordinaria.

En definitiva, la litografía de UVE plantea, entre otros, los siguientes desafíos técnicos: fuentes de luz suficientemente brillantes que generen la potencia adecuada para obtener altos rendimientos, máscaras reflectantes de suficiente calidad y contraste, requisitos muy estrictos de diseño para los numerosos componentes ópticos del equipo, etc.

4. EN EL INTERIOR DE UN EQUIPO DE LITOGRAFÍA UVE

El esquema de un equipo de litografía UVE se muestra en la figura 6.10.

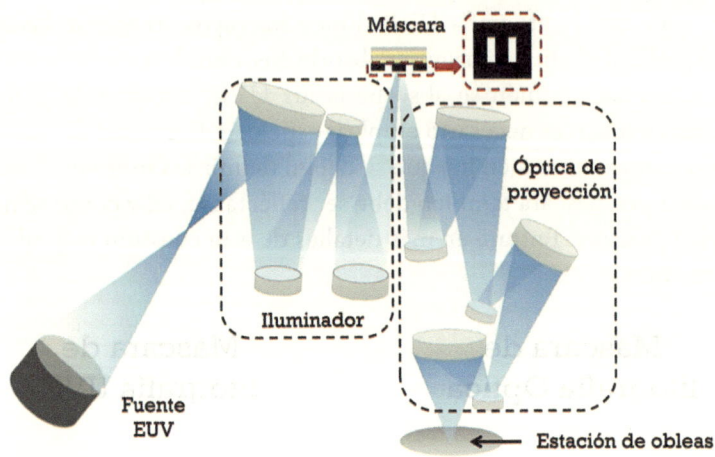

Figura 6.10. Esquema de los elementos principales de un sistema de litografía UVE. Véase el párrafo siguiente para comprender su principio de funcionamiento[8].

En líneas generales el funcionamiento es como sigue: la luz UVE se genera en la **fuente UVE** y se enfoca a un sistema de espejos reflectores denominado globalmente **iluminador** cuya misión es hacer que, al llegar a la máscara, la radiación sea muy uniforme. La **máscara** refleja los rayos UVE y esa radiación, que ya contiene los motivos geométricos que definen los chips, es transferida a la oblea de semiconductor mediante la **óptica de proyección**. En esta zona del equipo, la imagen reflejada por la máscara debe reducirse y proyectarse con alta fidelidad sobre la oblea, situada en la **estación de obleas**, para conseguir una réplica nítida del patrón dibujado en la máscara.

Todo el conjunto de subsistemas descritos está dentro de una máquina de unas características verdaderamente asombrosas, que describiré en los siguientes párrafos, así como los elementos esenciales del sistema, que son la fuente de luz UVE, las máscaras, y el sistema óptico en general. El equipo en su conjunto se muestra en la figura 6.11.

---

[8] J. Lin, *et al.*, «Learning-based compressive sensing method for EUV lithographic source optimization», *Optics Express*, 27, 22563 (2019). DOI: 10.1364/OE.27.022563

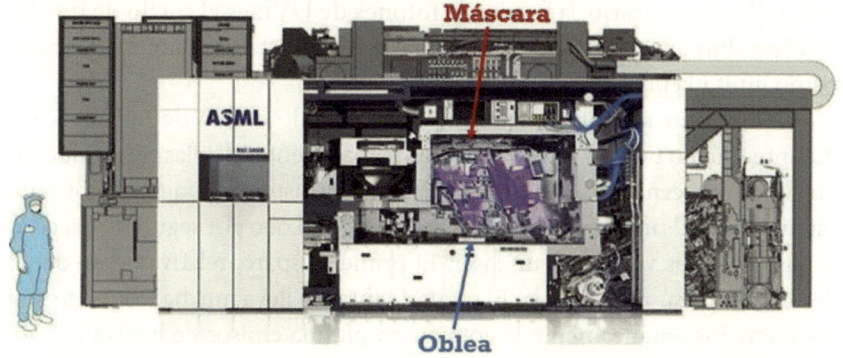

Figura 6.11. Un equipo de litografía UVE comercial, junto con un operario para hacerse una idea del tamaño. La fuente de radiación UVE está en la parte inferior derecha, transmitiendo la luz hacia el «noroeste» del equipo. Después de reflejarse en varios espejos, la luz incide sobre la máscara reflectante antes de llegar a la oblea a través de otro conjunto de espejos. Un carrusel situado en el lado izquierdo, que no es visible, mueve las obleas dentro y fuera del equipo. Las máscaras tienen una entrada independiente en la parte superior[9].

Fabricar un sistema de litografía de UVE que se pueda utilizar en una fábrica de chips con costes competitivos es una tarea formidable. Primero, requiere disponer de las soluciones para todos los desafíos tecnológicos que plantea la litografía UVE y, además, estas soluciones deben integrarse entre sí sin problemas en un producto que, además de fiable, sea rentable. Veremos al final del capítulo cómo se ha logrado.

4.1. La fuente de luz UVE

Obtener radiación UVE es realmente un objetivo muy difícil, debido a que las fuentes conocidas no generan suficiente energía para permitir que un equipo de litografía UVE funcione lo suficientemente rápido o lo haga con costes competitivos. De hecho, este ha sido el factor clave que ha retrasado la comercialización de estos equipos más de una década.

Los equipos de litografía óptica generalmente tienen un exceso de fotones, lo que permite una alta tasa de exposición de los patrones geométricos que definen los chips a las obleas de silicio, proceso que está limitado solo por la velocidad a la que las obleas se hacen pasar por el equipo. Este modo de funcionamiento se denomina, de manera muy acertada, limitado por

---

[9] N. Fu, Y. Liu, X. Ma and Z. Chen, «EUV Lithography: State-of-the-Art Review». Recogido en la Bibliografía.

oblea. Por el contrario, la fuente de fotones de UVE es el cuello de botella en el rendimiento del equipo de litografía UVE. Esta situación se describe como limitada por fotones.

La mejor manera de generar luz UVE ha sido objeto de investigación durante mucho tiempo, pero las denominadas fuentes de plasma producido por láser parecen ser la mejor opción. En este sistema, pequeñas gotas de estaño se expulsan por una boquilla, a razón de 50.000 por segundo y, al caer, se disparan dos veces con un láser. El primer disparo, relativamente débil, deforma la gota, aplanándola. El segundo disparo lleva mucha más energía y convierte instantáneamente la gota en un plasma emisor de luz UVE. Una óptica especial denominada colector, recoge, enfoca y filtra la radiación para obtener una luz UVE de λ=13.5 nm. Se muestra en la figura 6.12.

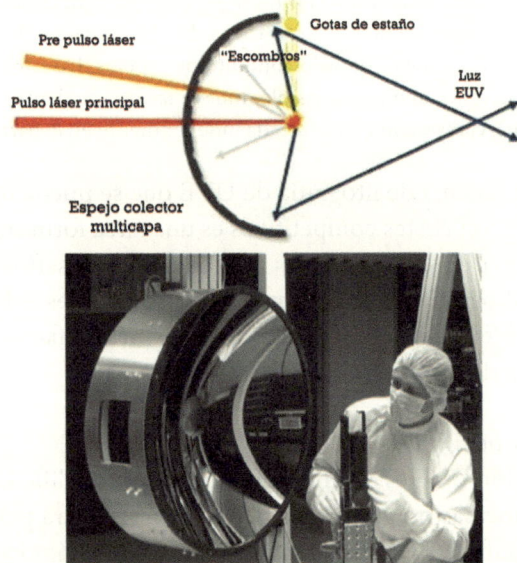

Figura 6.12. Arriba: esquema de una fuente de luz UVE. Abajo: colector de una máquina de luz UVE. El espejo responsable de recolectar la luz está directamente expuesto al plasma y es vulnerable al daño provocado por iones de alta energía y otros desechos como las gotas de estaño, lo que requiere que el costoso espejo colector sea reemplazado cada año[10].

---

[10] O. Semprez *et al.*, «Making extreme-UV light sources a reality», SPIE News (https://bit.ly/4g4Oaz8); I. V. Fomenkov «Light sources for high-volume manufacturing EUV lithography: technology, performance, and power scaling». Recogido en la Bibliografía.

Ha llevado décadas poner a punto este sistema. Como ya se ha dicho, el problema era conseguir suficiente luz para iluminar la oblea. Resultó que la intensidad de luz necesaria para un rendimiento aceptable requería que la fuente UVE fuera una increíble pieza de ingeniería. Necesitaba producir cientos de vatios de luz UVE –recuérdese una de las particularidades de la radiación UVE: se absorbe mucha luz UVE en el camino hacia la oblea–. La figura 6.13 muestra un esquema detallado de una fuente de luz EUV.

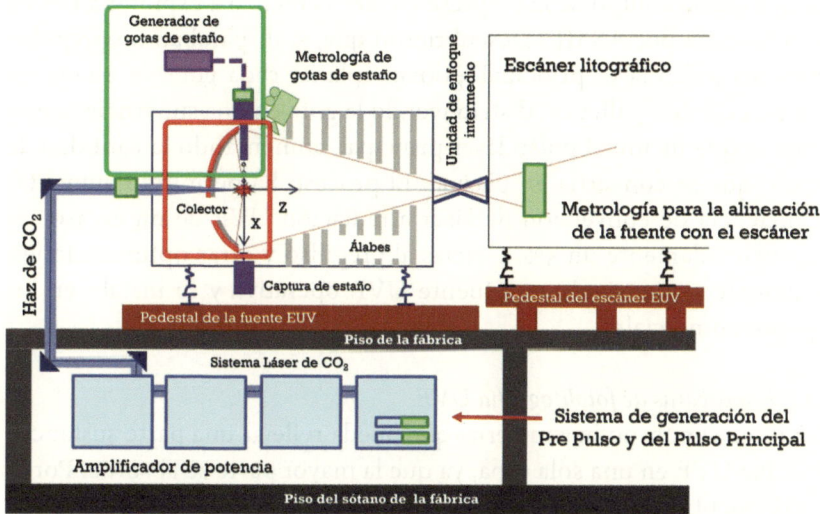

Figura 6.13. Esquema de una fuente de luz UVE, con varios de los subsistemas necesarios para su funcionamiento, entre los que destaca el láser de CO_2 que golpea las gotitas de estaño, el espejo colector de la radiación UVE, etc.[11]

La fuente UVE ha sido el principal cuello de botella de esta tecnología, llena de complejidades difíciles de imaginar:

i. Expulsar cincuenta mil gotas de estaño por segundo como un reloj es difícil.
ii. Golpearlas a todas con láseres dos veces de tal manera que la energía entrante se convierta en tanta luz UVE como sea posible es difícil, la física de ese proceso todavía no se entiende del todo hoy.
iii. Hacer todo eso en las cercanías de una pieza muy delicada y costosa de óptica, el colector, que necesita mantenerse limpia a toda

---

[11] M. Lapedus, «EUV Pellicle, Uptime and Resist Issues Continue», Semiconductor Engineering, 26-septiembre-2018 (https://bit.ly/3CQUrQB).

costa, ya que un poco de estaño extraviado podría arruinarlo, es difícil.

iv. Todo esto es simplemente una parte de los problemas que los responsables tuvieron que resolver.

Poco a poco, los ingenieros y científicos lograron lo que parecía imposible. Uno de los mayores avances se produjo con la introducción de una técnica que el equipo de la empresa Cymer comenzó a explorar antes de ser adquirida por ASML. Descubrieron que, si disparaban un prepulso antes del pulso láser principal, podían aplanar cada gota de estaño en una especie de «galleta», distribuyendo la gota en una superficie mayor sobre la que incide el pulso láser principal, aumentando la cantidad de estaño que se convertía en plasma. El proceso ha permitido aumentar la eficiencia de conversión de láser a radiación UVE de un escaso 1% a aproximadamente un 5%. Gracias al prepulso y otras optimizaciones, finalmente se consiguió una fuente UVE operativa y se instaló en los equipos comerciales.

4.2 Las máscaras de fotolitografía UVE

Como ya vimos, no hay material que pueda reflejar una parte sustancial de la luz UVE en una sola capa, ya que la mayor parte se absorbe. Por lo tanto, mientras que en la litografía UVP las máscaras son transmisivas, en la litografía UVE deben ser reflexivas. Una máscara reflectante UVE típica está constituida por 40 ~ 50 capas apiladas de Mo-Si formando una estructura multicapa Si/Mo, una capa de protección de rutenio y una capa absorbente de tantalio que lleva dibujado el patrón a transferir a la oblea semiconductora. Las regiones de la máscara sin la cobertura de absorbentes reflejan los rayos de luz UVE, que luego son transferidos por la óptica de proyección para replicar en la oblea. En el ejemplo de la figura 6.14, el motivo lo forman las cuatro líneas estrechas y paralelas que sobresalen del conjunto.

¿Por qué esta estructura de multicapa tan peculiar? En una estructura multicapa unas capas pueden reforzar las reflexiones de la otra debido a un fenómeno óptico conocido como «Difracción de Bragg», por lo que es posible hacer espejos UVE razonablemente eficientes que reflejen, reduzcan y enfoquen la imagen generada en una máscara para proyectarla en la oblea. Como ya se ha dicho, el truco consiste en cubrir la superficie de los espejos UVE con capas alternas de silicio y molibdeno, cada una de solo unos pocos nanómetros de espesor. Esto contrasta con las máscaras de litografía más convencional de UVP que funcionan bloqueando la luz usando una sola capa de cromo sobre un sustrato de cuarzo.

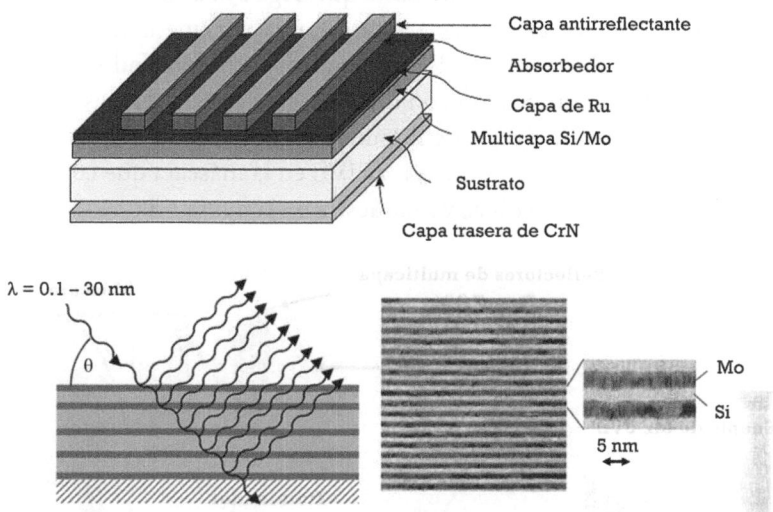

Figura 6.14. Arriba: detalle de la composición de las diversas capas de una máscara de litografía UVE. Abajo: en un espejo UVE multicapa, los reflejos de las nanocapas de molibdeno y silicio se suman[12].

La reflexión máxima teórica que se puede alcanzar con este procedimiento es del 74%. Por lo tanto, no importa lo bien que se haga, más de una cuarta parte de la radiación se pierde en cada espejo. Los espejos UVE son extremadamente complejos de hacer. Sus superficies deben ser casi perfectamente lisas y limpias y cada capa debe tener un grosor definido con precisión. En otras palabras, cada átomo tiene que estar en el lugar correcto; en caso contrario, la luz puede perderse o la imagen puede deformarse.

Una vez fabricadas las máscaras EUV, deben transportarse a las instalaciones de fabricación de semiconductores, cargarse y descargarse en los equipos de litografía UVE cientos o miles de veces y exponerse a la radiación UVE millones de veces. En cada paso del proceso, la máscara puede degradarse. Como se puede apreciar de lo visto hasta ahora, realmente es un milagro que los equipos de litografía UVE funcionen. Pero aún hay más.

---

[12] X. Sang et al., «Selective and Directional Patterning of Ni for EUV Application», EUV Workshop 2019, 12-junio-2019 (https://bit.ly/3ZxIbo0).

4.3. El «tren óptico»

Se denomina tren óptico a los elementos en los que debe reflejarse la luz UVE desde que sale de la fuente hasta que llega a la oblea de semiconductor. Como vimos en el apartado anterior, una vez que la luz UVE se ha generado, se recolecta utilizando un elemento óptico llamado colector. La luz del colector se dirige a un conjunto de espejos reflectantes conocidos colectivamente como óptica de iluminación o iluminador. Esta parte del tren es la encargada de enfocar la luz UVE en la máscara que contiene los motivos a transferir a la oblea y se muestra en la figura 6.15.

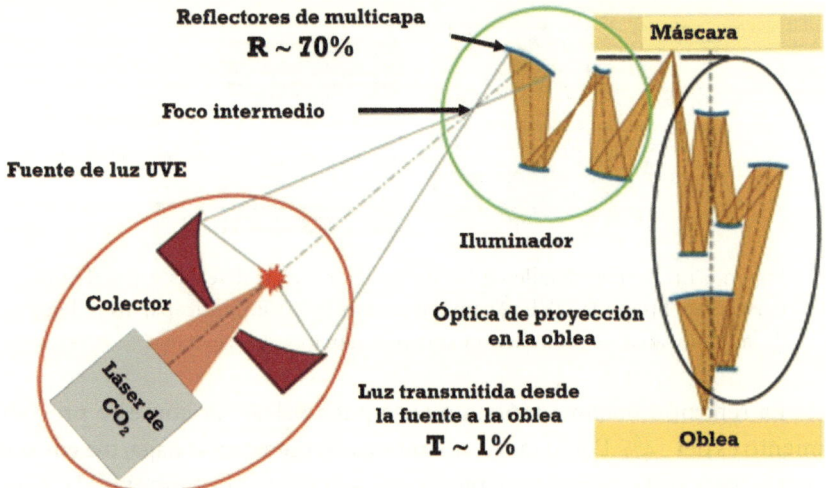

Figura 6.15. Esquema del tren óptico de un equipo UVE. Está formado por el colector (1 lente), el iluminador (4 lentes), la máscara (1 lente) y la óptica de proyección (6 lentes). En conjunto, la luz UVE debe reflejarse en 12 lentes con una reflectividad del ~ 70% en cada una, lo que hace que a la oblea llegue, en condiciones óptimas, alrededor del 1.4% de la luz generada en la fuente[13].

Tras reflejarse en la máscara, la luz se dirige hacia otro conjunto de lentes denominado óptica de proyección, integrada por 6 espejos reflectantes. El papel de este bloque es enfocar la luz UVE en la oblea de silicio recubierta con foto-resina.

Todo el equipo opera en condiciones de alto vacío, para evitar que el carbono pueda depositarse en alguna lente, lo que degradaría la reflecti-

---

[13] J. Hecht, «Photonic Frontiers, EUV lithography: EUV lithography has yet to find its way into the fab», Laser Focus World, 1-mayo-2013 (https://bit.ly/4eZ93uq).

vidad de la óptica. Por ello, se restringe cuidadosamente la presencia de emisores de carbono en áreas a las que puede llegar la luz UVE. Esto es simple en principio, pero extremadamente difícil de lograr en la práctica. Los fabricantes descubrieron que incluso cuando los componentes del sistema se realizaban a partir de materiales libres de carbono, en los propios procesos de fabricación –mecanizar, pulir, limpiar, etc.–, se utilizaban a menudo materiales que contenían hidrocarburos que contaminaban todo el proceso.

Por lo tanto, los componentes y subcomponentes utilizados en los equipos UVE deben ser examinados y revisados para garantizar un cumplimiento estricto de principio a fin. Incluso cuando todo ha salido fantásticamente bien en el proceso de fabricación de los espejos, se obtiene una reflectividad del 70%. Ese nivel de reflectividad significa que, por cada par de espejos utilizados en el sistema, la luz se reduce a la mitad ($0.7^2 = 0.49$). Después de que un rayo UVE ha atravesado el sistema, llega a la oblea del orden del 1.4% de la luz inicial. En efecto, la luz transmitida por todo el tren óptico es proporcional a la reflectividad de los espejos elevada a la enésima potencia, donde **n** es el número de elementos reflectantes:

$$T = 0.7^n \ (\text{si n es } 12) = 1.4\ \%$$

Esto significa que pequeñas mejoras en la reflectancia de cada espejo pueden tener un gran impacto en el rendimiento general del sistema.

Las peculiaridades de las lentes del tren óptico
De los muchos aspectos asombrosos de esta tecnología, uno de ellos está relacionado con las características de las lentes en las que se refleja la radiación UVE. Una vez que esta ha sido reflejada por la máscara, esa radiación debe iluminar la oblea. Puesto que algunos de los motivos que se quieren grabar en la oblea son de un tamaño de pocos nanómetros, las lentes que reflejan esa radiación deben ser perfectas en una escala de nanómetros pues, si no fuera así, trasladarían patrones erróneos al chip, arruinando el proceso de fabricación.

Para disponer de espejos de estas características únicas, se tuvo que recurrir a un fabricante alemán con experiencia en el campo de la óptica de los telescopios, Karl Zeiss. Los ingenieros de Zeiss tenían experiencia con la radiación UVE y también con la fabricación de lentes y espejos extremadamente precisos para los telescopios de Rayos X. El problema estaba en cómo pulirlas para que fueran prácticamente perfectas. Como ya hemos visto, la máquina necesita 12 espejos para reflejar sucesivamente la luz UVE y enfocarla en la oblea. Como la meta es grabar los componentes de chips medidos en nanómetros, cada espejo tiene que estar increíblemente pulido, ya que el más mínimo defecto desvía los fotones UVE. Por lo tanto, cada uno de los espejos de los equipos de litografía de UVE debe tener la superficie óptica más avanzada que se fabrica en la actualidad, ya que deben ser lisas a escala atómica en toda su extensión, que abarca cientos de centímetros cuadrados.

Pongamos un ejemplo para explicar la escala de perfección que deben tener los espejos: si tomáramos el espejo de nuestro cuarto de baño y lo aumentamos hasta alcanzar una superficie similar a la de la península ibérica ($\sim$ 600.000 km^2), en esa superficie nominalmente plana aparecerían irregularidades de unos cinco metros de altura. En la superficie del espejo para luz UVE más pulido que los ingenieros de Zeiss habían hecho hasta ese momento para los telescopios espaciales, se verían bultos de solo dos centímetros de altura con la misma extensión. Los espejos para litografía UVE tienen que ser varios órdenes de magnitud más pulidos: sus mayores imperfecciones solo pueden tener menos de un milímetro de altura, de nuevo ¡en una superficie plana de 600.000 km^2! En otras palabras, son los espejos más precisos del mundo. Una gran parte del trabajo de Zeiss consistía en inspeccionar los espejos para buscar imperfecciones y luego usar un haz de iones para eliminar las moléculas individuales, en un proceso de pulido de la superficie a escala atómica que se prolonga ¡durante varios meses!

Cuanta menos luz llegue a una oblea, más tiempo debe estar dentro de la máquina para estar expuesta, lo que se traduce en más tiempo de procesado de la oblea, y en una fábrica el tiempo significa dinero. Para que la litografía de UVE tenga un uso comercial, debe poder competir con el coste de los métodos litográficos existentes. Por lo tanto, las pérdidas entre los espejos deben compensarse con una fuente de radiación que sea extremadamente brillante. Y como hemos visto en el punto 4.1, resultó ser muy, muy difícil de diseñar y de fabricar.

4.4. ¿Quién es capaz de fabricar equipos de litografía UVE?

La investigación en litografía UVE comenzó en la década de 1980, aunque los esfuerzos para la industrialización de esa tecnología comenzaron en 1994, cuando varios laboratorios de investigación de EE. UU. se unieron en un Programa Nacional de Litografía UVE. En 1997, a los laboratorios se unieron varias empresas de semiconductores y fabricantes de equipos, formando un consorcio denominado «EUV Limited Liability Company». En 2001, el consorcio puso en marcha el primer prototipo que podía resolver motivos más pequeños de lo que cualquier técnica litográfica era capaz de hacer en ese momento. Este banco de pruebas convenció a muchos de que la litografía UVE era la mejor apuesta de la industria para seguir reduciendo las dimensiones de los transistores en el futuro.

A principios de este siglo, tres compañías compartían el mercado de los equipos de litografía de semiconductores: en Japón, Canon y Nikon y en los Países Bajos, ASML –Advanced Semiconductor Materials Litography–, empresa que nació en 1984 a partir de la segregación de la división de semiconductores de Philips. Los tres comenzaron a desarrollar equipos de litografía UVE, pero a medida que ASML conquistaba más y más cuota de mercado, los fabricantes japoneses se retiraron. De manera que, en el año 2000, ASML junto con su red de proveedores de subsistemas –principalmente Karl Zeiss, aunque hay muchos más como veremos enseguida–, asumió en solitario el desarrollo de la máquina de litografía UVE. Casi dos décadas después, a mediados de 2017, ASML tenía un equipo de demostración operativo que procesaba obleas a un ritmo aceptable para la industria: 125 obleas por hora. Hay que recordar un dato importante: en los equipos de litografía basados en UVP, se procesan 250 por hora, exactamente el doble.

El camino hacia el éxito fue realmente arduo. En 2006, ASML fabricó dos equipos demostradores, denominados Alpha Demo Tools, que envió a dos institutos de investigación de semiconductores: Imec en Lovaina, Bélgica y SUNY Polytechnic Institute, en la Universidad de Albany, New York, EE. UU. Estas eran máquinas primitivas, destinadas a que los investigadores se acostumbraran a la litografía UVE.

Tras otros diez años de trabajo de investigación, y tras la adquisición por parte de ASML de la empresa estadounidense Cymer, fabricante de fuentes UVE y tras una fuerte inyección financiera de clientes clave, ASML comenzó a fabricar equipos comerciales de litografía UVE con capacidad de producción. Es decir, tras más de 15 años y 9.000 millones de euros de inversión, finalmente, esos esfuerzos han brindado al fabricante holandés buenos resultados, ya que ASML es ahora el único fabricante de equipos de litografía UVE del mundo, lo que le permite ser en la actualidad la mayor empresa tecnológica de Europa. De ella dependen buen número de industrias dedicadas a la fabricación de chips, a pesar de que, durante los años del desarrollo de esa máquina, muchos expertos habían dudado de que esta tecnología llegara a las fábricas de chips. Con estos equipos, los fabricantes Samsung, TSMC e Intel comenzaron la producción limitada de «chips UVE» durante los años 2018-2020. En la actualidad siguen siendo las únicas compañías que utilizan litografía de UVE en producción.

Algunos detalles de la máquina de litografía UVE de ASML

El equipo posee una cámara de vacío enorme, dentro de la que se instala todo el sistema óptico y las etapas de máscara y obleas, que hemos visto en los párrafos precedentes. En el interior hay un carrusel que desplaza las obleas dentro y fuera del equipo. Este subsistema se encarga de proyectar la luz UVE sobre la superficie de obleas de 300 mm de diámetro, que se mueven a velocidades de 0.5 m/s y deben hacerlo con una precisión asombrosa, ya que hay que grabar imágenes en la oblea en escala nanométrica, una hazaña que requiere que el carrusel tenga una masa muy grande para proporcionar una elevada inercia y estabilidad en sus movimientos. En la industria a estos equipos se los denomina «Escáner UVE».

Los Escáner UVE comerciales son unos de los equipos más pesados jamás utilizados en la fabricación de semiconductores, ¡acercándose a las 50 toneladas! La mayoría de las instalaciones modernas de fabricación de chips no fueron diseñadas para soportar un peso así, lo que está obligando a diseñar nuevas fábricas para aumentar la tolerancia de los pisos en las secciones de litografía, mientras que las fábricas más antiguas deben actualizarse para agregar los pilares imprescindibles que permitan soportar ese peso. Para decirlo claramente, la máquina es una locura. Contiene brazos robóticos que mueven obleas, motores que aceleran el soporte de la máscara a 30 veces el valor de la aceleración de la gravedad. En conjunto, el equipo tiene 100.000 piezas, 3.000 cables, 40.000 pernos y dos kilómetros de conexiones eléctricas. Cuando funciona, su consumo de energía es enorme, ya que debe alimentarse con fuentes que suministran 150 kW. De entre sus muchas complejidades, una a modo de ejemplo: el calor de la luz UVE altera microscópicamente las dimensiones de los espejos donde se refleja. Eso obligó al fabricante de esta parte crítica, Karl Zeiss, a desarrollar sensores que detectan cualquier cambio, activando un software que modifica las posiciones de los espejos mediante unos actuadores de precisión, desarrollando una óptica adaptativa, en analogía con lo que ocurre con los espejos de los grandes telescopios.

El equipo tiene una docena de subsistemas diferentes y cientos de sensores. El 90% de sus componentes provienen de empresas de todo el mundo. Como ya se ha dicho, la precisión de cada movimiento debe estar en la escala de los nanómetros, ya que cualquier error se propaga a todos los subsistemas. Si la lente Zeiss alemana no es precisa, la fuente de luz estadounidense no es precisa o el mecanismo de movimiento de las obleas no es preciso, el chip resultante será defectuoso y no funcionará. Las figuras 6.16 y 6.17 muestran la red global de fabricantes involucrados en un Escáner UVE.

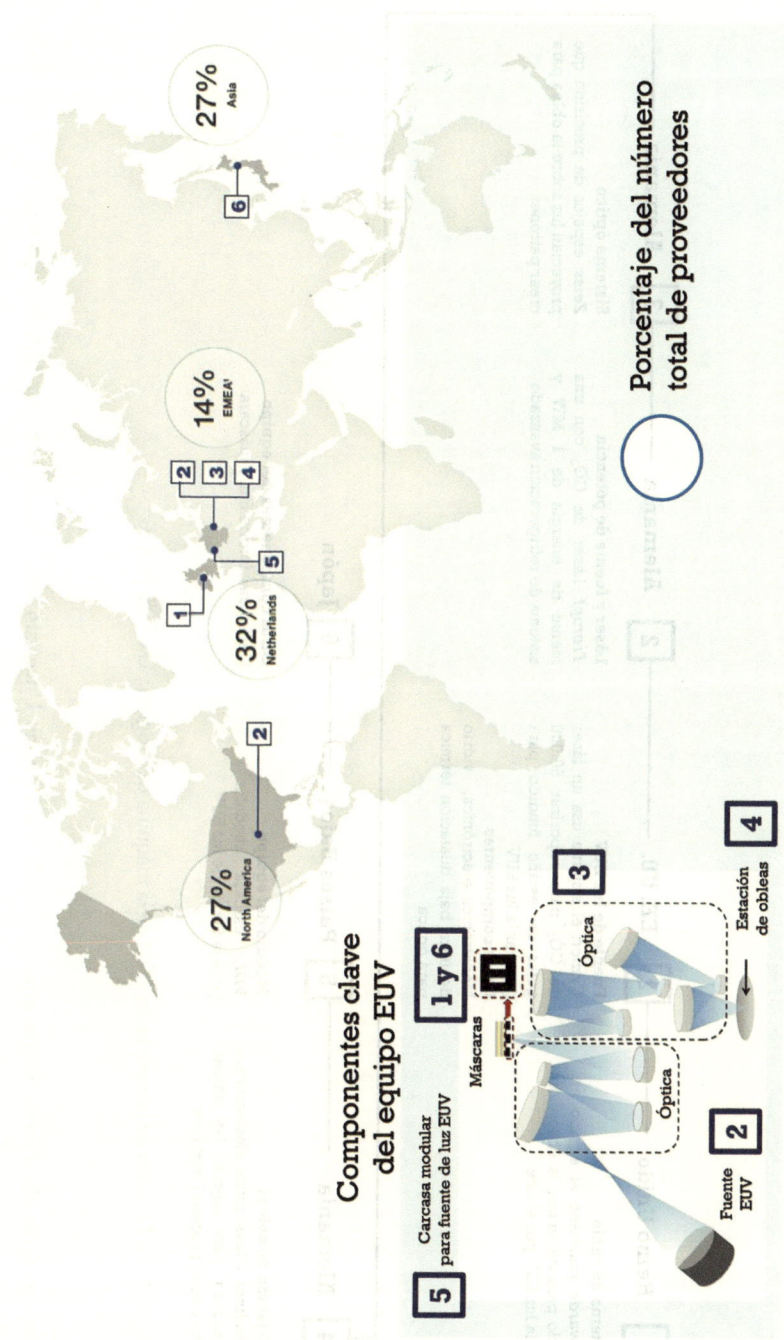

Porcentaje del número total de proveedores

27% Asia

14% EMEA¹

32% Netherlands

27% North America

Componentes clave del equipo EUV

5 — Carcasa modular para fuente de luz EUV

1 y 6

Máscaras

3 — Óptica

2 — Óptica

4 — Estación de obleas

Fuente EUV

Figura 6.16. La cadena de valor de la máquina de litografía UVE de ASML.

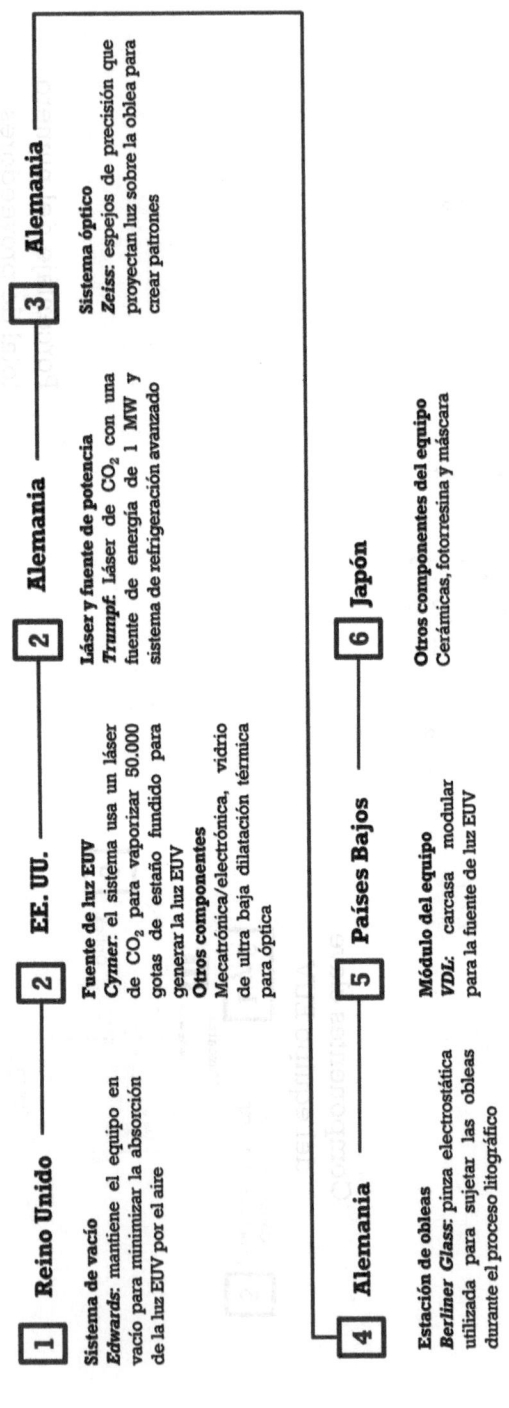

Figura 6.17. Detalles de la cadena de valor de la máquina de litografía UVE de ASML[14].

---

[14] «Strengthening the Global Semiconductor Supply Chain in an Uncertain Era», Semiconductor Industry Association. Recogido en la Bibliografía.

La máquina de litografía UVE integra muchas de las mejores tecnologías en los campos de la óptica, la mecánica de fluidos, la física y química de polímeros, la física y química de superficies, instrumentos de precisión, maquinaria, automatización, software, reconocimiento de imágenes, etc. Estas máquinas pueden crear chips con una resolución de 12 nm. En comparación, la litografía de UVP puede resolver tamaños no menores de 50 nm. Las compañías más prominentes que usan esta litografía hoy en día son Samsung, TSMC e Intel, cuyos clientes incluyen Apple, Tesla, Qualcomm o Nvidia. En última instancia, la elección de la litografía UVE se hace por razones económicas, puesto que esta tecnología promete varias generaciones de chips durante las cuales se podrá continuar con el uso de un solo equipo en el transcurso de varios años, previsiblemente hasta finales de la presente década.

Capítulo 7

Un término clave: nodo tecnológico

En este capítulo vamos a ver el concepto clave que utiliza la industria de los semiconductores para definir, casi desde sus orígenes, la potencia de un chip, es decir, la capacidad para realizar operaciones complejas en poco tiempo, la capacidad de almacenar información, etc. Esta cuestión es de capital importancia y está vinculada a una idea: el Nodo Tecnológico. Veamos qué es.

1. Definiendo nodo tecnológico

Como hemos visto en el capítulo 4, hoy en día los chips se basan, en su 99%, en el MOSFET, cuyo aspecto esquemático volvemos a ver en la figura 7.1. En dicha estructura, hay una dimensión crítica: la longitud del canal, L.

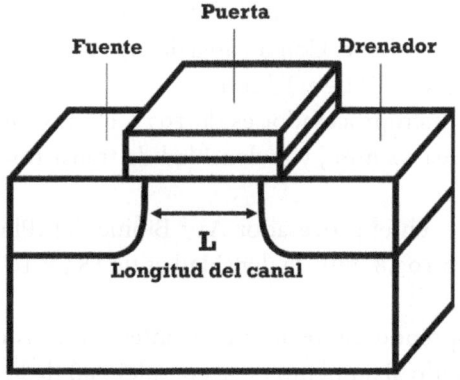

Figura 7.1. Definiendo la longitud del canal en un transistor MOSFET.

Pues bien, todos los avances en la tecnología de procesos de fabricación suelen describirse haciendo referencia a un término denominado «nodo», que se refiere, precisamente, a la longitud del canal del MOSFET, expresada en micras o en nanómetros. Es decir, si un fabricante indica que en su catálogo tiene chips del nodo de 90 nm, está diciendo que, en los MOSFET de ese chip, la longitud del canal es de 90 nm. Esto se hizo así porque es la dimensión más importante que determina el rendimiento de los transistores MOSFET.

En torno a esta idea de identificación del nodo tecnológico con la longitud del canal de los transistores MOSFET y a la reducción de ese parámetro ha girado, gira y seguirá girando, con matices, la evolución de la tecnología de fabricación de chips, con una idea directriz: seguir cumpliendo la Ley de Moore, pues al reducir la longitud del canal, los transistores serán cada vez más pequeños, tendremos más transistores en cada nueva generación de chips y, por lo tanto, el chip será más potente. Pero esta idea ha sufrido diversas vicisitudes con el paso del tiempo, porque no es posible reducir indefinidamente el tamaño de los transistores, lo que ha dado lugar a que, desde hace ya varios años, es decir, varios nodos, el concepto se haya desvinculado de su idea original. Vamos a verlo con detalle.

2. Escalado de los dispositivos MOSFET

Una mirada rápida a cómo se ha ido reduciendo el tamaño de los transistores con el paso de los años nos va a permitir centrar la discusión. Vamos a ver tres ejemplos que lo ilustran perfectamente.

i. El primer chip comercial de la historia es de 1960, se denominaba Fairchild Micrologic. Con un área de 1.76 mm^2, tenía una densidad de transistores (T) de 2 T/mm^2.

ii. El primer microprocesador es de 1971, el muy famoso Intel 4004, tenía un área 12 mm^2, y la densidad de transistores era de 188 T/mm^2.

iii. Finalmente, en el procesador A17 Bionic del iPhone 15 de 2023, con un área 103.8 mm^2, la densidad es de 183 × 10^6 T/mm^2.

Como se desprende de los números anteriores, los dos factores que más han contribuido al aumento de la complejidad de los chips a lo largo del tiempo han sido el aumento de su área y, muy principalmente, la disminución de las dimensiones de los transistores.

Primer factor: el área del chip. El tamaño máximo de chip que puede fabricarse de forma rentable para la industria está críticamente relacionado con los defectos de fabricación. En la mayoría de los circuitos, un solo defecto hará que el circuito falle. Algunos chips, como es el caso de las memorias, pueden incorporar cierto número de «transistores redundantes» –es decir, superfluos– para tolerar un pequeño número de fallos. No obstante, la densidad de defectos de fabricación es un parámetro crítico. Durante gran parte de los más de sesenta años de historia de los circuitos integrados de silicio, el tamaño máximo de los chips, su área, ha ido creciendo a un ritmo del 10-20% anual, reflejando la mejora de las técnicas de fabricación a lo largo del tiempo. En los últimos años, el aumento del área de los chips se ha ralentizado por una serie de razones asociadas a la tecnología de fabricación, en particular los límites de la litografía, con el resultado de que el área de los chips aumenta hoy en día a un ritmo inferior al 10% anual, una cifra bastante modesta.

Segundo factor: el tamaño de los transistores. Sin lugar a duda, el factor que más ha contribuido al aumento de la complejidad de los chips ha sido la capacidad de fabricar dispositivos cada vez más pequeños en un chip. Este progreso se ha medido históricamente en términos del «tamaño mínimo de la característica» o la característica geométrica más pequeña incorporada en la estructura de un transistor que, según acabamos de ver, es la longitud de su canal. Cuando los MOSFET se introdujeron por primera vez en los circuitos integrados comerciales, las longitudes del canal eran superiores a 10 μm. Hoy en día, esa dimensión es 1.000 veces más pequeña, 10 nm. Conseguir esa reducción en la longitud del canal no es algo arbitrario ni independiente del resto del transistor. La reducción de una dimensión implica a todas las demás, tal y como vemos a continuación, que nos va a permitir entender las denominadas «Leyes del escalado».

2.1. La «época clásica» del escalado
Uno de los primeros intentos de determinar durante cuánto tiempo podría continuar el escalado, es decir, la reducción de las dimensiones de los MOSFET, se publicó en un artículo fundamental en 1974[1]. En ese artículo se definían unas leyes de escalado conocidas desde entonces como el «escalado de Dennard», también conocido como escalado ideal. En el artículo se indicó un camino a seguir que se ha obedecido a rajatabla durante varias décadas. La idea que subyace al escalado ideal es bastante sencilla. La figura 7.2 ilustra el concepto básico, detallando los parámetros del transistor que deben escalarse.

---

[1] R. H. Dennard *et al.*, «Design of ion-implanted MOSFET's with very small physical dimensions», recogido en la Bibliografía.

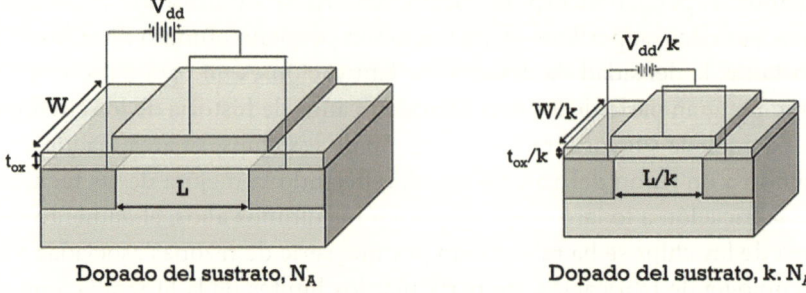

Figura 7.2. Escalado ideal. El dispositivo de la derecha se reduce de tamaño en un factor k. Se muestran las dimensiones, dopado y tensión de funcionamiento que se ven afectadas por dicho factor.

En el transistor MOSFET de la figura 7.2, la longitud del canal se ha reducido k veces, lo que a su vez ha implicado las reducciones de los otros factores que aparecen en la imagen. La pregunta es: ¿por qué debe haber esas reducciones? Dennard y sus colegas razonaron que, para mantener un funcionamiento similar del dispositivo reducido de tamaño, los campos eléctricos del dispositivo más pequeño deberían mantenerse constantes. Esto significa que todas las dimensiones, tanto verticales como horizontales, debían reducirse en el mismo factor k; las concentraciones de dopado deberían aumentar en el mismo factor k y las tensiones y corrientes disminuirían en dicho factor. El resultado es que el transistor escalado es más pequeño, más rápido y consume menos energía, o sea, todo ventajas. Por ejemplo, si el factor de escalado es k = 2, un chip fabricado con la nueva tecnología puede incorporar cuatro veces más transistores en la misma superficie, y la potencia total consumida por esos transistores es la misma en el chip nuevo que en el antiguo. Parecía una combinación perfecta y durante varias décadas funcionó como un reloj.

El escalado ideal proporcionó una hoja de ruta predecible para la industria de los chips de silicio. En 1994, la Asociación de la Industria de Semiconductores de EE. UU. (Semiconductor Industry Association, SIA) organizó una reunión en Boulder, Colorado, con objeto de formalizar esta hoja de ruta. El resultado fue la National Technology Roadmap for Semiconductors o NTRS. Esta hoja de ruta se actualizó periódicamente a través de una serie de reuniones de toda la industria. A finales de la década de 1990, la NTRS se convirtió en la hoja de ruta internacional en la que participaban empresas de chips de silicio de todo el mundo y pasó a conocerse como ITRS, siglas de International Technology Roadmap for Semiconductors, Hoja de Ruta Internacional para la Tecnología de Semiconductores[2].

La ITRS se convirtió en el plan estratégico más citado de la industria de semiconductores. Su premisa fundamental era que el progreso de la industria microelectrónica, basado en la tecnología MOSFET, debía describirse según la ley de Moore, manteniendo una cadencia de 2-3 años para duplicar la densidad de dispositivos con cada nueva generación de chips, es decir, disminuyendo las dimensiones geométricas en un factor 0.7 en cada generación. Se muestra en la figura 7.3.

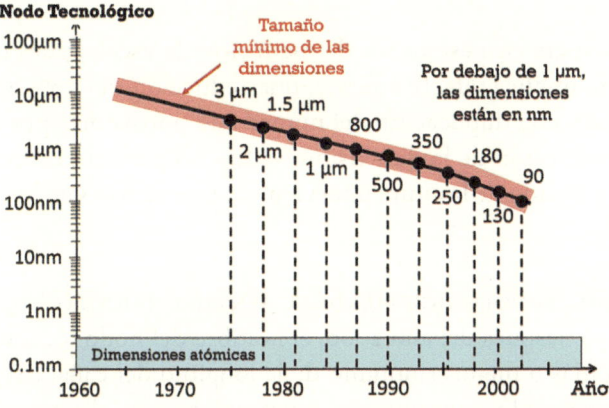

Figura 7.3. Nodos tecnológicos en función del tiempo durante el periodo de escalado ideal. La región sombreada en rojo corresponde a la longitud del canal del MOSFET en cada generación, el margen de valores que representa la franja roja da cuenta de los diferentes tamaños obtenidos por diversos fabricantes. Los datos de esta figura muestran aproximadamente una cadencia entre un nodo y el siguiente de tres años antes de 1995 y aproximadamente una de dos años después de 1995[3].

Si se observa la secuencia de los números de los nodos mostrados en la figura 7.3, hay una relación directa entre cada nodo y su sucesor:

nodo antiguo = 0.7 × nodo nuevo

---

[2] «2015 International Technology Roadmap for Semiconductors (ITRS)», Semiconductor Industry Association, 2015, recogido en la Bibliografía.
[3] J. D. Plummer and P. B. Griffin, «Integrated Circuit Fabrication. Science and Technology», recogido en la Bibliografía.

¿Por qué ese factor 0.7? Porque lo que se pretende globalmente al cambiar de nodo es reducir a la mitad el área que ocupan los transistores en el chip, de cara a duplicar su número en el nuevo nodo para seguir cumpliendo con las predicciones de la Ley de Moore. Pero para que eso suceda, como acabamos de ver, es obligatorio reducir no solo la longitud del canal, sino también el resto de las dimensiones de los transistores, por lo que se deben reducir en igual proporción el largo y el ancho, para que el área del nuevo dispositivo cumpla la ley:

área (dispositivo nodo nuevo) = 0.5 × área (dispositivo nodo antiguo)

Eso se logra con ese factor de reducción de escala, pues 0.7 × 0.7 ~ 0.5, lo que implica, efectivamente, una reducción del 50% en el área y, por lo tanto, una duplicación del número de transistores por área en un chip. La reducción de la dimensión «alto» va por otro camino y en las reglas de escalado de la altura intervienen otros factores en los que no me detendré.

3. EL NODO TECNOLÓGICO PIERDE SU SENTIDO ORIGINAL
Hasta poco después del año 2000, el nombre del nodo tecnológico en el ITRS era más o menos sinónimo de la longitud del canal del MOSFET. Cada nuevo nodo o generación representaba una disminución en un factor 0.7 en el tamaño de ese parámetro. Teniendo siempre presente el ITRS, era muy habitual que la industria de los semiconductores trazara su progreso con figuras análogas a la 7.3.

Aunque cada nuevo nodo exigía grandes inversiones en investigación y desarrollo, en retrospectiva este periodo de escalado puede decirse que fue sencillo. La mejora de los métodos litográficos permitió fabricar transistores más pequeños, manteniendo inalterable la estructura básica de los dispositivos MOSFET. La densidad aumentaba dos veces cada 2-3 años, los circuitos funcionaban más rápido en cada nueva generación y la disipación de energía en los chips se mantenía relativamente constante. Pero este progreso no pudo continuar indefinidamente.

En muchos sentidos, en los últimos quince años se ha innovado más en la tecnología del silicio que en todas las décadas anteriores. Todo ello se ha debido a que el escalado ideal dejó de ser factible y a que los factores económicos que empujaban los avances tecnológicos impulsaron «soluciones creativas» que permitieran seguir reduciendo el tamaño de los dispositivos.

La razón detrás de esta imposibilidad de continuar con la rutina de escalado ideal es sencilla de comprender: no fue posible seguir escalando la tensión de alimentación de los dispositivos con el mismo factor que las reducciones en las dimensiones geométricas, el factor k. Las consecuencias de no poder seguir escalando la tensión de alimentación son profundas. Desde el nodo de 90 nm, el escalado dimensional ha continuado pero, como los voltajes no han podido escalar tanto, los campos eléctricos han aumentado en los dispositivos, lo que ha provocado la necesidad de innovar en dispositivos y materiales. La física del problema es simple: el campo eléctrico es $E = V/L$, donde V es el voltaje y L es la distancia sobre la que cae ese voltaje. Si L disminuye y V no, el campo aumenta, lo que se traduce en una mayor disipación de energía y muchos otros problemas. No analizaré en mayor profundidad esta cuestión, demasiado especializada.

En la actualidad, el tamaño mínimo del canal de los MOSFET es un orden de magnitud menor que cuando finalizó el escalado ideal, cosa que sucedió a mediados de la primera década de este siglo. La mayor densidad de dispositivos que ha hecho posible este escalado se ha utilizado para construir sistemas más complejos en un chip, como se ilustra en la figura 7.4 para microprocesadores.

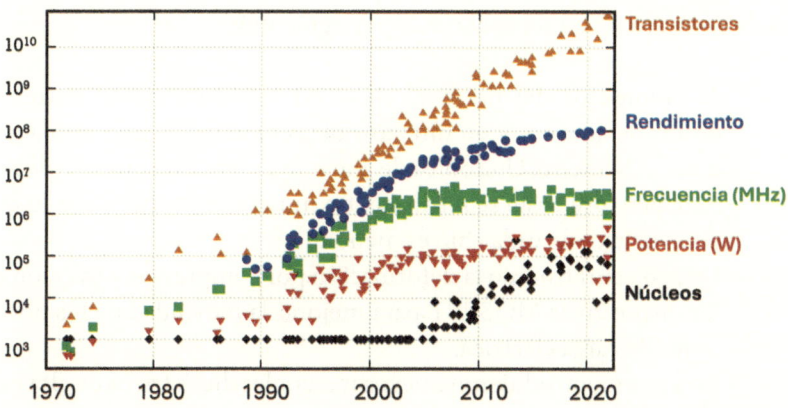

Figura 7.4. Tendencias de los microprocesadores a lo largo del tiempo. Ha habido mejoras continuas de la densidad de dispositivos, pero la disipación de potencia y la frecuencia de trabajo se han saturado[4].

Obsérvese en la figura 7.4 que a partir de 2005, tanto la frecuencia de trabajo (f) como la disipación de potencia (P) de los chips se han satu-

---

[4] Karl Rupp, «Microprocessor Trend Data» (https://bit.ly/3CXtpqL).

rado. El número de transistores marcado por la Ley de Moore ha seguido aumentando, y los últimos datos se acercan a los 100.000 millones de transistores por chip. Sin embargo, la saturación de P y f obliga a los diseñadores de microprocesadores a mejorar el rendimiento mediante lo que se conoce como hardware paralelo: en una CPU hay varios núcleos de procesado por chip y más memoria en el chip, lo que permite realizar simultáneamente diferentes tareas ejecutadas por cada núcleo, lo que hace que sea más rápido.

3.1. Los grandes cambios tecnológicos del siglo XXI (**)

La nueva era del escalado, que comenzó aproximadamente con la generación de 90 nm, fue una era de grandes innovaciones. Como ya se ha dicho, no era posible continuar con el escalado ideal porque las tensiones de alimentación no podían escalarse, por lo que los campos eléctricos aumentaban. ¿Cómo se enfrentaron a esta situación los diseñadores de dispositivos y de procesos tecnológicos? Vamos a rastrear brevemente la historia de las innovaciones incorporadas desde el nodo de 90 nm., que se introdujo en las cadenas de fabricación en 2003, lo que significa que las grandes novedades se han producido en los últimos veinte años, período durante el cual la tecnología del silicio ha evolucionado del micrómetro al nanómetro. Algunos de los mayores cambios han sido los siguientes:

- Al comienzos del presente siglo, en algún momento entre los nodos de 130 nm y 90 nm, las obleas pasaron de 200 mm a 300 mm de diámetro. Una oblea de 300 mm es más cara que una de 200 mm, pero ese coste se reparte entre muchos más chips, con lo que el coste neto de cada chip es menor.
- En 2003 se introdujo la deformación por compresión y tracción en los dispositivos MOSFET para mejorar la movilidad de los portadores de carga eléctrica.
- En 2007 se introdujeron nuevos materiales dieléctricos de alta permitividad para sustituir al SiO_2 y puertas metálicas para sustituir al polisilicio. Esto permitió que el grosor efectivo del dieléctrico de la puerta siguiera reduciéndose. Ese mismo año, con la llegada del nodo de 45 nm, las dimensiones mínimas ya eran tan pequeñas que fue necesario recurrir a litografía asistida por ordenador para que la luz imprimiera las características de forma limpia.
- Hacia 2010, con los 30 nm de las memorias Flash y los 20 nm de la lógica digital, se hizo necesario un proceso fotolitográfico muy

complejo, denominado «multipatrón con tecnología de inmersión de 193 nm» porque la litografía UVE aún no estaba lista para la producción. Esto aumentó considerablemente el coste de fabricación, pero era la única forma de conseguir tamaños más pequeños.

- El año 2011, con la entrada del nodo de 22 nm, vio la introducción de estructuras de dispositivos 3-D, los FinFET que hemos descrito en el capítulo 4. Este dispositivo permitió mitigar los efectos de las longitudes de canal más cortas en los dispositivos MOSFET tradicionales. En esencia, la geometría FinFET permite que los transistores más pequeños sigan funcionando bien incluso con campos eléctricos más elevados.
- Hacia 2014, los FinFET se generalizaron en el nodo de 14 nm. El FinFET supuso un cambio en la arquitectura de los transistores, de consecuencias que perduran en la actualidad.
- Entre 2018 y 2020, la tecnología de litografía UVE empezó a utilizarse en el nodo de 7 nm y fue imprescindible a partir del nodo de 5 nm.
- En 2024 se ha introducido en las fábricas de chips más avanzados una variante de la litografía de UVE, denominada litografía UVE de alta apertura numérica. Esta tecnología se ha empezado a utilizar en el nodo de 3-4 nm.

4. EL MARKETING ENTRA EN ESCENA Y SUSTITUYE A LA TECNOLOGÍA

Hay otra observación muy interesante que cabe hacer sobre esta nueva era de innovación de materiales y dispositivos. La figura 7.5 amplía los datos de la figura 7.3 al presente y al futuro.

En el momento de redactar este párrafo, marzo de 2025, la tecnología más avanzada es la del nodo de 3 nm, mientras que el nodo de 2 nm estará disponible previsiblemente en algún momento de 2026. Obsérvese en la figura 7.5 que el tamaño mínimo de la característica de los últimos nodos es significativamente mayor, mostrado con la zona sombreada en rojo, que el nombre del nodo tecnológico, que indicaría el tamaño nominal. La gran variabilidad observada a partir del nodo de 32 nm se debe a que diferentes fabricantes definen sus nodos con criterios que ya no son uniformes.

Como se desprende de la figura 7.5, hasta 2010-2012 la terminología nodo tecnológico tenía una correlación directa con los aspectos geométricos de los MOSFET, pero desde entonces el término nodo ha perdido ese significado original y se ha convertido en un término «cajón de sastre» para designar tanto características más pequeñas como también diferentes arquitecturas de circuitos y tecnologías de fabricación. El término es importante porque, como ya hemos visto antes, cuanto más pequeño es el nodo, más pequeño es el tamaño de los dispositivos, lo que a su vez produce transistores que son más rápidos y más eficientes en lo que a consumo de energía hace relación.

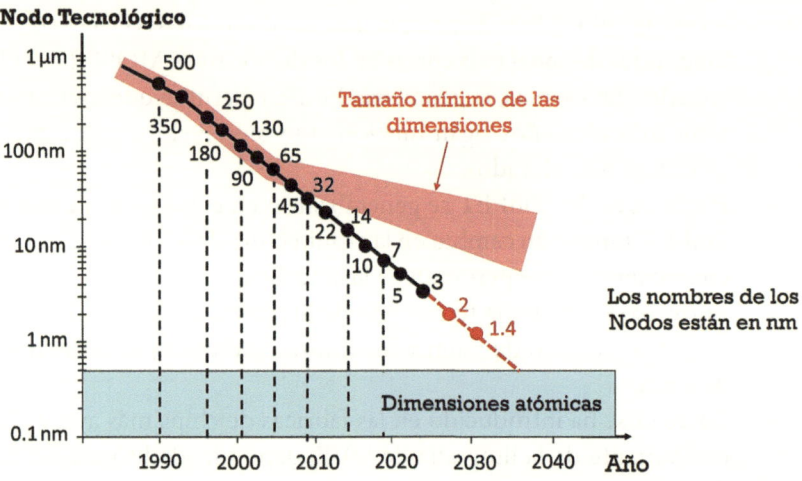

Figura 7.5. Nodos tecnológicos en función del tiempo hasta la actual generación de 3 nm. Los puntos rojos son nodos previstos hasta el final de la década. La región sombreada en rojo corresponde al tamaño mínimo real de la característica del dispositivo en cada generación, mientras que la línea de puntos negros y rojos corresponde a los tamaños mínimos nominales. El desacople entre unos y otros es manifiesto desde el nodo de 22 nm, hacia 2013. A partir de este nodo, el dispositivo de referencia es el FinFET, donde el tamaño mínimo ya no se refiere a la longitud del canal, como es el caso en el MOSFET. Véase el texto para los detalles[5].

Desde 2012 más o menos, debido a varias discrepancias entre las diferentes fábricas de chips, el número del nodo en sí ha perdido el significado exacto que tuvo con anterioridad. De hecho, a partir del nodo de 22 nm e inferiores, ese número se refiere exclusivamente a una generación específica de chips fabricados con una tecnología determinada, supuestamente superior y más avanzada que la anterior, pero ya no corresponde a ninguna dimensión concreta de los dispositivos fabricados así. Probablemente la

---

[5] J. D. Plummer and P. B. Griffin, «Integrated Circuit Fabrication. Science and Technology», recogido en la Bibliografía.

razón más importante para entender esta discrepancia entre tamaño nominal y tamaño real reside en que la arquitectura de los transistores ya no es plana (MOSFET), sino tridimensional (FinFET).

Como ya se ha indicado en varios lugares de este libro, la tendencia en la industria es a duplicar el número de transistores en un chip cada 18 meses, siguiendo la «profecía» marcada por la Ley de Moore. Para lograr ese objetivo, lógicamente, los transistores deben hacerse cada vez más pequeños y eso justifica la secuencia que han seguido los nodos de fabricación, secuencia que ha ido evolucionando, siguiendo los valores que muestran las dos figuras 7.3 y 7.5.

Como vimos en el capítulo 4, con la introducción del FinFET por parte de Intel en su proceso de 22 nm, la densidad del transistor siguió aumentando, mientras que la longitud de la puerta se mantuvo más o menos constante. Debido a que la arquitectura del transistor ha cambiado drásticamente respecto a cómo era con anterioridad, el esquema de denominación de nodo ha perdido todo su sentido[6]. Es decir, el número del nodo se ha desacoplado de la realidad física y puede ser varias veces menor que la longitud mínima real del canal del transistor. Por otro lado, diferentes fabricantes etiquetan tecnologías similares con números de nodo diferentes, creando así una mayor confusión. Sin embargo, la convención de nombres se ha mantenido y es lo que las principales fábricas siguen denominando nodos. Desde 2016-2017 los nombres de nodos han sido completamente superados por el marketing y hay algunos fabricantes, por no decir todos los grandes, que utilizan los nombres de manera ambigua para representar procesos apenas ligeramente modificados respecto de los nodos anteriores.

Esta carrera por disponer de una tecnología con el nanómetro más pequeño empieza a cuestionarse como método de evaluación y/o definición de una tecnología. El fabricante TSMC ha indicado que la métrica nanométrica está casi obsoleta hoy en día[7] y desde hace ya varios años cada nuevo número de nodo representa una tecnología que sí duplica la densidad de transistores respecto del nodo anterior, pero que ya no se refiere a una reducción del tamaño de alguna dimensión específica del transistor. Es decir, los nombres de los nodos son meras herramientas de marketing y, por lo general, ni siquiera tienen el mismo significado cuando dos empre-

---

[6] «Technology Node», WikiChip (https://bit.ly/3CQXloo).

[7] D. Black, «10nm, 7nm, 5nm... Should the Chip Nanometer Metric Be Replaced?», HPC Wire, 1-junio-2020 (https://bit.ly/3CVKBgh).

sas anuncian ambas la tecnología de 3 nm, por ejemplo. Si la tecnología de 3 nm significara realmente que la longitud del canal de los transistores es de 3 nm, en la figura 7.6 resulta evidente que el escalado y las mejoras de densidad que proporciona tendrían que terminar bastante pronto, simplemente porque nos estaríamos acercando a las dimensiones atómicas (~0.5 nm). Los dispositivos que utilizamos hoy en día no funcionan en esas dimensiones, por lo que podemos resumir buena parte del contenido de este capítulo con dos sencillas «ecuaciones»:

- Antes de 2012:

  nodo tecnológico = longitud del canal del MOSFET

- Después de 2012:

  nodo tecnológico = marketing

No obstante, el mantenimiento de las denominaciones y la progresión de los nodos, a pesar de que el cambio en la arquitectura de los transistores hace que pierda el sentido, tiene aún una cierta lógica más allá del marketing, que sería la siguiente: una empresa concreta –ponga el lector las siglas que desee– fabrica un chip del nodo de 3 nm con tecnología FinFET, y el chip resultante va a tener una densidad de transistores de ~200 MTr/mm². Ese sería, más o menos, el mismo número que habría tenido si hubiera fabricado el chip en tecnología MOSFET con una longitud de canal de 3 nm. Obviamente, no ha fabricado ese chip con esos MOSFET, pues las fugas de corriente en el canal los habría hecho inviables.

Para tratar de resolver la ambigüedad de los nombres de los nodos, recientemente se han formulado varias propuestas para cambiar este sistema de nomenclatura. Aún está por ver si esto se traducirá en un estándar para toda la industria pero, por ahora, el sistema tradicional de nomenclatura sigue siendo de uso común. En todo caso, la tecnología microelectrónica va mucho más allá de los «nodos de vanguardia» y no hay que perder de vista un detalle importante: mientras que los chips lógicos y de memoria utilizados para aplicaciones digitales se benefician enormemente de la reducción del tamaño de los transistores asociada a los nodos más pequeños, otros tipos de semiconductores –en particular los dispositivos discretos, los analógicos y los de potencia–, no obtienen las mismas ventajas en cuanto a rendimiento y costes migrando a nodos cada vez más pequeños.

Como resultado, hoy en día la fabricación de chips sigue teniendo lugar en una amplia gama de nodos, desde el actual «nodo líder» de 3 nm utilizado para la lógica avanzada hasta los nodos de más de 180 nm utilizados para semiconductores discretos, optoelectrónicos, sensores y circuitos analógicos. De hecho, solo el 2-3% de la capacidad mundial de fabricación de chips se concentra actualmente en nodos inferiores a 10 nm. Vemos esto en el último punto del capítulo.

5. LARGA VIDA A LOS NODOS MADUROS

Aunque todas las miradas tienden a centrarse en los nodos de vanguardia, es decir, aquellos en los que los transistores tienen el tamaño más reducido, que se corresponden con los nodos de 10 nm e inferiores, muchos de los denominados «nodos maduros» siguen disfrutando de una sólida demanda de fabricación. ¿A qué se debe esto? En la era de los nodos basados en el Fin-FET, los requisitos verdaderamente complejos de fabricación de chips de cada nuevo nodo han añadido un coste y una complejidad descomunales, de manera que desde el nodo de 22 nm, que entró en producción hacia 2012, los costes de los chips se dejaron de reducir, como había ocurrido hasta ese momento. A partir de ahí, cualquier reducción del tamaño de los transistores y, por lo tanto, del aumento de sus potencialidades, se contrarresta con un procesado más caro, lo que ha aumentado los costes drásticamente. Los juegos de máscaras son más caros y los nodos de vanguardia suelen requerir muchos más juegos de máscaras para fabricarlos.

La mayoría de los fabricantes de chips tienen un negocio bien establecido y muy sólido en los nodos más antiguos. Si no se trata de TSMC, Intel o de los principales fabricantes de memorias –Samsung, Micron, SK Hynix–, muchos siguen fabricando en los nodos de 130 nm y superiores. La razón es fácil de entender: no hay necesidad de fabricar determinados chips en un nodo más pequeño. Los nodos avanzados también tienen menos clientes porque no muchas empresas pueden permitírselos. En el nodo de 3 nm solo hay dos o tres clientes, que están en la cabeza de todos: Apple, Nvidia y poco más. En el nodo de 7 nm, quizá haya entre cinco y diez clientes. Pero cuando llegas a los nodos de 22 o 28 nm, hay docenas de clientes. Hay una gran cantidad de circuitos analógicos que no necesitan tamaños más reducidos ni cumplir con requisitos relacionados con el funcionamiento a menor potencia o para aumentar el rendimiento. En los nodos maduros, los precios de las obleas son un orden de magnitud más bajos y el coste del diseño y de las máscaras son varios órdenes de magnitud menores.

Históricamente, en los nodos anteriores a 1 μm y hasta el nodo de 28 nm, el coste de un proceso de fabricación por oblea siempre aumentaba por cada nuevo nodo entre un 25% y un 30%. Sin embargo, el número de chips por oblea aumentaba en torno al 50%, por lo que el coste de fabricación de cada chip disminuía entre un 20% y un 25% en los nuevos nodos. Esto era lo que hemos visto en el punto 2.1 como la época clásica del escalado, cuando la Ley de Moore reinaba por encima de todo. Esto cambió en torno al nodo de 22 nm, con la introducción del FinFET. Los nuevos nodos aumentaron el rendimiento o redujeron la potencia, pero la reducción de costes se frenó, lo que ha hecho que el paso al siguiente nodo ya no sea automático, puesto que trasladar el diseño a un nodo más pequeño puede que ya no suponga ningún valor añadido para el cliente de esos chips.

Una ventaja de los procesos más antiguos, denominados en la jerga técnica «legacy nodes» o «nodos heredados», es la posibilidad de emplear equipos muy probados y en buena medida amortizados, lo que se traduce en que hay muchas empresas que siguen fabricando chips con los mismos equipos que utilizan desde hace más de veinte años. Las fábricas y los equipos llevan mucho tiempo amortizados, así que están literalmente imprimiendo dinero con cada chip que fabrican.

El aumento desorbitado de costes ha provocado una especie de división en el sector. Algunas empresas y productos persiguen cualquier proceso que ofrezca el mayor rendimiento o el menor consumo en cualquier momento y sus productos tienen precios que pueden soportar los mayores costes en cada nodo. Empresas como Intel, Samsung, TSMC y Nvidia se encuentran en esa envidiable posición. Todas las demás deben ceñirse a los nodos más antiguos porque no pueden ofrecer los mismos precios, téngase en cuenta que algunos chips se venden a 20-30 céntimos. Imagine el lector dónde está el beneficio del fabricante.

Ahora mismo, estar en la vanguardia en los nodos de 5 o 3 nm puede costar entre tres y cinco millones de euros por un juego de máscaras. Pero el coste de diseño, si se suman todos los costes asociados, es fácilmente de decenas de millones de euros. Como consecuencia, solo productos muy específicos utilizan los chips de los nodos más avanzados, como por ejemplo las aplicaciones de Inteligencia Artificial, procesadores de teléfonos inteligentes, computación de alto rendimiento y los chips de servidores para la nube. Pero se fabrican muchos más chips en nodos más antiguos. Por ejemplo, cada vez hay más demanda de circuitos integrados de gestión de potencia –Power Management Integrated Circuit, PMIC– para vehículos eléctricos. Los PMIC suelen utilizar nodos maduros como

180 nm o 130 nm. Los sensores, por su parte, están en los nodos de 180 y 150 nm para las aplicaciones de automoción y los chips se integran con otros circuitos analógicos predominantemente en 180 nm o 130 nm. Los sensores inteligentes avanzados incorporan microcontroladores y se están moviendo en 65 nm o 40 nm, que es el «estado del arte», es decir, lo más avanzado para estas aplicaciones. Los sensores de imagen CMOS de gama alta, que veremos en el próximo capítulo, utilizan un proceso de bajo consumo de 22 nm, etc. Si la aplicación tiene una mezcla de circuitos analógicos y digitales, 55 nm es el punto óptimo. Los analógicos puros tienden a fabricarse en los nodos de 180 y 150 nm.

Aunque algunas fábricas se centran en ir más allá de los límites, otras se centran en los nodos maduros. Estas fábricas consideran que sus nodos principales son los de 22/28 nm, la última generación de tecnología MOSFET; el paso a los FinFET aumenta considerablemente el coste de fabricación y varios de esos fabricantes decidieron en su momento que no les compensaba dar el salto. Mientras tanto, puede que algunos nodos simplemente se extingan. Hay poco uso para el nodo de 10 nm, porque el rendimiento no justifica el coste. La pregunta que queda en el aire es cuántos nuevos diseños apuntarán a los 7 nm ahora que están disponibles los de 5, 3, 2 nm y menos. Los dispositivos que no requieran la tecnología FinFET, por ejemplo, seguirán en nodos anteriores a 14 o 12 nm.

Las tecnologías que se encuentran en el límite del salto tecnológico, como la última generación de nodos basados en MOSFET (22/28 nm), tienen garantizada una larga vida porque ofrecen el conjunto óptimo de características para muchas clases de productos que no necesitan el siguiente nodo. Mientras tanto, a las empresas que utilizan tecnología madura les sigue yendo bastante bien, incluso muy bien. Microchip Technology Inc.[8] es un ejemplo de empresa que sigue aprovechando con éxito los nodos más antiguos. En 2024 facturó 7.600 millones de dólares por la venta de chips fabricados en dos instalaciones que procesan obleas de 200 mm de diámetro y en una tercera que procesa obleas de 150 mm de diámetro, con nodos comprendidos entre 130 nm y 1 μm (1.000 nm). Han sido rentables cada trimestre durante más de 30 años. Es solo una de las muchas empresas de semiconductores que fabrican de forma rentable en nodos más antiguos.

---

[8] https://www.microchip.com/

Capítulo 8

¿Nos hacemos un *selfie*? Detectores de radiación en mosaico: CCD, CMOS

Hasta ahora, hemos centrado los contenidos de este libro en las aplicaciones del silicio en su territorio natural: los circuitos integrados. Además de este sector, que es el que mayor relevancia le ha dado y le sigue dando al silicio, hay otros dos ámbitos donde su papel es muy relevante también. Ambos están vinculados a la capacidad de detección de la radiación electromagnética y a la capacidad de transformar esa energía en energía eléctrica. Eso es lo que vamos a analizar en este y en el siguiente capítulo.

Donde el silicio no es capaz de llegar es a la posibilidad de emitir radiación. Ya hemos visto que el silicio es un semiconductor de gap indirecto, lo que impide fabricar emisores de radiación con él. Como veremos en el capítulo 11, un semiconductor que no puede emitir radiación de manera eficiente tampoco puede detectarla. Sin embargo, esa limitación ha sido superada por la tecnología y hoy en día disponemos de un amplio abanico de dispositivos basados en silicio que pueden detectar eficientemente radiación electromagnética.

Con objeto de no hacer una mera descripción de la gran variedad de estos dispositivos, voy a limitar el contenido de este capítulo a analizar el dispositivo que más ampliamente se usa en la actualidad, que guarda relación con uno de los objetos de deseo de muchos de los que adquieren un teléfono móvil: la cámara del dispositivo. Este es probablemente el elemento en el que más fijan su atención los compradores del omnipresente teléfono inteligente.

Las cámaras de los teléfonos móviles y, en general, cualquier dispositivo de adquisición de imagen, se basan en dos grandes grupos de sistemas construidos con silicio: los CCD (Charge Coupled Devices, Dispositivos Acoplados por Carga; no se preocupe el lector por el significado, no es necesario conocerlo para leer este capítulo) y los Sensores CMOS (Complementary MOS). En este capítulo vamos a ver cómo funcionan ambos, los que nos servirá a su vez de base para el capítulo 12, donde veremos los dispositivos detectores de radiación infrarroja fabricados sobre una amplia variedad de semiconductores compuestos.

1. UNA BREVE INTRODUCCIÓN A LAS CÁMARAS DE FOTOGRAFÍA DIGITALES

Usted con toda probabilidad tiene un teléfono móvil, también con toda probabilidad realiza fotos con él. La figura 8.1 muestra el principio de funcionamiento de una cámara digital, cuyas claves se aplican también a las cámaras de los teléfonos móviles.

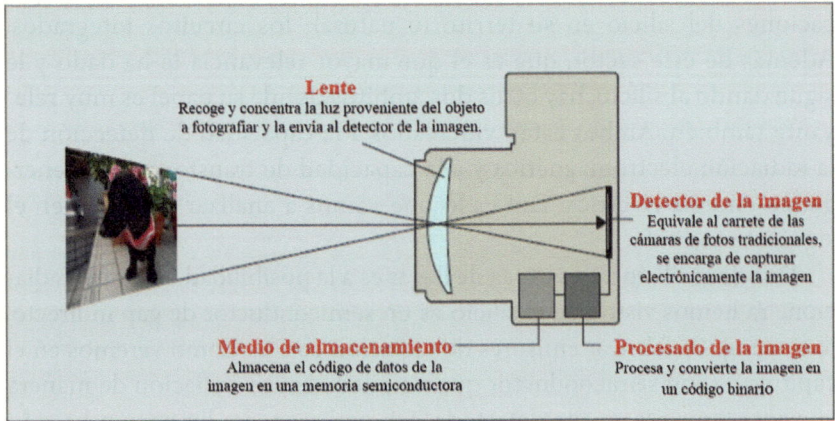

Figura 8.1. Esquema del funcionamiento de una cámara de fotos digital: la luz incide a través de la lente en el detector, que la convierte en electrones y la envía a los elementos electrónicos encargados de convertirla en imagen y almacenarla[1].

El corazón de la cámara digital, ya sea una cámara convencional o una cámara de un teléfono, es el detector de la imagen, que es un circuito integrado sensible a la luz, generalmente fabricado con silicio, aunque también se utilizan otros semiconductores, según se quieran detectar imágenes visibles o infrarrojas; los de esta segunda categoría los veremos en el capítulo 11. Este elemento es el que capta la imagen y la convierte posteriormente en un archivo que se puede almacenar y tratar con los programas informáticos apropiados. El dispositivo se denomina CCD y aquí veremos su estructura y principio de funcionamiento.

---

[1] «Digital Camera Know-Hows», Panasonic (https://bit.ly/3ZhvJjN).

2. EL PRIMER PROTAGONISTA: EL CCD

Figura 8.2. Arriba: detector del telescopio Kepler, es un mosaico de 42 dispositivos CCD; cada CCD ocupa 50 × 25 mm y tiene 2200 ×1024 píxeles; el detector completo tiene 95 millones de píxeles. Abajo: sensor de una cámara Nikon D70 de 24 millones de píxeles, las dimensiones son 3.6 × 2.4 cm. En realidad, el sensor de esa cámara es de tecnología CMOS, que comparte parte del funcionamiento del CCD, que describiré en el próximo punto[2].

Un CCD es un mosaico bidimensional de detectores individuales denominados píxeles. Las cámaras modernas poseen millones de estos elementos, de tamaño asombrosamente reducido. Una lente situada delante del CCD enfoca la luz proveniente del objeto a fotografiar hacia el lugar donde

---

[2] J. Anderson, «More Planets than Stars: Kepler's Legacy», 5-marzo-2024, Nasa Gov (https://bit.ly/4itBJPs); «Los Sensores Digitales», 6-noviembre-2017, Efecto Digital (https://bit.ly/3OA08YK).

se sitúa el CCD. Cuanto mayor es el número de píxeles que tiene este, más resolución tiene la cámara, ya sea una cámara de fotos digital, la cámara de un teléfono móvil o la de un telescopio. Los fotones incidentes en el CCD generan en él cargas eléctricas en cada uno de los píxeles que lo integran, tal y como describiré en los siguientes puntos de este capítulo. Esas cargas, que contienen la información del objeto, son procesadas posteriormente mediante la electrónica que incorpora el CCD y convertidas en una imagen que reproduce la del objeto fotografiado. La figura 8.2 muestra el sensor de un telescopio y el de una cámara de fotos digital.

2.1. Un poco de historia

El CCD fue concebido en 1969 por Willard S. Boyle y George E. Smith, mientras trabajaban en los laboratorios de investigación de la compañía A. T. & T., los célebres Bell Labs de New Jersey. Como ya vimos en el capítulo 2, en esos laboratorios se inventó el primer transistor de la historia. Los Bell Labs estaban trabajando en lo que por aquel entonces se conocía como «memoria de burbujas», cuando Boyle y Smith concibieron el diseño de un dispositivo al que denominaron «Charge Bubble Devices».

La esencia del diseño era la capacidad de transferir carga a lo largo de la superficie de un semiconductor desde un condensador de almacenamiento al siguiente que, como veremos en el siguiente punto, es la clave del funcionamiento del CCD. Esta idea clave quedó recogida en la Patente US 3.796.927A, de 16 de diciembre de 1970, de la que ambos son los titulares[3]. Poco tiempo después, en 1972, se registró la primera patente para la utilización de los CCD en dispositivos de imagen –Patente US 4.085.456, que se debe a otro científico de los Bell Labs, Michael F. Tompsett[4]–.

Por la invención del CCD, ambos científicos recibieron el Premio Nobel de Física en 2009, 40 años después de su concepción; como en otras ocasiones, la Academia de Ciencias de Suecia tardó mucho tiempo en reconocer la trascendencia del dispositivo. En su comunicado oficial, y según destacó la Academia sueca, el reconocimiento se debió a «la invención de un circuito semiconductor de imagen: el sensor CCD». El CCD posibilitó la fotografía digital moderna, por lo que se puede considerar a ambos como los padres de la fotografía digital.

---

[3] W. Boyle and G. Smith, «Three-dimensional charge coupled devices» (https://patents.google.com/patent/US3796927).

[4] M. F. Tompsett, «Charge transfer imaging devices» (https://patents.google.com/patent/US4085456).

Uno de los aspectos más sorprendentes del CCD es que se remonta a 1969, cuando el mundo estaba pendiente del aterrizaje del Apolo 11 en la Luna. El CCD fue la primera forma práctica de permitir que un chip de silicio sensible a la luz almacenara una imagen y luego la digitalizara, es decir, convirtiera la imagen en una secuencia de unos y ceros, para su posterior procesado, que es la esencia de lo que es una cámara digital moderna. De hecho, en la actualidad encontramos detectores basados en CCD en una amplia variedad de tamaños y tipos y se usan en multitud de instrumentos, como son los sensores de los telescopios de alta resolución, algunos sistemas de visión nocturna, etc.

2.2. *Estructura física y principio de operación de un CCD*

Físicamente, un CCD es un chip en el que hay millones de pequeñísimos píxeles, cada uno de los cuales es un condensador del tipo MOS (siglas de Metal-Óxido-Semiconductor; el funcionamiento de esta estructura lo hemos visto en el capítulo 4). La generación de imágenes con una cámara CCD puede dividirse en cuatro etapas o funciones principales: generación de carga mediante la interacción de fotones con la región fotosensible del dispositivo, recogida y almacenamiento de la carga generada, transferencia de la carga y procesado de esta.

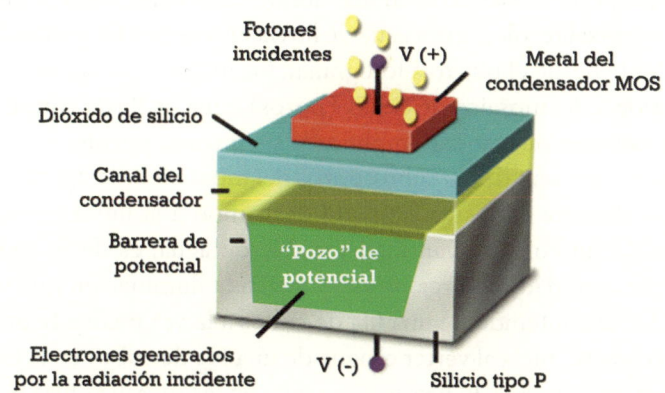

Figura 8.3. Estructura de un condensador MOS, el corazón de un CCD. Es el elemento esencial del dispositivo. Cuantos más tenga, mayor nitidez tendrá la imagen que se obtenga[5].

---

[5] «Introduction to Charge-Coupled Devices (CCDs)», *MicroscopyU* (https://bit.ly/3OJG1nT).

- **Primera etapa.** Se generan electrones y huecos en respuesta a los fotones incidentes en la región próxima a la superficie del condensador MOS, y los electrones liberados migran a una región adyacente, que es una especie de pozo donde se quedan almacenados. La figura 8.3 lo muestra.
- **Segunda etapa.** Los electrones generados en cada píxel, es decir, en cada condensador MOS, se recogen inicialmente en los pozos de cada uno de esos píxeles. La carga almacenada es proporcional al flujo luminoso que incide sobre un píxel del sensor: a mayor cantidad de fotones incidentes en el píxel, mayor número de electrones generados en él.
- **Tercera etapa.** Durante la transferencia y la lectura, la carga acumulada en cada píxel se desplaza a lo largo de los píxeles adyacentes. Esto se consigue aplicando determinadas tensiones a cada uno de los condensadores MOS que componen el CCD.
- **Cuarta etapa.** La medida de la carga almacenada y su conversión a una señal de tensión se realiza en un circuito exterior al CCD.

Para visualizar de manera más intuitiva la forma de trabajo del CCD descrita en el párrafo precedente, imaginemos un CCD en su conjunto como si fuera un mosaico de cubos, donde cada cubo juega el papel del pozo de un píxel recolectando agua de lluvia, que serían las partículas de la luz incidente desde el objeto a fotografiar, los fotones. La figura 8.4 muestra la analogía del mosaico de cubos (pozos)-agua de lluvia (fotones) que permite entender de manera simplificada su funcionamiento.

Todos y cada uno de los cubos-pozos del mosaico de la figura 8.4 están expuestos durante la misma cantidad de tiempo a la lluvia-fotones. Los cubos se llenan con una cantidad variable de agua, es decir, cada píxel genera una cantidad de carga proporcional a la iluminación que recibe y el CCD lee el contenido de una fila de cubos a la vez mediante un procedimiento que se inicia al verter el agua de una fila de cubos en la fila adyacente, que están vacíos. El proceso se repite en las sucesivas filas hasta que se llega a la fila de cubos situados al final del CCD; allí, otros componentes electrónicos del CCD leen la información recopilada por la última fila de píxeles y la convierten en un código numérico binario compuesto por unos y ceros, que es identificado y almacenado en un ordenador, que posteriormente los procesa para formar la imagen. Todo este asombroso y complejísimo proceso ocurre en una fracción de segundo, de manera que el usuario tiene la sensación de que la foto se ha realizado instantáneamente.

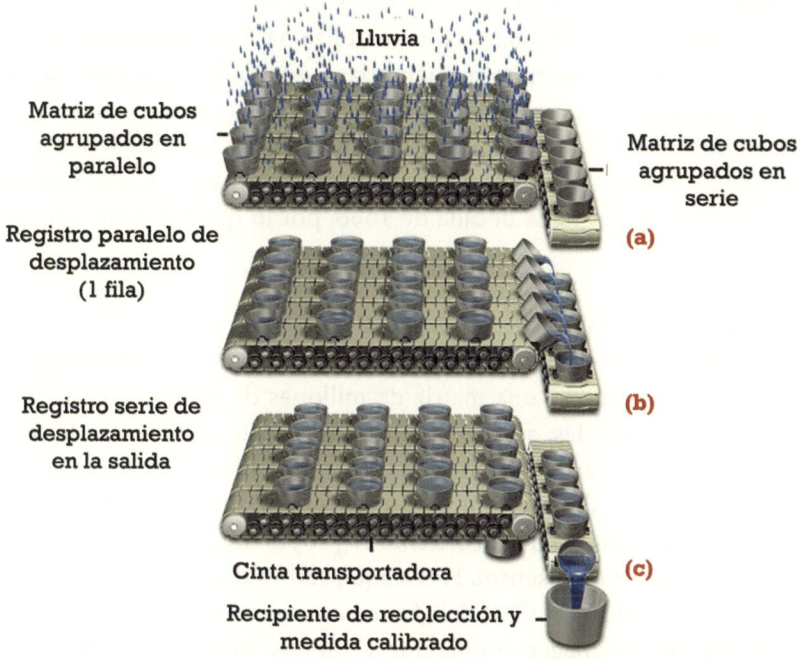

Figura 8.4. Símil explicativo del funcionamiento del CCD: (a) cada cubo es uno de los pozos del píxel, que se llena de gotas de lluvia (fotones); el agua de cada cubo simboliza la carga generada en cada píxel; (b) proceso de volcado del agua de cada fila de cubos en la adyacente; (c) extracción final al recipiente de recolección y medida[6].

Por supuesto, esto es un modelo extraordinariamente simplificado e incorrecto ya que, en realidad, todos los píxeles en un CCD vuelcan su información simultáneamente, no una columna cada vez. En próximos puntos de este capítulo, describiré con mayor detalle el funcionamiento de la unidad elemental de detección, el píxel.

3. El segundo protagonista: el sensor CMOS
En este punto describiré el cada vez más popular sensor CMOS (Complementary Metal Oxide Semiconductor). El nombre obedece a la tecnología de fabricación del sensor, que se realiza utilizando transistores MOSFET con canales de electrones y de huecos, de ahí la palabra Complementary. A

---

[6] «Introduction to Charge-Coupled Devices (CCDs)», MicroscopyU (https://bit. ly/3OJG1nT).

diferencia de los CCD, los CMOS no reciben el nombre por cómo funcionan, sino por el tipo de proceso que se utiliza para su fabricación, similar al que se utiliza para fabricar las memorias RAM de los ordenadores, que tuvimos ocasión de ver en el capítulo 4. Estos sensores ofrecen una gran calidad, sobre todo los de las cámaras de los teléfonos móviles de alta gama y los de las cámaras digitales profesionales. Los sensores CMOS fueron creados a principios de la década de 1990, por lo que son más recientes que los CCD.

3.1. Principio de operación de los sensores CMOS

Los CCD y los sensores CMOS tienen una característica principal en común. Ambos utilizan una matriz de millones de minúsculos sensores fotográficos, los píxeles, que, recordamos del punto anterior, son los condensadores MOS mostrados en la figura 8.3. En cada sensor se crean electrones al recibir la iluminación que, a su vez, dará lugar a una corriente eléctrica. La intensidad de la corriente es proporcional a la intensidad de la luz incidente en cada sensor. Hasta aquí, ambos dispositivos son similares, pero en los sensores CMOS la forma en que se tratan estos datos y se convierten en una imagen es diferente a como se hace en el CCD. En este último, tal y como hemos descrito en el punto anterior, la carga generada por la radiación incidente en cada condensador MOS o píxel se mueve de un píxel al contiguo hasta que llega al circuito de salida, donde un amplificador externo convierte esa carga en voltaje. En los sensores de imagen CMOS, cada píxel realiza esa conversión de forma individual, ya que en la zona circundante a cada píxel está incluida la electrónica que convierte esa carga de electrones creada por la luz en una señal de voltaje. Ese voltaje será después convertido por uno o varios circuitos denominados conversores A/D –conversor analógico/digital– en una señal digital, lo que permitirá procesar los datos para convertirlos en imagen, igual que sucede en el CCD.

Es decir, en el sensor CMOS, cada píxel lee la información directamente en lugar de fila por fila. Esta forma de procesar la señal consume muy poca energía, por lo que el sensor CMOS es el más adecuado para los chips de las cámaras fotográficas modernas que contienen muchos millones de píxeles. La figura 8.5 muestra esquemáticamente la forma de trabajo de los dos dispositivos, resaltando las diferencias descritas.

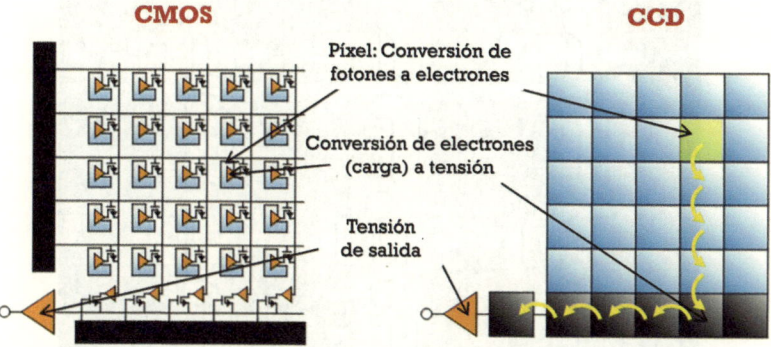

Figura 8.5. Principio de operación de los sensores CCD (derecha) comparados con los CMOS (izquierda); la figura muestra de manera gráfica una peculiaridad del CMOS: no toda el área está cubierta por el sensor. La diferencia esencial entre ambos es que en el CCD la carga fotogenerada se mueve píxel a píxel y se convierte en tensión a la salida. En el CMOS la conversión de carga a tensión se hace en cada píxel[7].

En un detector CMOS, en lugar de un amplificador único situado a la salida de la matriz de detectores, cada píxel tiene su propio amplificador. Esto significa que todas las cargas pueden procesarse al mismo tiempo, despejando los sensores para la siguiente exposición. Describamos el funcionamiento del sensor CMOS con un poco más de detalle:

a. Igual que en el CCD, cada píxel del sensor CMOS actúa como un cubo: acumula cargas de electrones del mismo modo que el cubo de agua almacena gotas de lluvia.

b. La carga se convierte en tensión y se amplifica en cada píxel. Esta es una diferencia esencial con el CCD, ya que en este último, esta operación se realiza a la salida del dispositivo, una vez que todos los píxeles han transferido su carga al circuito exterior.

c. Cada sensor CMOS transporta la tensión de cada píxel a la vez, controlado por un interruptor de selección de píxeles, operación que realiza un transistor MOSFET situado al lado de cada píxel, que actúa como llave de paso para la señal eléctrica.

d. Los voltajes generados se envían al procesador de la señal de la cámara.

---

[7] M. Shakeri *et al.*, «Advanced CMOS based image sensors», *Australian Journal of Basic and Applied Sciences 6*, 62 (2012). (https://bit.ly/4f3JPvo).

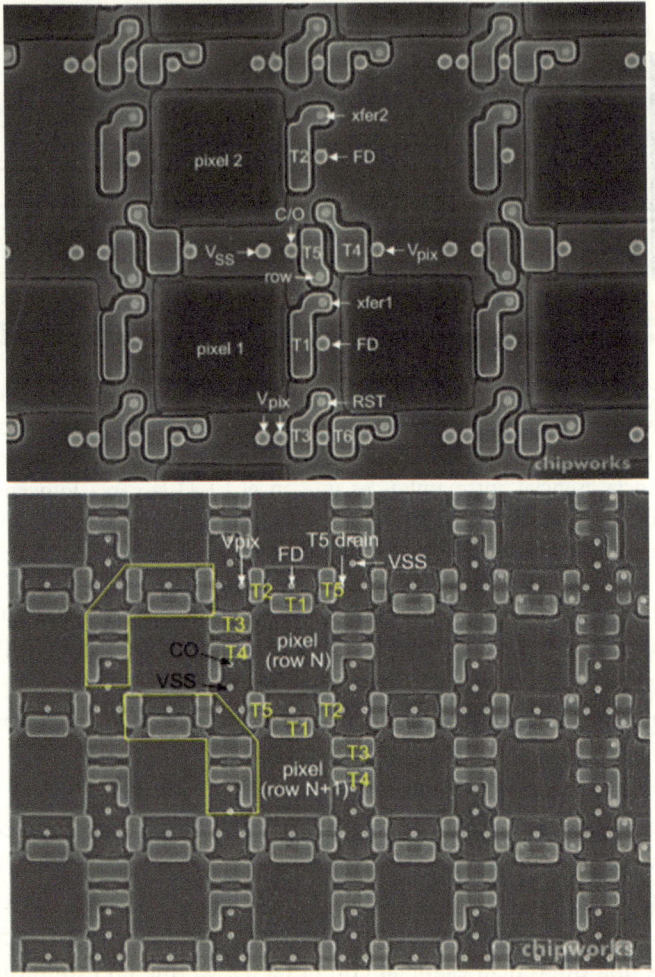

Figura 8.6. Arriba: sensor CMOS de una cámara Nikon D4, de 16.2 millones de píxeles. Las zonas señaladas de T1 a T6 son los diferentes transistores MOSFET que detectan y transforman la señal generada en cada píxel. El tamaño de cada píxel es 7.3 × 7.3 μm. Nótese que una parte significativa de la superficie de cada sensor no está cubierta con el condensador MOS, designado como píxel en ambas imágenes. Abajo: ídem para una cámara Canon EOS 1D X, de 18.1 millones de píxeles; el tamaño de cada píxel es 6.9 × 6.9 μm [8].

---

[8] «Chipworks Reviews DSLR Sensors: Sony and Nikon», 24-octubre-2012, Image Sensors World (https://bit.ly/3ZEhy9T); «Chipworks Reviews Canon DSLR Sensors», 25-octubre-2012, Image Sensors World (https://bit.ly/41ERflF).

3.2. *Peculiaridades de los sensores CMOS*

Como ya se ha dicho, una de las singularidades del sensor CMOS es que la circuitería de lectura y conversión de la señal generada en cada píxel esta físicamente al lado del píxel, lo que significa que parte de la superficie del sensor está ocupada por varios transistores que no detectan la luz, reduciendo el área activa del sensor en su conjunto. Uno de los aspectos clave del diseño de la distribución geométrica de los elementos de cada píxel –que en la jerga se denomina «layout»– es, por lo tanto, minimizar la superficie ocupada por el circuito de lectura y conversión. La figura 8.6 muestra una imagen tomada al microscopio de una zona del sensor de dos cámaras fotográficas modernas.

Como es evidente al examinar la figura 8.6, una parte significativa del área de cada píxel está cubierta por los transistores de soporte que son opacos a los fotones de luz visible y no pueden ser utilizados para la detección de fotones. La parte fotosensible del píxel, por lo tanto, no cubre el 100% de su superficie. Debido a que solo una fracción del condensador MOS es realmente capaz de absorber fotones para generar carga, el factor de llenado o factor de apertura de los sensores CMOS mostrados en la figura 8.6 representa solo una fracción de la superficie total del conjunto del detector, lo que acarrea una pérdida apreciable de sensibilidad. Las proporciones del factor de llenado varían de un dispositivo a otro, pero en general oscilan entre el 50 y el 80% del área total del píxel.

Una vez obtenida una imagen en bruto de un sensor CMOS, y al igual que ocurre en el CCD, debe convertirse a imagen en color. Cómo se hace esto lo abordamos en el último punto de este capítulo.

3.3. *Comparando el CCD con el sensor CMOS*

Los sensores CMOS se han beneficiado en gran medida de la evolución de las tecnologías para fabricar chips, que siguen exactamente los mismos procesos de fabricación que los que se utilizan en este tipo de sensores. Por lo tanto, el tamaño de los transistores de los sensores puede hacerse cada vez más pequeño, con la ventaja obvia de que la superficie que ocupan los transistores encargados de hacer la transformación de carga a voltaje cada vez es más pequeña, y tapan menos área que reciba luz, aumentando el factor de llenado.

La lista de aplicaciones de los sensores CMOS ha crecido espectacularmente en los últimos años. Desde principios de este siglo, los sensores CMOS representan un número cada vez mayor de los dispositivos de imagen comercializados en aplicaciones como máquinas de fax, escáneres, cámaras de seguridad, juguetes, cámaras de ordenadores portátiles, cámaras de teléfonos móviles, lectores de códigos de barras, ratones ópticos, automóviles e incluso electrodomésticos. Los sensores CMOS se utilizan cada vez más en sectores tales como inspección industrial, sistemas de armamento, diagnóstico médico, etc. Aunque no se espera que sustituyan a los CCD en ciertas aplicaciones de gama alta, los sensores de imagen CMOS seguirán encontrando nuevas utilidades a medida que avance la tecnología.

Desde el punto de vista de la fabricación, los sensores CCD son más costosos de fabricar. Como resultado, los sensores CCD son a menudo de muy alta calidad y sensibles a la luz, ofreciendo imágenes nítidas con menos ruido. Los sensores CMOS son más baratos de fabricar, ya que utilizan la tecnología de fabricación tradicional de la mayoría de los chips. También son conocidos por su mayor eficiencia energética: un sensor CCD puede consumir hasta cien veces más energía que un sensor CMOS. En resumen, es probable que se encuentre una cámara con un sensor CCD allí donde la sensibilidad a la luz sea un factor importante o donde las imágenes de alta calidad y resolución marquen la diferencia[9].

4. EN EL CORAZÓN DE UN SENSOR CCD/CMOS: EL PÍXEL (**)
Tras describir el principio de funcionamiento del CCD/CMOS, aquí analizaré cómo funciona cada una de las unidades que conforman el detector, los píxeles. Este último apartado es de cierta complejidad, pero puede omitirse sin que el lector pierda información esencial para la lectura de los próximos capítulos. Para leer este apartado, es recomendable haber leído con anterioridad el Apéndice del libro.

4.1. Funcionamiento de un píxel
La gran mayoría de los sensores CCD/CMOS comerciales están fabricados con silicio, aunque para aplicaciones tales como la astronomía infrarroja o la visión nocturna se fabrican con otros semiconductores más adecuados para detectar la radiación infrarroja: CdHgTe, PbSe, InSb, etc., dispositivos que veremos en el capítulo 12. Independientemente de cuál sea el semiconductor con el que se fabrica el sensor, el corazón de un sensor CCD/CMOS lo constituye cada uno de sus píxeles, es decir cada uno de los condensadores MOS que se encargan de detectar la radiación.

---

[9] D. García Pérez, «Evolución de los sensores digitales en fotografía, de CCD a CMOS», 24-junio-2015 (https://bit.ly/3OMkvik).

Como ya hemos indicado en el punto 2.2 de este capítulo, cada píxel es un condensador MOS. Tras la absorción de cada fotón por parte de los condensadores MOS, se crea un electrón, que tiene carga negativa, y un hueco, que tiene carga positiva. Si no se hace nada a continuación, el electrón y el hueco sufrirán un proceso de recombinación, es decir, se reencuentran y ambos desaparecerán. Para evitar que la información que contienen los electrones generados en cada píxel se pierda, estos electrones son separados de los huecos y agrupados cerca de la intercara entre el semiconductor donde se han generado y el óxido, lo que hemos denominado con anterioridad el pozo. Para ello, el metal de la estructura MOS se mantiene a una tensión positiva en relación con el resto del dispositivo, lo que atrae a los electrones hacia él. Debido a la capa aislante –la capa de SiO_2–, los electrones no pueden atravesarla y se quedan retenidos por la tensión positiva que hay sobre ellos y se queda en la intercara entre el SiO_2 y el semiconductor.

De esta forma, los electrones generados en cada píxel quedan almacenados en la intercara Metal-SiO_2 de cada una de las estructuras MOS. Es decir, la luz que proviene del objeto fotografiado se ha convertido en carga eléctrica y ha quedado guardada en cada píxel. Recuérdese que hay una correspondencia directa entre la carga almacenada en cada píxel y la cantidad de luz que ha recibido. Inmediatamente después, la carga de cada píxel es transferida al píxel contiguo y al contiguo, etc., hasta que se extrae al circuito exterior. La figura 8.7 muestra los detalles de cómo tiene lugar el proceso de generación de carga y cómo se transfiere esta de un píxel al contiguo.

En la figura 8.7, según la secuencia a-b-c, se muestra la transferencia de paquetes de carga en función de la tensión aplicada a los metales de cada píxel. En el último condensador se transfieren las cargas a un amplificador externo, que no se muestra en la imagen, en el que la carga eléctrica se convierte en un voltaje. Así, las cargas del conjunto de condensadores MOS se convierten en una secuencia de voltajes. Esta secuencia se analiza, digitaliza y posteriormente se almacena en la memoria de la cámara. Este proceso ya era conocido en el tiempo de la invención del CCD; lo que sus inventores Boyle y Smith desarrollaron fue el procedimiento para extraer y leer la información almacenada en los pixeles.

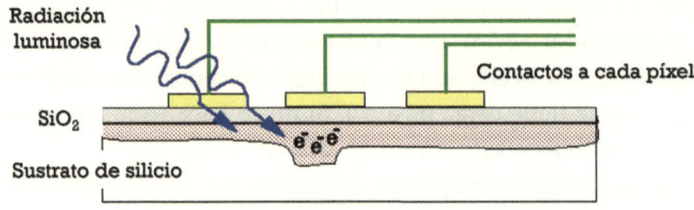

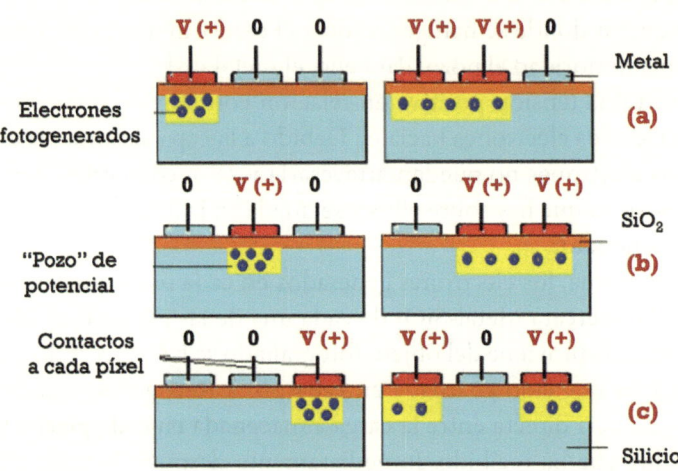

Figura 8.7. Arriba: sección en corte transversal de los diversos condensadores MOS que componen cada uno de los píxeles. Abajo: proceso de transferencia de electrones de un píxel al contiguo. Para lograrlo, se aplican tensiones positivas en la parte metálica de la estructura MOS que mueven la carga eléctrica de un pozo al siguiente, siguiendo la secuencia (a), (b), (c)[10]. Véase la secuencia de arriba (izquierda-derecha) hacia abajo.

4.2. La obtención de imágenes en color: filtros Bayer

La imagen que se obtiene tanto con los píxeles de un CCD como con los de un sensor CMOS es en blanco y negro, ya que cada píxel absorbe todos los fotones de energía mayor que el gap del silicio, por lo que no discriminan el color de la radiación que detecta, sino la intensidad. Para poder ver imágenes en color, debe haber una forma de discriminar la intensidad de los diversos colores que componen la luz incidente. Estos colores se cono-

---

[10] «Types of Charge-Coupled Devices with their Working Principles», Electronics-Projects-Focus (https://www.elprocus.com/know-about-the-working-principle-of-charge-coupled-device/).

cen como primarios: verde, azul y rojo. Todos los colores que se ven en una fotografía digital se construyen a partir de estos tres colores. Una forma de hacerlo, y la más cara, es tener tres CCD en cada cámara y utilizar un prisma para dividir la luz antes de dirigir cada color a un sensor diferente. Un método menos costoso es utilizar un entramado de colores llamado filtro mosaico Bayer, que es similar a un tablero de ajedrez de tres colores. El filtro Bayer nada tiene que ver con la multinacional farmacéutica, debe su nombre a que fue inventado en la compañía Eastman Kodak Company por Bryce Bayer en 1976.

Un píxel de color está constituido por un minimosaico de 2 × 2 píxeles, que contienen un par de filtros verdes opuestos en diagonal entre ellos, junto con uno azul y otro rojo en las otras dos esquinas. Por lo tanto, cada sección de 2 × 2 del CCD está formada por un par de cuadrados verdes opuestos en diagonal, un cuadrado rojo y otro azul. La configuración espacial del patrón Bayer se adapta a la sensibilidad óptima de la percepción visual humana. El filtro solo deja pasar la luz de esos colores al condensador MOS del CCD/CMOS, por lo que cada condensador mide la intensidad cada uno de los tres colores. Se muestra en la figura 8.8.

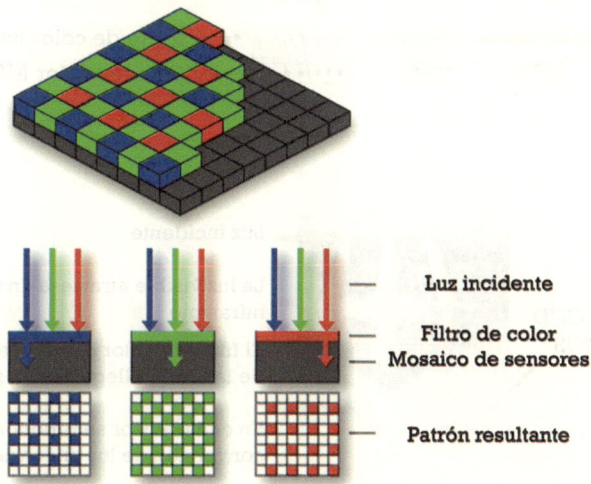

Figura 8.8. Arriba: filtro de color Bayer situado sobre un mosaico de detectores de un CCD/CMOS. Abajo: cada filtro solo permite el paso de las radiaciones azul, verde o roja. Como resultado los detectores del mosaico capturan el 25 % de la radiación roja y azul y el 50% de la verde[11].

---

[11] «Bayer Pattern Filtration», Wikimedia Commons (https://bit.ly/3ZJkMbh).

Es evidente que, en este proceso de captación de imagen, se pierde información, puesto que cada detector del píxel capta los fotones de un solo color, ya que uno de los detectores de la unidad capta únicamente el color rojo procedente de la imagen, otro el azul y los dos restantes el verde. Esto se corrige posteriormente con un tratamiento informático de los datos, según explico más adelante.

Los sensores de imágenes también incluyen microlentes colocadas sobre el filtro Bayer para mejorar la fotosensibilidad del sistema de detección y mejorar la eficacia de la captación de luz mediante el enfoque adecuado de la luz incidente sobre los fotodetectores. Una microlente suele ser un único elemento con una superficie plana orientada hacia el píxel y una superficie esférica convexa para recoger y enfocar la luz. La figura 8.9 muestra el esquema de un detector CCD dotado de un filtro Bayer, así como el papel que juegan las microlentes situadas en la superficie de cada uno para incrementar la capacidad de captar la luz incidente.

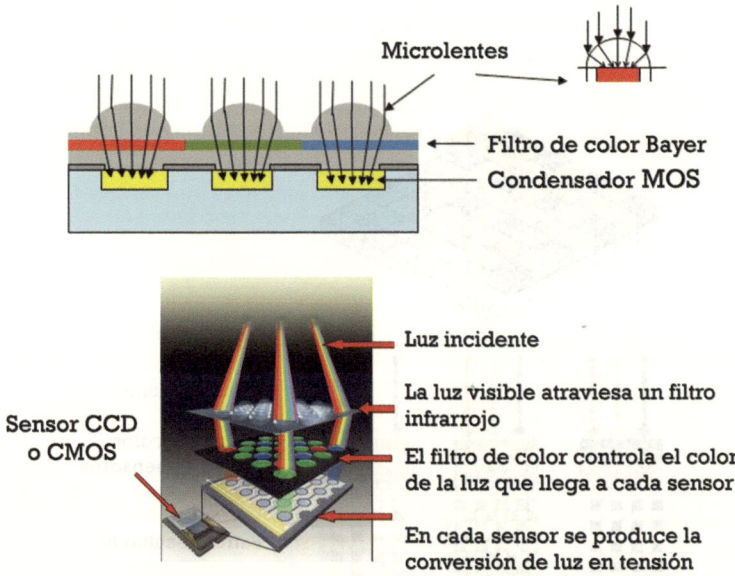

Figura 8.9. Arriba: esquema de un detector CCD con microlentes. Abajo: mosaico Bayer y detectores CCD[12].

[12] P. Jain, «CMOS Image Sensors», 12-julio-2022, Engineers Garage (https://bit.ly/3ZG5qW5); D. Jimenez, «Así son las tecnologías de sensores fotográficos actuales», 30-octubre-2015, Xataka (https://bit.ly/41Fv4vF).

Una vez captada la imagen del objeto a fotografiar, es transferida hacia el amplificador, al igual que ocurre en el CCD/CMOS sin filtro Bayer, que capta imágenes en blanco y negro. La cámara o el ordenador al que se cargan las imágenes posteriormente tiene que utilizar un algoritmo para restituir la información perdida durante el proceso, ya que los filtros no recogen todos los fotones provenientes de la imagen, como ya se ha visto. Ese algoritmo se denomina de interpolación cromática, conocida en inglés como *demosaicing algorithm*. Sin entrar en detalles, este es un procesado digital de la imagen, que se utiliza para reconstruir la imagen en color mediante las muestras cromáticas incompletas obtenidas por el CCD/CMOS recubierto con el filtro Bayer. A continuación, los datos de la imagen se procesan de nuevo para realizar la corrección y calibración del color, el balance de blancos, el rechazo de infrarrojos y la reducción de los efectos negativos de los píxeles defectuosos. Posteriormente, los datos se convierten en una imagen en los formatos habituales (JPEG, PNG, TIFF, etc.). El análisis de todo este proceso de tratamiento de la imagen queda fuera de los objetivos de este punto.

4.3. El tamaño de los píxeles
Dependiendo del equipo en el que se instale el sensor de imagen, una cámara de fotos o un teléfono móvil, el tamaño de los píxeles varia en márgenes que hoy en día se sitúan en 5×5 μm (cámaras digitales) o 1.5×1.5 μm (teléfonos móviles). La figura 8.10 lo muestra:

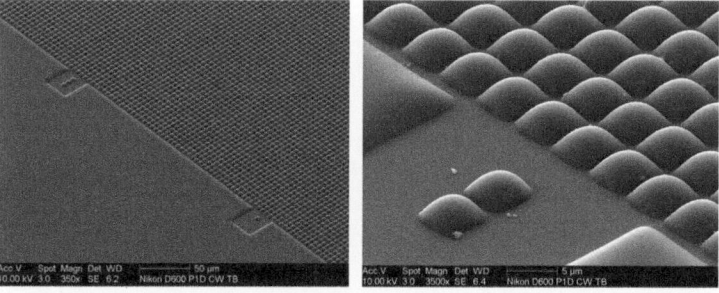

Figura 8.10. Detalle del sensor CMOS de la cámara Nikon D600, de 24 millones de píxeles, mostrado previamente en la figura 8.2. Izquierda: imagen del sensor, tomada al microscopio con 350 aumentos. Derecha: misma imagen tomada con 3500 aumentos. Se aprecian perfectamente las microlentes situadas encima de cada píxel. El tamaño de cada uno es de 4.8×4.8 μm[13].

---

[13] A. O. Goldheart *et al.*, «Nikon D600 Teardown», 7-noviembre-2012, Ifixit (https://bit.ly/3CYOv8m); (https://bit.ly/3ZroYsY).

CAPÍTULO 9

LA ENERGÍA SOLAR FOTOVOLTAICA: EL SILICIO TIENE DE NUEVO LA PALABRA

Como ya he indicado en el Prólogo, un libro dedicado a la importancia que tienen los semiconductores en nuestro mundo se quedaría cojo si no dedicara un espacio a las aplicaciones del silicio en un campo cada vez más importante en la actualidad y en el futuro: la energía solar fotovoltaica, terreno donde el silicio ejerce, una vez más, un dominio abrumador. El silicio representa el 95% del mercado fotovoltaico y no hay nada en el horizonte que haga pensar que esto va a cambiar en la próxima década[1].

Este asunto ya lo traté de manera extensa y detallada en otro libro, *Energía Solar. De la utopía a la esperanza*, recogido en la bibliografía. Lo que el lector encontrará en este capítulo es un breve resumen de los principios básicos de funcionamiento de una célula solar, de su proceso de fabricación y, principalmente, los últimos avances en el campo, para lo que describiré las estructuras de las células solares más eficientes en estos momentos y algunas de las ideas que se están utilizando en los paneles actuales.

1. CIENCIA BÁSICA DE LA CÉLULA SOLAR

i) Qué es una célula solar

Una célula solar es un dispositivo electrónico de área moderada (~250 cm^2) que se fabrica con semiconductores y cuya estructura física se denomina Unión PN, que transforma directamente la energía proveniente del Sol en energía eléctrica continua. Este proceso requiere, en primer lugar, un material en el que la absorción de luz permita generar electrones en el interior del semiconductor con capacidad para moverse y desplazarse por el dispositivo hacia un circuito externo. Cuando esa corriente llega a una determinada carga situada en ese circuito –un electrodoméstico, por ejemplo–, entrega la energía que transporta en él, haciéndole funcionar.

---

[1] «Photovoltaics Report – Fraunhofer ISE», 24-mayo-2025 (https://bit.ly/4gkF4OF).

Una variedad relativamente amplia de materiales semiconductores puede satisfacer los requisitos necesarios para lograr la conversión de energía solar en eléctrica mediante el efecto fotovoltaico, pero en la práctica casi todo el mercado fotovoltaico está dominado por las células solares fabricadas con silicio, como ya he indicado anteriormente. Una pequeña parte de ese mercado, alrededor del 5%, lo componen dispositivos realizados con otros semiconductores, principalmente CdTe y CuInGaSe$_2$, que veremos en el capítulo 13. Los paneles fotovoltaicos construidos con todos esos semiconductores se utilizan para generar electricidad en aplicaciones terrestres. Si nos vamos al ámbito de las aplicaciones espaciales, las células solares que integran las baterías que suministran energía a los satélites artificiales y los diversos exploradores robotizados que circulan por planetas y satélites del Sistema Solar se fabrican con semiconductores compuestos por elementos químicos de las columnas III y V de la Tabla Periódica: GaAs, GaInP, AlInP, GaInAs, etc., que también veremos en el capítulo 13.

ii) Descripción del funcionamiento de una célula solar
Una célula solar básica de silicio –las fabricadas con los otros semiconductores son similares–, se construye mediante la unión de dos zonas de ese material. Durante el proceso de fabricación, en cada una de esas zonas se incorporan de manera intencionada otros elementos químicos, generalmente fósforo en un lado de la unión, que se denomina electrodo negativo o n-Si, y boro en el otro, que es el electrodo positivo o p-Si. Al iluminar este dispositivo con radiación solar, se produce el denominado efecto fotovoltaico, que ocurre en varios pasos secuenciales:

- Generación de portadores de carga libres (electrones y «huecos»): la energía de la radiación solar incidente se absorbe por el semiconductor con el que se ha fabricado la célula solar, a raíz de lo que se generan portadores de carga eléctrica en el interior del semiconductor, electrones y «huecos» –para entender qué es un hueco, de nuevo recomiendo leer el Apéndice del libro-.
- Recolección de esos portadores de carga para obtener una corriente: el movimiento de esos portadores de carga generados por la luz provoca inmediatamente la aparición de una corriente eléctrica.
- Aparición de una diferencia de potencial entre los extremos de la célula solar: simultáneamente, la circulación de la corriente por la célula hace que se genere un voltaje entre sus extremos, siempre

que estos estén conectados a una resistencia o carga en un circuito exterior.

- Disipación de la potencia eléctrica generada en el interior de la célula en una carga: al conectar la célula a una carga externa, se libera allí la energía generada en el dispositivo.

Como resultado global del proceso descrito, la célula produce una tensión y una corriente eléctricas, que es lo que se necesita para obtener potencia eléctrica, que es el producto de ambas magnitudes, y energía al hacerla funcionar un determinado tiempo, dado que la energía es el producto de la potencia por el tiempo de funcionamiento. Por lo tanto, la célula solar transforma la radiación solar absorbida en energía eléctrica continua. Esta energía debe convertirse en energía eléctrica alterna mediante el uso de un equipo denominado inversor. Tras ese paso, se puede entregar a la carga a la que este conectada; si este es un determinado electrodoméstico o una máquina eléctrica cualquiera, funcionará gracias a la energía suministrada por la célula solar. La figura 9.1 muestra el esquema y el aspecto exterior de una célula solar comercial de silicio.

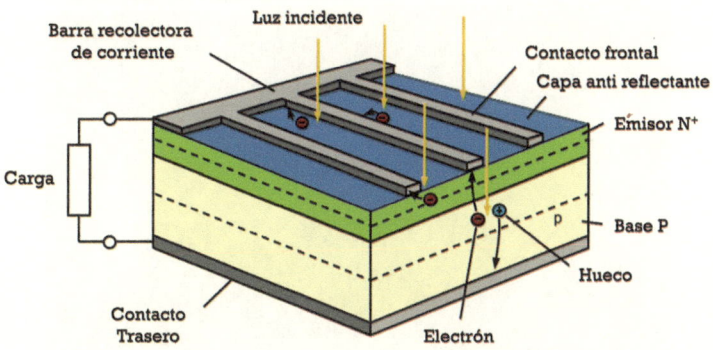

Figura 9.1. Estructura física de una célula solar comercial básica.

Una célula solar comercial produce poca potencia eléctrica, entre 4 y 5 vatios en condiciones óptimas de iluminación, por lo que deben unirse adecuadamente entre sí muchas para hacer módulos fotovoltaicos y así obtener potencias más elevadas. En un módulo comercial hay entre 60 y 90 células solares, dependiendo del tipo de módulo y del fabricante; en condiciones óptimas de iluminación y dependiendo del tamaño, suministra entre 350 W y 700 W.

La eficiencia de conversión de la energía solar en energía eléctrica es el parámetro más utilizado para comparar el rendimiento de una célula solar con otra. La eficiencia se define de la siguiente forma:

$$\text{Eficiencia (\%)} = \frac{\text{Energía producida por la célula}}{\text{Energía incidente en la célula}} \times 100$$

2. Fabricación de una célula solar

El proceso de fabricación de una célula solar y una de las principales razones del éxito de esta tecnología es que es heredera directa de la tecnología microelectrónica, descrita con amplitud en el capítulo 5. Aquí solo me detendré en los pasos específicos de obtención de una célula similar a la mostrada en la figura 9.1. En el punto siguiente veremos células más complejas que esta, cuyo proceso de fabricación involucra pasos adicionales a los que veremos ahora.

El paso inicial es la obtención del silicio cristalino, cuyo proceso de purificación y obtención ya se ha descrito también en el capítulo 5.

i) Texturizado de la superficie frontal

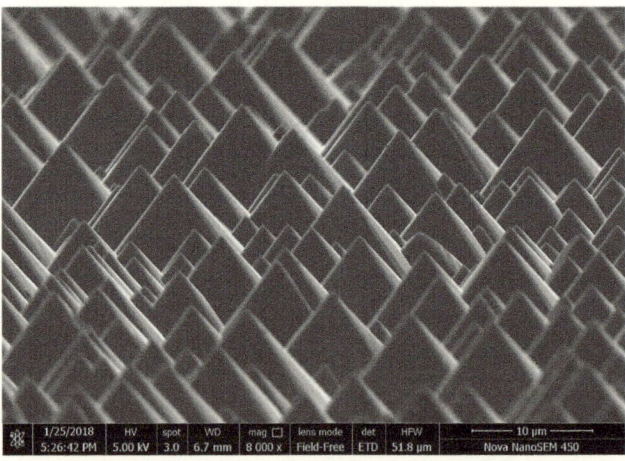

Figura 9.2. imagen tomada con microscopia electrónica de la superficie de una muestra de silicio texturizada. La escala se muestra en la esquina inferior derecha[2].

La superficie frontal del silicio refleja alrededor del 30% de la radiación solar incidente sobre él, siendo esta una de las principales causas que limi-

---

[2] Texturizado alcalino para célula solar de silicio monocristalino, dsisolar.com (https://bit.ly/4b7la0V).

tan la eficiencia de las células solares fabricadas con este semiconductor. Con objeto de reducir esa reflexión, la oblea se somete a un proceso denominado texturización, consistente en un ataque químico selectivo, que deja la superficie con una estructura de pirámides de diversos tamaños, tal y como se muestra en la figura 9.2. Esas pirámides permiten reducir la reflexión muy sustancialmente.

ii) Formación del emisor
La célula solar consta de dos regiones, denominadas base y emisor, en las que hay impurezas incorporadas intencionalmente que suministran electrones (cargas negativas) en el emisor y huecos (cargas positivas) en la base; ese proceso ya sabemos que se denomina dopado, tal y como describo en el Apéndice del libro.

El dopado de la base con impurezas que suministran huecos se realiza durante el proceso de obtención del sustrato y la impureza que realiza esta función es habitualmente boro, que se incorpora al silicio mientras este se encuentra en fase líquida. Tras el proceso de cristalización, se obtiene la oblea o sustrato, con el boro incorporado, que será la base de la célula.

Para formar el emisor, se debe realizar un proceso adicional de dopado de la base, mediante la incorporación de impurezas que suministran electrones, siendo el fósforo el elemento químico utilizado habitualmente. Este proceso se realiza en hornos que trabajan a alta temperatura ($800°C$-$900°C$), donde se sitúan los sustratos, a través de los que se hace circular un gas que contiene el fósforo; ese gas es generalmente PSG, acrónimo de Phosphosilicate Glass $(P_2O_5)_x(SiO_2)_{1-x}$. El fósforo se incorpora en una zona próxima a la superficie texturizada de la célula, quedando formado así el emisor.

iii) Depósito de una capa antirreflectante
Para disminuir aún más la reflexión frontal, sobre la superficie del silicio ya texturizado y con el emisor formado, se deposita una capa muy delgada de un material denominado nitruro de silicio, SiN_x, que actúa como capa antirreflectante; estas capas se depositan por técnicas físico-químicas, denominadas genéricamente Chemical Vapor Deposition, que hemos visto en el capítulo 5. Tras el depósito, el color del silicio cambia completamente, tal y como se aprecia en la figura 9.3, que muestra el aspecto de una oblea de silicio antes y después de depositar una capa antirreflectante de SiN_x.

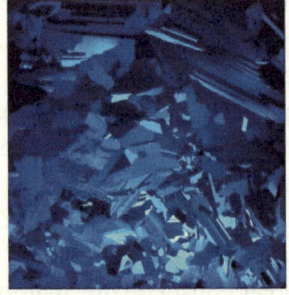

Figura 9.3. Aspecto de una oblea de silicio multicristalino antes (izquierda) y después (derecha) de depositar en su superficie una capa antirreflectante de SiN$_x$. Se aprecian perfectamente la multitud de cristales que forman la oblea.

iv) Formación del contacto frontal

A continuación, se forma el contacto frontal sobre el emisor con técnicas de serigrafía; para ello, se extiende una amalgama metálica, que es una disolución de una consistencia pastosa que incorpora aluminio y plata, sobre la cara frontal de la célula a través de una malla que tiene definida la disposición geométrica del contacto, es decir, unas aperturas a través de las que la pasta metálica se incorpora selectivamente a la superficie del silicio; el contacto frontal tiene un diseño muy característico, en forma de peine o rejilla. Este contacto se encarga de recoger los electrones generados en la célula por la radiación del Sol y su diseño es un compromiso entre una gran transparencia, para que la radiación solar penetre al interior de la célula, y un recubrimiento de la superficie óptimo, para asegurar la recolección de todos los electrones generados en el dispositivo; se muestra en la figura 9.4:

Figura 9.4. Aspecto del electrodo superior de una célula solar de silicio monocristalino. Se aprecian los cinco grandes hilos gruesos y la multitud de hilos finos que recubren toda la superficie frontal de la célula.

v) Formación del contacto trasero

En la parte trasera de la célula, y cubriendo toda su superficie, se deposita también una pasta metálica similar a la empleada para formar el contacto frontal; ese contacto recoge los huecos generados por la radiación incidente. Ambos contactos son sometidos a un calentamiento posterior, denominado «firing» –«horneado» sería la traducción más ajustada del término–, mediante el que se logra que el metal se adhiera firmemente al silicio.

Una vez finalizada, la célula se somete a diversas pruebas para verificar su correcto funcionamiento. El resultado final es la célula solar, un ejemplo de la que se muestra en la figura 9.5.

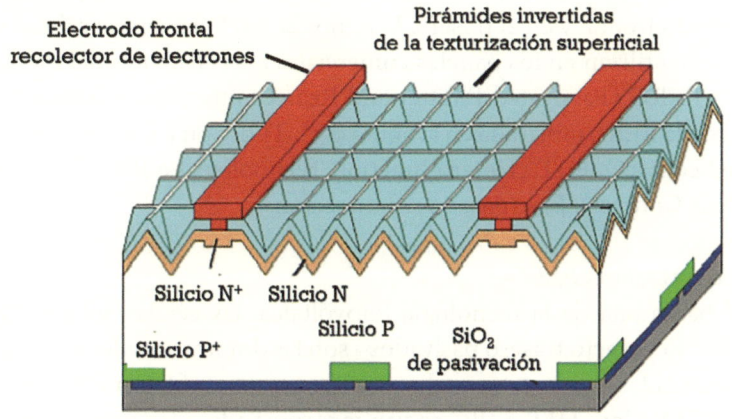

Figura 9.5. La célula PERL (Passivated Emitter Rear Locally Difused), realizada en la UNSW (University of New South Wales, Australia), ostentó el récord mundial de eficiencia en la tecnología de silicio durante más de 15 años. Marcó un antes y un después en esta tecnología, ya que en la actualidad los grandes fabricantes de células de este material utilizan variantes de esta estructura en sus cadenas de producción[3].

3. LAS CÉLULAS MÁS AVANZADAS EN LA ACTUALIDAD

Como acabamos de ver, en cualquier célula solar de silicio o de cualquier otro semiconductor, el proceso de generación de potencia eléctrica y por

---

[3] J. Zhao, A. Wang and M. A. Green, «High-efficiency PERL and PERT silicon solar cells on FZ and MCZ substrates», *Solar Energy Materials and Solar Cells*, 65, 429 (2001), DOI: 10.1016/S0927-0248(00)00123-9

lo tanto de energía eléctrica es común a todas ellas. Varios factores hacen que este proceso no tenga lugar de manera óptima:

- Las pérdidas ópticas por reflexión de la radiación incidente en la cara frontal de la célula.
- La no absorción de toda la luz que penetra en la célula.
- Las pérdidas de algunos de los pares electrón-hueco fotogenerados cuando llegan a los contactos frontal y trasero.

Todas las tecnologías fotovoltaicas actuales tratan de minimizar estos tres factores para aumentar la eficiencia de la célula. Las principales diferencias entre las diversas tecnologías están en cómo reducir las pérdidas en el contacto frontal y en el trasero. Veremos cómo lo hacen las células solares que se utilizan en los paneles comerciales más eficientes del mercado: células PERC (Passivated Emitter and Rear Contact, una variante actual de la célula PERL mostrada en la figura 9.5), TOPCon (Tunnel Oxide Passivated contact), HJT (Hetero Junction Technology) e IBC (Interdigitated Back Contact). Las vemos a continuación.

3.1. Células solares PERC
En el panorama de la tecnología fotovoltaica, las células solares PERC –emisor y contacto trasero pasivados– son las dominantes del mercado en la actualidad, aunque su reinado está llegando a su fin a medida que las células TOPCon, HJT e IBC se van incorporando a los paneles más eficientes. La tecnología PERC se ha hecho omnipresente en la fabricación de paneles solares. En esta célula, la estructura de capas de pasivación de la superficie trasera está muy optimizada. Se utiliza para mejorar la eficiencia mediante la captura de tantos fotones adicionales como sea posible sin cambiar fundamentalmente el concepto tradicional del dispositivo. Habitualmente, el fabricante parte de células de silicio monocristalino estándar, similares a las de la figura 9.1, y les añade una capa de pasivación en la parte posterior, normalmente SiO_2 o una bicapa con otro aislante. La estructura se muestra en la figura 9.6.

A continuación, en la zona del contacto trasero se practican unos pequeños orificios con productos químicos o mediante láser para atravesar la capa de pasivación en zonas puntuales como las que se muestran en la figura 9.6, lo que permite que el metal del contacto trasero, que en este caso es el aluminio, haga contacto con el silicio. De esta forma, se consigue que el contacto con el silicio se lleve a cabo en zonas muy localizadas y de área muy pequeña, logrando que casi toda la superficie trasera esté pasivada y, por lo tanto, que se reduzca de manera significativa el número de defectos en el contacto trasero. A su vez, la capa de aislante actúa como reflector de la luz que llega sin absorberse al contacto trasero, lo que hace que la luz se refleje hacia el silicio de nuevo, posibilitando que se absorba en ese viaje de regreso, ya que cualquier luz que haya atravesado el silicio hasta la parte posterior sin ser absorbida tiene otra oportunidad de generar corriente.

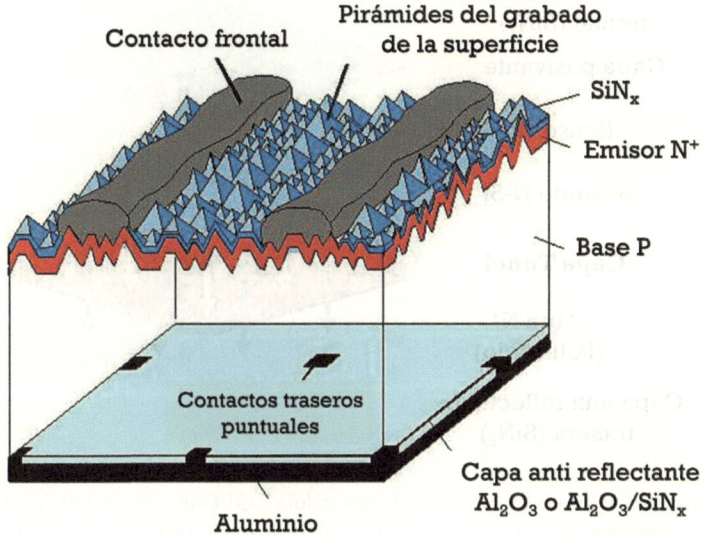

Figura 9.6. Perspectiva de una célula PERC, en la que se muestra el detalle de cómo son los contactos frontal y trasero. En el frontal, la superficie está texturizada y sobre ella se ha depositado una capa de SiN_x. En el trasero, la unión entre el semiconductor y el metal se ha pasivado con una capa de Al_2O_3 o una bicapa de Al_2O_3/SiN_x en la que se han abierto pequeños orificios para hacer contacto con el silicio[4].

El resultado de ambos efectos es, por una parte, una reducción apreciable de las pérdidas eléctricas en el contacto trasero y, por otra, una disminución significativa de las pérdidas ópticas. Todo esto permite incrementar la eficiencia de las células hasta valores que están en el margen 22-25%.

---

[4] J. Schmidt et al., «Silicon surface passivation by ultrathin Al_2O_3 films and Al_2O_3/SiN_x stacks», recogido en la Bibliografía.

3.2. Células solares TOPCon

La idea de esta estructura se debe al instituto de investigación Fraunhofer ISE, de Alemania. Una célula TOPCon (contacto trasero pasivado con capa túnel) es una célula PERC con una estructura de pasivación de la superficie trasera de la célula más elaborada que en estas últimas. Se muestra en la figura 9.7.

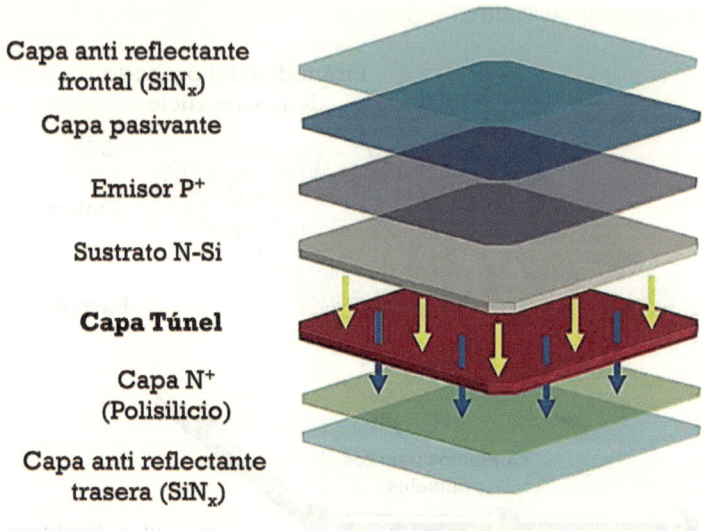

Capa anti reflectante frontal (SiN$_x$)

Capa pasivante

Emisor P$^+$

Sustrato N-Si

Capa Túnel

Capa N$^+$ (Polisilicio)

Capa anti reflectante trasera (SiN$_x$)

Figura 9.7. Estructura completa de una célula TOPCon, con el detalle de las distintas capas que la componen. Los espesores no están a escala. La parte más gruesa del dispositivo corresponde al sustrato de N-Si (~150 μm). Los espesores del resto de las capas están todos en el orden de los nanómetros. Las flechas ilustran el sentido de la corriente que atraviesa la capa roja por efecto túnel[5].

La parte superior de una célula TOPCon es similar a la PERC, ya que consiste en una capa antireflectante depositada sobre una superficie de silicio texturizada, como en las células PERC. La novedad está en el contacto trasero. Normalmente, una célula solar PERC se puede convertir en una célula solar TOPCon, con una capa muy fina adicional de SiO$_2$ (1-3 nm) y una capa de silicio policristalino (poli-Si) dopada fuertemente n, ambas situadas en ese contacto, tal y como muestra la figura 9.7. La capa ultrafina de SiO$_2$ actúa como capa de pasivación superficial entre la superficie pos-

---

[5] I. Shaffiee, «TOPCon, a new buzz world in solar, here is why», recogido en la Bibliografía.

terior de Si y el contacto posterior, que ahora es la capa de poli-Si. Además, el SiO_2 también debe ser lo suficientemente delgado como para que la corriente generada en el silicio pueda atravesarla mediante efecto túnel, un proceso de naturaleza cuántica, sin equivalente en el mundo ordinario, que no describiré aquí[6].

3.3. *Células solares HJT*

La célula solar de heterounión de silicio (HJT, Hetero Junction Technology) parte de una oblea de silicio cristalino tipo n, sobre el que se depositan dos capas muy delgadas de silicio amorfo, a-Si:H, en ambas caras. Ello confiere a la célula una naturaleza bifacial. La zona monocristalina del dispositivo se encarga de absorber la radiación, al igual que en las células PERC y TOPCon, y las capas de silicio amorfo pasivan muy eficazmente ambas superficies del silicio cristalino, mejorando la eficiencia del dispositivo.

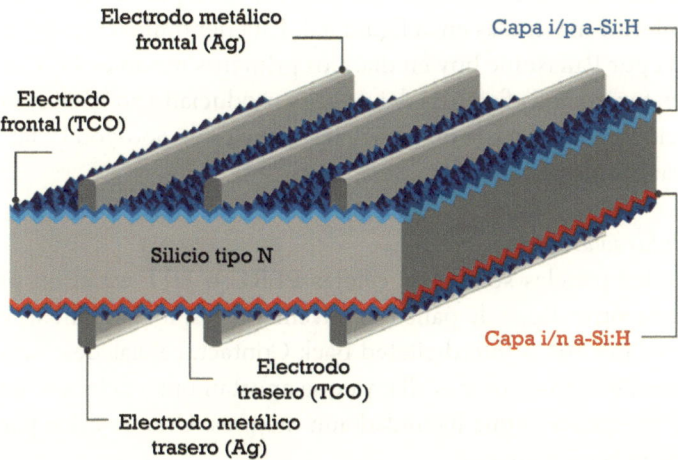

Figura 9.8. Vista lateral de una célula HJT. Se aprecia cómo la capa de Si cristalino está «embutida» entre dos capas de a-Si:H, de tipo p en el contacto frontal y de tipo n en el trasero, que pasivan eficazmente ambas superficies del c-Si. La imagen ilustra el carácter bifacial de las células HJT[7].

---

[6] Para una explicación sencilla y entretenida del Efecto Túnel, recomiendo este vídeo: «Teletransporte y el Efecto Túnel», *QuantumFracture* (https://www.youtube.com/watch?v=wLL1VEuwmw8)

[7] J. Stein *et al.*, «Bifacial Photovoltaic Modules and Systems: Experience and Results from International Research and Pilot Applications». Recogido en la Bibliografía.

Los módulos basados en células HJT tienen un índice de degradación a lo largo de su vida útil bastante reducido. Después de las células IBC, que analizo en el siguiente punto, las células HJT son las más eficientes del momento. La estructura física se muestra en la figura 9.8.

El concepto de célula HJT fue desarrollado por Sanyo Electric Co. en la década de 1980 –Sanyo fue adquirida por Panasonic en 2009–. Sanyo fue la primera empresa en producir comercialmente células solares de silicio amorfo. Esta tecnología, muy común en las calculadoras de bolsillo de aquellos años, tiene una baja eficiencia de conversión, ya que la mayor eficiencia registrada para el silicio amorfo es del 13.6%. Así que Sanyo decidió utilizar su experiencia con este tipo de células para incorporarlas en células de silicio cristalino, que aporta una mayor estabilidad de la eficiencia y un valor más elevado.

Sanyo comercializó sus módulos HJT bajo la denominación HIT (Heterojunction with Intrinsic Thin layer, heterounión con una capa delgada intrínseca). El nombre hace referencia a las capas de pasivación superior e inferior mostradas en la figura 9.8. Esta denominación sigue siendo utilizada por Panasonic hoy en día. Los primeros módulos HIT, lanzados en 1997, tenían una eficiencia del 14.4% y producían 170 W. Hoy en día, la eficiencia ha subido hasta un 27%[8] y hay paneles de 600-700 W fabricados con esta tecnología.

3.4. Células solares IBC

Aunque los paneles solares de células PERC o HJT están un paso por encima de otros tipos de paneles convencionales, los que incorporan las células solares IBC –Interdigitated Back Contact, células de contacto trasero interdigitado– van más allá, ya que aportan una eficiencia, un rendimiento energético y una fiabilidad aún mejores. Uno de estos paneles se muestra en la figura 9.9.

---

[8] «Best Research-Cell Efficiency Chart», National Renewable Energy Laoratory (https://www.nrel.gov/pv/cell-efficiency.html).

Figura 9.9. Un panel de Sunpower con el detalle de las células IBC. La cara frontal no tiene electrodos de contacto: están situados en la parte trasera, en color marrón en la imagen[9].

i) Peculiaridades de las células solares IBC
Los paneles construidos con células IBC son actualmente los más eficientes del mercado (24-25%). Hay varias razones que explican este dato, siendo las dos principales las siguientes: utilizan un sustrato de silicio tipo N de alta calidad y no hay pérdidas por sombreado de los contactos frontales colectores de corriente, dado que todos los contactos están situados en la parte trasera del dispositivo. Las células IBC son probablemente una de las tecnologías más complicadas utilizadas para fabricar paneles solares, pero también ofrecen valores de eficiencia muy elevados.

Las células IBC han entrado en el mercado hace poco tiempo y suponen una novedad importante, por lo que voy a explicar con algún detalle su estructura constructiva y principio de funcionamiento. Como ya hemos visto, las células solares tradicionales funcionan con contactos frontales y traseros en la célula. Los contactos frontales tapan parte de la superficie sobre la que incide la radiación, lo que produce limitaciones en la eficiencia que se puede alcanzar con estos dispositivos. En las células IBC, en lugar de colocar los contactos en la parte frontal y en la trasera de la célula, ambos se sitúan en su parte trasera. Esto les permite lograr una mayor efi-

---

[9] «IBC vs. PERC: What's the Best Type of Solar Panel», Sunpower, 14-octubre-2019 (https://bit.ly/4islulo).

ciencia debido a la reducción del sombreado en la parte delantera de la célula. Los pares electrón-hueco generados por la luz absorbida se siguen recogiendo en la parte trasera de la célula, mediante una estructura metálica interdigitada; algo parecido a dos «peines» con sus diferentes «púas» (electrodos) intercaladas entre ellos.

La idea de este dispositivo es antigua, ya que los primeros artículos donde se describió el concepto IBC se publicaron en la década de 1970, pero ha llegado al mercado fotovoltaico hace pocos años debido a lo difícil de su puesta en práctica a costes competitivos. La figura 9.10 muestra un esquema de la disposición de los contactos en la parte trasera del dispositivo.

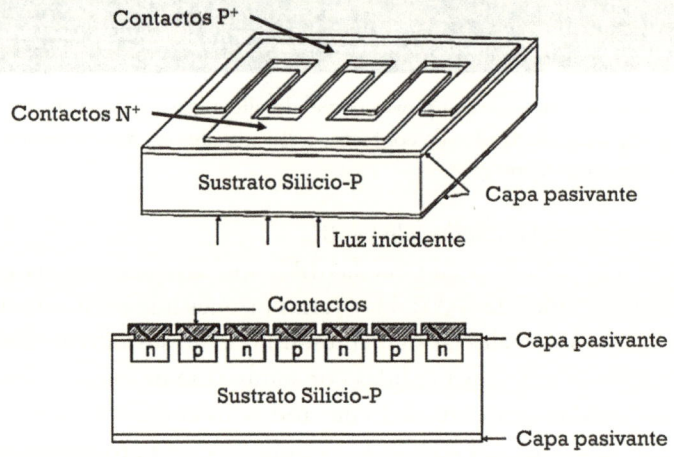

Figura 9.10. Los contactos en las zonas P y N de la célula están en la cara trasera del dispositivo, tal y como muestra la imagen. Es una disposición de contactos muy utilizada en sensores de gases, fotodetectores rápidos, etc.[10].

ii) Ventajas de las tecnología IBC
Las ventajas de la tecnología IBC podemos centrarlas en los siguientes aspectos:

- Son los paneles solares de mayor eficiencia disponibles en la actualidad, lo que maximiza la cantidad de energía producida.

---

[10] M. D. Lammert and R. J. Schwartz, «The interdigitated back contact solar cell: A silicon solar cell for use in concentrated sunlight», *IEEE Transactions on Electron Devices* 24, 337 (1977). DOI: 10.1109/T-ED.1977.18738

- Mayor eficiencia significa que se necesitan menos paneles para obtener una determinada cantidad de energía.
- Tienen una tasa de degradación con el tiempo menor que otros paneles, entre dos y tres veces inferior a la de los paneles convencionales. Esto significa que producen más energía durante la vida útil del sistema.
- Exhiben un mejor rendimiento a temperaturas más altas.

Junto a estas ventajas, hay un pero obvio: el coste inicial de la instalación es superior al de cualquier otra tecnología.

4. LOS PANELES SOLARES DE MEDIA CÉLULA

El fabricante noruego REC Solar fue pionero en el desarrollo de paneles fotovoltaicos con células cortadas por la mitad o de media célula o semi cortadas (Half Cut Panel, en lo que sigue HCP) en 2014, diseñadas para aumentar la obtención de energía de los paneles solares. Aquí explico cómo funcionan los módulos HCP, por qué su diseño mejora el rendimiento de los paneles solares estándares y qué potencial tienen.

i) ¿Cómo funcionan los paneles solares HCP?

En esta tecnología, el panel fotovoltaico se divide por la mitad para que una parte funcione independientemente de la otra. Esto significa que puede generar más energía, ya que si una mitad del panel está en sombra, la otra mitad funciona perfectamente. Es decir, a efectos prácticos, se puede decir que un panel de células HCP integra dos paneles en uno solo, aunque tiene más ventajas, que detallo a continuación. La figura 9.11 muestra el aspecto exterior de uno de estos paneles.

Los paneles solares monocristalinos tradicionales suelen tener entre 60 y 72 células solares, por lo que, cuando esas células se cortan por la mitad, el número de células del panel aumenta a 120 o 144 células, respectivamente. Suelen fabricarse con tecnología PERC o TOPCon, aunque también hay paneles HCP con células IBC. Las células se cortan por la mitad con un láser y, al reducirse a la mitad el área de cada una, la corriente que genera cada célula también se reduce a la mitad. En consecuencia, se reducen las pérdidas resistivas, lo que, a su vez, equivale a un mejor rendimiento. Veámoslo.

Figura 9.11. Publicidad de un panel de células cortadas por la mitad con 144 células, situada en una sucursal de una gran entidad bancaria. Encontré el anuncio mientras daba un paseo.

ii) Ventajas e inconvenientes de los paneles HCP

Ventaja: reducción de las pérdidas resistivas.

Al disminuir a la mitad el área de la célula, la corriente total que genera se reduce también a la mitad. Esto desempeña un papel fundamental para reducir las pérdidas resistivas, que se producen principalmente en la resistencia que introducen las interconexiones entre ellas una vez montadas en el panel. Las pérdidas resistivas se describen mediante la bien conocida expresión:

$$P_{disipada} = I^2 \times R$$

Donde I es la corriente generada por la iluminación en la célula y R la resistencia debida a las interconexiones entre células. Como la corriente se reduce a la mitad en comparación con una célula completa, las pérdidas resistivas se reducen en un factor 0.25 respecto a las que habría en una célula completa. Como hay dos cadenas independientes de células HCP en un panel, la pérdida neta de potencia resistiva es 0.5 veces la de un panel de célula completa, lo que contribuye a aumentar su rendimiento global.

Ventaja: mejor rendimiento en condiciones de sombra.

Los paneles HCP funcionan mejor que los módulos de célula completa en condiciones de sombra. La clave del diseño de un panel HCP es un método diferente de interconexión de las células que integran el panel. Es decir, la forma en que las células solares se conectan entre sí y la disposición de los diodos de derivación del panel. En un panel tradicional, cuando una célula está a la sombra o es defectuosa y no produce energía, toda la fila que está dentro del cableado en serie dejará de producir energía. El método tradicional de cableado en serie de tres cuerdas o cadenas en un panel tradicional se muestra en la figura 9.12.

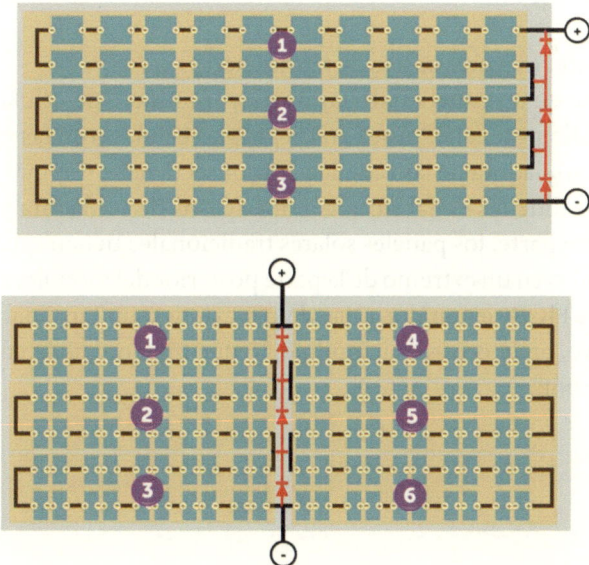

Figura 9.12. Arriba: conexión típica de las células en un panel solar tradicional. Todas están en serie, agrupadas en tres cadenas o cuerdas, señaladas con números. Abajo: conexión típica de las células en un panel HCP. Están agrupadas en dos bloques independientes, de tres cadenas o cuerdas en cada uno. A efectos prácticos, es como si fueran dos paneles independientes[11].

---

[11] «Heading Into 2021: Technological Advancements in Solar», Compass Energy Consulting, 15-octubre-2020 (https://bit.ly/3ZHmivq).

Con el cableado tradicional en serie de células completas, mostrado arriba, si una célula solar de la cuerda «1» no recibe suficiente luz solar, todas las células de esa cuerda no producirán energía. Esto deja sin producir energía a un tercio del panel. Por el contrario, en un panel HCP, las células se agrupan en seis cadenas, tal y como muestra la figura 9.12.

Ahora, si una célula solar de la cuerda «1» queda a la sombra, las células de esa fila, y solo las de esa fila, dejarán de producir energía. La fila «4» del otro semipanel, seguirá produciendo energía. Así pues, el panel generará más energía que un panel tradicional, porque solo una sexta parte del panel ha dejado de producir energía, en lugar de una tercera parte, como en el caso del panel tradicional. Como consecuencia de lo anterior, los módulos HCP producen más potencia por metro cuadrado que sus homólogos de célula completa. Esto permite acortar el tiempo de amortización energética y el coste de la electricidad producida por un sistema que utilice este tipo de tecnología.

Inconveniente: mayores costes de fabricación

Dado que en un panel HCP hay un mayor número de células, hay más puntos de fallo potencial, ya sea en las propias células o en las conexiones y puntos de soldadura de las cadenas. En consecuencia, son más caros porque son más difíciles de fabricar, con más pasos de soldadura y corte por láser. Por otra parte, los paneles solares tradicionales tienen cajas de conexiones situadas en un extremo de la parte posterior del módulo. En cambio, los módulos HCP tienen dos cajas de conexiones, un terminal positivo y otro negativo, en el centro del módulo, lo que incrementa la complejidad de la instalación.

SEGUNDA PARTE
LOS ASPIRANTES AL TRONO, LOS SEMICONDUCTORES COMPUESTOS

Capítulo 10

Hay vida más allá del silicio: los semiconductores compuestos

Hasta ahora, en nuestro recorrido por el panorama de los semiconductores, nos hemos concentrado en exclusiva en el silicio, por la sencilla razón de que fue el semiconductor con el que comenzó esta verdadera revolución, unido en los primeros años al germanio, y que es en la actualidad, por las razones vistas en los capítulos anteriores, el dominador absoluto de la tecnología de semiconductores. El primer transistor se fabricó con germanio, y el primer dispositivo de efecto de campo funcional con silicio y su excepcional óxido, el SiO_2. Durante los siguientes años, el silicio fue asumiendo gradualmente toda la responsabilidad de los circuitos integrados. Una vez dominada la compleja tecnología del silicio, no parecía necesario recurrir a ningún otro material; daba la sensación de que el silicio podía satisfacer todos los requisitos posibles.

Sin embargo, hubo quienes no estuvieron de acuerdo con esta apreciación y, en este capítulo, empezaremos a analizar las razones. De hecho, la segunda parte de este libro, que comienza con este capítulo, está dedicada a semiconductores distintos del silicio. En sus páginas podremos comprobar hasta qué punto es cierto el título del libro y cuántas cosas hacen por nosotros estos semiconductores, cosas que el silicio no es capaz de conseguir. En todo caso, hay que dejar claro que esto no puede ni debe interpretarse como una negación del dominio casi absoluto del silicio en el mercado. Mientras que el mercado mundial de dispositivos de silicio se aproxima a los 700.000 millones de euros, el de su rival más cercano, el GaAs, es inferior a 40.000 millones de euros, unas 20 veces menos. No obstante, un mercado de cerca de 40.000 millones de euros es un negocio muy apetecible. Además, la mera superioridad económica del silicio no debe minusvalorar la importancia de los distintos semiconductores que vamos a mostrar en el resto del libro.

1. ¿POR QUÉ Y PARA QUÉ NECESITAMOS SEMICONDUCTORES COMPUESTOS? Cada nuevo semiconductor que alcanza su comercialización exige una gran inversión en el desarrollo de su tecnología y tal inversión solo está justificada si hay un nicho de mercado que le está esperando. Por ejemplo, la mejora de la capacidad general del ser humano para comunicarse a mayor distancia, entretenerse más cómodamente, iluminar mejor sus carreteras, generar energía más barata, descarbonizar el transporte, desarrollar procedimientos de diagnóstico médico más eficaces, etc. En cada uno de esos campos han aparecido semiconductores que pueden aportar una contribución real a una o varias de esas actividades. Por no hablar de la evolución impresionante del sinfín de tecnologías militares que utilizan los semiconductores: radar, visión nocturna, guía de misiles, etc.

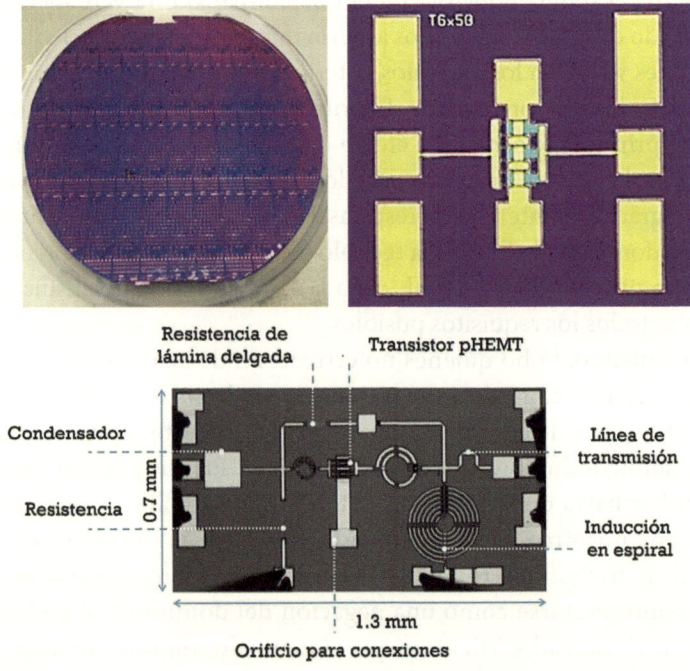

Figura 10.1. Arriba izquierda: oblea de GaAs de 75 mm de diámetro procesada. Es prácticamente imposible distinguir a simple vista una oblea de Si de otra de GaAs o InP. Arriba derecha: topología de unos de los transistores fabricados en la oblea. Abajo: imagen tomada al microscopio de un circuito integrado de microondas, con sus distintos elementos integrantes[1].

---

[1] I. Dobush *et al.* (2021). «Development of a 0.15 μm GaAs pHEMT Process Design

Tres de los compuestos del grupo III-V que veremos aquí, GaAs, InP y GaN, han sido responsables del desarrollo de los dispositivos de microondas utilizados en los teléfonos móviles y de los láseres semiconductores utilizados en los reproductores de CD, DVD y Blu-Ray. El GaP, AlAs y GaN han contribuido al desarrollo de diodos emisores de luz utilizados en iluminación general y de los automóviles, el CdHgTe ha proporcionado sistemas eficientes de visión nocturna y una herramienta potentísima en la astronomía, mientras que una aleación de InP y GaAs, el InGaAsP, ha sido vital para el desarrollo de diodos láser utilizados en los sistemas de comunicaciones por fibra óptica. Uno de los numerosos ejemplos de esto se puede ver en la figura 10.1.

Cada una de estas aplicaciones plantea exigencias muy específicas, pues ningún semiconductor puede satisfacer todos los requisitos a la vez y esto explica, por un lado, por qué hay tantos semiconductores de interés comercial y, por otro, por qué ninguno puede aspirar a rivalizar con el silicio en volumen de ventas. Como ya hemos visto, el silicio tiene una serie de propiedades que lo hacen adecuado para lo que podríamos llamar dispositivos semiconductores convencionales, es decir, transistores y circuitos integrados. En muchos aspectos, tal y como ya hemos visto, parece el material semiconductor ideal: se puede extraer de la arena, una de las fuentes más accesibles del mundo, tiene un valor del gap de energía prohibida adecuado, un óxido casi ideal y es elemental, ya que solo contiene un tipo de átomo.

Desde el punto de vista de la industria microelectrónica, la tecnología necesaria para purificar el silicio y producir cristales de alta calidad, aunque no es trivial, es relativamente sencilla y se dominó con gran rapidez. Por ello, es lógico preguntarse por qué se cuestiona el silicio, que a primera vista parece el semiconductor ideal. La respuesta a esta pregunta está implícita en el comentario anterior de que cada nueva aplicación exige nuevas propiedades. La más importante es el valor del gap de energía prohibida y, aunque el silicio tiene una separación de bandas conveniente para su función en circuitos integrados, es muy poco adecuado para varias de las aplicaciones mencionadas anteriormente. De hecho, en la actualidad hay cerca de cuarenta materiales semiconductores que son comerciales y el panorama general de la electrónica de estado sólido abarca unas posibilidades mucho más amplias de las que ofrece el silicio, posibilidades a las

Kit for Low-Noise Applications», *Electronics*, 10, 2775 (2021). DOI: 10.3390/electronics10222775 que el silicio no es capaz de dar respuesta y que se pueden resumir en tres claves que analizaremos con más detenimiento en el siguiente punto de este capítulo: luz, velocidad y potencia.

Por ejemplo en el caso de los diodos emisores de luz (Light Emitting Diodes, LED), el gap de energía prohibida debe ser igual o mayor que la energía de la luz que se desea emitir y, dado que las energías de los fotones del espectro visible se sitúan aproximadamente entre 1.8 eV y 3.1 eV, el gap del silicio, de 1.12 eV, hace que sea totalmente incapaz de emitir luz visible, unido a que la naturaleza de su gap indirecto le hace inviable como emisor de luz.

Otro campo donde el silicio no tiene las propiedades necesarias es el de las comunicaciones por fibra óptica, cuestión que abordaremos en el capítulo siguiente, en las que la luz láser utilizada para transmitir datos debe ser generada por semiconductores con gap de energía prohibida directo, cosa que el silicio tampoco tiene. Un tercer ejemplo es el de los dispositivos detectores de la radiación infrarroja lejana utilizados para detectar las emisiones procedentes de galaxias. En este caso, se necesitan valores del gap muy inferiores a los del silicio, con valores típicos de 0.1-0.4 eV. Esta cuestión, que gustará a los aficionados a la astronomía y la cosmología, la abordaremos en el capítulo 12.

En definitiva, sabemos que hay numerosas aplicaciones para las que el silicio es totalmente inadecuado. Fue una de estas aplicaciones la que justificó el desarrollo temprano del GaAs, a saber, el hecho de que los electrones en GaAs se mueven con mucha mayor rapidez que en el silicio, lo que dio lugar al desarrollo del MESFET, el equivalente en GaAs al MOSFET de Si. Y así podríamos seguir enumerando nuevas necesidades que el silicio no puede satisfacer. En definitiva, hay vida más allá del silicio.

1.1. Luz, Velocidad, potencia
Como ya se ha dicho, los semiconductores compuestos superan al silicio en tres aspectos esenciales:

- **Luz.** Buen número de los semiconductores compuestos pueden emitir y detectar la luz de manera eficiente, lo que los hace adecuados para construir sistemas de iluminación con dispositivos LED, emisores y detectores en equipos de comunicación por fibra óptica, detección de infrarrojo medio y lejano, etc. Aunque el silicio puede detectar la luz, como hemos visto en el capítulo 8, tiene una eficiencia de detección limitada y no puede en absoluto emitir luz. Las propiedades fotónicas y de eficiencia energética que ofrecen los semiconductores compuestos, que no podrían lograrse solo con el silicio, permiten el desarrollo de tecnologías esenciales en áreas tales como los sistemas de seguridad y defensa, tecnologías sanitarias, aplicaciones aeroespaciales, comunicaciones, etc.

- **Velocidad.** Los semiconductores compuestos pueden funcionar a frecuencias mucho más altas en comparación con la electrónica basada en silicio, lo que se requiere para la transferencia de datos a alta velocidad en las redes 5G, el radar, las redes de fibra óptica, etc. Algunos de estos semiconductores permiten un procesamiento de señales a una velocidad más de cien veces superior a la del silicio. Los chips fabricados con GaAs se encuentran en prácticamente todos los teléfonos inteligentes de gama alta y permiten comunicaciones inalámbricas a alta velocidad con excelente rendimiento.
- **Potencia.** El GaN y el SiC, dos semiconductores que veremos en el capítulo 14, pueden funcionar con unos niveles de potencia mucho más altos que el silicio. Esta propiedad es crucial para ampliar la autonomía de los vehículos eléctricos, entre otras utilidades.

2. ¿CÓMO PODEMOS OBTENER LOS SEMICONDUCTORES COMPUESTOS?

Un semiconductor compuesto, como su nombre indica, es un semiconductor formado por dos o más elementos químicos. La gama de combinaciones posibles es amplia y se pueden formar compuestos binarios (dos elementos), ternarios (tres) y cuaternarios (cuatro). Para ver y comprender cuántos y cuáles son, echemos un vistazo a la zona de la Tabla Periódica de interés para la fabricación de semiconductores, que se muestra en la figura 10.2.

I B	II B	III A	IV A	V A	VI A	VII A	VIII A
							^{2}He
		^{5}B	^{6}C	^{7}N	^{8}O	^{9}F	^{10}Ne
		^{13}Al	^{14}Si	^{15}P	^{16}S	^{17}Cl	^{18}Ar
^{29}Cu	^{30}Zn	^{31}Ga	^{32}Ge	^{33}As	^{34}Se	^{35}Br	^{36}Kr
^{47}Ag	^{48}Cd	^{49}In	^{50}Sn	^{51}Sb	^{52}Te	^{53}I	^{54}Xe
^{79}Au	^{80}Hg	^{81}Tl	^{82}Pb	^{83}Bi	^{84}Po	^{85}At	^{86}Rn

Figura 10.2. Columnas de la Tabla Periódica donde se sitúan los elementos de interés para la obtención de semiconductores compuestos: columnas III y V; columnas II y VI y columnas IV y VI.

Los elementos clave de la columna IV A son el germanio (Ge) y el silicio (Si). Su carácter semiconductor estriba en el hecho de pertenecer a esa columna. El Si y el Ge se conocen como semiconductores elementales porque son elementos químicos simples, pero hay muy pocos elementos que tengan propiedades semiconductoras y, si estamos buscando más semiconductores, esto inevitablemente debe involucrar compuestos químicos. Esto se detalla con mayor precisión en el Apéndice del libro.

Imaginemos ahora que en un cristal de Ge sustituimos adecuadamente la mitad de sus átomos por átomos de galio (Ga) y la otra mitad por átomos de arsénico (As). Ambos elementos son muy similares al Ge, salvo por un detalle: el Ga tiene tres electrones en su última capa electrónica y el As cinco. Al unirse, el enlace entre ambos no será exclusivamente covalente, sino que las diferentes afinidades electrónicas hacen que ese enlace sea parcialmente iónico, que es más fuerte que el covalente puro del Ge y, por lo tanto, más difícil de romper. Eso da como resultado que el compuesto así formado, arseniuro de galio (GaAs), también es un semiconductor, pero ahora sus propiedades son diferentes, en especial el gap de energía prohibida, que es la clave de la mayoría de las propiedades que hacen al GaAs diferente y más interesante que el Ge –y de paso, que el Si– para diversas aplicaciones que se pueden satisfacer con el GaAs pero no con los otros dos. Extendiendo este razonamiento a los otros elementos de las columnas III y V, formamos el grupo de semiconductores compuestos III-V (GaAs, GaP, InP, etc.); si lo hacemos con las columnas II y VI tendríamos un nuevo grupo de compuestos (CdS, CdTe, ZnS, etc.) y un largo etcétera.

3. LOS GRUPOS DE SEMICONDUCTORES COMPUESTOS

De cara a entender cuántos de estos semiconductores tenemos a nuestra disposición, voy a agruparlos en un conjunto de grupos, atendiendo a los elementos químicos que los forman. Para leer los siguientes apartados, recomiendo tener delante la Tabla Periódica recogida en la figura 10.2.

3.1. Grupo III-V

Como ya vimos en el capítulo 3, el estudio de los semiconductores compuestos III-V comenzó a principios de la década de 1950. Habían pasado solo unos pocos años desde la invención del transistor y mucho antes de que alguien se diera cuenta de lo importante que llegaría a ser el silicio. De hecho, el trabajo sobre el más importante de todos ellos, el GaAs, estuvo motivado porque se veía como un posible rival del silicio para la fabricación de transistores. Esto se basó en que, en el GaAs, los electrones se mueven mucho más rápidamente que en el silicio, en un factor cinco aproximadamente, lo que permitiría trabajar al transistor de GaAs a frecuencias significativamente más altas que las que se podrían alcanzar con los transistores basados en Si.

Los semiconductores III-V son compuestos formados por un átomo del grupo III de la Tabla Periódica y un átomo del grupo V, por lo que, en principio, podríamos seleccionar un elemento del grupo III de entre cualquiera de los siguientes: boro, aluminio, galio e indio y combinarlo con cualquier elemento del grupo V: nitrógeno, fósforo, arsénico y antimonio, lo que nos da 16 posibilidades. La mayoría de estos 16 compuestos cristalizan en una forma muy parecida a la del Si y el Ge, una disposición en la que cada átomo del grupo III está rodeado por cuatro átomos del grupo V y cada átomo del grupo V por cuatro átomos del grupo III, y en muchos aspectos tienen propiedades similares. Sin embargo, ofrecen una amplia gama de valores del gap de energía prohibida. Los átomos más ligeros tienden a dar compuestos con valores del gap grandes −en el nitruro de aluminio (AlN), por ejemplo, es de 6 eV−, mientras que los elementos más pesados tienen gaps pequeños −el del antimoniuro de indio (InSb) es de 0.17 eV−. La historia del desarrollo de estos compuestos es muy interesante y rica en la aparición de nuevas técnicas de obtención de los cristales semiconductores. Paso a continuación a hacer una breve síntesis de las principales aplicaciones de estos semiconductores.

Nitruros (AlN, GaN, InN). Son los de más reciente aparición en dispositivos comerciales, debido a que costó muchísimo tiempo desarrollarlos. Son los materiales con los que se fabricaron los primeros diodos emisores de luz azul, base de las bombillas LED, como ya vimos en el capítulo 1, que motivaron la concesión del Premio Nobel de Física de 2014 a Shuji Nakamura, Hiroshi Amano y Isamu Akasaki. Con estos semiconductores se realizan los láseres de semiconductor de luz azul, que actúan como lectores de los equipos de Blu-ray, cuestión que veremos en el siguiente capítulo, también se utilizan en vehículos, luces de semáforos, etc. Son también adecuados para fabricar dispositivos de potencia, aplicación que abordaremos en el capítulo 14.

Fosfuros (AlP, GaP, InP). Con GaP se fabricaron los primeros LED de luz roja, los primeros que se comercializaron en la década de 1960; el InP es un semiconductor muy adecuado para la fabricación de dispositivos que operan a muy altas frecuencias (GHz), como las que se utilizan en ciertos tipos de radar o en los sistemas de comunicación mediante fibra óptica.

Arseniuros (AlAs, GaAs, InAs). El GaAs es uno de los semiconductores más ubicuos que existe, dada la amplísima variedad de dispositivos que se fabrican con él: LED rojos e infra rojos, como los que se encuentran en la mayoría de los mandos a distancia de los electrodomésticos; láser de semiconductor que se emplean como lectores en equipos de CD y DVD; en células solares de multi unión que equipan los satélites artificiales –capítulo 13–, de aplicación en radares de altas prestaciones en circuitos integrados de microondas MMIC –Monolithic Microwave Integrated Circuit, capítulo 14–, etc. En la década de 1980, se consideraba que sería el semiconductor que desbancaría al silicio; el paso de los años, no obstante, vio frustradas en parte esas expectativas, al haber alcanzado la tecnología del silicio un grado de desarrollo sin parangón con otros semiconductores.

Antimoniuros (AlSb, GaSb, InSb). Son los menos desarrollados de este grupo, salvo el InSb, que se utiliza en dispositivos detectores de radiación infra roja en sistemas de armas guiadas y en telescopios.

Con los semiconductores III-V se fabrican asimismo aleaciones de compuestos ternarios y cuaternarios, gracias a los que se puede controlar y modificar a voluntad diversas propiedades del semiconductor, entre ellas el gap de energía prohibida, ajustándolo a un valor prefijado de antemano, etc. En concreto uno de ellos, el GaInAsP, ha sido crucial para el desarrollo de los láseres y los detectores de los sistemas de comunicación por fibra óptica; el AlGaInN, fue determinante para la fabricación de LED y láseres azules, violetas y ultra violeta, el AlGaAs para los de color rojo e infra rojo, etc. Esta enorme variedad de semiconductores «artificiales» con los que podemos fabricar dispositivos de lo más variado ha dado lugar a una rama de la física de los semiconductores, conocida como «Band Gap Engineering» o Ingeniería del Gap de Energía Prohibida[2].

3.2. Grupo II-VI

Óxidos (principalmente ZnO). Los óxidos son una categoría en sí misma, y no solo los del grupo II-VI. Esto es debido a que tienen unas propiedades excepcionales: gap elevado, transparentes al espectro visible, alta conductividad debida a las vacantes de oxígeno y opacos al infra rojo. Todo esto les hace muy adecuados para formar la capa de contacto frontal en ciertas células solares y para recubrir las ventanas de edificios, con objeto de lograr

---

[2] F. Capasso, «Band-Gap Engineering: From Physics and Materials to New Semiconductor Devices», recogido en la Bibliografía.

el denominado «efecto invernadero»: la luz solar entra, pero el calor generado en el interior no sale, lográndose alta eficiencia energética.

Sulfuros (principalmente, ZnS y CdS). Ambos se desarrollaron en las décadas de 1970 y 1980 y hoy en día encuentran su principal aplicación como integrantes de células solares basadas en CdTe y $CuGaInSe_2$.

Seleniuros (ZnTe y sobre todo ZnSe). El ZnSe generó muchas expectativas en la década de 1980, ya que los primeros intentos de fabricar emisores de luz azul se realizaron con este semiconductor, aunque hoy en día ha quedado relegado a un segundo plano, al haberse podido resolver el problema con el AlGaInN.

Telururos (esencialmente CdTe y sobre todo CdHgTe). El CdTe es un material cuya principal aplicación es como absorbedor en células solares de lámina delgada. Mención especial merece el CdHgTe (CMT), el tercero en volumen de producción detrás del Si y el GaAs en la década de 1980. Material clasificado durante décadas, hoy día es utilizado en sistemas de visión nocturna y en telescopios infrarrojos, como el James Web Space Telescope. Esto lo veremos con más detenimiento en el capítulo 12[3].

3.2. Grupo IV-VI

Está formado por los sulfuros, seleniuros y telururos de Pb y Sn (PbS, PbSe, PbTe, SnS, SnSe, SnTe). Uno de ellos el PbSe, más conocido como galena, con el que se fabricaron los primeros detectores de ondas de radio en los años iniciales del siglo XX. También con galena se fabricaron los primeros sistemas de visión nocturna, desarrollados por el ejército alemán hacia el final de la Segunda Guerra Mundial, cuestión que abordaremos en el capítulo 12.

Hoy en día, el principal campo de aplicación de estos semiconductores se encuentra en la detección de la radiación infrarroja, dado que todos ellos tienen un valor del gap reducido, comprendido entre 0.4 eV y 0.1 eV. El número y variedad de aplicaciones de la detección del infrarrojo es enorme y veremos algunas en el capítulo 12. En el documento que figura al pie de esta página[4], de la empresa española New Infrared Technologies, se pueden consultar.

---

[3] «Infrared Detectors», NASA Science (https://bit.ly/49vAYkz).
[4] «Monitor and control systems based on high speed MWIR cameras are being adopted by many companies and clients around the World to improve their services and products», New Infrared Technologies (https://bit.ly/3ZuS7Gw).

4. PROBLEMAS: MADUREZ TECNOLÓGICA, ABUNDANCIA O ESCASEZ DE LOS ELEMENTOS QUÍMICOS

Hasta aquí hemos realizado un breve recorrido por los semiconductores más relevantes con los que nos encontramos en la actualidad; de hecho, el número de semiconductores conocidos supera los 500. No obstante, cuando nos preguntamos a propósito de cuál o cuáles son los más significativos, es decir, cuáles son los que han sido comercializados como integrantes de algún dispositivo específico, el número se reduce significativamente hasta no más de 35-40, como ya hemos indicado al comienzo del capítulo. La razón se debe esencialmente a que cada semiconductor comercializado hasta la fecha ha requerido una inversión considerable para desarrollar su tecnología, por lo que los nuevos materiales surgen solo cuando son absolutamente necesarios para la solución de un problema concreto, que los existentes en ese momento no pueden resolver.

Además, un aspecto que suele pasar desapercibido y tiene una importancia capital es la abundancia o escasez de los elementos químicos con los que se fabrican muchos de los semiconductores descritos. La figura 10.3 muestra esto extendido a todos los elementos de la Tabla Periódica.

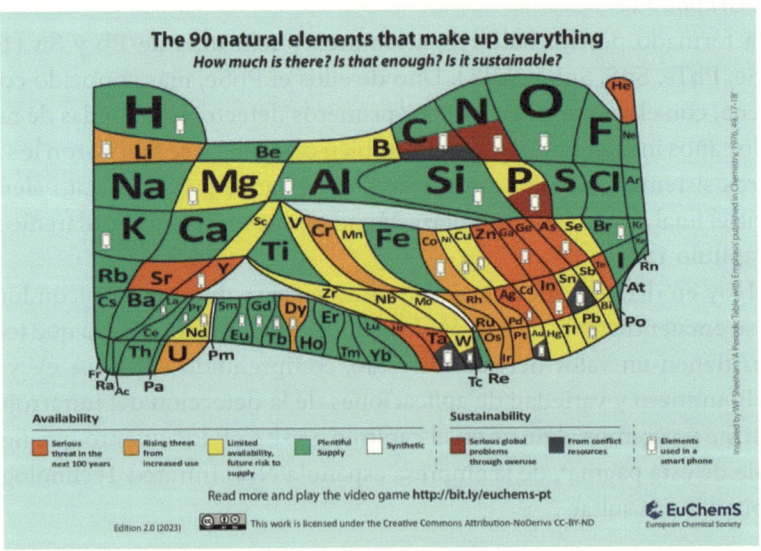

Figura 10.3. Tabla Periódica de los elementos químicos mostrando su abundancia o escasez. Está realizada por la Sociedad Química Europea[5].

---

[5] «Element Scarcity – EuChemS Periodic Table», European Chemical Society (https://bit.ly/4g1cOAY).

El código de colores indica lo siguiente:

- **Verde:** está disponible en abundancia en forma de dióxido de carbono, rocas carbonatadas y vegetación.
- **Rojo-Naranja-Amarillo:** causará graves problemas si no hacemos nada para restringir su uso. Las distintas tonalidades resaltan cuán cerca o lejos está esa amenaza.
- **Gris:** sus fuentes principales suelen estar en países conflictivos desde el punto de vista político. También su obtención puede provocar problemas medioambientales.

En relación con la abundancia o escasez, la Tabla 10.1 muestra esto con algún detalle cuantitativo, donde se muestra el reparto que habría en un millón de átomos de algunos de los elementos químicos más habituales presentes en los semiconductores, si se respetan las proporciones con las que los encontramos en la corteza terrestre.

Si	Ge	Ga	In	P	As	Cd	Hg	S	Se	Te
277.000	7	15	0,1	1180	5	0,15	0,08	520	0,09	0,005

Tabla 10.1. Número de átomos de algunos elementos de la Tabla Periódica, en la cantidad en la que estarían presentes en un millón de átomos tal y como se distribuyen en la corteza terrestre.

Claramente se ve que no hay ni habrá problemas con el silicio y tampoco debería haberlos con el GaAs. Por el contrario, aquellos semiconductores que llevan en su composición In, Cd, Hg, Se o Te sufrirán tarde o temprano problemas de escasez del recurso.

5. EL MERCADO DE LOS SEMICONDUCTORES COMPUESTOS

Las diferencias más interesantes entre el silicio y los semiconductores compuestos estriban en varios factores, que hemos ido desgranando hasta aquí y que se pueden sintetizar de la siguiente forma:

i. Las principales aplicaciones del silicio: teléfonos móviles, ordenadores, Inteligencia Artificial, Internet de las Cosas, almacenamiento de datos, etc. tienen un elemento común: todas necesitan chips con miles de millones de transistores en su interior. Las diferencias están en las funciones que esos chips deben satisfacer, lo que se cumple conectando adecuadamente esos transistores, lo cual, como hemos visto en capítulos anteriores, no es una tarea sencilla. También, dependiendo del uso, los transistores tendrán diferentes procesos de fabricación, pero en esencia serán transistores MOSFET en la abrumadora mayoría de los casos.

ii. En aplicaciones menos exigentes, donde el número de transistores no es tan elevado, la cuestión sigue siendo en esencia la misma: conectar los transistores. Es el caso, por ejemplo, de la electrónica de automóviles, electrodomésticos, maquinaria industrial, etc.

iii. Una de las pocas aplicaciones que escapa tangencialmente a esta lógica de miles de millones de transistores son las cámaras CCD y CMOS. Ahí tenemos un dispositivo diferente que convierte radiación en electrones. No hablamos de miles de millones, nos conformamos «simplemente» con millones.

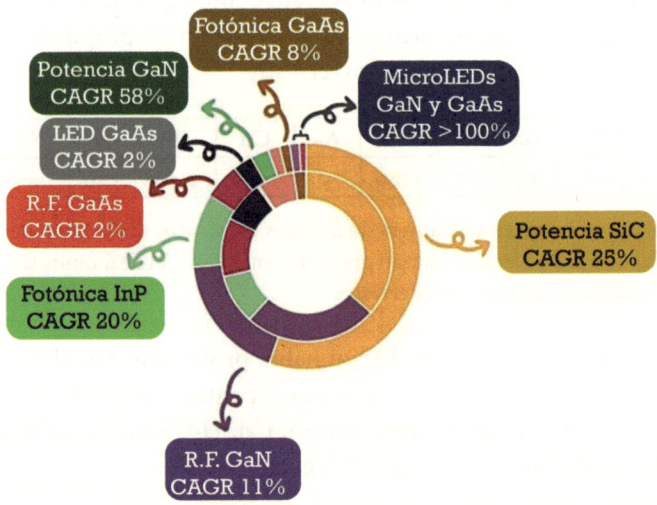

Figura 10.4. Evolución prevista del crecimiento del mercado de los semiconductores compuestos hasta el año 2027[6].

No quiero transmitir una idea excesivamente simplificada de la enorme complejidad que conlleva la electrónica basada en silicio. En cada una de las aplicaciones señaladas los transistores tienen un diseño específico. Hay casos en los que se busca rapidez, en otras bajo consumo, en otras sopor-

---

[6] ELE Times Bureau, «Compound semiconductor substrate market set to double: how are companies competing in this space?», *ELE Times*, 5-abril-2023 (https://bit. ly/41pp89L).

tar picos de tensión o corriente elevados, etc. Pero lo que subyace a todos ellos es una tecnología madura y muy evolucionada, que hemos visto en la primera parte de este libro.

Como vamos a ver en los próximos capítulos, en el caso de las aplicaciones de los semiconductores compuestos, la cantidad de transistores no es un factor crítico. Lo que sí lo es, es la exigencia que impone una aplicación determinada. Aquí nos vamos a encontrar con sistemas capaces de detectar radiación infrarroja, trabajar en alta frecuencia, trabajar a potencias elevadas, ser capaces de emitir luz, etc. Es decir, aquí no vamos a encontrar chips con miles de millones de transistores, ni siquiera con millones, sino que vamos a ver un abanico de aplicaciones muy amplio, cada una de las cuales va a ser satisfecha por semiconductores compuestos específicos. La figura 10.4 lo muestra.

El mercado de los semiconductores compuestos es extraordinariamente dinámico, en fuerte crecimiento un año tras otro. Las previsiones indican que alcance los 88.000 millones de euros en 2034, desde los 40.000 millones en 2024. Además, se espera que crezca a un ritmo del 8% durante el periodo 2024-2034. Como tendremos ocasión de ver en el último capítulo del libro, estas cifras representan una fracción modesta del total de la industria de semiconductores, situada cerca de los 700.000 millones de euros. En todo caso, una «tarta» de 40.000 millones es un dulce muy suculento y hay muchas grandes industrias metidas de lleno en este sector, como vamos a ver a continuación.

i) Principales tendencias y aspectos destacados del mercado
La gama de aplicaciones de los semiconductores compuestos, siempre creciente, permite vislumbrar nuevas vías de crecimiento y de diversificación del mercado, según se ve en la figura 10.5.

Hoy en día, el mercado mundial está impulsado principalmente por la creciente demanda de dispositivos de alta velocidad y alta frecuencia para telecomunicaciones. Junto con esto, el desarrollo y la proliferación de las tecnologías 5G están amplificando esta tendencia. Además, el creciente cambio de la industria automovilística hacia los vehículos eléctricos y autónomos está impulsando la necesidad de una electrónica de potencia de altas prestaciones, que analizaremos en el capítulo 14, donde veremos como dos semiconductores compuestos, SiC y GaN, desempeñan un papel fundamental. Por otra parte, los rápidos avances en el Internet de las Cosas (IoT) están contribuyendo aún más a la expansión del mercado, ya que estos semiconductores son vitales para sensores y dispositivos inteligentes. Junto a ellos, los sectores aeroespacial y de defensa utilizan de manera creciente semiconductores compuestos para radares, satélites y otras aplicaciones de alta frecuencia –capítulos 12 y 14–. Para la conversión de energía solar también se utilizan semiconductores compuestos en células fotovoltaicas –capítulo 13–. Algunos materiales, como el GaAs y el CdTe, absorben la luz y la convierten en electricidad mejor que las células solares basadas en silicio. Los semiconductores compuestos se utilizan con frecuencia en iluminación general y en paneles luminosos para emitir luces de varios colores.

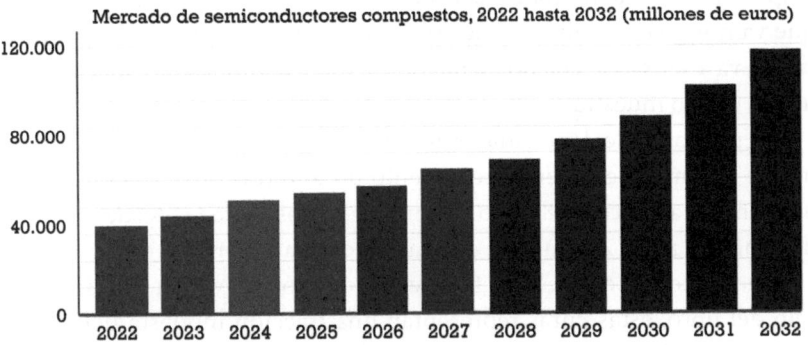

Figura 10.5. Evolución del tamaño del mercado de semiconductores compuestos para la próxima década[7].

En resumen, los semiconductores compuestos son materiales de vanguardia con propiedades singulares que permiten fabricar dispositivos eficientes en aplicaciones como energía solar, optoelectrónica, electrónica de potencia y comunicaciones. Son una parte esencial de la tecnología contemporánea debido a su adaptabilidad y a sus propiedades excepcionales.

ii) Tendencias para la próxima década
Durante los últimos años, la proliferación de teléfonos inteligentes, tablets, dispositivos portátiles y otros aparatos de electrónica de consumo también ha impulsado la demanda de dispositivos basados en semiconductores compuestos, como amplificadores de potencia, interruptores de radio frecuencia y pantallas LED. El sector de la automoción adopta cada vez

---

[7] «Mercado de semiconductores compuestos: Tendencias mundiales de la industria, cuota, tamaño, crecimiento, oportunidad y previsión 2024-2032», *IMARC* (https://bit.ly/49qhaiL).

más soluciones basadas en semiconductores compuestos para vehículos eléctricos, vehículos híbridos y sistemas de ayuda a la conducción.

Se prevé que durante la próxima década aparezcan tecnologías de computación cuántica, lo que impulsará la demanda de materiales y dispositivos basados en semiconductores compuestos, como por ejemplo q-bits, sensores cuánticos y sistemas de comunicación cuántica para permitir la realización de plataformas de computación cuántica escalables y tolerantes a fallos.

El énfasis continuo en la electrificación de la automoción, la conducción autónoma y los sistemas de comunicación de los vehículos impulsa la demanda de semiconductores compuestos, no solo en los vehículos eléctricos, sino también en sistemas de gestión de baterías y sensores de radar de uso en automoción. Junto a esto, no hay que perder de vista una cuestión importante, como es el hecho de que los procesos de fabricación de semiconductores compuestos pueden ser complejos y costosos, lo que repercute en la asequibilidad y accesibilidad de los dispositivos fabricados con ellos.

iii) ¿Quiénes son los actores clave en el mercado de semiconductores compuestos?
Las principales empresas que operan en el mercado de semiconductores compuestos, por sectores de negocio, son las siguientes:

- **Automoción** (el sector más importante por volumen de negocio): Infineon Technologies AG; Renesas Electronics Corporation; Mitsubishi Electric Corporation; Skyworks Solutions Inc.
- **Optoelectrónica**: OSRAM GmbH; STMicroelectronics; Wolfspeed Inc. (anteriormente Cree).
- **Electrónica de comunicaciones y de alta frecuencia**: Qorvo Inc., Analog Devices Inc., NXP Semiconductors N.V.; Onsemi; Texas Instruments Incorporated.

Obviamente, esta lista no es exhaustiva; el lector interesado en conocer más en profundidad este sector productivo puede consultar las referencias recogidas en la Bibliografía para este capítulo.

Capítulo 11

Hágase la luz: emisores de radiación

Tal y como hemos visto en el capítulo anterior, una de las razones que está detrás de la apuesta por los semiconductores compuestos es que el silicio no puede emitir radiación. Por lo tanto, para disponer de un emisor eficiente, necesitamos fabricarlo con semiconductores de gap directo, propiedad que solo tienen los semiconductores compuestos –el Ge, que también es elemental, igualmente tiene gap indirecto–. Dependiendo del semiconductor con el que se hayan fabricado los dispositivos, la luz emitida será de colores diferentes. Como ya vimos en el capítulo 3 al repasar la historia de los semiconductores, los primeros LED se fabricaban con GaP (verde), GaAsP (amarilla), GaAlAs (roja) y GaAs (infrarroja). Hoy en día se utilizan semiconductores compuestos de otros elementos (AlGaInP, InGaN).

En este capítulo vamos a analizar los dos dispositivos semiconductores que emiten radiación: el LED (acrónimo de Light-Emitting Diode, diodo emisor de luz) y el LASER (acrónimo de Light Amplification by Stimulated Emitted Radiation, amplificación de luz por emisión estimulada de radiación). Ambos dispositivos, cada uno en su campo de aplicación, han significado verdaderas revoluciones en aspectos tales como la iluminación exterior e interior, comunicaciones por fibra óptica, cirugía ocular, bombas guiadas o corte de precisión, entre otras.

1. Breve historia del LED

Los primeros registros de los que tenemos constancia documental sobre este dispositivo se remontan a 1907, cuando Henry Joseph Round, científico de los laboratorios de Marconi, observó por primera vez que, si se aplica un potencial de 10 voltios a un cristal de carborundo, nombre comercial del carburo de silicio, SiC, emitía una luz amarillenta. La primera teoría completa de la electroluminiscencia se la debemos al científico ruso Oleg Vladimirovich Losev, quien en 1927 publicó un artículo científico con el título: «Luminous carborundum detector and detection effect and oscillations with crystals», recogido en la Bibliografía. Su trabajo apenas tuvo repercusión y quedó en el olvido.

Pasaron muchos años sin avances significativos hasta comienzos de la década de 1960. En 1961, Gary Pittman y Robert Biard, científicos de la compañía Texas Instruments (TI), descubrieron que un diodo de GaAs emitía luz infrarroja cada vez que se hacía circular corriente eléctrica por él. Ese mismo año patentaron un LED infrarrojo, siendo la primera patente que existe para esta clase de dispositivos[1]. De esta forma TI se convirtió en la primera empresa en obtener una patente para un dispositivo LED, que comercializó al prohibitivo precio de 130 dólares de 1962 la unidad –1.350 dólares de la actualidad–, con la denominación comercial SNX-100, y se utilizaron por primera vez en ordenadores de IBM para sustituir a las bombillas de filamento que controlaban los lectores de tarjetas perforadas, de tal forma que la luz infrarroja se enviaba a través de los orificios o era bloqueada por las zonas no perforadas de las tarjetas.

Casi simultáneamente, el mismo año, Nick Holonyak Jr., empleado en General Electric, desarrolló el primer LED que emitía luz roja. En 1972, M. George Craford, que era estudiante de posgrado de Holonyak, inventó el primer LED amarillo y un LED rojo más brillante. Posteriormente, Thomas P. Pearsall desarrolló un LED de alta luminosidad en 1976, para su uso como emisor en fibra óptica en telecomunicaciones. Durante las cuatro décadas siguientes, estos dispositivos se utilizaron casi exclusivamente en aplicaciones domésticas: calculadoras de bolsillo, teléfonos, relojes de pulsera, mandos a distancia de electrodomésticos, etc.

Desde mediados de la década de 1970 se intentaron obtener LED que emitieran luz azul, ya que, utilizados junto a los emisores de luz verde y roja, ya comerciales en aquellos años, permitirían obtener todo el abanico de colores, así como luz blanca. Durante muchos años, este empeño resultó arduo e infructuoso, hasta que finalmente, a comienzos de la década de 1990, una empresa hasta entonces desconocida en este campo, Nichia Corporation, los desarrolló y comercializó por primera vez gracias al talento de Shuji Nakamura. Muy poco tiempo después, la obtención de luz blanca con LED y las ahora conocidas como bombillas LED se hicieron realidad. Como ya he indicado, esto le valió el Premio Nobel de Física en 2014, junto con Isamu Akasaki e Hiroshi Amano. El LED azul permitió fabricar bombillas de luz blanca, que han sustituido a las bombillas de fila-

---

[1] James R. Biard and Gary E. Pittman, «Semiconductor radiant diode» (https://patents.google.com/patent/US3293513).

mento debido a su mucha mejor eficiencia energética. Con su desarrollo se ha hecho realidad lo que el comité del Nobel definió como la invención de «una nueva luz para iluminar el mundo».

La evolución de la tecnología LED ha sido una progresión siempre creciente por disponer de emisores cada vez más luminosos y más baratos, tal y como muestra la figura 11.1. En cierto sentido, se puede trazar un paralelismo con la reducción del tamaño de los transistores en el campo de la tecnología microelectrónica, que ya hemos visto en el capítulo 1.

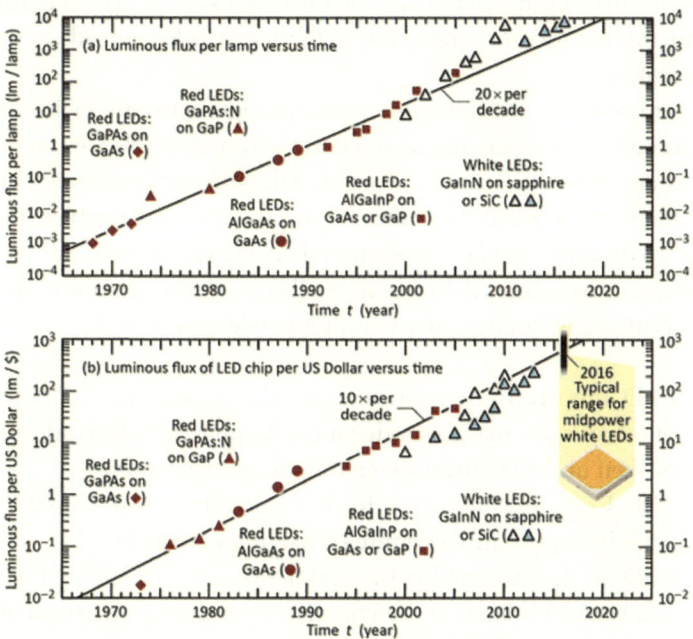

Figura 11.1. Arriba: evolución en el tiempo del flujo luminoso (lúmen, lm) de una lámpara LED (lm/lámpara). Abajo: flujo luminoso de una lámpara LED relativo a su coste expresado en dólares estadounidenses (lm/$). Ambas gráficas muestran la evolución en el tiempo[2].

2. Principio de funcionamiento de un diodo LED y de una bombilla LED

Un LED es un dispositivo electrónico conocido como diodo de unión. En un diodo hay dos zonas bien diferenciadas: en una hay gran número

---

[2] J. Cho *et al.*, «White light-emitting diodes: History, progress, and future», recogido en la Bibliografía.

de electrones, mientras que en la otra hay abundancia de enlaces atómicos en los que faltan electrones que se denominan «huecos» –véase el Apéndice de este libro para una explicación más detallada del concepto de «hueco»–. Al conectar el LED a una batería de tensión continua, en el diodo se produce un fenómeno conocido como electroluminiscencia. Cuando circula corriente por el dispositivo, los electrones en su movimiento se encuentran con los huecos, con los que se recombinan. En ese proceso, los electrones pierden parte de su energía, que se transforma en energía lumínica emitida en forma de fotones, es decir, luz. Dependiendo del semiconductor con el que se hayan fabricado, la luz emitida es de colores diferentes.

En comparación con cualquier otra tecnología existente, la iluminación obtenida con LED posee dos características muy deseables: es energéticamente eficiente, lo que reduce el consumo durante su funcionamiento, y es extremadamente versátil con muchas propiedades controlables, incluido el espectro de emisión y la temperatura de color, entre otras. Los emisores LED de distintos colores del espectro visible y del infrarrojo se construyen con diferentes semiconductores compuestos del grupo III-V:

- LED infrarrojo. Se fabrican con GaAs, son muy comunes, ya que todos los mandos a distancia de nuestros electrodomésticos poseen un LED infrarrojo en uno de sus extremos.
- LED Rojo. Suelen ser producidos por compuestos tipo AlGaAs y AlGaInP, que también emite en naranja y amarillo.
- LED Verde. Producido principalmente por GaP, GaN y InGaN.
- LED Azul-Violeta-UV. Su emisión se produce principalmente por el compuesto GaN-InGaN-AlGaN.

A continuación, vamos a centrarnos en las propiedades y peculiaridades de la obtención de luz blanca a partir de LED, que se utilizan en las bombillas. La luz blanca se puede obtener con estos dispositivos mediante dos procedimientos. El primer método utiliza un LED de cada uno de los colores primarios, verde, rojo y azul que, al mezclarse, dan como resultado luz blanca. La ventaja de este método es que la intensidad de cada LED se puede ajustar para definir con precisión la tonalidad de la luz emitida. La mayor desventaja es su alto coste de producción. El segundo método utiliza un LED que emite luz azul en combinación con una capa de fósforo situada en la superficie interior del bulbo de la bombilla. Esta capa, al iluminarse con luz azul emitida por el LED azul, la absorbe y provoca la reemisión por parte del fósforo de un espectro más amplio, dando de nuevo como resultado luz blanca. La mayor ventaja en este caso es el bajo coste de producción y, de hecho, las bombillas LED comerciales son de esta segunda clase. La figura 11.2 ilustra estas ideas y muestra el interior de una bombilla LED.

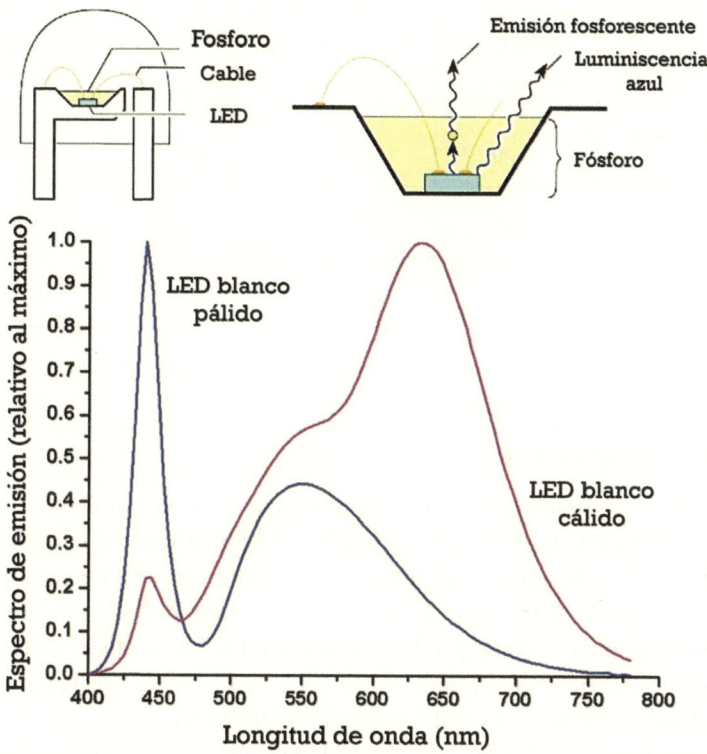

Figura 11.2. Arriba: lámpara LED de luz blanca que consta de un LED de GaInN, que emite luz azul recubierto de una capa de material fosforescente. Este material, a ser iluminado por la luz azul del LED, emite una radiación amarilla; la composición de azul y amarillo proporciona la luz blanca. Abajo: espectro de emisión de un LED blanco pálido junto con el de otro LED blanco cálido[3].

---

[3] L. Noto, et al., «The Dynamics of Luminescence», Luminescence – An Outlook on the Phenomena and their Applications, J. Thirumalai, ed., 2016. DOI: 10.5772/62517; P. Deng, «Real-Time Software-Defined Adaptive MIMO Visible Light Communications», Visible Light Communications, 2017. InTech. DOI:10.5772/intechopen.68919.

Desde su aparición en el mercado, las bombillas LED no han hecho más que cobrar año tras año mayor protagonismo, estando cada vez más incorporadas a nuestra vida cotidiana. Desde el punto de vista energético la bombilla LED es mucho más eficiente que las otras bombillas, de filamento y fluorescentes compactas, ya en desuso. La Tabla 11.1 lo ilustra:

	Bombilla de filamento	Bombilla Halógena	Bombilla Fluorescente Compacta	Bombilla LED
Luminosidad (lm)	1100	1200	950	1050
Potencia de trabajo (W)	75	70	15	6
Eficiencia (lm/W)	15	17	65	175
Tiempo de vida (h)	1000	2000	10000	25000

Tabla 11.1. Comparativa de cuatro bombillas de diferentes tecnologías con una luminosidad similar[4].

Respecto al coste de las bombillas LED, este ha sido su principal inconveniente durante su etapa de desarrollo, debido a que se fabrican con InGaN. Tanto el galio como principalmente el indio son elementos químicos muy escasos y difíciles de purificar. Además, la tecnología de obtención del InGaN es muy costosa, por lo que únicamente con grandes cantidades de unidades fabricadas se pueden alcanzar economías de escala para bajar los costes de producción y por consiguiente de venta.

El otro factor que las encareció guarda relación con su funcionamiento: una bombilla LED trabaja con tensiones continuas bajas, alrededor de 3-4 voltios. Los enchufes de la red eléctrica suministran tensión alterna de valor más elevado, 220 voltios. Para conectar a la red una bombilla LED hay que reducir y rectificar la tensión. Eso hace que las bombillas LED incorporen en su casquillo un circuito electrónico que efectúa esas modificaciones para que trabaje a la tensión adecuada.

Hoy en día, el desarrollo de la tecnología ha madurado hasta el punto de que los precios de estas bombillas son muy asequibles. Además, las bombillas LED representan un verdadero cambio de paradigma en el procedi-

---

[4] D. Zhu and C. J. Humphreys, «Solid-State Lighting Based on Light Emitting Diode Technology», recogido en la Bibliografía

miento de iluminación. En la actualidad, la iluminación artificial se obtiene de forma mayoritaria mediante bombillas LED, con el consiguiente ahorro en el consumo de energía eléctrica.

3. EL LÁSER, QUÉ ES Y CÓMO FUNCIONA

Como ya se ha indicado al comienzo del capítulo, láser no es una palabra, sino un acrónimo de las palabras «Light Amplification by Stimulated Emission of Radiation». Con el tiempo, su uso se ha generalizado y hoy en día se ha incorporado a nuestro vocabulario como en su día lo hizo el transistor. De hecho, junto con el transistor y el circuito integrado, el láser ha sido la tecnología electrónica más revolucionaria de los últimos cincuenta años. El láser está presente en nuestra vida cotidiana, oímos con frecuencia esa palabra en medicina, en la industria metalúrgica, en comunicaciones y un largo etcétera.

En este punto describiré brevemente su principio de funcionamiento. En un punto posterior describiré el láser más ampliamente utilizado en la actualidad y el que más nos interesa en este libro: el láser de semiconductores. Es imprescindible entender el principio de operación de un láser para poder comprender el que se fabrica con semiconductores. El láser basa su funcionamiento en un concepto exclusivo de la mecánica cuántica denominado emisión estimulada de radiación, que describo brevemente a continuación.

3.1. Procesos de interacción entre fotones (luz) y materia

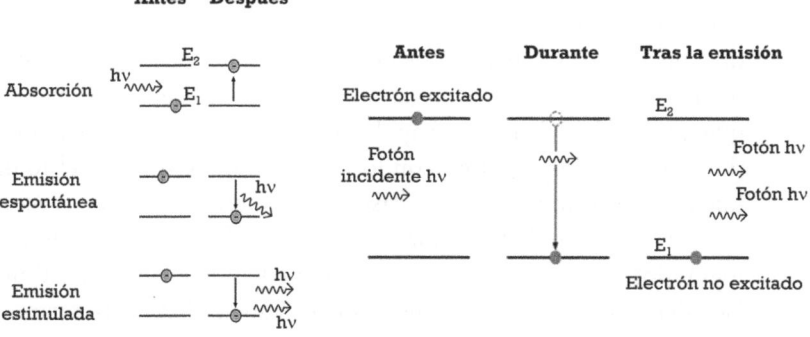

Figura 11.3. Izquierda: ilustración esquemática de los procesos de absorción, emisión espontánea y emisión estimulada. Los electrones se sitúan en dos niveles de energía, el inferior E_1 y el superior, E_2. Derecha: detalle en secuencia de cómo tiene lugar el proceso de emisión estimulada entre los dos niveles de energía E_1 y E_2. Para que el proceso de emisión estimulada tenga lugar, el electrón debe estar en el estado de mayor energía E_2.

La materia está constituida por átomos; cada átomo a su vez posee dos constituyentes claves: el núcleo, que está integrado por protones y neutrones, y los electrones, todo esto está recogido con más detalle en el Apéndice. Los electrones de un átomo se sitúan en diversas órbitas, cada una de ellas correspondientes a energías crecientes. En condiciones de equilibrio, los electrones se sitúan siempre en los niveles de menor energía. Cuando se ilumina un medio material, los fotones incidentes provocan varios efectos sobre los electrones del medio, tal y como muestra la figura 11.3.

El detalle de los procesos descritos es el siguiente:

i. **Absorción.** Los electrones del material absorben la energía de los fotones incidentes, pasando a situarse en órbitas de mayor energía.

ii. **Emisión espontánea.** Una vez situados en esas órbitas, espontáneamente tienden a volver a sus órbitas iniciales; en ese proceso, pierden la energía y la emiten en forma de fotones, proceso que se denomina emisión espontánea. Los fotones emitidos lo hacen de manera independiente entre ellos, y se dice entonces que la radiación emitida no es coherente. Estos procesos son los que utilizan los LED.

iii. **Emisión estimulada.** Estando un electrón en una órbita de energía elevada $-E_2$ en la figura 11.3 de la derecha–, puede ocurrir que uno de los fotones incidentes sobre el material incida sobre él. En esta situación, el fotón incidente estimula al electrón a realizar el proceso de vuelta a su energía inicial, emitiendo como en el caso anterior un fotón. La principal diferencia respecto de la situación de emisión espontánea es que ahora el fotón emitido tiene exactamente la misma fase y energía que el fotón incidente, de manera que a la salida del sistema hay dos fotones de igual energía, fase y dirección de propagación, con lo que se logra amplificar el fotón inicial a dos fotones. En este caso, está teniendo lugar un proceso de emisión estimulada. La luz así emitida se dice que es coherente, lográndose amplificar la luz incidente mediante la emisión estimulada del segundo fotón. Este es el proceso que utiliza el láser para su funcionamiento.

Si se provoca que la mayoría de los electrones del medio material estén en órbitas de alta energía, el proceso de emisión estimulada será muy intenso y dominará a la emisión espontánea, lográndose la acción láser; en este caso, se dice que en el medio láser se ha logrado una situación denominada «inversión de población». La luz emitida es monocromática, es decir, tiene una única longitud de onda, en contraste con otras fuentes luminosas, como en el caso del LED, tal y como hemos visto en la figura 11.2.

3.2. *Principio de funcionamiento de un láser*

Como ya he indicado, para poder entender cómo funciona un láser basado en semiconductores, es imprescindible entender primero el funcionamiento de un láser genérico. La figura 11.4 muestra de manera esquemática un sistema láser, en el que se aprecian sus tres constituyentes esenciales: un medio material, un sistema de bombeo o excitación y unos espejos reflectores.

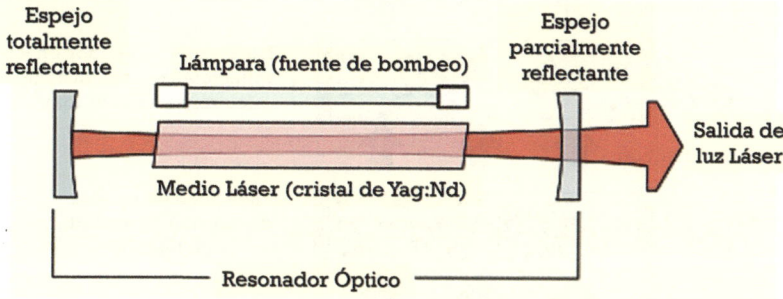

Figura 11.4. Esquema de un láser de rubí[5].

El papel de cada uno de los tres elementos es el siguiente:

* Un medio material, que puede ser sólido, líquido o gas, con átomos cuyos electrones se pueden estimular mediante un agente externo. En la figura 11.4, es un cristal de Yag:Nd.
* Un sistema de estimulación de los electrones del medio constitutivo del láser, generalmente otro laser o una lámpara de centelleo, que es un tipo de lámpara muy parecida a los tubos fluorescentes. En la figura, es la lámpara, que actúa como fuente de bombeo.
* Un resonador óptico, que es un conjunto de dos espejos reflectores, uno totalmente reflector y otro parcialmente reflector, que permiten amplificar la emisión estimulada, tal y como veremos en el siguiente párrafo. En la figura, son los dos espejos situados en los extremos.

---

[5] «Lasercons.svg», Wikimedia Commons (https://bit.ly/4f7Vucb).

Par explicar el funcionamiento del láser, recurriré a la figura 11.5, que describe las etapas sucesivas del proceso de emisión.

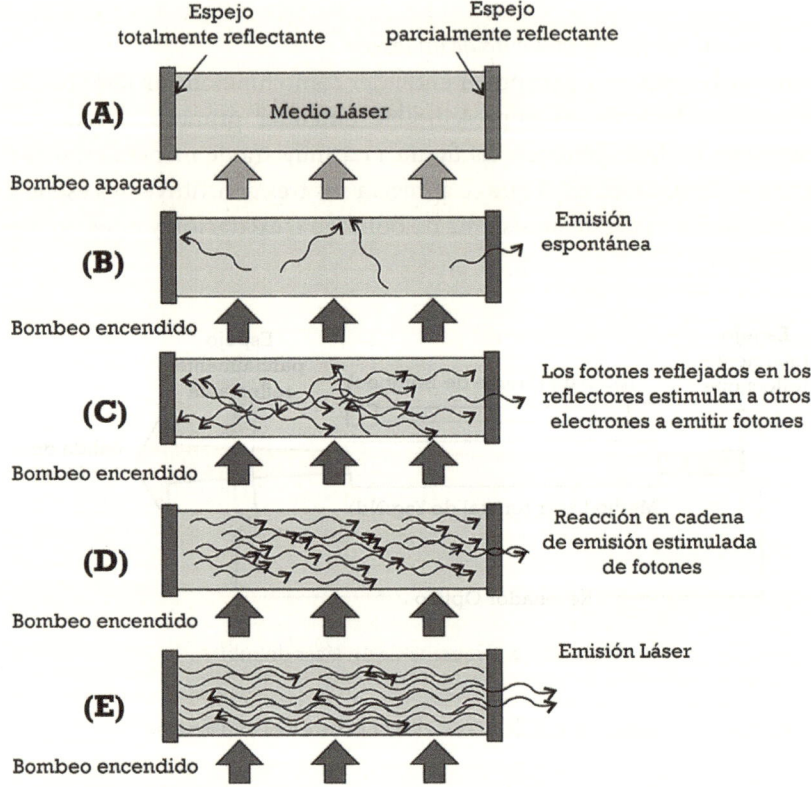

Figura 11.5. Distintas etapas del proceso de emisión estimulada. Ver el texto para la explicación detallada[6].

a. El medio material con el que se construye el láser está contenido en un recinto que tiene en sus extremos dos espejos reflectores, uno totalmente reflector a la izquierda de la figura 11.5 y otro parcialmente reflector a la derecha. El sistema de excitación o de bombeo de los átomos está adyacente al medio, generalmente rodeándole. Más adelante hay una imagen, la figura 11.6, que muestra esto con gran claridad.

b. Se activa el bombeo, con lo que se consigue que se inyecte energía en el medio en forma de fotones. Los átomos del medio material

---

[6] J. W. Kim and D. G.Moon, «Basic Principles of Laser for Prostate Surgery», *Korean J. Androl.* 29, 101 (2011). DOI: 10.5534/kja.2011.29.2.101

absorben esta energía, provocando que los electrones salten desde sus órbitas de equilibrio a otras más energéticas. Pocos milisegundos después, los electrones regresan a su nivel energético original, emitiendo fotones mediante procesos de emisión, que en las etapas iniciales son espontáneos.

c. De vez en cuando, uno de estos fotones estimula un electrón de un átomo ya excitado. Cuando esto sucede, el átomo excitado emite un fotón, que se suma al fotón original, mediante un proceso de emisión estimulada. Es decir, un fotón del sistema de bombeo ha producido otro idéntico, con lo que se ha logrado ya amplificar la luz incidente.

d. El proceso de emisión estimulada se refuerza gracias a los espejos reflectores, provocándose una reacción en cadena. En efecto, los espejos situados en los extremos del tubo láser mantienen a los fotones «rebotando» hacia derecha e izquierda dentro del cristal, incrementándose los procesos de emisión estimulada y provocando la producción de gran número de fotones estimulados, por lo tanto, coherentes con los fotones incidentes.

e. El espejo parcialmente reflector situado en el extremo derecho del tubo refleja algunos fotones hacia el medio láser, pero deja escapar otros. Los fotones que se escapan forman un haz muy concentrado de luz láser, cuya potencia luminosa puede ser desde pocos mW, como los de los lectores CD/DVD, por ejemplo, hasta los PW[7], que se utilizan en equipos experimentales que investigan procesos de fusión nuclear[8].

Hay multitud de sólidos, líquidos y gases que se utilizan para fabricar láseres. Citaré a continuación algunos de ellos, sin entrar en detalles de sus aplicaciones:

- Gases: excímeros, He-Ne, CO_2, Ar, etc.
- Líquidos: láser de colorantes.
- Sólidos: Yag:Nd, Rubí, Zafiro, semiconductores (GaAs, GaAlN, InGaN, etc.). La categoría de láser de semiconductor es de la mayor importancia y le dedicaré un punto específico en este capítulo.

---

[7] 1 PW = 10^{15} W.

[8] El siguiente vídeo muestra de una manera muy intuitiva y simplificada el funcionamiento de un dispositivo laser: https://www.youtube.com/watch?v=R_QOWbkc7UI

3.3. *Una breve historia del láser: una solución en busca de un problema*
En los primeros tiempos de su invención, el láser fue un dispositivo que no pasó de ser una curiosidad científica. De hecho, nadie tenía idea de qué hacer con él, tanto es así que por aquel entonces se describió como «una solución a la búsqueda de un problema». No obstante, transcurrió poco tiempo hasta que el láser se convirtiera en una fuente casi inagotable de desarrollos científicos y tecnológicos; de hecho, el primer láser comercial llegó al mercado apenas un año después.

i) Una breve historia de la invención del láser
Como acabamos de ver en el punto anterior, el láser está basado en el principio denominado emisión estimulada de radiación. La teoría de la emisión estimulada se la debemos a Albert Einstein, que la describió en un célebre artículo publicado en 1917. Tuvieron que pasar más de cuarenta años hasta que se pudieran diseñar dispositivos que utilizaran de manera práctica los principios descritos por Einstein en su trabajo[9].

En 1958, Charles Townes y Arthur Schawlow, publicaron un artículo titulado «Infrared and Optical Masers»[10] que puso las bases teóricas del funcionamiento de lo que hoy día llamamos láser. Ambos científicos recibieron el Premio Nobel de física por su trabajo, Townes en 1964 y Schawlow en 1981. De cara a proteger su invención, registraron una patente, la US 2.929.922[11]. La figura principal de la misma se muestra en la figura 11.6, en la que están coloreadas sus partes integrantes.

Hay una cierta controversia en cuanto a la autoría de la invención del láser: en 1957, un estudiante de Townes, Gordon Gould, anotó en su cuaderno de laboratorio un bosquejo de cómo hacer un dispositivo emisor de luz visible y acuñó por primera vez la palabra láser que hemos usado desde entonces. Desafortunadamente, no patentó su idea en ese momento y tuvo que dedicar los siguientes veinte años de su vida a batallas legales, ganando finalmente en 1977 una patente para una parte de la invención del Láser, la US 4.161.436[12],

---

[9] A. Einstein, «The Quantum Theory of Radiation», *Physikalische Zeitschrift* 18, 121 (1917) (https://bit.ly/3Zv3Rc4).
[10] A. L. Schawlow and C. H. Townes, «Infrared and Optical Masers», *Phys. Rev.* 112, 1940 (1958). DOI: 10.1103/PhysRev.112.1940
[11] A. L. Schawlow and C. H. Townes, «Masers and maser communications system» (https://patents.google.com/patent/US2929922).
[12] G. Gould, «Method of energizing a material» (https://patents.google.com/patent/US4161436).

lo que le permitió recibir por ello importantes cantidades en concepto de derechos de explotación.

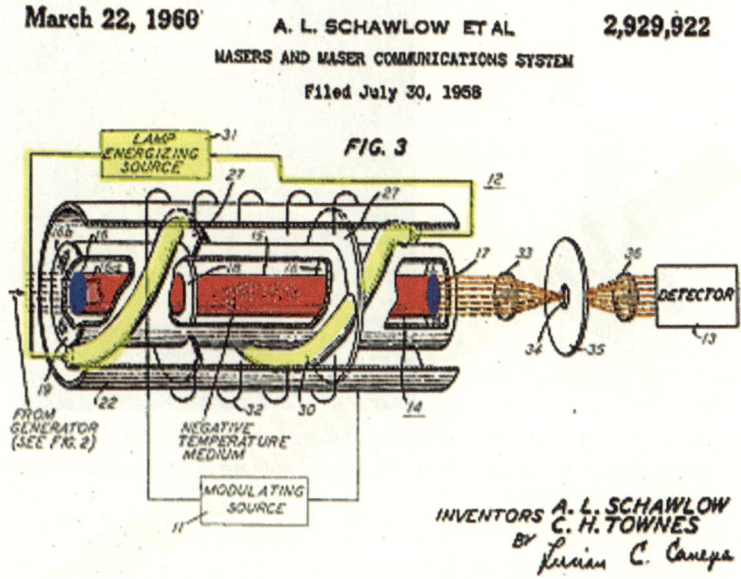

Figura 11.6. Figura principal de la patente de la invención de Townes y Schawlow. El cilindro rojo es el medio material donde se produce la emisión estimulada y el tubo amarillo que lo rodea es el sistema de bombeo o excitación, denominado «lamp energizing source». La luz láser sale por el extremo de la derecha del tubo y, mediante un sistema de lentes, se concentra en un punto donde se sitúa un detector[13].

La primera persona que construyó un láser funcional de luz visible fue Theodore H. Maiman, que lo realizó en los laboratorios de investigación de la compañía Hughes, en California. Tras diversas vicisitudes tratando de publicar su invención, finalmente se publicó en la prestigiosa revista británica *Nature* el 6 de agosto de 1960, con el título «Stimulated Optical Radiation in Ruby», siendo Maiman su único autor[14]. El artículo tiene apenas 300 palabras, por lo que es quizás el artículo más breve jamás publicado sobre un descubrimiento científico tan importante. No obstante, Maiman nunca obtuvo el reconocimiento que merecía, ya que, a pesar de

---

[13] C. Woodford, «Lasers», recogido en la Bibliografía.
[14] T. H. Maiman, «Stimulated Optical Radiation in Ruby», recogido en la Bibliografía.

haber sido nominado dos veces al Premio Nobel de física, no llegó a obtenerlo. La figura 11.7 muestra su invención y al propio Maiman.

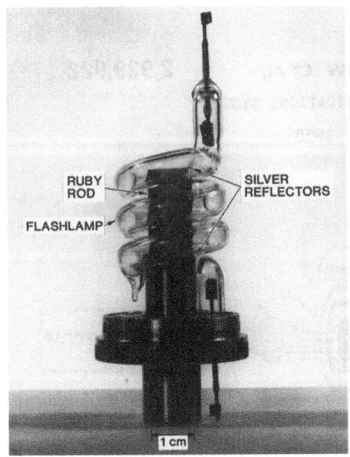
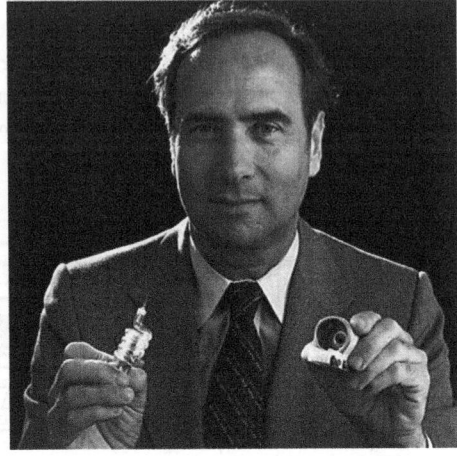

Figura 11.7. Izquierda: primer láser funcional de T. Maiman. Derecha: T. Mainman con su invención, se puede apreciar el tamaño tan reducido de su dispositivo[15].

ii) Las primeras utilidades del láser

El primer uso del láser en la vida cotidiana de la población fue en los lectores de los códigos de barras de los productos de los supermercados, introducidos en 1974. Poco después, en 1978, el Laser-Disc fue el primer producto de consumo de éxito que incorporó un láser y, en 1982, el reproductor de discos compactos, el Compact Disc o CD, fue el primer dispositivo equipado con láser de uso masivo, al que siguió poco después la impresora láser.

Hoy en día, los láseres son omnipresentes, encontrando utilidad en multitud de aplicaciones muy variadas en prácticamente cada aspecto de la sociedad moderna, incluyendo electrónica de consumo, equipos informáticos, medicina, industria, ocio, defensa, etc.

---

[15] M. Guarnieri, «The rise of light», *ICOHTEC/IEEE International History of High-Technologies and their Socio-Cultural Contexts Conference* (HISTELCON, Tel-Aviv, Israel, 2015): 1-14. DOI: 10.1109/HISTELCON.2015.7307311; «Structure of the first ruby laser by Theodore Maiman», *AIP Publishing* (https://bit.ly/3ONUmQy).

iii) El láser en la cinematografía

En el tiempo de su invención, los láseres se mostraron ante el gran público como ejemplos de la ciencia más vanguardista y tuvieron un papel relevante en la célebre película *Goldfinger* de 1964. El agente secreto 007, James Bond, estuvo a punto de ser cortado por la mitad por un rayo láser. Se puede ver una imagen de esa película en la figura 11.8.

Figura 11.8. Arriba: escena de la película Goldfinger, en la que James Bond está a punto de ser cortado por un láser de color rojo. La escena muestra un láser que es un reflejo bastante fiel de los equipos existentes en la época en la que se rodó. Abajo: el equipo láser de la película. Se aprecia perfectamente el bombeo óptico que rodea al medio láser, en total analogía con el esquema de la patente mostrado en la figura 11.6 y con el dispositivo de Maiman en la figura 11.7[16].

---

[16] «Industrial Laser», James Bond Wiki (https://bit.ly/3OKFQsv).

Desde su invención, se han otorgado al menos diez Premios Nobel por investigaciones en láser, tanto en trabajo conceptual como en usos prácticos de los muy diversos sistemas láser existentes en la actualidad.

4. EL LÁSER DE SEMICONDUCTORES
En esta segunda parte del capítulo voy a describir los hitos más significativos en el descubrimiento de la acción láser en semiconductores, así como su principio de funcionamiento.

4.1. La invención del láser de semiconductor
En el láser de semiconductor se produce un fenómeno similar al que ocurre en el LED, pero con el añadido de que se logra emisión estimulada y, por consiguiente, ganancia. El detalle del funcionamiento lo veremos en el siguiente punto de este capítulo.

El primer láser de semiconductores se construyó en 1962, el mismo año de la comercialización de los primeros LED infrarrojos; era un dispositivo hecho con un diodo de GaAs. El dispositivo se fabricó de manera independiente por cuatro grupos de los EE. UU., liderados uno de ellos por Robert N. Hall, de la compañía General Electric, otro por Marshall Nathan de la compañía IBM, un tercero de otro laboratorio perteneciente también a General Electric, bajo la dirección de Nick Holonyak Jr., y finalmente el cuarto del Massachussets Institute of Technology, dirigido por Robert Rediker. Casi simultáneamente, en los primeros días de 1963, un grupo de la antigua Unión Soviética, dirigido por Nikolay Basov del Lebedev Physical Institute, demostró la acción láser en un dispositivo fabricado con GaAs. Basov recibiría el Premio Nobel de física de 1964.

Como con otras invenciones relacionadas con las tecnologías de la información y las comunicaciones, como es el caso de la invención del circuito integrado, hay una cierta controversia a propósito de quién fue el inventor del láser de semiconductor. El invento se adjudica al primero de los grupos mencionados, ya que fueron los primeros en publicar sus resultados, pero los cinco grupos obtuvieron resultados relevantes en un corto espacio de tiempo, durante los últimos meses de 1962 y los primeros de 1963[17]. La imagen más significativa de la primera patente de un láser de semiconductor se muestra en la figura 11.9.

---

[17] «Semiconductor Laser», Engineering and Technology History Wiki (https://bit.ly/3D3n4tX).

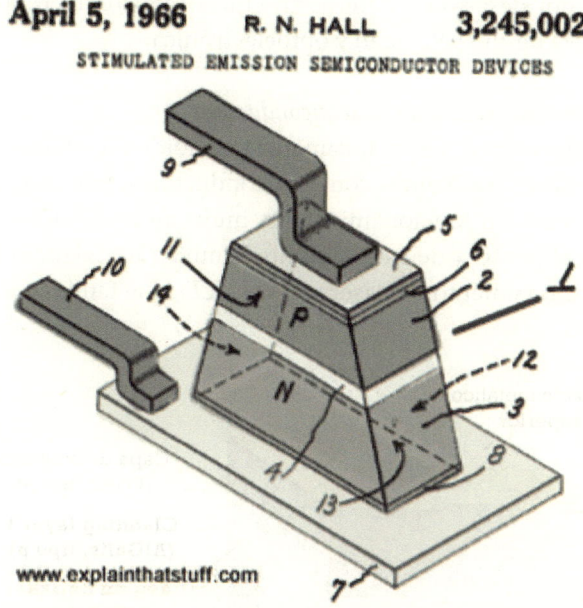

Figura 11.9. Estructura física del primer láser de semiconductor. La estrecha franja señalada con el número 4 es la zona activa. Ver el texto para una explicación detallada[18].

Debido a la enorme cantidad de corriente que había que inyectar a esos primeros dispositivos para lograr la amplificación de luz, tenían que trabajar a bajas temperaturas y en condiciones pulsadas, lo que limitó su utilidad práctica.

Muy poco tiempo después, en 1963, los científicos Zhores I. Alferov del Instituto Ioffe en San Petersburgo y Herbert Kroemer de la Universidad de California en Santa Bárbara desarrollaron de manera independiente pero simultánea los denominados láseres de doble heterounión –en lo que sigue, DHL–, que mejoraron muy significativamente las capacidades de los láseres de semiconductor, permitiendo su funcionamiento a temperatura ambiente y en forma continua, lo que posibilitó ampliar enormemente su campo de aplicaciones. Debido a esto, ambos científicos compartieron el Premio Nobel de física del año 2000, junto con Jack S. Kilby, por la inven-

---

[18] R. N. Hall, «Stimulated emission semiconductor devices» (https://patents.google.com/patent/US3245002).

ción del circuito integrado[19]. De acuerdo con la Academia, el premio se concedió «por desarrollar heteroestructuras semiconductoras utilizadas en electrónica de alta velocidad y optoelectrónica».

4.2. Funcionamiento del láser de semiconductor (**)

Voy a describir el láser más ampliamente extendido por volumen de ventas mundial: el láser construido con semiconductores, más conocido como «Diode Laser». Su funcionamiento es muy similar a los láseres que he descrito en el punto 3 de este capítulo. También hay algunas similitudes entre el funcionamiento del láser y el del LED, que también he detallado en el punto 2.

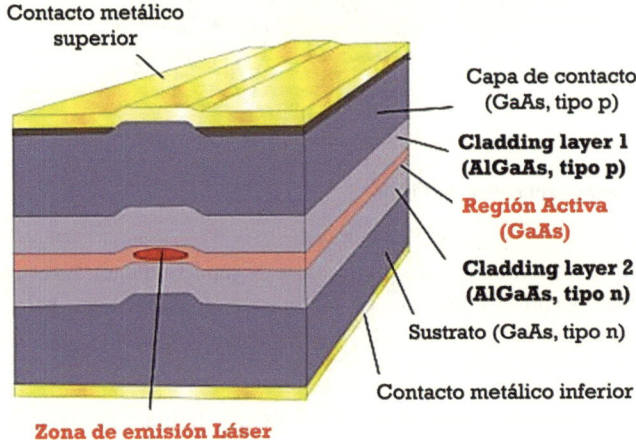

Figura 11.10. Sección transversal de un DHL. Las zonas clave del dispositivo son las siguientes: Cladding layer 1 (AlGaAs, tipo p), región activa (GaAs) y Cladding layer 2 (AlGaAs, tipo n). La radiación láser emerge desde la zona activa por ambas caras del dispositivo en la región ovalada coloreada en rojo de la zona activa, señalada en la figura como zona de emisión láser[20].

Desde el punto de vista estructural, un DHL se fabrica con materiales semiconductores diferentes. De manera simplificada, el dispositivo tiene tres regiones esenciales, dos externas que se encargan de «envolver» a la

---

[19] «Zhores Alferov Fact» (https://bit.ly/4fdmMoS); «Herbert Kroemer Facts» (https://bit.ly/3ZvhjNo).
[20] Md. Hossen, «Optical sources used in optical communication systems» (2022), DOI: 10.13140/RG.2.2.17970.07366.

tercera. Esas capas envoltorio se denominan «cladding layers» o «capas de recubrimiento»; estas regiones externas están construidas con un tipo de semiconductor de gap elevado. Entre ellas se inserta la tercera región, que se realiza con otro semiconductor de gap más pequeño. Esta región se conoce como «zona activa». La figura 11.10 muestra un corte transversal de un DHL.

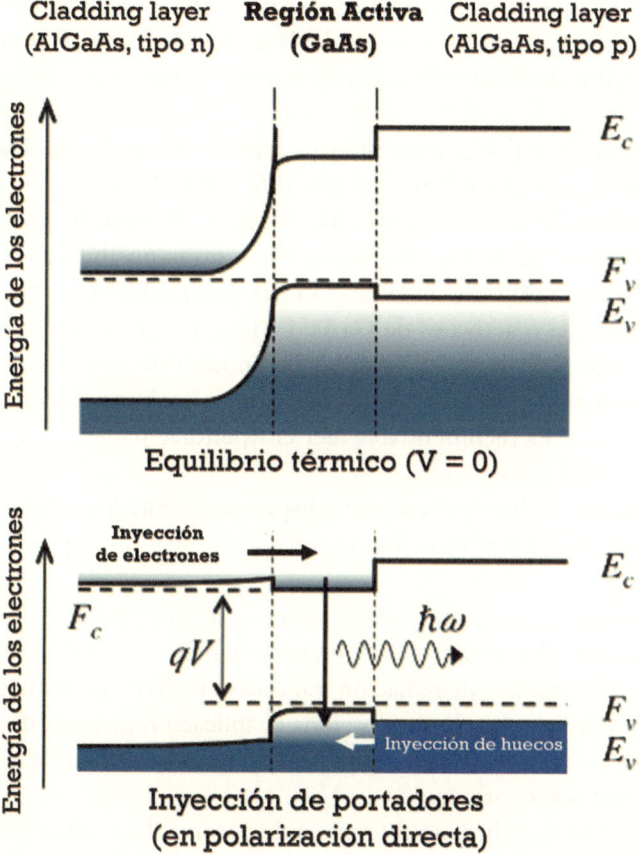

Figura 11.11. Diagrama de bandas de un DHL en equilibrio (arriba) y tras la aplicación de una tensión externa (abajo). Es una representación de la energía de los electrones y los huecos en las tres regiones del dispositivo; los electrones tienen energías superiores a los huecos en cualquiera de las tres. Cuando se aplica una tensión al dispositivo, se promueve la inyección de electrones desde la zona N a la zona activa y la de huecos desde la zona P también a la zona activa. Una vez allí, los electrones y los huecos se recombinan (aniquilan), provocando la emisión láser.

De las dos capas de revestimiento, una tiene incorporados dopantes que hacen que su capacidad de conducción de corriente eléctrica este dominada por electrones (tipo N); la otra tiene impurezas que favorecen la conducción por huecos (tipo P). Por el momento, muy similar a un LED. Entre las zonas N y P se inserta la zona activa, que no contiene impurezas de ningún tipo; el nombre de láser de doble heterounión se debe a que implica una doble unión de semiconductores diferentes, a saber, capa de revestimiento N-zona activa y zona activa-capa de revestimiento P. En la zona activa del láser tienen lugar los procesos de emisión estimulada de radiación, tal y como veremos en los siguientes párrafos.

Las zonas N y P y la zona intermedia o activa están fabricadas con semiconductores con valores del gap diferentes. En los láseres comerciales más frecuentes, el material de las capas de revestimiento N y P es una aleación de $Al_xGa_{1-x}As$, aunque hay otras posibilidades, dependiendo de la longitud de onda de la radiación emitida. Por otra parte, la zona intermedia o activa es de GaAs. La figura 11.11 muestra lo que se conoce como el diagrama de bandas de un láser de doble heterounión. Este diagrama muestra las energías de electrones y huecos en el conjunto del dispositivo. Es recomendable leer el Apéndice para una mejor comprensión de la figura.

El proceso mediante el cual este dispositivo emite luz láser sucede en varios pasos, que detallo a continuación:

i. Como en los láseres convencionales, hay que procurar un bombeo o aporte energético al sistema para favorecer los procesos de emisión estimulada de radiación. En el caso del láser de semiconductores, este bombeo lo proporciona la aplicación de una diferencia de potencial ente las zonas N y P, de un valor del orden de 3-5 voltios de tensión continua.

ii. Cuando se aplica esa diferencia de potencial, se favorece la inyección de electrones desde la zona N y de huecos desde la zona P a la zona intermedia o activa. Allí, tanto los electrones como los huecos se quedan confinados y, en pocos nanosegundos tras la inyección, los electrones se aniquilan (recombinan) con los huecos. Desde el punto de vista energético, lo que sucede es que los electrones pierden su energía inicial, que la emiten en forma de fotones, dando lugar a un proceso inicial de emisión espontánea. Esta emisión inicial, de naturaleza espontánea, es muy similar a la que produce un LED y es el paso previo necesario para lograr la emisión estimulada.

iii. Debido a que el índice de refracción del GaAs de la zona activa es mayor que el del $Al_xGa_{1-x}As$ de las capas de revestimiento, los fotones emitidos de forma espontánea empiezan a desplazarse confinados dentro de la zona activa y a lo largo de toda la longitud de esta. Cuando encuentran en su recorrido otro electrón, estimulan su aniquilación con un hueco, provocando la emisión estimulada de un fotón, en total analogía a lo que sucede en un láser convencional. A esta estructura se la denomina técnicamente cavidad Fabry-Perot.

iv. El fotón generado por este proceso de emisión estimulada tiene la misma frecuencia, fase y dirección de propagación que el fotón incidente; en otras palabras, la emisión estimulada causa que haya ganancia de fotones. Ese proceso se incrementa a medida que más electrones y huecos son inyectados a la zona activa por acción de la polarización externa. Es decir, cuando se inyectan electrones en el DHL, se recombinan con huecos y parte de su energía sobrante se convierte en fotones, que interactúan con más electrones entrantes, ayudando a producir más fotones, y así sucesivamente en un proceso que se automantiene. Esta conversión repetida de electrones entrantes en fotones salientes es análoga al proceso de emisión estimulada que se produce en un láser convencional.

v. Para que el láser de semiconductor produzca una cantidad de radiación significativa, los procesos de emisión estimulada deben reforzarse. Para ello, los extremos del dispositivo actúan como espejos reflectores, que actúan exactamente igual a como lo hacen los espejos reflectores de los láseres convencionales.

La luz láser emitida por el láser de semiconductor lo hace a través de uno de los extremos del dispositivo. La figura 11.12 muestra cómo tiene lugar todo el proceso.

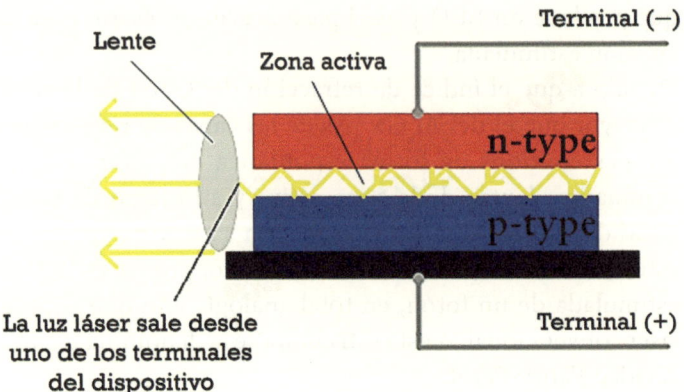

Figura 11.12. Emisión de luz en un láser de semiconductor. La radiación está confinada a la zona activa. El extremo izquierdo del dispositivo se pule para que la luz láser pueda salir de él. El extremo derecho se hace rugoso, para ayudar a confinar la luz dentro de la zona activa[21].

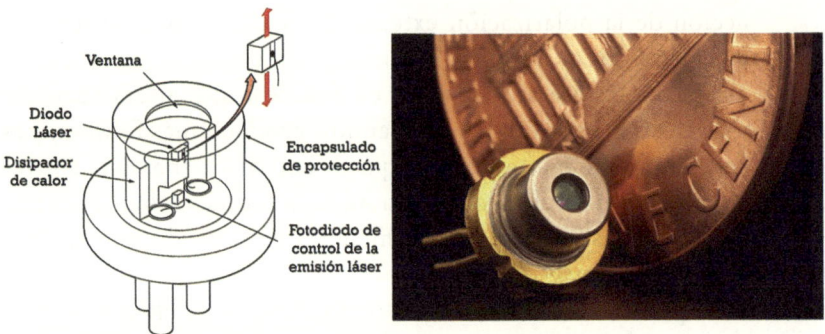

Figura 11.13. Izquierda: esquema del encapsulado de un láser de semiconductor, junto con el detalle de la localización del láser en su interior. Derecha: aspecto externo de un láser con su encapsulado, junto a una moneda de un céntimo de dólar, para hacerse un idea del tamaño[22].

Encapsulado y manejo del dispositivo

Como veremos en el siguiente punto, las aplicaciones más importantes donde se utilizan los láseres de semiconductor incluyen los sistemas de comunicaciones por fibra óptica, los lectores de los códigos de barras, los

---

[21] C. Woodford, «Semiconductor diode lasers», recogido en la Bibliografía.

[22] J. Hecht, «Understanding Lasers. Chapter 9.13: Packaging and Specialization of Diode Lasers», GlobalSpec (https://bit.ly/3ZI2OHe); «Diode laser», Wikimedia Commons (https://bit.ly/3ZLtW8o).

punteros láser, los lectores de los equipos reproductores de CD/DVD/ Blu-ray y las impresoras láser. Para poder utilizarlos y manipularlos con seguridad, y conferirles una rigidez mecánica adecuada que evite posibles daños, los láseres se insertan dentro de un encapsulado que proporciona la deseada rigidez al conjunto, facilitando su manipulación e incorporación en los circuitos electrónicos necesarios para su adecuado funcionamiento. La figura 11.13 de la página anterior muestra un encapsulado típico.

5. APLICACIONES DE LOS LÁSERES
En la actualidad, los láseres se utilizan en todos los sectores de la sociedad moderna, como la electrónica de consumo, la informática, la ciencia, la medicina, la industria, el ocio, las fuerzas del orden y el ejército.

5.1. Principales aplicaciones de los láseres convencionales
Entrando en algunos detalles, los principales campos de utilidad del láser son los siguientes:

i) Medicina
El láser tiene una propiedad que lo hace especialmente idóneo para aplicaciones médicas, ya que, al ser un haz de luz muy concentrada y de una potencia que se puede modular fácilmente a voluntad, permite intervenir en zonas muy localizadas sin daño alguno para los tejidos circundantes, lo que posibilita un abanico de aplicaciones amplísimo, desde la eliminación de tejidos indeseados como es el caso de los tumores, hasta la reparación de zonas dañadas, empleándolo como instrumento de cosido de tejidos.

Por consiguiente, en medicina la principal virtud del láser es su gran precisión y la capacidad que tiene de resolver una patología sin alterar el resto de los tejidos, sin necesidad de recurrir a la cirugía convencional. En general, se utiliza en cirugías no invasivas, que necesitan muy poco tiempo de recuperación. Probablemente, la medicina es el campo de actividad donde la tecnología láser está presente de manera más ubicua, alcanzando a gran número de disciplinas, entre las que destacan las siguientes:

- Dermatología: eliminación de tatuajes, eliminación de tumores cutáneos, tratamientos cosméticos, eliminación de acné, eliminación de celulitis, eliminación de vello de zonas no deseadas.
- Oftalmología: reparación de desprendimientos de retina, corrección de ciertos defectos visuales, como la presbicia.

- Oncología: tratamiento del cáncer mediante terapia fotodinámica y diagnóstico de los tumores en fases cada vez más tempranas para mejorar la recuperación de los pacientes.
- Odontología: reparación de piezas mediante endodoncias.

ii) Industria

Por las mismas razones que en el caso de las aplicaciones quirúrgicas, la capacidad del láser para concentrar una potencia luminosa muy elevada en una zona muy reducida lo hace un candidato idóneo para el corte de precisión de metales diversos: para la soldadura fría, que es un tipo de soldadura de metales difíciles de unir por procedimientos convencionales, que se realiza a temperaturas a las que no es posible lograr la unión efectiva entre los constituyentes, pero muy localizada en el punto exacto de contacto; para tratamientos térmicos que permiten reforzar ciertas propiedades como dureza, resistencia a la corrosión, etc.

iii) Militar

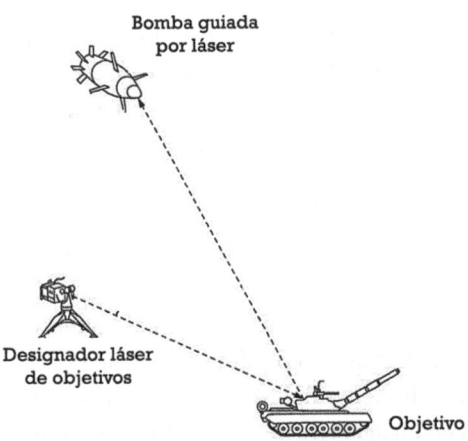

Figura 11.14. Esquema de un sistema de guía de misiles por láser. La bomba guiada lleva en su cabeza un sistema de detección de la luz láser reflejada por el objetivo[23].

Este es otro de los campos donde mayor diversidad de sistemas de armas utilizan las propiedades del láser: señalamiento de objetivos, guía de

---

[23] B. Taylor, M. Schaub and D. Jenkins, «Projectile guidance system including a compact semi-active laser seeker» (https://patents.google.com/patent/US8207481).

misiles, defensa antimisiles, contramedidas electroópticas, cegado de tropas en el campo de batalla, etc. La figura 11.14 ilustra el funcionamiento de un sistema de guía para misiles mediante láser.

Alguien, que puede ser el piloto, un dron o un soldado en tierra, proyecta un rayo láser sobre el objetivo. Al chocar con este, el haz láser se refleja y, cuando el misil o la bomba guiada por el láser se suelta de una aeronave, esa señal es la que busca el sistema de guía del misil. Una vez que detecta el reflejo del láser en el blanco, utiliza su control para moverse hacia el objetivo. Su precisión dependerá de su capacidad de maniobra.

iv) Investigación en diversos campos
En el campo de la investigación, hay numerosas técnicas de caracterización que utilizan las propiedades del láser para poder obtener información sobre las propiedades de materiales, y hay multitud de técnicas espectroscópicas basadas en láser. También tiene utilidad como herramienta para obtener capas finas de multitud de materiales, una técnica que se denomina ablación láser, como procedimiento de modificación de ciertas propiedades, y otras posibilidades, como metrología, interferometría láser, fusión nuclear inducida por láser, etc.

5.2. Aplicaciones del láser de semiconductor
Son varias las áreas donde este dispositivo está presente en nuestra vida cotidiana.

i) Electrónica de consumo
El primer uso del láser en la vida cotidiana de la población fue el escáner de códigos de barras de los supermercados, introducido en 1974. El reproductor de discos láser, introducido en 1978, fue el primer producto de consumo de éxito que incluyó un láser, pero el reproductor de discos compactos y posteriormente el DVD y el Blu-ray fueron los primeros aparatos equipados con láser que se generalizaron a partir de 1982, seguidos en los años siguientes por las impresoras láser. Aunque los lectores de CD/DVD representan una parte muy pequeña del mercado del láser, son muy habituales en nuestra vida cotidiana, aunque poco a poco van cayendo en desuso. Describo brevemente su funcionamiento a continuación. La figura 11.15 muestra el esquema de un lector de CD/DVD/Blu-ray.

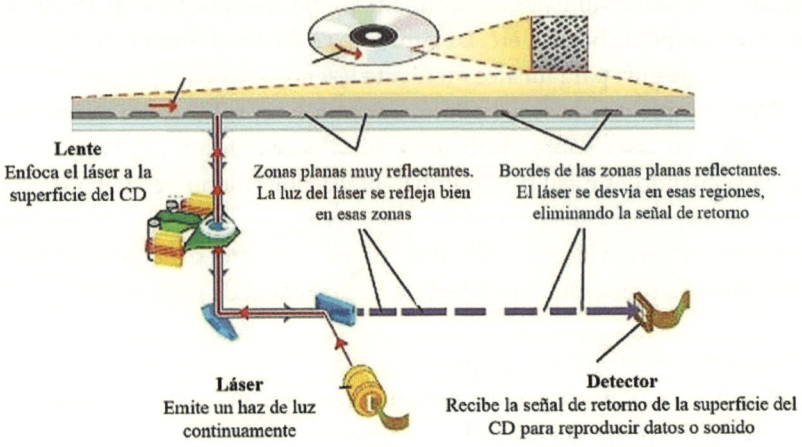

Lente
Enfoca el láser a la
superficie del CD

Zonas planas muy reflectantes.
La luz del láser se refleja bien
en esas zonas

Bordes de las zonas planas reflectantes.
El láser se desvía en esas regiones,
eliminando la señal de retorno

Láser
Emite un haz de luz
continuamente

Detector
Recibe la señal de retorno de la superficie del
CD para reproducir datos o sonido

Figura 11.15. Esquema del funcionamiento de un lector de CD-DVD-BD.

La información contenida en un CD/DVD/Blu-ray está codificada en forma de protuberancias y mesetas microscópicas que se grabaron en la cara interna de uno de tales dispositivos. En los equipos reproductores, hay un láser de semiconductor, generalmente de AlGaAs en los CD y DVD y de GaN/AlGaN en el Blu-ray, que se enfoca hacia esa superficie mediante una lente. La luz láser impacta en la superficie y se refleja hacia un detector. Mientras el láser no encuentra cambios en la superficie del medio, la luz se recoge en el detector, que interpreta la señal como un 1. Cuando salta de una meseta a una protuberancia o viceversa, la luz reflejada no llega al detector. En ese instante, el sistema interpreta la ausencia de señal como un 0. De esta forma, el láser lee la información codificada en el CD/DVD/Blu-ray y la envía a la electrónica del equipo, que la convierte en sonido o imagen.

ii) Comunicaciones por fibra óptica
El uso de las comunicaciones por fibra óptica se está generalizando ampliamente, aunque están presentes en las comunicaciones telefónicas desde la década de 1970, sustituyendo a los cables de cobre. Las ventajas de las comunicaciones por fibra óptica son innumerables; fiabilidad, rapidez, ancho de banda, etc. Esto ha sido posible gracias a la sinergia entre microelectrónica y óptica, lo que ha permitido la revolución de las comunicaciones, de la mano de una disciplina científica denominada fotónica.

Las comunicaciones por fibra óptica mediante láser son una tecnología clave en las comunicaciones modernas, que permite, nada más y nada menos, el funcionamiento de Internet. Enviamos y recibimos correos electrónicos por Internet con señales que los láseres lanzan por cables de fibra óptica. En los siguientes párrafos describiré brevemente cómo funcionan estos sistemas, indicando el papel esencial que juega el láser en ellos.

En el interior de una fibra óptica
Un cable de fibra óptica está formado por finísimas hebras de vidrio o plástico; un cable puede tener tan solo dos hebras o varios cientos. Cada hebra tiene menos de una décima parte del grosor de un cabello humano y puede transportar unas 25.000 llamadas telefónicas, por lo que un cable de fibra óptica entero puede transportar fácilmente varios millones de llamadas.

Veamos cómo funciona la fibra óptica: supongamos que usted quiere iluminar con una linterna un pasillo largo y recto. La luz viaja en línea recta, así que no hay problema. ¿Y si el pasillo tiene una curva? Puede colocar un espejo en el recodo para reflejar el haz de luz en la esquina. ¿Y si el pasillo tiene muchas curvas? Podría revestir las paredes con espejos para que el haz de luz rebote de lado a lado a lo largo de todo el pasillo. Esto es exactamente lo que ocurre en una fibra óptica[24]. La luz de un cable de fibra óptica viaja por el núcleo, que sería el pasillo del ejemplo anterior, rebotando constantemente en el revestimiento, es decir, en las paredes revestidas de espejos. Este fenómeno se conoce como reflexión interna total. Como el revestimiento no absorbe la luz del núcleo, la onda luminosa puede recorrer grandes distancias. Sin embargo, parte de la señal de luz se degrada dentro de la fibra, debido sobre todo a las impurezas del vidrio. La degradación de la señal depende de la pureza del vidrio y de la longitud de onda de la luz transmitida. Por ejemplo, para una longitud de onda de $\lambda = 850$ nm, la degradación suele ser del 60%/km a 75 %/km; para $\lambda = 1.300$ nm, entre el 50%/km y el 60%/km; finalmente, para $\lambda = 1.550$ nm, del orden de 50%/km. Algunas fibras ópticas de alta calidad muestran una degradación de la señal mucho menor, inferior al 10%/km a $\lambda = 1.550$ nm.

¿Cómo hace su trabajo una fibra óptica?
La luz viaja por un cable de fibra óptica rebotando repetidamente en las paredes; se muestra en la figura 11.16. Cada fotón rebota por el tubo como un bobsleigh en una pista de hielo. Ahora bien, cabría esperar que un haz de luz que viaja por un tubo de vidrio transparente se filtrara por los bor-

---

[24] C. Freudenrich and C. Pollette, «How Fiber Optics Work», How Stuff Works, 29-julio-2022 (https://bit.ly/3Bb6uIa).

des. Pero si la luz incide en el cristal con un ángulo muy pequeño, por debajo de 42°, vuelve a reflejarse, como si el cristal fuera un espejo. A este fenómeno es al que antes nos hemos referido al hablar de la reflexión interna total. Es una de las cosas que mantiene la luz dentro del tubo.

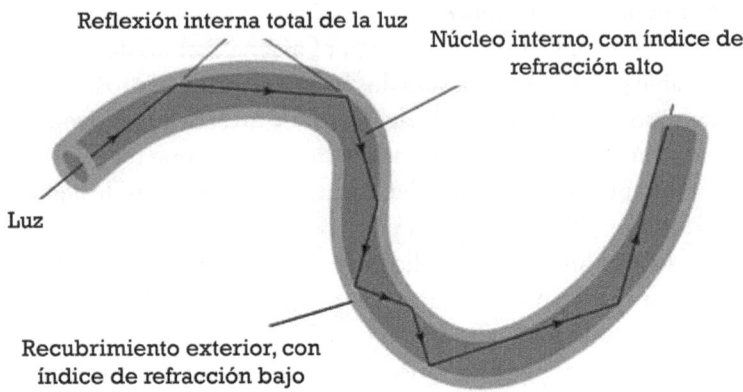

Figura 11.16. Una fibra óptica y el haz de luz confinado al interior de la estructura[25].

El otro efecto que mantiene la luz dentro del tubo es la estructura del cable, que consta de dos partes separadas. La parte principal del cable, en el centro, se llama núcleo y es por donde circula la luz. Alrededor del núcleo hay otra capa de vidrio llamada revestimiento. La función del revestimiento es mantener las señales luminosas dentro del núcleo. Puede hacerlo porque está hecho de un tipo de vidrio diferente al del núcleo.

Dentro de un sistema de comunicaciones por fibra óptica

Los cables de fibra óptica transportan información entre dos lugares utilizando tecnología totalmente óptica, es decir, los mensajes están codificados en forma de señales ópticas. Supongamos que usted quiere enviar información desde su ordenador a la casa de un amigo que está en otro barrio de su ciudad utilizando fibra óptica. Podría conectar el ordenador a un láser, que convertiría la información eléctrica del ordenador en una serie de pulsos de luz. A continuación, dispararía el láser por el cable de fibra óptica y tras viajar por el cable, los haces de luz emergerían por el otro

[25] M. Bahl, «Structured Light Fields in Optical Fibers», *Fiber Optics – From Fundamentals to Industrial Applications. IntechOpen*, sep. 04, 2019. DOI: 10.5772/intechopen.85958.

extremo. Su amigo necesitaría disponer de un detector de luz, como los que veremos en el próximo capítulo, para volver a convertir los pulsos de luz en información eléctrica que su ordenador pudiera entender. En esencia, esto sería, de manera bastante simplificada, un sistema de comunicaciones por fibra óptica. En la figura 11.17 se muestra un esquema de uno de estos sistemas:

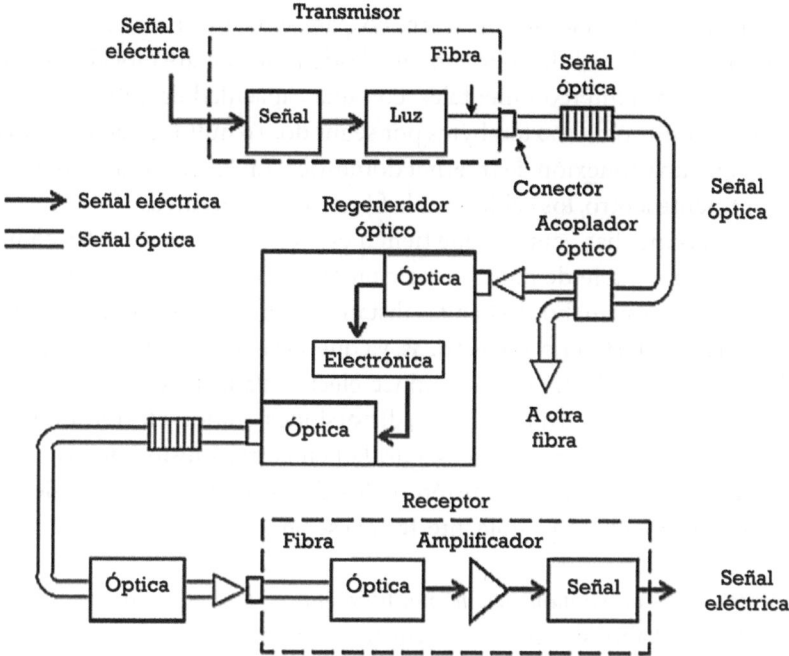

Figura 11.17. Diagrama de bloques de un sistema de comunicaciones por fibra óptica[26].

El mensaje que se envía a través de este sistema es una señal eléctrica, que ha sido previamente codificada a un código binario. Esa señal actúa sobre un láser de semiconductor, que transforma ese código eléctrico en uno óptico, de manera que el láser se encarga de emitir pulsos de luz. En los sistemas más habituales en la actualidad, esos pulsos son de $\lambda=1.3$ µm o $\lambda=1.55$ µm. El láser que lo emite está fabricado con un semiconductor compuesto por cuatro elementos, GaInAsP. La radiación emitida por el láser se transmite por la fibra óptica, que hace

---

[26] «Principles of Optical Fiber Communications», tutorialspoint.com (https://bit.ly/3Vv6Xvr).

las veces del cable, pero con una atenuación mucho menor que la que sufren los cables de cobre.

En función de la atenuación que presenta la fibra, que ya hemos indicado en el párrafo anterior, cada cierta distancia es preciso restaurar el mensaje a su nivel inicial. Eso lo hace el regenerador óptico del esquema mostrado en la figura 11.17. Una vez restaurado, el mensaje se envía de nuevo por la fibra hasta que llega al destinatario. Allí sufre un proceso de decodificación inverso al que se aplicó para enviarlo. Estos sistemas se emplean en multitud de aplicaciones, desde redes de área local hasta las comunicaciones intercontinentales, con una capacidad de datos verdaderamente asombrosa: 160 terabytes por segundo, 16 millones de veces más rápido que una conexión de Internet doméstica. En las comunicaciones de un continente a otro, los cables con la fibra son submarinos.

Entre las muchas ventajas que tienen estos sistemas frente a las comunicaciones por cable de cobre, cabe citar las siguientes: mayor velocidad de transmisión y ancho de banda, distancias de transmisión más largas, inmunidad a interferencias eléctricas, ya que, al ser la fibra óptica un material totalmente dieléctrico, no conduce electricidad, siendo así inmune a las interferencias electromagnéticas, distorsiones, ruidos, etc. Otra ventaja importantísima hoy en día es la seguridad en la transmisión de los datos, debido a que, al ser la transmisión de los datos mediante un haz de luz, hace prácticamente imposible interferir la señal.

Importancia de las comunicaciones por fibra óptica en nuestro mundo
Cuando usted abre su periódico favorito en un ordenador de mesa, puede leer su contenido gracias a Internet. Cuando busca en Google un hotel para sus próximas vacaciones, también habrá sido Internet el facilitador del proceso de búsqueda. Google opera una red mundial de centros de datos gigantes conectados por cables de fibra óptica de gran capacidad. Si está utilizando banda ancha de fibra óptica rápida, los cables de fibra óptica están haciendo casi todo el trabajo cada vez que se conecta. En la mayoría de las conexiones de banda ancha de alta velocidad, solo en la última parte del trayecto de la información intervienen cables anticuados, la que va desde el armario conectado a la fibra en su calle hasta su domicilio.

Son los cables de fibra óptica, no los de cobre, los que ahora transportan los «me gusta» y los «post» por debajo de nuestras calles, por un número cada vez mayor de zonas rurales e incluso por debajo de los océanos que unen continentes. Si nos imaginamos Internet y la World Wide Web que la sustenta como una tela de araña global, los hilos que la mantienen unida son los cables de fibra óptica; según algunas estimaciones, los cables de fibra cubren más del 99% del kilometraje total de Internet y transportan más del 99% de todo el tráfico internacional de comunicaciones. Las interconexiones globales se pueden ver en la figura 11.18.

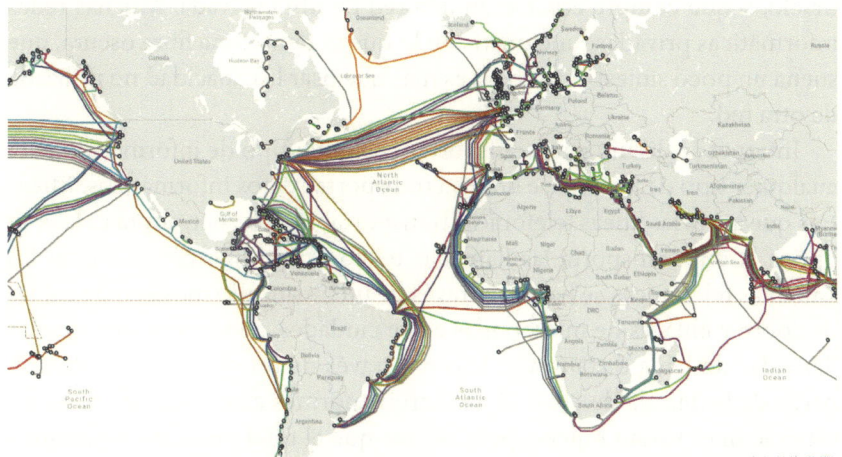

Figura 11.18. Aquí se puede ver cómo se conectan los países mediante la enorme red de fibra óptica submarina mundial[27].

Cuanto más rápido pueda acceder un ciudadano a Internet, más actividades podrá realizar en línea. La llegada de Internet de banda ancha hizo posible el fenómeno de la computación en la nube, en la que las personas almacenan y procesan sus datos a distancia, utilizando servicios en línea en lugar de un PC doméstico o de empresa en sus propias instalaciones. Del mismo modo, el despliegue constante de la banda ancha de fibra hará que sea mucho más habitual que la gente haga cosas como ver películas en línea en lugar de ver la televisión en abierto o alquilarla en un DVD. Esto ya está sucediendo masivamente hoy en día con las plataformas como Netflix, Max o Amazon, entre otras. Con más capacidad de fibra y conexiones más rápidas, seguiremos y controlaremos muchos más aspectos de nuestras vidas en línea mediante el llamado «Internet de las Cosas».

Pero los datos públicos de Internet no son los únicos que circulan por las líneas de fibra óptica. Antes los ordenadores se conectaban a largas distancias mediante líneas telefónicas o, en distancias más cortas, mediante cables Ethernet de cobre, pero los cables de fibra son cada vez más el

---

[27] «How Well Do You Know Cables?», TeleGeography.com (https://bit.ly/4i DhWNA).

método preferido para conectar ordenadores en red porque son muy asequibles, seguros, fiables y tienen una capacidad mucho mayor. En lugar de conectar sus oficinas a través de la red pública de Internet, es perfectamente posible que una empresa establezca su propia red de fibra, si puede permitírselo, o que compre espacio en una red de fibra privada. Muchas redes informáticas privadas funcionan con lo que se denomina fibra oscura, que suena un poco siniestro, pero no es más que usar la capacidad no utilizada de otra red.

Internet se diseñó para transportar cualquier tipo de información para cualquier tipo de uso; no se limita a transportar datos informáticos. Mientras que antes las líneas telefónicas transportaban Internet, ahora es la fibra óptica la que transporta las llamadas telefónicas. Mientras que antes las llamadas telefónicas se hacían a través de un intrincado mosaico de cables de cobre y enlaces de microondas entre ciudades, ahora la mayoría de las llamadas de larga distancia se hacen a través de líneas de fibra óptica. A partir de la década de 1980 se tendieron enormes cantidades de fibra; las estimaciones varían mucho, pero se cree que el total mundial es de varios cientos de millones de kilómetros, suficiente para cruzar Europa de un extremo a otro cerca de un millón de veces. Esto es una pequeña muestra de lo que las comunicaciones por fibra óptica representan en la actualidad, una combinación extraordinaria de tecnologías en la que todos los actores implicados son esenciales. Y dos de esos actores son los láseres de semiconductores compuestos del grupo III-V y sus correspondientes detectores, también de semiconductores compuestos del mismo grupo. Como vamos a ver en el siguiente capítulo, hay otra multitud de usos para los detectores de radiación.

Capítulo 12

En la guerra y en el universo: detectores de radiación

En el capítulo 8 hemos visto cómo la tecnología del silicio ha posibilitado la realización de los sistemas de detección de radiación visible del tipo CCD y sensores CMOS. Cuando utilizamos semiconductores compuestos, por varias razones que veremos en este capítulo, la estructura CCD es bastante más compleja de llevar a la práctica y la basada en la tecnología CMOS es inexistente, dado que ninguno de los semiconductores compuestos tiene un óxido nativo comparable con el SiO_2.

A pesar de estas limitaciones, los detectores de radiación basados en semiconductores compuestos permiten ampliar enormemente las radiaciones detectables. Todo el infrarrojo y una parte del ultravioleta profundo son detectables con sistemas basados en varios de estos semiconductores. Con objeto de organizar los campos de utilidad de estos detectores, este capítulo se divide atendiendo a sus principales usos, limitando el análisis a dos áreas clave: las aplicaciones militares y la astronomía infrarroja.

Al igual que se indicó en el capítulo 9, hay un tipo particular de detectores, las células solares, que no son estrictamente detectores ya que, por su forma de uso y construcción, son conversores de energía solar en eléctrica y serán el objetivo del próximo capítulo.

1. Los detectores fotónicos de utilidad en el campo de batalla

Los sistemas de armas guiadas, más popularmente conocidos como misiles, comprenden un abanico amplísimo de artefactos: aire-aire, aire-tierra, tierra-aire, mar-tierra, aire-mar, etc. y los procedimientos de guía también son diversos: por infrarrojo, por radar, por láser, etc. Aquí me limitaré al primero de los procedimientos de guía, mediante radiación infrarroja, pues son el sistema que mejor permite entender el papel que juegan los detectores basados en semiconductores compuestos. Esta fue una de las primeras aplicaciones de estos semiconductores. Los sistemas más sencillos utilizan como detector una unión PN, que ya hemos visto con anterioridad al analizar los sistemas de comunicaciones mediante fibra óptica. Los fotodetectores que se usan en esos sistemas funcionan en base a los mismos principios que los que analizaremos aquí. La figura 12.1 muestra la cabeza de un misil que lleva un sistema de guía basado en semiconductores.

Figura 12.1. Misil AIM-9X Sidewinder instalado en su carril de lanzamiento. Se puede ver la cabeza buscadora del misil, que es una lente verdosa que concentra la radiación infrarroja sobre el semiconductor detector, que no es visible en la imagen, al estar situado detrás de la lente[1].

1.1. Principio de operación de un fotodetector

Los fotodetectores son sensores de radiación electromagnética. Los que están basados en semiconductores suelen utilizar una unión PN. Hay tres procesos involucrados en su funcionamiento, muy parecido al de una célula solar, tal y como describí en el capítulo 9 :

i. Absorción y creación de portadores de carga.
ii. Transporte de portadores.
iii. Extracción de portadores como fotocorriente.

i) Absorción

La energía luminosa incide sobre el fotodetector, que la absorbe. Los fotones absorbidos transfieren su energía a los electrones del semiconductor,

---

[1] J. Keller, «Raytheon gets order for 180 AIM-9X infrared-guided missiles for U.S. and allied forces», Military Aerospace Electronics, 24-julio-2017 (https://bit. ly/3ZrMOrz).

promoviendo el salto de estos a la banda de conducción, creando pares de carga electrón-hueco.

ii) Transporte de portadores
Una vez generados por la radiación incidente, los portadores de carga son transportados a través de todas las regiones del dispositivo hasta que alcanzan el circuito exterior.

iii) Extracción de portadores como fotocorriente
Después del transporte de los pares electrón-hueco, se recolectan y se genera una corriente eléctrica que fluye a través del circuito exterior. Esa corriente es proporcional a la cantidad de fotones incidente y es la respuesta que da el dispositivo a la radiación que lo ilumina. En el caso de los sistemas de guía de un misil, esa corriente se usa para activar su mecanismo de disparo. El esquema del proceso se ve en la figura 12.2, junto con un corte transversal esquemático de un fotodetector práctico.

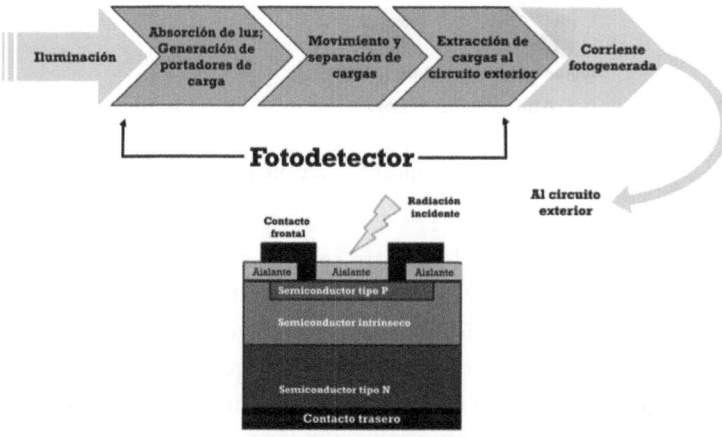

Figura 12.2. Arriba: principio de funcionamiento de un detector de radiación basado en semiconductores. Abajo: corte transversal esquemático de un fotodetector fabricado con semiconductores.

Vamos a continuación a analizar las características principales de la radiación infrarroja (en lo que sigue, IR), para ver cómo se puede utilizar su detección en los sistemas de armas que la emplean.

1.2. La radiación infrarroja

Si se quiere detectar luz visible, el silicio sigue siendo la elección de referencia, ya que todas las cámaras fotográficas de nuestros teléfonos móviles, así como las de pequeño formato y las profesionales utilizan dispositivos fabricados sobre silicio para detectar las imágenes. Estos sistemas están basados en los CCD y CMOS que ya hemos visto en el capítulo 8. No obstante, si lo que se pretende es detectar radiación IR, hay que utilizar dispositivos basados en semiconductores compuestos, con un valor del gap inferior al del silicio (< 1 eV). La figura 12.3 muestra el espectro electromagnético, para situar en él la radiación IR.

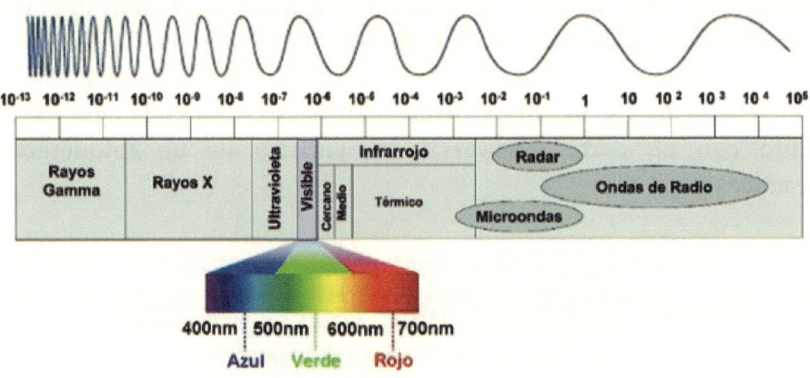

Figura 12.3. El espectro electromagnético[2].

El inicio de la zona IR del espectro se sitúa en las longitudes de onda comprendidas entre 0.7 y 0.8 μm, aunque el límite entre la luz visible y el IR no está definido con precisión. El ojo humano es muy poco sensible a la luz de longitud de onda mayor de 0.7 μm, por lo que esa es la comúnmente aceptada como el comienzo del IR. La fuente primaria de radiación IR es el calor, también conocido como radiación térmica. Cualquier objeto que tenga una temperatura superior al cero absoluto, −273.15 °C, emite radiación y su longitud de onda asociada se sitúa en el IR. Así, en la oscuridad, los detectores IR pueden ver objetos que no es posible apreciar con luz visible gracias a que dichos objetos irradian calor. Sentimos los efectos de la radiación IR cada día. El calor de un fuego, de un radiador de calefacción o de una acera caliente proviene de la emisión por parte de estos cuerpos

---

[2] «El espectro electromagnético», ViLab, 4-febrero-2023 (https://bit.ly/4g9QKEl).

de radiación IR. Aunque no podemos verla, nuestra piel la siente, ya que sus terminaciones nerviosas son sensibles a la temperatura. La figura 12.4 muestra el espectro de emisión de radiación de distintos cuerpos en función de la temperatura a la que se encuentran.

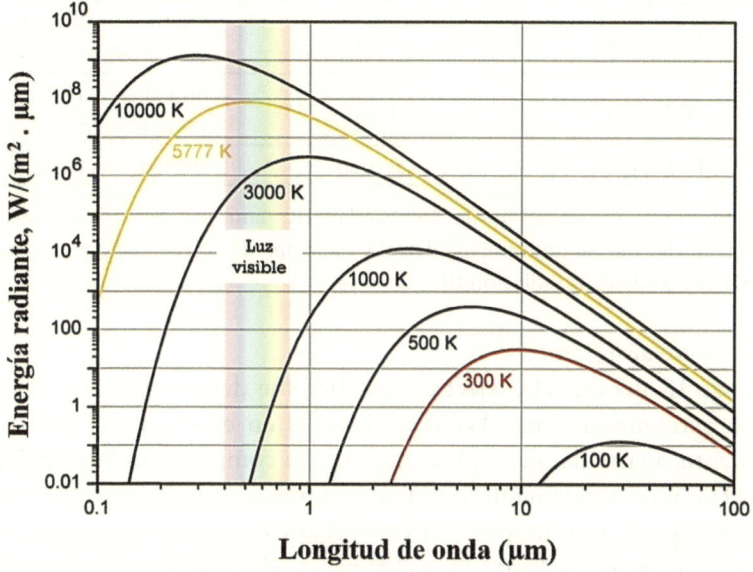

Figura 12.4. Densidad espectral de energía radiada por cuerpos situados a diferentes temperaturas, expresada en grados Kelvin. La línea roja corresponde a un cuerpo situado a la temperatura ambiente, es decir 300 K. Ambos ejes están en escala logarítmica[3].

La línea roja de la figura 12.4 corresponde a la emisión de un cuerpo situado a temperatura ambiente, 300 K, que es nuestra temperatura corporal. En este caso, la emisión más intensa se produce a una longitud de onda de 10 μm. Por otra parte, los gases de combustión de los motores a reacción salen por los escapes de los reactores a unos 1000 K; en este caso, como se ve en la figura, el máximo de emisión se sitúa alrededor de 2-3 μm. Ambas emisiones son de interés primordial para los detectores de aplicaciones militares, visión nocturna en el primer caso y sistemas de guía de misiles en el segundo.

El IR se subdivide en diversas bandas o regiones, cada una de las cuales tiene un especial interés y para cada una de ellas existen diversos semicon-

---

[3] «BlackbodySpectrum loglog», Wikimedia Commons (https://bit.ly/4gkLZrk).

ductores compuestos que permiten su detección, tal y como muestra la Tabla 12.1.

Denominación	Margen de longitud de onda (μm)	Semiconductor y rango de detección (μm)
IR Cercano	0.7-3	Si (0.7-1); InGaAs, PbSe (1-3)
IR Medio	3-50	InSb (3-5); HgCdTe (8-14); Si:As (15-30)
IR Lejano	50-1000	Detedtores térmicos

Tabla 12.1. Clasificación de las bandas IR, con los semiconductores principales que se utilizan para detectar cada una de las tres regiones en las que se subdivide la radiación IR.

1.3. Un poco de historia

El rango IR del espectro electromagnético fue descubierto por el astrónomo germano-británico William Herschel en el año 1800. Su descubrimiento, aparte de ser fundamental para la comprensión final de dicho espectro, abrió todo un nuevo campo de investigación y desarrollo tecnológico. Algunos años después, en 1880, el astrofísico americano Samuel P. Langley desarrolló redes de difracción para poder dispersar la radiación IR en sus longitudes de onda constituyentes, de una manera similar a como hizo anteriormente Newton con la radiación visible.

El verdadero impulso a la tecnología IR vino de la mano de las aplicaciones militares, ya que la capacidad de ver en la oscuridad es una posibilidad sumamente atractiva para cualquier ejército. Las dos guerras mundiales impulsaron notablemente el desarrollo de la detección de IR y muy especialmente la segunda, tal y como vemos a continuación.

i) Vehículos dotados de sistemas IR

En una fecha tan temprana como 1935, el ejército alemán creó un grupo de trabajo junto a las compañías AEG en la parte electrónica y Karl Zeiss en la óptica, cuyo primer fruto fue un prototipo consistente en un dispositivo detector de radiación IR que permitía su visualización mediante el uso de la pantalla fluorescente de un tubo de rayos catódicos. A principios de 1942 se realizaron pruebas con un convertidor de imagen IR a visible denominado Ziel Gërat ZG 1221, instalándolo inicialmente en el cañón anticarro PAK 40, y posteriormente en algunos vehículos anticarro autopropulsados Marder II.

Posteriormente, a mediados de 1943, comenzaron las primeras pruebas con dispositivos de visión nocturna montados en el carro de combate PzKpfw V Panther. El sistema consistía básicamente en dos elementos: un proyector de 30 cm de diámetro que emitía radiación IR para iluminar el blanco y un convertidor de imagen ZG 1221 operado por el comandante del carro, que no era más que un tubo de rayos catódicos que hacía posible la imagen al reflejar el blanco la radiación IR emitida por el proyector. En ese tubo se encontraba el detector de IR, que era una sal de plomo, PbS, más conocido como galena.

Este equipo tenía un alcance efectivo de 600 m. Desde finales de 1944 hasta marzo de 1945, este sistema se utilizó en algunas unidades acorazadas, cuyo aspecto y descripción de sus componentes se muestra en las figuras 12.5 y 12.6.

Figura 12.5. Arriba: sistema de visión nocturna ZG 1221. Abajo: esquema del sistema, que iba instalado en la cúpula de una carro Panther. El emisor IR es el gran foco del centro de la imagen. El detector, instalado en la mira telescópica a la izquierda de la imagen, estaba basado en PbSe[4].

---

[4] «La óptica nocturna alemana en la Segunda Guerra Mundial», Pinterest (https:// bit.ly/3OMKAOB).

Figura 12.6. El visor IR instalado en la cúpula de un carro de combate Panther[5].

ii) Visores IR de infantería

También hubo tropas de infantería equipadas con los fusiles de asalto STG-44 y visores ZG 1229, denominados genéricamente Vampir. Al final de la guerra se habían suministrado algo más de 300 sistemas STG-44 Vampir ZG 1229, uno de los que se muestra en la figura 12.7.

Figura 12.7. Fusil de asalto StG-44, dotado con el sistema Vampir[6].

---

[5] «A German Panther with prototype night vision equipment», Reddit (https://bit.ly/3ZKZMC1).

[6] «Visor Infrarot-Scheinwerfer 'Vampiro'», www.lasegundaguerra.com, 11-marzo-2007 (https://bit.ly/4isyoQy).

Como en el caso del visor IR del carro Panther, el Vampir era un sistema compuesto por dos elementos: un foco de luz IR fijado en la parte superior del rifle y debajo del foco un tubo similar al del carro Panther que se encargaba de detectar la luz reflejada en el blanco al que se había dirigido el foco. Dado que esta luz era invisible para cualquiera que no estuviera equipado con el sistema, proporcionaba una ventaja decisiva en escenarios de nula visibilidad. El sistema estaba conectado a una batería muy pesada para proporcionar la energía necesaria para el funcionamiento del emisor IR. Esa batería la transportaba el usuario en su espalda, lo que representaba una gran dificultad, ya que el conjunto del visor y la batería pesaban 14 kg. El sistema tenía un alcance efectivo inferior a 100 m.

En general, todos estos sistemas entraron en combate de forma ocasional, debido al escaso número del que pudieron disponer las tropas alemanas. Hay incluso una cierta controversia acerca de si realmente llegaron a entrar en combate o no, según sea la fuente consultada, sin que su actuación fuera decisiva en ningún momento, dado además que la tecnología de fabricación de los dispositivos detectores se basaba esencialmente en aproximaciones empíricas; las únicas sales de plomo disponibles en aquellos tiempos lo eran en forma de cristales naturales, con niveles de impurezas totalmente incontrolables, lo que hacía que los dispositivos tuvieran un fiabilidad escasa. Con la posguerra y la Guerra Fría, la tecnología IR se desarrolló enormemente, lográndose en pocos años sistemas fiables con comportamiento reproducible, gracias al enorme auge que alcanzó la tecnología microelectrónica.

iii) El IR en el campo aliado
De forma simultánea, en EE. UU. se desarrollaban sistemas de visión nocturna para fusiles, conocidos como Sniperscope[7], que fueron introducidos al final de la guerra. Eran dispositivos similares al Vampir, que utilizaban una gran fuente de luz infrarroja para iluminar los objetivos de los usuarios de los rifles; se desarrollaron entre finales de 1944 y principios de 1945, y tuvieron un uso muy limitado en el escenario del Pacífico, pero no en Europa.

iv) La era posterior a la Segunda Guerra Mundial
Las mejoras en los equipos de detección del IR en las últimas décadas han sido espectaculares. En el campo militar, hoy en día la tecnología de los detectores de IR se utiliza en diferentes equipos: detección de misiles,

---

[7] «M3 Carbine, Caliber .30, Infra Red Sniperscope», https://www.koreanwaronline.com/ (https://bit.ly/41yNeiB).

visión nocturna, vigilancia, etc. La detección del IR también tiene numerosas aplicaciones civiles, que recojo en el último punto de este capítulo.

1.4. Principio de operación de un misil de guía infrarroja

Uno de los campos de la defensa donde los semiconductores compuestos
juegan un papel decisivo es la guía IR de misiles. Paso a continuación a
describir las razones de su importancia y cómo intervienen los semiconductores compuestos en el proceso.

En primer lugar, vamos a entender un poco el funcionamiento de los
misiles guiados por infrarrojos. Estos misiles rastrean las fuentes de calor
de una aeronave, lo que normalmente significa los gases de combustión
que expulsan los motores; como ya se ha indicado en la figura 12.4, estos
gases salen a una temperatura del orden de 1000°C, es decir, emiten energía en la zona de longitudes de onda cortas del IR medio. Además de esto,
en un avión en vuelo hay determinados puntos de su estructura que emiten
cantidades significativas de radiación IR debido a que la fricción con el aire
provoca su calentamiento, tal y como ilustra la figura 12.8.

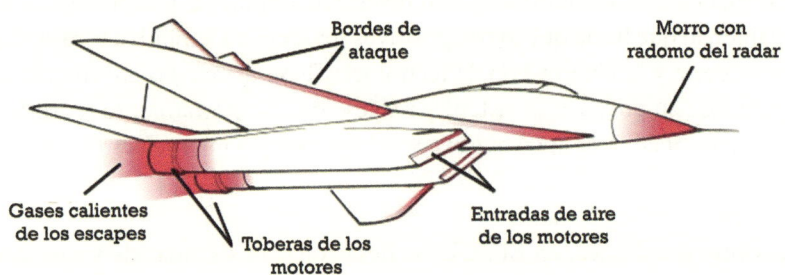

Figura 12.8. Puntos calientes habituales de los aviones. Son los que detecta un
misil guiado por infrarrojos[8].

Los misiles guiados por infrarrojos utilizan la radiación IR emitida por
un objetivo para rastrearlo y seguirlo. Los tres principales materiales utilizados en el sensor, que está situado en la cabeza del misil, son el sulfuro de
plomo (PbS), el antimoniuro de indio (InSb) y el teluro de cadmio y mercurio (CdHgTe, CMT). La idea de su funcionamiento es sencilla desde el
punto de vista cualitativo: como ya hemos descrito en el punto 1.1, cuando
un semiconductor es iluminado por esta radiación, genera una corriente

---

[8] «Missile Countermeasures», aerospaceweb.org (https://bit.ly/49yHhUB).

eléctrica que se añade a la que circula en ausencia de iluminación, ese exceso de corriente es la señal que utiliza el sistema de guía del misil para rastrear el objetivo y seguirlo. Uno de los problemas que presentan estos dispositivos es que los semiconductores que se usan tienen una corriente en oscuridad muy elevada, por lo que la relación entre la señal que generan –Signal, S– y la que tienen en oscuridad, a la que se denomina ruido –Noise, N–, puede ser muy pequeña, por lo que se puede confundir con el ruido y no detectar bien la fuente emisora de la radiación IR. Este es uno de los aspectos claves de los misiles guiados por IR, la capacidad de discriminar entre las diferentes fuentes de calor y sus respectivos ruidos de fondo, lo que depende, sobre todo, de la propia temperatura a la que se encuentra el buscador, es decir, el semiconductor. Esto se resuelve habitualmente haciendo que la cabeza del buscador de un misil activo se enfríe hasta 160° C bajo cero para mejorar la relación S/N.

Los misiles primitivos utilizaban botellas situadas en el lanzador del misil de ~6 litros de nitrógeno líquido, que se encuentra a 200°C bajo cero, lo que permitía enfriar el buscador durante ~2.5 horas, ya que el nitrógeno líquido se evapora rápidamente. Algunos misiles utilizan refrigeradores termoeléctricos Peltier, que permiten un tiempo de enfriamiento ilimitado mientras el misil está situado en el carril de lanzamiento, aunque proporciona unas temperaturas de enfriamiento del orden de 50°C bajo cero, muy superiores a las el nitrógeno líquido, lo que hace que la relación S/N no sea tan elevada como en el primer caso.

Hay numerosos misiles que responden a esta categoría; por ello, analizo algunos de los más conocidos en la actualidad. Los misiles modernos, como el AIM 9M Sidewinder o el FIM-92 Stinger, muy célebre por la guerra de Ucrania, utilizan gas comprimido, como el argón, para enfriar sus sensores con el fin de fijar el objetivo a mayor distancia y durante un tiempo indefinido mientras no se dispara. El misil FGM-148 Javelin tiene una pequeña cámara de televisión de imagen térmica en el morro construida con CMT, adaptado a la banda 8-14 mm del IR y un ordenador lo suficientemente sofisticado como para que, una vez fijado en un objetivo, lo siga de forma autónoma, incluso si el blanco está en movimiento.

Los primeros buscadores de infrarrojos eran más eficaces en la detección de la radiación infrarroja con longitudes de onda más cortas, como las emisiones de los gases de escape de un motor a reacción. Esto los hacía útiles sobre todo en escenarios de persecución por la cola, donde el escape era visible y la aproximación del misil lo llevaba también hacia el avión. La figura 12.9 lo ilustra:

Figura 12.9. Un misil de guía infrarroja detecta una fuente de radiación IR para seguir un blanco. Las toberas de salida de los gases de los motores de los aviones a reacción son fuentes IR muy intensas y fáciles de detectar[9].

En combate resultaron ser extremadamente ineficaces, ya que los pilotos de los aviones perseguidos realizaban disparos de bengalas IR en cuanto el buscador veía el objetivo, lanzando las bengalas en ángulos en los que los motores del objetivo quedaban rápidamente ocultos o volaban fuera del campo de visión del misil.

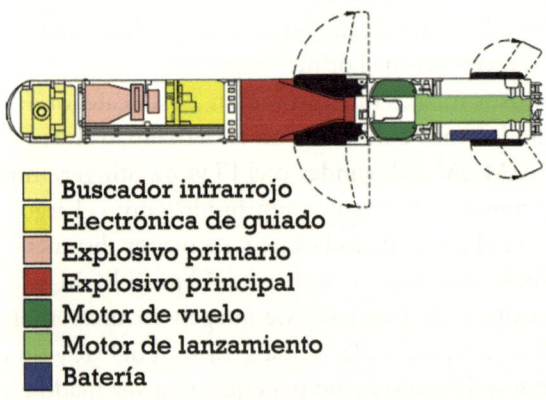

- 🟨 Buscador infrarrojo
- 🟨 Electrónica de guiado
- 🟧 Explosivo primario
- 🟥 Explosivo principal
- 🟩 Motor de vuelo
- 🟩 Motor de lanzamiento
- 🟦 Batería

Figura 12.10. Componentes de un misil anticarro Javelin, mostrando dónde se sitúa el buscador IR. El Javelin es un misil antitanque que rastrea la imagen térmica de un objetivo. Mide 1.1 m de largo[10].

---

[9] «Missile Countermeasures», aerospaceweb.org (https://bit.ly/49yHhUB).
[10] «Javelin missile», Wikimedia Commons (https://bit.ly/4isrw5L).

La figura 12.10 (página anterior) muestra uno de los misiles tierra-tierra anticarro que más relevancia ha alcanzado en la guerra de Ucrania, el misil Javelin, y que se utiliza siguiendo la misma idea de búsqueda de fuentes de calor del objetivo.

2. Detectores infrarrojos para la observación astronómica

La observación del universo en el IR se ha revelado como una herramienta valiosísima de obtención de información. Los satélites COBE (Cosmic Background Explorer), WMAP (Wilkinson Microwave Anisotropy Probe) y Planck exploraron la radiación de fondo en el IR, revelando datos valiosísimos acerca del origen del universo. Hay diversos instrumentos de observación operativos que detectan la radiación IR procedente de las diversas estructuras y objetos del cosmos, como es el caso del telescopio James Webb, al que voy a dedicar los siguientes párrafos. La figura 12.11 muestra un ejemplo.

Figura 12.11. Izquierda: la primera imagen de los Pilares de la Creación, tomada en el visible en 1995 por el telescopio espacial Hubble. Derecha: imagen IR de los Pilares tomada por el JWST, que permite observar mejor a través del polvo en esta región de formación estelar[11].

2.1. Los semiconductores compuestos viajan al espacio: el James Webb Space Telescope

El James Webb Space Telescope (JWST) dispone de cuatro instrumentos de observación que utilizan detectores IR para realizar sus observaciones, tal y como describo brevemente a continuación.

---

[11] Webb hace un retrato de los Pilares de la Creación lleno de estrellas, https://ciencia.nasa.gov/ (https://bit.ly/3ZOJWGk).

- Near-Infrared Camera (NIRCam). Es una cámara de IR cercano. Analiza objetos tenues, las primeras estrellas y galaxias formadas después del Big Bang.
- Near-Infrared Spectrograph (NIRSpec). Espectrógrafo de IR cercano. Puede analizar la temperatura, masa y composición química de cien objetos en observación simultáneamente.
- Mid-Infrared Instrument (MIRI). Instrumento de IR medio. Está encargado de estudiar cúmulos estelares distantes, áreas de intensa formación estelar y exoplanetas.
- Fine Guidance Sensor/ Near InfraRed Imager and Slitless Spectrograph (FGS/NIRISS). Es un sistema capaz de captar imágenes de IR cercano y analizar las emisiones con un espectrógrafo. Sirve para observar galaxias distantes, atmósferas de exoplanetas y objetos cercanos. Dispone de un sensor de orientación de gran precisión que permite apuntar el telescopio a objetivos determinados.

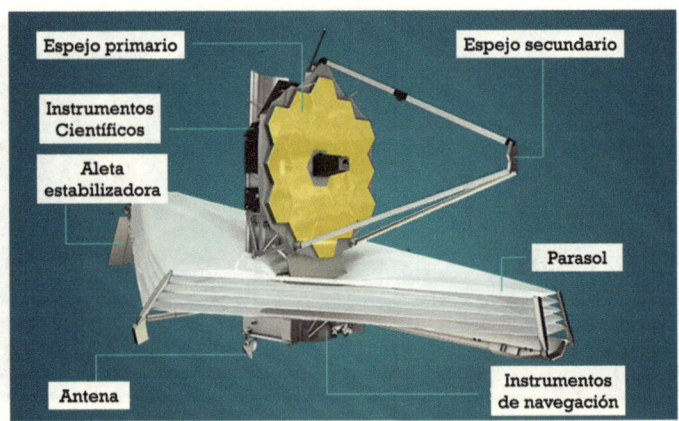

Figura 11.12. El espejo primario de JWST capta la radiación IR que viaja por el espacio y la refleja en un espejo secundario más pequeño. A continuación, el espejo secundario dirige la luz hacia los instrumentos científicos, donde se analiza[12].

El funcionamiento del JWST, en grandes líneas, es como sigue: los 18 hexágonos del espejo primario recogen la luz del cosmos donde se refleja y dirige a un espejo secundario. A su vez, la luz reflejada en este se enfoca a los instrumentos científicos. Los instrumentos filtran la luz o la dispersan

---

[12] J. Amos, «What is the James Webb Space Telescope and when will it launch?», BBC News, 24-diciembre-2021 (https://bit.ly/4ffqoj3).

espectroscópicamente, antes de enfocarla finalmente hacia los detectores. La figura 12.12 muestra un esquema del equipo.

2.2. Los diferentes detectores de IR del JWST

JWST necesita detectores extraordinariamente sensibles para registrar la débil radiación IR emitida por las galaxias, las estrellas y los planetas lejanos. Necesita conjuntos de detectores de gran superficie para poder estudiar eficazmente esa radiación. El telescopio utiliza dos tipos diferentes de detectores: el instrumento NIRCam emplea detectores de CMT para el IR cercano, y el instrumento MIRI un detector de silicio dopado con arsénico (abreviado Si:As) para el IR medio. La figura 12.13 los muestra.

Figura 12.13. Izquierda: el corazón del detector del instrumento NIRCam, mostrando el mosaico de 2 × 2 detectores IR de 2048 × 2048 píxeles cada uno, lo que suponen 4.2 millones de píxeles cada matriz y 16.7 millones de píxeles el mosaico completo. La imagen muestra el deflector óptico negro que recibe la luz en los cuatro detectores mientras que la bloquea para que no incida sobre ninguna superficie que la pueda reflejar, como los bordes de un detector. Derecha: detector del MIRI, dispone de un millón de píxeles[13].

El CMT es un material muy interesante. Variando la proporción entre el mercurio y el cadmio, es posible ajustar sus propiedades, esencialmente, el valor de su gap, para que detecte luz de mayor o menor longitud de onda. Los detectores del JWST de este semiconductor lo aprovechan utilizando dos composiciones de mercurio-cadmio-teluro: una con menos mercurio para 0.6-2.5 μm, y otra con más mercurio para 3-5 μm.

---

[13] «The heart of the Near-Infrared Camera (9144472784)», Wikimedia Commons (https://bit.ly/3OQgV6Q); «Infrared Detectors», nasa.gov, recogido en la Bibliografía.

2.3. Arquitectura de los detectores de IR del JWST

Todos los detectores del JWST y de prácticamente todos los sistemas de detección del IR basados en CMT tienen la misma arquitectura básica en forma de sándwich. El sándwich consta de tres partes:

- Una fina capa absorbente de semiconductores compuestos, que es el detector propiamente dicho.
- Una capa de interconexiones de pequeñas bolitas de indio para unir cada píxel de la capa detector con la electrónica de lectura.
- Un circuito integrado de lectura de silicio (Read Out Integrated Circuit, ROIC) para leer los datos generados por la radiación IR en los millones de píxeles del detector, utilizando un número manejable de salidas.

La matriz de detectores de CMT y el ROIC de silicio se fabrican por separado. El indio es un metal blando que se deforma bajo una presión moderada para formar una soldadura en frío en cada uno de los píxeles del detector, y conecta eléctricamente cada detector con el ROIC. Una vez fabricados de manera independiente la matriz de detectores y el circuito de lectura, la conexión entra el primero y el segundo se realiza mediante soldadura en frío. Para ello, la matriz de los detectores y el circuito de lectura son alineados adecuadamente y se aplica una fuerza que causa que las bolitas de indio se suelden en frío. Para aumentar la resistencia mecánica, se introduce una resina epoxi de baja viscosidad entre las uniones de indio durante las últimas etapas de la hibridación, que es como se denomina a la conexión eléctrica CMT-ROIC. La figura 12.14 lo muestra.

Cualitativamente, el funcionamiento es muy similar al que describimos en el capítulo 8 cuando analizamos el funcionamiento de los CCD, pero con la gran diferencia de que, en estos dispositivos, la detección de luz se hace con un semiconductor, CMT en este caso, y el procesado electrónico de la señal se lleva a cabo en el ROIC, que se fabrica en Si. Lo describo brevemente a continuación.

La radiación IR es recogida y concentrada por una lente, que la dirige hacia su plano focal donde se sitúa el sistema de detección propiamente dicho, que como ya se ha indicado es un circuito híbrido integrado por dos componentes: el detector de IR de CMT y el circuito electrónico de lectura, realizado en Si. Al igual que ocurre en el CCD estándar, la radiación IR genera electrones en cada píxel, que se transfieren al ROIC a través de las pequeñas columnas de indio de tamaño micrométrico, mediante los que se conectan todos y cada uno de los píxeles con su circuito de lectura. Una vez que la señal generada en cada píxel del detector llega al ROIC, se convierte en una señal eléctrica y se envía a una pantalla donde se transforma en una imagen visible.

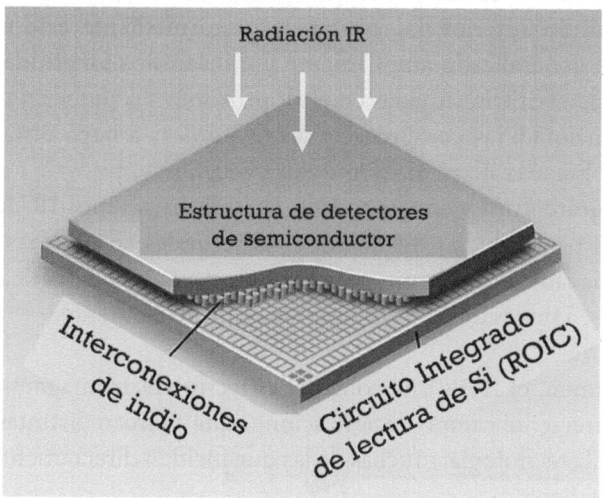

Figura 12.14. El JWST utiliza detectores de infrarrojos híbridos, en el que el material detector es uno y el material de procesamiento es otro. La capa absorbente, integrada por millones de píxeles de CMT o Si:As, absorbe la luz y la convierte en una señal eléctrica en cada uno de los píxeles individuales. Las interconexiones de indio unen los píxeles de la capa detectora con el ROIC. El ROIC contiene circuitos electrónicos que llevan las señales de los millones de píxeles a un circuito de lectura para su posterior procesamiento[14].

3. Otros campos de aplicación de los semiconductores compuestos como detectores de radiación

- **Electrodomésticos.** La tecnología infrarroja se utiliza a diario en los hogares en diversos electrodomésticos: mandos a distancia del televisor, para encender/apagar o cambiar de canal; en los lectores de discos CD o DVD, etc.
- **Medicina.** Mediante la imagen IR que utilizan diversas técnicas de diagnóstico, se pueden localizar con cierta precisión tumores, ya que estos se encuentran a mayor temperatura que los tejidos sanos circundantes.

---

[14] «NIRSpec Instrument», Flickr.com (https://bit.ly/3DjiBmS).

- **Clima y medio ambiente.** Con sensores IR instalados en satélites, se puede medir la temperatura y sus variaciones en una determinada región, se pueden estudiar procesos de desertificación, se pueden medir las temperaturas oceánicas, etc.
- **Comunicaciones por fibra óptica.** Como ya hemos visto en el capítulo anterior, las comunicaciones mediante este método se han generalizado ampliamente y utilizan dos longitudes de onda características, situadas en el IR próximo: 1.3 μm y 1.55 μm. En la actualidad, las comunicaciones telefónicas a larga distancia de la red fija se realizan mediante este procedimiento.
- **Arquitectura y construcción.** Se utilizan equipos IR de diagnóstico para estudiar debilidades estructurales en sistemas eléctricos y mecánicos, así como para detectar pérdidas energéticas en edificios, a través de puertas y ventanas, principalmente.

En resumen, el IR es una zona del espectro electromagnético con un enorme y creciente campo de aplicaciones que abarcan distintas ramas de la ciencia y la tecnología, muchas de las que inciden directamente en nuestra vida cotidiana.

Capítulo 13

Dispositivos fotovoltaicos que compiten con el silicio

En este capítulo me voy a detener en aquellos semiconductores diferentes del Si con los que es posible fabricar dispositivos fotovoltaicos. Veremos sus peculiaridades y qué los hace diferentes del silicio. Esta cuestión ya la he tratado en profundidad en otro libro, *Energía solar. De la utopía a la esperanza*, que está recogido en la Bibliografía. Por lo tanto, me limitaré a estudiar de qué otros semiconductores disponemos y para qué aplicaciones específicas que los diferencian de los grandes huertos solares o las instalaciones de autoconsumo, las aplicaciones donde el silicio ejerce un dominio nuevamente abrumador.

1. Tecnologías de lámina delgada

Bajo el paraguas de tecnologías de lámina delgada, se engloban toda una serie de procedimientos de obtención de semiconductores que nada tiene que ver con el procedimiento de obtención del silicio, el Czochralski, que vimos en el capítulo 5. Son tecnologías muy similares a las que se usan para obtener los metales o los aislantes de las capas de interconexión de los chips. En esencia son procedimientos de obtención de capas muy finas de semiconductores, típicamente 2-5 μm. No las describo, simplemente me limitaré a mostrar cuáles son esos semiconductores y sus principales peculiaridades. A mediados de la década de 2010 tuvieron un gran auge, en especial en California, donde hay instalados grandes huertos solares basados en estas tecnologías.

1.1. Semiconductores compuestos alternativos al silicio: CdTe y CuInGaSe$_2$

Desde mediados de la década de 1990, se investiga intensamente en la fabricación de células solares con otros semiconductores que sí satisfacen los requisitos necesarios para obtener una eficiencia mayor que la alcanzada con el silicio, al menos desde un punto de vista teórico. Estos son el CdTe y el CuInGaSe$_2$ −en lo que sigue, CIGS−; ambos tienen el valor de su gap de energía prohibida en el entorno de 1.5 eV, con lo que se logra absorber la radiación solar de una manera más eficiente que con las células solares de silicio. Por otra parte, ambos semiconductores también presentan otra ventaja y es su elevada capacidad de absorción de la luz, por lo que se pueden utilizar grosores muy reducidos, del orden de 2-5 μm en las células. Por contraste, las células solares de silicio necesitan 150-200 μm para lograr una absorción eficaz. Todo ello hace que sea posible fabricar las células solares con tecnologías menos costosas que las empleadas en el caso del silicio, al menos sobre el papel.

La estructura de estos dispositivos presenta muchas analogías con las células de silicio, ya que esencialmente son dispositivos de unión entre dos semiconductores: un emisor a través del cual se ilumina y una base que es donde se absorbe la práctica totalidad de la radiación solar; pero también tiene diferencias significativas con las primeras, que están relacionadas con los materiales empleados para fabricarlas; el emisor y la base de las células de silicio son de silicio, mientras que en las células de CdTe y CIGS el emisor se suele hacer de una unión compleja de dos semiconductores de gap elevado CdS/ZnO, siendo el absorbedor de CdTe o CIGS. Además, las tecnologías de fabricación empleadas dan lugar a materiales policristalinos. La figura 13.1 muestra un corte transversal de un dispositivo de CIGS, tomada con microscopía electrónica, en la que se han coloreado las diversas zonas del dispositivo para distinguir bien sus integrantes:

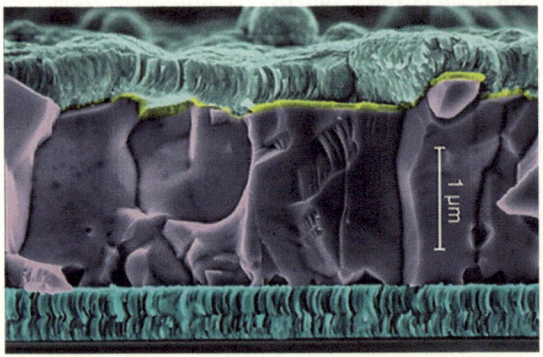

Contacto frontal (ZnO)

Emisor (CdS)

Absorbedor (CIGS)

1 μm

Contacto trasero (Mo)

Sustrato de vidrio

Figura 13.1. Sección transversal de una célula CIGS fabricada en uno de los centros de investigación líderes de esta tecnología, el ZSW de Alemania. Se aprecia la estructura irregular de las diversas zonas, debido a la naturaleza policristalina de los diferentes materiales integrantes[1].

---

[1] «Manufacture of CIGS thin-film solar cells», Centre for Solar Energy and Hydrogen Research Baden-Württemberg (ZSW) (https://bit.ly/4ivU8eo).

Las células solares fabricadas con ambos semiconductores son comerciales desde hace años y hay grandes fabricantes basados tanto en CdTe (First Solar) como en CIGS (Solar Frontier), que comercializan paneles fotovoltaicos de estos semiconductores a costes competitivos con el Si. De hecho, las células de CdTe tuvieron un éxito comercial notable en los años 2008-2012; el primer huerto solar instalado en el mundo que superó los 500 MW de potencia instalada fue Topaz Solar Farm, que está situado en el condado de San Luis Obispo, California. Su construcción finalizó en 2014 y durante dos años fue el huerto solar más grande del mundo.

No obstante, las células solares basadas en estos semiconductores también adolecen de problemas importantes:

i. Las eficiencias de conversión en panel están en el entorno de 14-18%, es decir, son inferiores a las que se obtienen con las diferentes tecnologías de silicio.

ii. Los elementos químicos constitutivos son extraordinariamente escasos, en particular Te, Se e In. Esto hace difícil imaginar una producción de paneles con estas tecnologías en escala de TW. Además, algunos como el Cd o el Se tienen toxicidades muy elevadas, lo que compromete los procesos de reciclado de paneles al final de la vida útil de estos. Estos y otros factores factores hacen que la cuota de mercado de estas tecnologías permanezca por debajo del 5% del mercado mundial.

Desde hace muy pocos años, han aparecido en el panorama de la investigación en células solares alternativas al silicio, una nueva clase de materiales, también en forma de lámina delgada, los denominados perovskitas, que también son semiconductores compuestos y que parece –de momento solo parece– que pueden aunar los dos requisitos añorados por la industria fotovoltaica: bajos costes con elevadas eficiencias. De ser factible, se lograría encontrar el «Santo Grial» de dicha industria, aunque hoy por hoy no se vislumbra ninguna alternativa con visos de comercialización que pueda competir con el silicio en los próximos años. Vemos a continuación las claves principales de su uso en dispositivos fotovoltaicos.

2. Un nuevo paradigma fotovoltaico: tándem silicio + perovskita

Los dispositivos fotovoltaicos basados en perovskitas se han convertido recientemente en uno de los campos más activos en la investigación sobre células solares debido a su bajo coste de fabricación y alta eficiencia de conversión de la energía solar en energía eléctrica. Se les considera unos materiales de gran potencial por su superioridad en comparación con otros semiconductores, lo que puede hacer que sustituya o complemente al silicio, el material hegemónico en el campo hasta la fecha. De hecho, uno de los avances más notables en la tecnología fotovoltaica se está obteniendo con un tipo de célula solar más compleja, denominada «célula tándem», cuyo esquema se muestra en la figura 13.2.

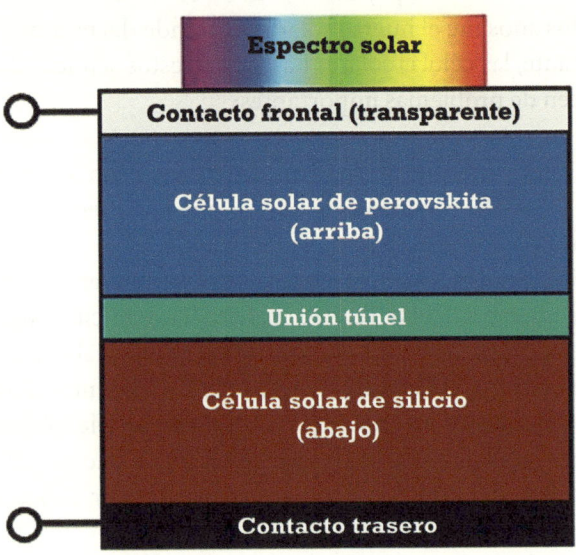

Figura 13.2. Idea esquemática de lo que es una célula solar tándem de perovskita y silicio: los fotones de mayor energía son absorbidos por la célula de perovskita, que se sitúa en la parte superior de la estructura; por su parte, los fotones de menor energía los absorbe la célula de silicio, situada en la parte inferior. Con la sinergia de ambas células, el conjunto puede superar la barrera del 30% de eficiencia, obteniéndose «lo mejor de ambos mundos».

2.1. El concepto del dispositivo tándem

Como vimos en el capítulo 9, la tecnología dominante del mercado fotovoltaico es la célula solar de silicio de homounión, que representa el 95% del mercado en sus diversas variantes (TOPCon, PERC, etc.), como ya hemos visto en el capítulo 9. Estas células están inherentemente limitadas en su eficiencia, ya que el valor de ese parámetro solo se ha incrementado desde el 24.2% en 1990 al 26.7% en la actualidad, una progresión de apenas el 2.5% en más de 30 años, lo que indica que la tecnología de silicio ya ha alcanzado un alto grado de madurez, con poco margen de mejora, por consiguiente. Para elevar estos valores de eficiencia significativamente, es preciso combinar diferentes materiales semiconductores con el fin de fabricar células solares con estructuras apiladas unas encima de otras, denominados dispositivos tándem, mediante la unión íntima de dos células solares de materiales diferentes que absorben regiones distintas del espectro solar. Esta estrategia tecnológica permite elevar la eficiencia de conversión a valores claramente superiores a los que se obtienen con cada célula trabajando de manera individual.

Dado que las células tándem no inducen costes adicionales relacionados con el aumento del área, estos dispositivos pueden ser una de las mejores opciones disponibles en la actualidad para reducir el precio de la energía obtenida con ellos. Sin embargo, esto requiere que el incremento en la eficiencia de conversión sea tal que compense los costes adicionales de fabricación. Por lo tanto, el campo fotovoltaico lleva años buscando nuevas células solares candidatas que sean rentables y eficientes para la integración en estructuras tándem a costes competitivos con los precios actuales del vatio solar.

2.2. El tándem de silicio y perovskita

Los materiales conocidos genéricamente como perovskitas absorben muy eficazmente la radiación solar, lo que los hace candidatos idóneos para fabricar con ellos células solares eficientes. Desde la publicación de la primera célula solar basada en ellos en 2009, estos materiales se han convertido en el tema de investigación más activo en el campo de la energía solar fotovoltaica[2]. En el momento presente, estos dispositivos cumplen con el requisito de tener unos «socios» perfectos para fabricar estructuras tándem de dos uniones con semiconductores cuyas tecnologías son ya muy maduras, como el silicio o el CIGS. Brevemente, estos requisitos son los siguientes:

    i. Absorción del espectro solar complementaria a la del socio. Es decir, la célula de perovskita absorbe las longitudes de onda cortas del espectro solar –energías elevadas–, mientras que el silicio o el CIGS lo hace para las largas, que corresponden a las energías más bajas.

    ii. Eficiencia de conversión en célula individual elevada.

---

[2] A. Kojima *et al.*, «Organometal Halide Perovskites as Visible-Light Sensitizers for Photovoltaic Cells», recogido en la Bibliografía.

iii. Facilidad de procesado.
iv. Un factor clave: compatibilidad del procesado del dispositivo tándem con las tecnologías comerciales de silicio y CIGS.

Con estas premisas, es posible lograr módulos de mayor eficiencia a costes razonables en un futuro próximo. La tecnología de perovskitas, aún en período de evolución, permite obtener ya eficiencias de conversión superiores a las de las mejores células de unión única basadas en cualquiera de los socios, Si o CIGS. Este potencial ha sido reconocido no solo por varias universidades e institutos de investigación de todo el mundo, sino también por varias empresas de reciente creación, que explotarán comercialmente estos dispositivos en un futuro inmediato, como es el caso de Oxford PV, Swift Solar, Tandem PV y más recientemente por Longi, el mayor fabricante de células solares del mundo[3]. La figura 13.3 muestra esquemáticamente las mejoras recientes y también las proyecciones potenciales de mejora de la eficiencia de las uniones simples de silicio, CIGS y perovskita, mostrando resultados de laboratorio y a escala industrial.

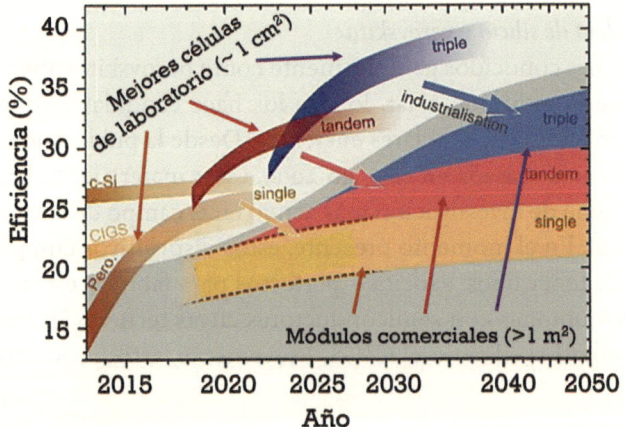

Figura 13.3. Posibles escenarios de mejora de eficiencia en dispositivos fotovoltaicos basados en silicio, CIGS y perovskitas, tanto en células individuales como en tándem y en triple unión[4].

---

[3] «34.6%! Record-breaker LONGi Once Again Sets a New World Efficiency for Silicon-perovskite Tandem Solar Cells», https://www.longi.com/, 18-junio-2024 (https://bit.ly/3Bt8ED1).
[4] M. Jošt *et al.*, «Monolithic Perovskite Tandem Solar Cells: A Review of the Present

Si bien en las tres tecnologías individuales son esperables mejoras en la eficiencia de conversión en los próximos años, no es probable que las uniones simples superen el límite práctico del ~27% y ligeramente más bajo en módulos. Esto ha desencadenado un gran interés por la tecnología en tándem, que ya ha demostrado ser capaz de superar este límite práctico de unión única, puesto que ya se han confirmado por varios laboratorios y empresas eficiencias en células tándem de silicio y perovskita por encima del 34%. Incluso ya se han publicado primeros resultados de dispositivos de tres uniones, con un potencial aún mayor. Las rutas de fabricación de esta nueva clase de dispositivos son razonablemente económicas y las células solares tándem podrían producirse a bajo coste en un futuro cercano.

2.3. Algunos problemas pendientes de resolver

Además de la estabilidad a largo plazo, uno de los problemas que queda por resolver es cómo colocar la célula de perovskita sobre la de silicio, cuestión que sigue estando sin resolver satisfactoriamente. Hay que tener en cuenta que la superficie de la célula solar de silicio sobre el que se van a depositar los integrantes de la célula solar de perovskita no es plana sino que tiene el aspecto rugoso que se muestra en la figura 13.4, cuestión que ya vimos en el capítulo 9.

Los primeros esfuerzos para depositar perovskitas en la parte superior de las pirámides de silicio revelaron rápidamente una serie de obstáculos: algunas pirámides no quedaban cubiertas, se formaban caminos de corriente que provocaban cortocircuitos y, en general, había un escaso control sobre el espesor de las capas integrantes de la célula de perovskita. De las múltiples soluciones que se están ensayando, científicos de varios laboratorios están desarrollando métodos cuyo detalle queda fuera de los objetivos de este libro, pero que permiten, en palabras de uno de los científicos del grupo, «preparar la cama perfecta, por así decirlo, sobre la que se acuesta la perovskita». El resultado de uno de los últimos dispositivos fabricados se observa en la figura 13.5, que muestra un corte transversal de una de esas pirámides encima de la que se ha depositado la célula de perovskita, con un recubrimiento perfecto del silicio de la parte inferior.

Status and Advanced Characterization Methods Toward 30% Efficiency», recogido en la Bibliografía.

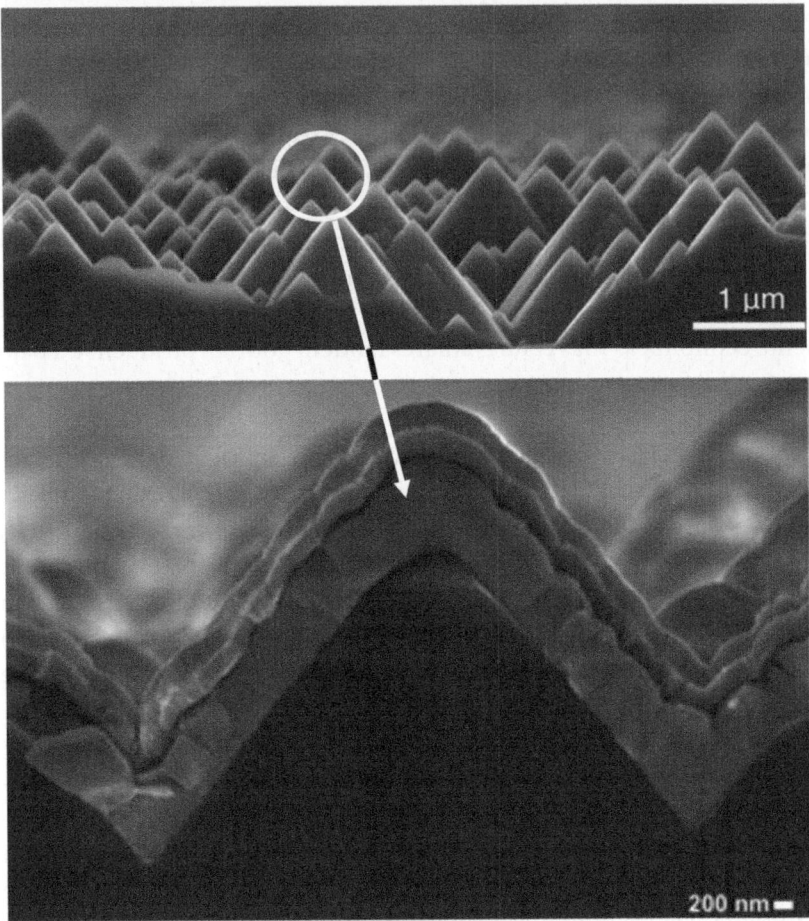

Figura 13.4. Arriba: ssuperficie texturizada del silicio utilizado en células solares observada al microscopio. La superficie tiene una estructura irregular, constituida por pirámides cuyo objetivo es incrementar la absorción de luz, tal y como vimos en el capítulo 9. Abajo: una de las pirámides de silicio totalmente recubierta con las diversas capas que componen la célula de perovskita. La escala de cada imagen se detalla en la esquina inferior derecha[5].

---

[5] Y. Hou et al., «Efficient tandem solar cells with solution-processed perovskite on textured crystalline silicon», Science, 367, 1135 (2020). DOI: 10.1126/science. aaz3691; E. Aydin et al., «Interplay between temperature and bandgap energies on the outdoor performance of perovskite/silicon tandem solar cells», recogido en la Bibliografía.

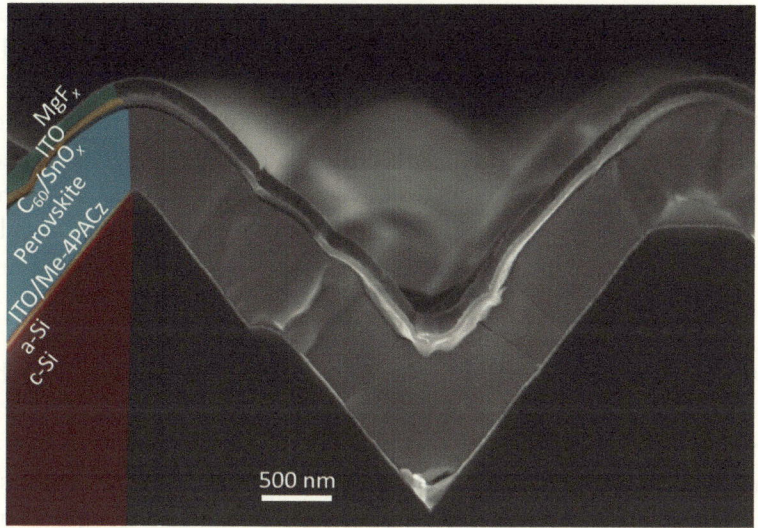

Figura 13.5. Una de las últimas células tándem de silicio y perovskita desarrolladas en el Fraunhofer ISE. Se han detallado las diversas capas que componen la célula de perovskita[6].

Los primeros módulos basados en esta tecnología ya están llegando al mercado, aunque de momento a escala muy limitada. Si la evolución sigue al ritmo actual, es posible que veamos un mercado fotovoltaico en el que, en los próximos años, esta tecnología tenga una cuota muy significativa.

3. LA EVOLUCIÓN DEL CONCEPTO TÁNDEM: LOS DISPOSITIVOS MULTI-UNIÓN

Un problema común a las tecnologías fotovoltaicas comerciales vigentes en la actualidad que están basadas en silicio y, en menor medida, en CdTe y CIGS como las mostradas en el punto 1 de este capítulo, es que ninguna célula fabricada con estos semiconductores aprovecha eficientemente el espectro solar. Esto se debe a varios factores:

i. Ninguna de esas células puede absorber los fotones de energías inferiores a un determinado valor, el gap del semiconductor, parámetro que determina qué energías puede absorber y cuáles no. Eso hace que buena parte de la zona infrarroja del espectro solar no sea

---

[6] «Scalable perovskite silicon solar cell with 31.6 percent efficiency developed», Fraunhofer ISE, 25-septiembre-2024 (https://bit.ly/4g912EF).

absorbida. Esta es una limitación muy importante en las células solares comerciales, ya que el infrarrojo representa casi la mitad de la energía que nos llega del Sol.

ii. Los fotones de energía de valor muy superior al del gap del semiconductor, aunque sí son absorbidos en la célula, tienen como efecto secundario que calientan excesivamente el dispositivo, reduciendo su eficiencia. En este caso, una parte sustancial de la zona visible y toda la región ultravioleta del espectro solar se absorben de manera ineficiente.

Como consecuencia de lo anterior, las células solares solo aprovechan óptimamente los fotones de energías ligeramente superiores al gap del semiconductor. Para tratar de resolver este problema, se construyen los denominados dispositivos de multi-unión, utilizando para ello algunos de los semiconductores del grupo de iii-v de la Tabla Periódica que hemos detallado en el capítulo 10 (GaAs, GaInP, GaInAs, etc.). Se utilizan estos semiconductores ya que poseen valores del gap variables en todo el abanico que va desde el infrarrojo próximo al violeta. Además, todos tienen una estructura cristalográfica muy similar, entendiendo por tal la manera en la que se ordenan los átomos dentro de cada semiconductor, lo que facilita que las zonas de contacto entre los diferentes componentes sean de buena calidad.

Los dispositivos de multi-unión dividen la luz solar en una especie de porciones, cada una de las cuales es absorbida por cada una de las células integrantes de la estructura. Las diversas células, constituidas a su vez por varias capas, se apilan unas encima de otras, de una forma parecida a lo que ocurre con las células tándem de silicio y perovskita. En estos dispositivos, la luz incide sobre la célula fabricada con el semiconductor de gap mayor de todos, que absorbe las longitudes de onda —en lo que sigue, l.d.o.— más cortas del espectro solar y deja pasar las l.d.o. más largas a las células que se encuentran debajo de la primera. La figura 13.6 muestra la estructura y la parte del espectro solar que absorbe cada una de las células integrantes de un dispositivo de cuatro uniones.

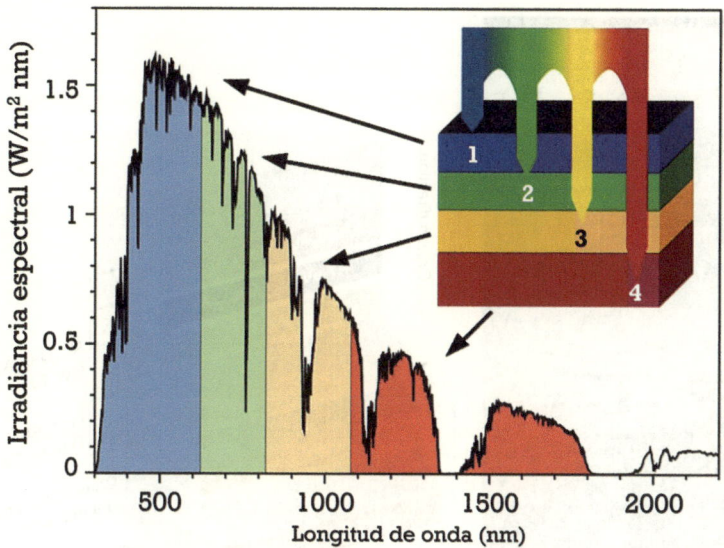

Figura 13.6. Estructura física de una célula solar de multi-unión, integrada por cuatro células. Se indica la zona del espectro solar que absorbe cada una de las células.

La corriente generada en cada una de las células que constituyen la estructura debe ser extraída al circuito exterior, lo que se consigue insertando entre cada dos células un diodo especial denominado «diodo túnel», que no se muestra en la figura 13.6, cuyo nombre hace mención del principio de mecánica cuántica que rige su comportamiento, por medio del cual la corriente generada en cada célula puede circular entre ellas sin pérdidas apreciables. De esta forma, el dispositivo aprovecha la práctica totalidad del espectro solar, con lo que se obtienen eficiencias muy superiores a las de las tecnologías de silicio, CdTe y CIGS, ya que se comercializan células de multi-unión con eficiencias superiores al 30%.

Sin embargo, la tecnología de semiconductores III-V está aún lejos de ser rentable para aplicaciones fotovoltaicas a gran escala, ya que el problema esencial de estos dispositivos es su altísima complejidad tecnológica, lo que hace que su proceso de fabricación sea muy costoso. Hoy en día, el precio por unidad de potencia es de seis a diez veces superior al de las células de Si, CdTe o CIGS. Una buena prueba de esa complejidad se puede ver en la figura 13.7, que muestra la estructura de capas de una célula integrada por seis uniones.

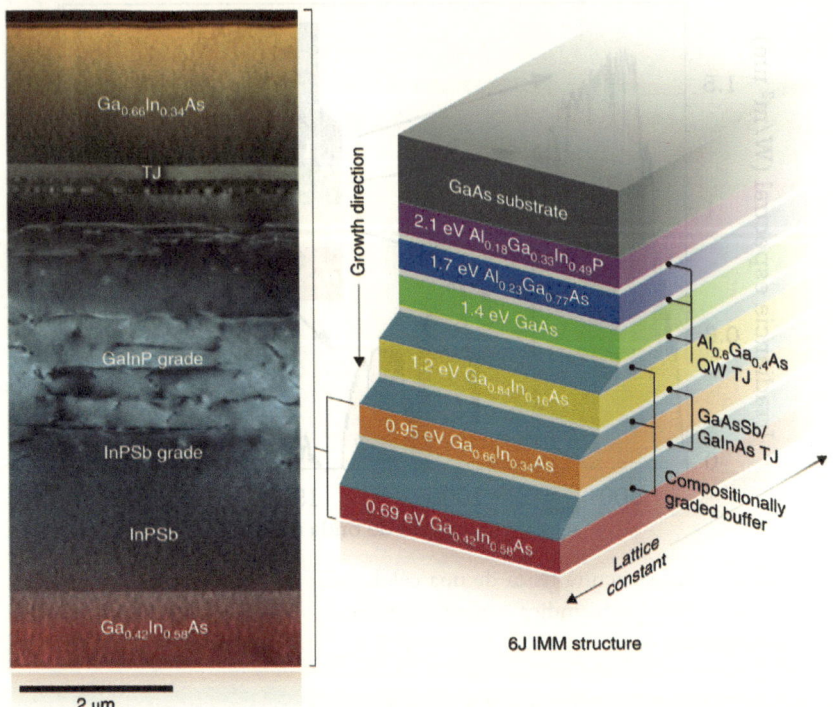

Figura 13.7. Izquierda: imagen obtenida por microscopía electrónica de una célula solar de seis uniones. Derecha: corte esquemático del dispositivo. Esta célula tiene una eficiencia muy elevada (47.1%) y está fabricada en el National Renewable Energy Laboratory de EE. UU. La complejidad de la estructura y de su procedimiento de fabricación son extraordinarios[7].

En el momento presente, esto limita sus posibles usos a aplicaciones muy específicas, como los satélites artificiales y la exploración espacial, campos en los que el coste de las baterías representa un parte muy pequeña del coste total de los sistemas. Desde comienzos del presente siglo, se está estudiando la posibilidad de utilizar a gran escala esta tecnología en la Tierra, ya que dada la elevada eficiencia que poseen estos dispositivos frente a los comerciales basados en silicio, CdTe y CIGS, sería factible obtener una determinada cantidad de energía empleando un número muy inferior de paneles. Esta posibilidad, no exenta de grandes dificultades, principalmente de origen económico, la analizo a continuación.

---

[7] J. F. Geisz *et al.*, «Six-junction III-V solar cells with 47.1% conversion efficiency under 143 Suns concentration», recogido en la Bibliografía.

3.1. Sistemas de concentración

La única posibilidad que tiene la tecnología de los dispositivos multi-unión de ser usada en la Tierra es incorporarla en los denominados sistemas de concentración de la radiación solar (CPV; Concentrated Photo Voltaic). En esencia, un sistema de concentración es un dispositivo óptico integrado por lentes y espejos, mediante los que se concentra la luz del Sol en una célula de muy alta eficiencia y área muy reducida. Es decir, con los sistemas de concentración se substituyen materiales de alto coste, que son las células solares de multi-unión, por materiales de bajo coste, es decir, por lentes y espejos.

Los sistemas de concentración modernos funcionan de manera más eficiente con luz solar altamente concentrada, es decir, niveles de concentración equivalentes a cientos de soles, siempre que la célula solar se mantenga fría mediante el uso de disipadores de calor. Además, la luz difusa que se produce en condiciones de cielos nublados no puede concentrarse mucho si únicamente se utilizan componentes ópticos convencionales, es decir, lentes y espejos. Por otra parte, la luz filtrada, que se produce en condiciones de niebla o contaminación, impide que las células multi-unión funcionen a todo su potencial. Todos estos factores hacen que los sistemas fotovoltaicos que trabajan en concentración presenten reducciones acusadas en la producción de energía cuando las condiciones atmosféricas no son las ideales. Por todo ello, para producir una energía por vatio mayor que la que producen los sistemas fotovoltaicos convencionales, los sistemas de concentración deben ubicarse en áreas geográficas que reciban abundante luz solar directa. Por lo general, esto se concreta en una irradiancia directa superior a 2000-2100 kWh/m^2.año, valores que solo se alcanzan en las regiones desérticas del planeta, comprendidas entre ambos trópicos. En España esos niveles solo se obtienen en Almería.

El otro aspecto clave para la utilización de los dispositivos de multi-unión en la Tierra es realizar la instalación mediante un sistema de seguimiento del Sol. Esto, que no es específico de los dispositivos multi-unión, ya que hay huertos solares de Si dotados de esta arquitectura, es imprescindible en el caso de los sistemas equipados con las células multi-unión. Con el fin de maximizar su ventaja sobre las células tradicionales y, por lo tanto, ser competitivos en costes, los sistemas de concentración tienen que seguir al Sol en su movimiento para mantener la luz concentrada en la célula y rendir la máxima eficiencia durante el mayor tiempo posible. La figura 13.8 muestra los posibles sistemas de seguimiento del Sol.

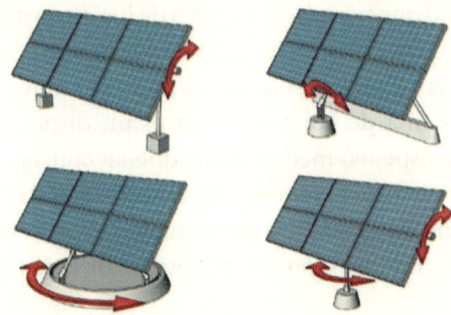

Figura 13.8. Diversos sistemas de seguimiento del sol de uno o dos ejes[8].

La influencia que tiene el sistema de seguimiento en la cantidad de energía que suministra una determinada instalación, comparada con la que produciría sin disponer del seguimiento solar se muestra en la figura 13.9. En todo caso, el uso de esta tecnología en grandes huertos solares es, hoy por hoy, testimonial.

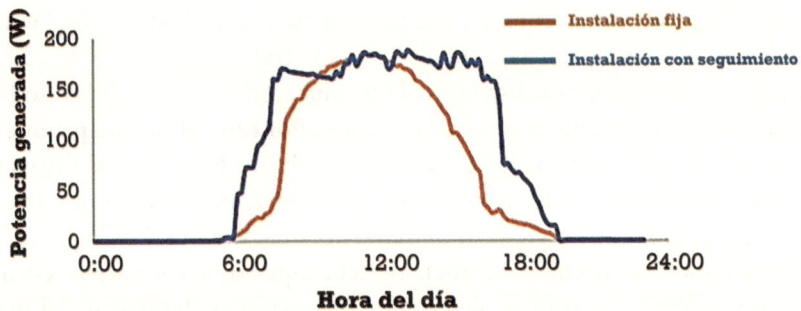

Figura 13.9. Aporte extra de energía en sistemas fotovoltaicos con seguimiento del Sol. Los beneficios se obtienen sobre todo a primera y a última hora del día.

La fotovoltaica concentrada compite directamente con la energía solar termoeléctrica (CSP, Concentrated Solar Power), ya que ambas tecnologías son más adecuadas para áreas con alta irradiancia normal directa. CPV y CSP a menudo se confunden entre sí, a pesar de ser tecnologías intrínsecamente diferentes: CPV utiliza el efecto fotovoltaico para generar direc-

---

[8] «La importancia de la orientación de los paneles solares: seguidores solares», Greening Solutions (https://bit.ly/4gnnYzU).

tamente electricidad a partir de la luz solar, mientras que la CSP, a menudo denominada termosolar concentrada, utiliza el calor de la radiación solar para producir vapor que impulse una turbina, que luego produce electricidad mediante un generador.

La tecnología que hace posibles las células multi-unión es una verdadera demostración de hasta dónde puede llegar la industria electrónica persiguiendo un determinado objetivo; en este caso, alta eficiencia energética. El problema principal para su utilización a gran escala es su elevado coste actual, razón por la cual, hoy por hoy, no parecen una alternativa viable a las tecnologías fotovoltaicas comerciales.

Capítulo 14

Más rápido y más fuerte: los semiconductores para alta frecuencia y alta potencia

En este capítulo vamos a estudiar los semiconductores que permiten superar dos de las grandes limitaciones del silicio. Como ya pudimos ver en el capítulo 10, además de la incapacidad de emitir radiación, hay otros dos terrenos donde el silicio no es capaz de llegar: las frecuencias elevadas, por encima de 5 GHz y la potencia elevada, que se manifiesta en dos versiones: alta corriente y/o alta tensión. Ya vimos en el capítulo 11 qué semiconductores resuelven el primero de los problemas; ahora ha llegado el momento de ver cómo sortear los otros dos. Lo veremos simultáneamente, ya que suelen ir emparejados, en el sentido de que los semiconductores que nos vamos a encontrar aquí sirven, en mayor o menor medida, para resolver ambos, aunque con matices, que trataremos de entender. En los dos casos, disponemos de semiconductores capaces de responder a esos dos requerimientos, que son principalmente GaAs, SiC y GaN. La figura 14.1 (página siguiente) lo ilustra de manera muy gráfica.

1. Alta frecuencia: los chips para frecuencias de microondas
A comienzos de la década de 1960, poco después de la invención del circuito integrado y del MOSFET en silicio, cuestiones que ya hemos visto en el capítulo 3, se demostró la viabilidad del GaAs para hacer con él transistores similares a los MOSFET de silicio, pero no equivalentes, ya que en los dispositivos de GaAs no hay un óxido de GaAs de propiedades equivalentes al SiO_2, lo que hace que su estructura sea ligeramente diferente. La figura 14.2 muestra una imagen tomada con microscopio de uno de tales dispositivos, comparado con su equivalente en silicio. La diferencia más llamativa se refiere a la zona de la Puerta, múltiple en el caso del GaAs, sencilla en el de silicio. Las razones de esta diferencia escapan al objetivo de este libro.

La tecnología de GaAs primero y de los semiconductores compuestos III-V en general después ha evolucionado en paralelo con la del silicio y hoy en día hay multitud de sistemas que dependen de los dispositivos basados en GaAs, GaN y otros como el InP. Teléfonos móviles de alta gama, receptores de televisión por satélite, redes de comunicaciones por fibra óptica, radares... la lista es amplia.

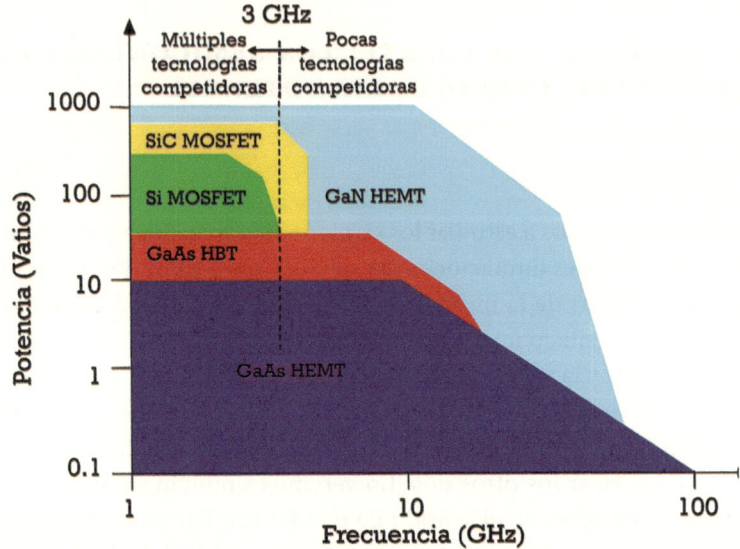

Figura 14.1. Regiones de potencia de salida y frecuencia de trabajo para diferentes tecnologías de semiconductores que demuestran la idoneidad de los dispositivos HEMT (High Electron Mobility Transistor, transistor de alta movilidad de electrones) basados en GaN para el funcionamiento combinado de alta potencia y alta frecuencia. En la zona de frecuencias no tan elevadas, el MOSFET de SiC es la elección adecuada para dispositivos de alta potencia. Para frecuencias muy elevadas, el GaAs es la opción clara. Nótese que las dos escalas de la figura son logarítmicas[1].

Como ya señalé en el capítulo 3, es conveniente recordar ahora una pequeña anécdota: en las décadas de 1970 y 1980 en la industria del silicio se decía a modo de burla que «el GaAs es la tecnología del futuro, siempre lo ha sido y siempre lo será». Obviamente esto es falso, al menos en parte. La industria de los semiconductores compuestos, de la que el GaAs representa cerca del 80% del total, exhibe unas cifras de negocio de lo más saludables y los crecimientos porcentuales anuales son un año tras otro de dos dígitos, tal y como vimos en el capítulo 10.

---

[1] K. Stremel, «A New Pony and a Workhorse: GaN for RF Applications», *EE Times*, 29-diciembre-2020 (https://bit.ly/3BgEItT).

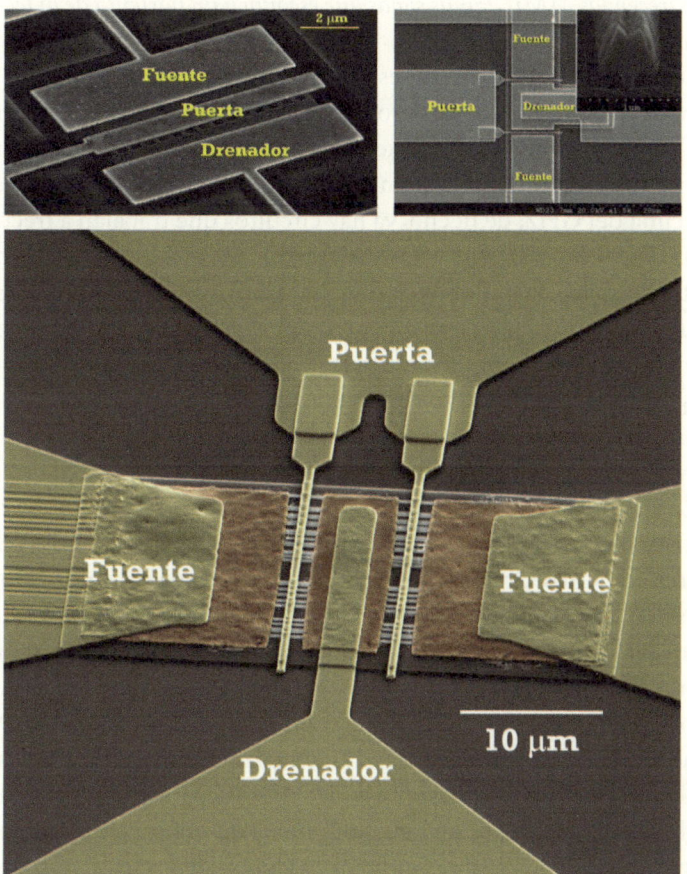

Figura 14.2. Arriba izquierda: MOSFET de potencia fabricado en silicio. Arriba derecha: MESFET (Metal Semiconductor Field Effect Transistor) de GaAs. Abajo: imagen coloreada de un HEMT de doble canal de GaAs. Los dos finos dedos que se ven en el centro de la imagen, en amarillo, son la puerta común que controla el flujo de electrones desde las fuentes al drenador común[2]. Los tamaños de los tres dispositivos son muy superiores a los de los transistores de silicio que vimos en el capítulo 4.

---

[2] J. Hruska, «Toshiba wants to reshape the chip industry with new low-power tunnel FETs, $2 billion investment», Extreme Tech, 10-septiembre-2014 (https://bit.ly/3VxZ7By); V. Papageorgiou et al., «Integration techniques of pHEMTs and planar Gunn diodes on GaAs substrates», Solid-State Electronics, 102, 87 (2014), DOI: 10.1016/j.sse.2014.06.006; X. Miao et al., «High Speed Planar GaAs Nanowire Arrays with fmax > 75 GHz by Wafer-Scale Bottom-up Growth», Nano Letters, 15, 2780 (2015), DOI: 10.1021/nl503596j.

1.1. Aparecen los MMIC: unas siglas que esconden un portento de la tecnología
i) Los orígenes
Una de las claves del éxito de esta industria y de su éxito, aparte de las excelentes propiedades de sus protagonistas –GaAs, InP y GaN, principalmente–, es la posibilidad de fabricar circuitos integrados con ellos que responden extraordinariamente bien a las frecuencias de microondas, es decir, por encima del GHz; de hecho, ya hay circuitos que trabajan a frecuencias de THz. Esos chips, al contrario de lo que sucede con los de silicio, no buscan integrar miles de millones de transistores, sino hacer funcionales a esas frecuencias circuitos muy específicos, como son los osciladores, mezcladores, amplificadores de potencia, amplificadores de bajo ruido, etc., donde los requerimientos de diseño y prestaciones son elevadísimos.

Genéricamente, esos circuitos se denominan MMIC (Monolothic Microwave Integrated Circuit, Circuito Integrado Monolítico de Microondas). La viabilidad de este nuevo tipo de chip se demostró en 1976[3], cuando se fabricó y probó con éxito un MMIC sobre un sustrato de GaAs. El gran desarrollo de estos circuitos se produjo en la década de 1980, impulsado por los requerimientos exigidos por la tecnología militar para su aplicación en ciertos sistemas, principalmente el radar embarcado en aviones de combate. El Departamento de Defensa de EE. UU., a través de la Agencia de Proyectos Avanzados de Investigación de Defensa (DARPA, Defense Advanced Research Projects Agency), empezó a realizar un gran esfuerzo para obtener un mayor desarrollo de los MMIC para sustituir los dispositivos discretos habituales en aquellos años para el funcionamiento de las comunicaciones y los radares militares: válvulas de vacío, magnetrones de cavidad y otros dispositivos discretos tenían sus días contados.

El resultado del programa fue el desarrollo de transistores de GaAs que funcionaban a alta frecuencia y presentaban un bajo nivel de ruido. El programa MMIC también consiguió reducir el coste de los dispositivos de GaAs drásticamente. En los años siguientes, bajo contratos que gestionaba DARPA, la empresa Northrop Grumman Corporation, el gigante de la defensa de EE. UU., consiguió producir con éxito MMIC de GaAs usando HEMT y Transistores Bipolares de Heterounión (HBT), dos transistores que no tienen equivalente en silicio, aunque su principio de funcionamiento es muy similar al MOSFET de silicioo (el HEMT) y al transistor bipolar (el HBT). Uno de los protagonistas más relevantes de esos progra-

---

[3] R. S. Pengelly and J.A. Turner, J.A., «Monolithic broadband GaAs f.e.t. amplifiers». *Electronics Letters*, 12, 251 (1976), DOI: 10.1049/EL.19760193

mas fue el desarrollo de los dispositivos HEMT, un esquema del cual se muestra en la figura 14.3.

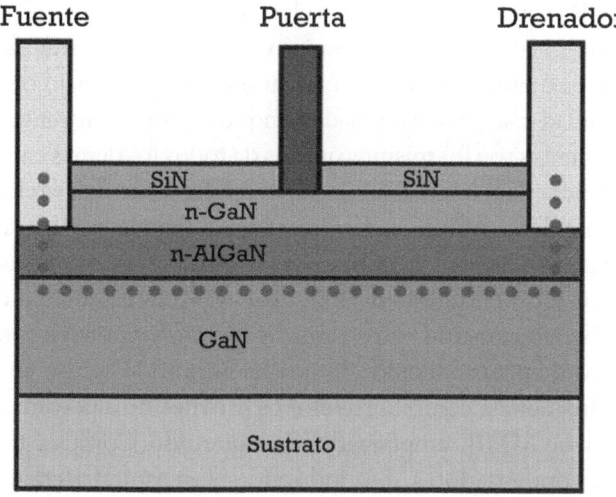

Figura 14.3. Esquema en corte transversal de un HEMT. La corriente fluye desde la fuente al drenador a través del canal, representado en la imagen por la línea de puntos. Esa corriente es controlada por la puerta, en analogía a como lo hace en el MOSFET de silicio, tal y como vimos en el capítulo 4.

El programa MMIC fue seguido en la década de 1990 por el programa de Tecnología de Vanguardia de circuitos de Microondas Analógicos (MAFET, Microwave and Analog Front End Technology), cuyo objetivo era mejorar las capacidades de los dispositivos al tiempo que se reducía el coste y el tamaño de los chips para hacerlos económicamente viables tanto para aplicaciones militares como civiles. Cuando el programa MAFET concluyó con éxito en 2000, los MMIC empezaron a encontrar sus aplicaciones en varios sectores comerciales al margen del ejército.

ii) MMIC en la actualidad
En esencia, los MMIC son circuitos integrados por elementos activos, es decir, transistores y pasivos, tales como diodos, capacidades, resistencias e inductancias, que se fabrican en el mismo sustrato semiconductor, algo similar a lo que sucede con los chips de silicio, la diferencia clave de estos sistemas es la frecuencia de trabajo, ya que los de silicio trabajan habitualmente por debajo del GHz, mientras que los MMIC pueden llegar a funcionar a frecuencias de THz. Otra diferencia importante es que en un MMIC el número

de transistores es muy pequeño, típicamente de unas decenas a pocos cente-
nares. La mayoría de los MMIC actuales se fabrican en sustratos de semiconductores compuestos III-V como GaAs, InP y GaN.

Los MMIC son los componentes elegidos para la mayoría de las aplicaciones de alta frecuencia. Ofrecen varias ventajas con respecto a sus homólogos discretos o híbridos, como su tamaño reducido, su bajo coste, su alta
reproducibilidad y su gran fiabilidad. Aunque no todo son ventajas, ya que
sus inconvenientes son los mismos que los de todos los demás circuitos integrados: es difícil, si no imposible, ajustar el rendimiento una vez fabricado.

La mayoría de los MMIC se fabrican bajo demanda en fábricas especializadas que no los diseñan, denominadas «foundries», cuestión que abordaremos en el último capítulo del libro. Los MMIC tienen unas dimensiones reducidas, típicamente entre 1 mm^2 y 10 mm^2, y pueden producirse a
costes relativamente moderados, lo que ha permitido su uso en dispositivos de alta frecuencia como los teléfonos móviles de alta gama. La figura
14.4 muestra un MMIC amplificador de bajo ruido. Contiene tres transistores, nueve condensadores, diez inducciones en espiral, siete resistencias
y las interconexiones entre todos ellos.

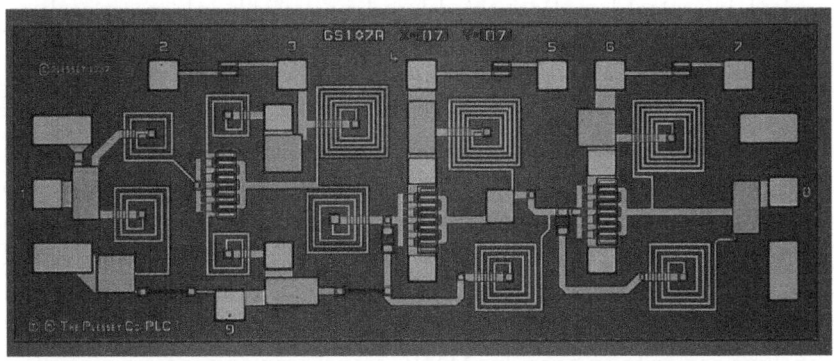

Figura 14.4. MMIC fabricado por la empresa Caswell para aplicaciones en
satélites. Las dimensiones son 3.5 × 1.5 mm^2. Entre otros componentes,
se pueden distinguir bien los tres transistores, que son las estructuras
interdigitadas y diez inducciones, que son las diferentes espirales.

1.2. *¿Por qué GaAs o GaN y no silicio para los MMIC?*
La ventaja más importante de GaAs es que sus electrones pueden ser acelerados a velocidades mucho más altas que en el silicio, por lo que, a igual-
dad de dimensiones en ambos casos, atraviesan el canal de un transistor en
menos tiempo del que lo hacen en el silicio. Esta mejora de la movilidad de

electrones es la propiedad fundamental que permite trabajar a frecuencias más elevadas y velocidades de conmutación más rápidas.

Aunque la principal razón de hacer transistores de GaAs es precisamente la mayor velocidad de funcionamiento, las propiedades físicas y químicas del GaAs hacen que su utilización en la fabricación de transistores sea más difícil y compleja que con el silicio. Los inconvenientes del GaAs son, entre otros, una conductividad térmica inferior y un coeficiente de expansión térmica más alto que el silicio.

Más recientemente, el GaN también ha demostrado ser una opción muy interesante para los MMIC. En este caso, se debe a que los transistores de GaN pueden funcionar a temperaturas mucho más altas y a voltajes mucho más elevados que los transistores de GaAs, lo que los hace ideales como amplificadores de potencia en frecuencias de microondas, donde los requerimientos de soportar tensiones y temperaturas de trabajo elevadas son críticos.

2. UNA VISIÓN GENERAL DE LAS APLICACIONES DE LOS MMIC

i) Teléfonos inteligentes: infraestructura de comunicaciones inalámbricas
La demanda de velocidad de datos ha aumentado significativamente con los avances en la tecnología de los teléfonos inteligentes, desde 3G hasta 4G y ahora 5G. Uno de los componentes críticos que ayudan a gestionar de manera eficiente la alta velocidad que requiere la transmisión inalámbrica de los datos son los amplificadores de bajo ruido –LNA, Low Noise Amplifier–, los circuitos de radio frecuencia, los amplificadores de potencia y los conmutadores y filtros. Los LNA se fabrican en tecnologías HEMT de GaAs. La velocidad de transmisión de datos aumentará en el futuro con la introducción de la tecnología 6G, lo que impulsará el mercado de los MMIC en este sector. Por lo tanto, el MMIC tiene un enorme mercado por delante, impulsado por la necesidad de aumentar la infraestructura de comunicación inalámbrica, ya que el consumo de datos en forma de transmisión, carga y descarga de voz, datos y vídeo aumenta cada vez más con los avances de la tecnología electrónica portátil.

ii) Automóviles: vehículos autónomos
El sistema de Control de Crucero Adaptativo (Adaptative Cruise Control, ACC) en la automoción se basa en la tecnología de sensores de radar de frecuencias de decenas de GHz para garantizar la seguridad en los desplazamientos. Esta tecnología es la elegida para su aplicación en el ACC debido a su resistencia a las fluctuaciones del entorno. Los MMIC basados en dispo-

sitivos HEMT de GaAs se utilizan generalmente en los sistemas de radar de largo alcance de 77 GHz debido a su bajo coste y gran fiabilidad. La tendencia en el sector del automóvil es encaminar la tecnología hacia los vehículos totalmente autónomos o autoconducidos, lo que supondrá un gran terreno de aplicación para los sistemas de detección. Por lo tanto, el sector de la automoción está destinado a tener un fuerte impacto en el mercado de MMIC.

iii) Defensa: radar

Con diferencia, este es el sector de mayor uso de los dispositivos MMIC basados en semiconductores III-V. En los aviones de combate, desde hace varias décadas, la principal fuerza motriz de los MMIC ha sido y continúa siendo las prestaciones de los equipos que proporcionan al piloto información clave sobre el conocimiento de la situación. Los sistemas de radiocomunicación, las redes de alta velocidad y los sistemas de radar dependen al 100% del funcionamiento eficiente de dispositivos MMIC. Las tecnologías basadas en GaAs y GaN suelen emplearse en estos sistemas que funcionan en la banda W (75-110 GHz) de alta frecuencia y en la banda S (2-4 GHz) de baja frecuencia. En la actualidad, los radares de los aviones de combate más avanzados llevan circuitos MMIC de GaAs y GaN para su funcionamiento, uno de los cuales se muestra en la figura 14.5.

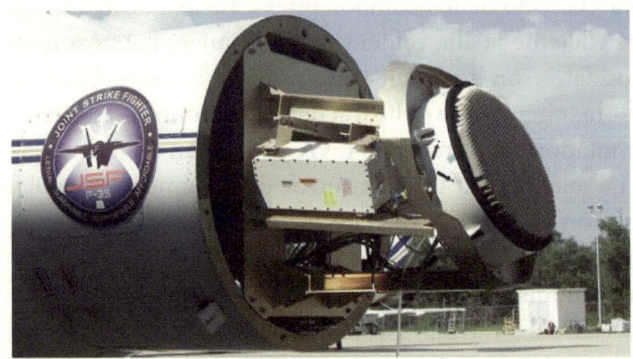

Figura 14.5. Antena de barrido electrónico AESA –Active Electronically Scanned Array–, del radar AN/APG-81, que equipa al caza furtivo F-35 desarrollado por Northrop-Grumman. Trabaja en la banda X (8-12 GHz) y utiliza multitud de circuitos MMIC. Esta instalado en el morro de un BAC-111 en el que hizo sus vuelos de prueba en agosto de 2005[4].

---

[4] J. Lake, «Airborne AESA Fighter Radars», *Armada International*, 10-mayo-2022 (https://bit.ly/3B29hmF).

En conclusión, el mercado de MMIC ha crecido significativamente en las tres últimas décadas en diversos sectores. Se espera que los crecientes avances tecnológicos y los requisitos de la electrónica de consumo, como la necesidad de altas velocidades de datos en la comunicación móvil y el apoyo a la infraestructura inalámbrica, impulsen el crecimiento del mercado. Los avances en tecnologías de detección sugieren que los MMIC se utilizarán en sistemas LiDAR (Laser Imaging Detection and Ranging, detección y localización de imágenes por láser), que podrían aplicarse en vehículos de conducción autónoma y en dispositivos de realidad aumentada.

3. ELECTRÓNICA DE POTENCIA

Por electrónica de potencia entendemos a la parte de esta disciplina que se ocupa de los dispositivos y las aplicaciones que, para su correcto funcionamiento, necesitan unos valores de corriente y tensión muy superiores a los que se manejan habitualmente. Estamos hablando de corrientes que suben del mA al A, de tensiones que pasan del V al kV y, por lo tanto, de potencias que se elevan desde el W al kW. En este campo, aparecen dos semiconductores de los que apenas nos hemos ocupado hasta ahora: el GaN, que ya hemos visto en el punto anterior y el SiC, del que no hemos dicho nada hasta el momento. En ambos casos, los dispositivos que se fabrican con ellos para cumplir los requerimientos señalados son en esencia dos: MOSFET para el SiC y HEMT para el GaN. Ambos dispositivos los hemos visto ya y el cambio de semiconductor no se traduce en cambios de sus principios de operación. Por lo tanto, me limitaré en este último apartado a describir las razones que hay detrás del uso de estos dos semiconductores.

El lector que conozca un poco esta materia estará poniendo el grito en el cielo: ¿qué hay de los triacs, tiristores, diodos de cuatro capas, etc.? No le falta razón: esos dispositivos nacieron precisamente para cubrir los requerimientos de la electrónica de potencia, pero su descripción me llevaría demasiado espacio y no quiero alargar este ya de por sí extenso libro, de manera que quien esté interesado por esta cuestión puede leer el libro de J. W. Orton *The Story of Semiconductors*, recogido en la Bibliografía.

El mundo de la electrónica de potencia es un universo aparte, pero curiosamente comenzó su andadura más o menos al mismo tiempo que el transistor de unión y, en cierto sentido, fue William Shockley quien puede reivindicar su lanzamiento. En 1950, Shockley propuso una estructura de silicio p-n-p-n de cuatro capas, creyendo que tendría futuro como dispositivo de conmutación en microelectrónica, mientras que, en realidad, su impacto se produjo en la electrónica de alta potencia. Resulta irónico que, a la luz de su futuro éxito, este dispositivo fuera en gran medida responsable de la desaparición de la empresa que fundó en 1955, Shockley Semiconductors Laboratory, ya que resultó demasiado difícil de fabricar con la tecnología entonces disponible, un problema asociado a que Shockley lo consideraba un simple dispositivo de dos terminales, es decir, que solo tenía dos contactos, superior e inferior. La historia demostró que la introducción de un tercer contacto en la capa superior fue la clave que proporcionó al dispositivo la estabilidad y el control que necesitaba. En esta forma, pasó a denominarse rectificador controlado de silicio y, más tarde, tiristor. Pero esa parte de la historia y evolución no la voy a recoger aquí.

Una frase que quizá resulte llamativa: la electrónica de potencia es uno de los campos de la electrónica que más proyección de futuro tiene, por diversas consideraciones, vinculadas de manera directa o indirecta a uno de los grandes retos que afronta la humanidad: el cambio climático y la necesidad imperiosa de revertir sus nefastas consecuencias, encauzando la transición energética hacia energías limpias. En esa situación, hay varias tecnologías que cada vez cobran mayor protagonismo en nuestro mundo: energía y movilidad. En este último aspecto, la movilidad, es donde el SiC y el GaN adquieren cada día mayor protagonismo. Efectivamente, buena parte de la electrónica de los vehículos eléctricos (VE) y de los vehículos eléctricos híbridos (VEH) está construida con algunos de esos semiconductores que analizaremos a continuación. Aunque estos semiconductores son más difíciles de fabricar y más caros, ofrecen importantes ventajas sobre el silicio en este campo.

3.1. Semiconductores de gap elevado

Los transistores fabricados con semiconductores compuestos de gap elevado, y en particular GaN y SiC, tienen tensiones de ruptura más altas y mayor tolerancia a las altas temperaturas que sus hermanos de silicio y son superiores a estos últimos para aplicaciones de alta potencia. La figura 14.6 muestra tres obleas de tres semiconductores diferentes, en la que se muestran una de las diferencias más claras conforme crece el valor del gap de energía prohibida: la transparencia.

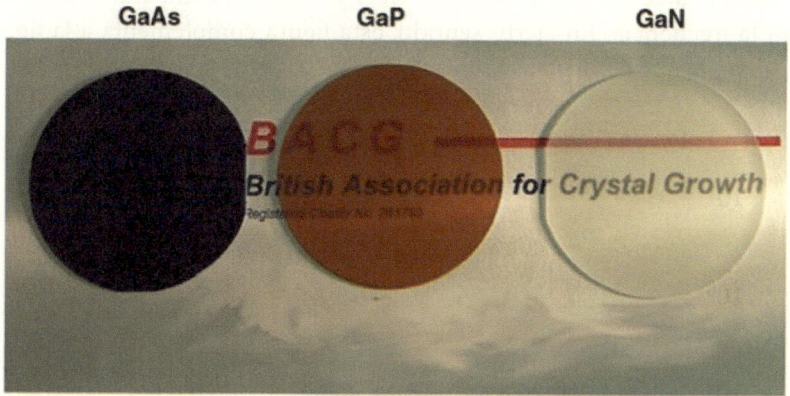

Figura 14.6. Tres obleas de semiconductores compuestos, GaAs, GaP y GaN, que muestran el brusco cambio de transparencia asociado al aumento del gap de energía prohibida, del GaAs al GaN[5].

Los transistores de GaN y SiC también conmutan más rápido y pueden funcionar a frecuencias más altas que los de silicio. Esta combinación única de características hace que estos dispositivos resulten atractivos para algunos de los circuitos utilizados en aplicaciones de automoción, especialmente en VEH y VE. En general, podemos establecer los siguientes campos de utilidad para esta nueva clase de semiconductores:

- **Energía**: es bien conocido que en todo el planeta, con diferentes grados de desarrollo e impulso, se está efectuando un cambio de paradigma en el modelo energético vigente hacia otro basado en las energías renovables, con la eólica como primera fuente de estas tecnologías. La electrónica de los aerogeneradores depende sustancialmente de estos semiconductores, dado que tienen que ser capaces de controlar potencias que pueden llegar a decenas de MW.
- **Movilidad**: está en marcha, de nuevo en todo el planeta, una transición hacia la movilidad eléctrica, con dos vectores esenciales: los trenes de alta velocidad y los VE.

Antes de comenzar con las peculiaridades de ambos, en la figura 14.7 detallo sus utilidades, además de las ya señaladas. La imagen ilustra de

---

[5] J. W. Orton «Semiconductors and the Information Revolution: Magic Crystals that made IT Happen», recogido en la Bibliografía.

manera gráfica las aplicaciones del GaN y el SiC, al comparar la potencia con la frecuencia. En cierto sentido, esta figura complementa a la figura 14.1 con la que comienza el capítulo.

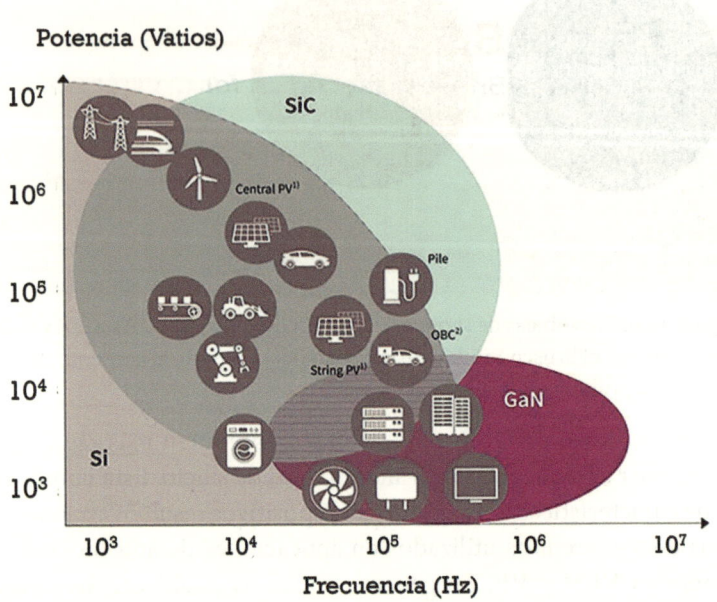

Figura 14.7. Situando al silicio, SiC y GaN en sus esferas de influencia. Los diversos iconos de la imagen muestran los numerosos campos de aplicación de los tres semiconductores[6].

3.2. *Breve historia del SiC y del GaN*
El primer semiconductor compuesto que suscitó interés en la electrónica de potencia fue el SiC, hacia 1980. Esto se debe principalmente a su gran afinidad con el silicio, que permitió replicar fácilmente estructuras de dispositivos ya consolidadas y muy bien conocidas, como es el caso del MOSFET. Además, el SiC también tiene al SiO_2 como óxido nativo, cuyas propiedades y tecnologías de procesamiento ya se habían investigado en profundidad a partir de la intensa y amplia investigación realizada sobre los dispositivos electrónicos de silicio. En consecuencia, fue posible iniciar rápidamente el desarrollo de la tecnología del SiC y a comienzos de la década de 1990 ya se comercializó el primer diodo Schottky de SiC. Desde

---

[6] «Wide Bandgap Semiconductors (SiC/GaN)», Infineon.com (https://bit.ly/3OUpTjz).

entonces, la mejora continua de la tecnología hizo que el SiC estuviera disponible en el mercado en el rango de tensión de hasta 1700 V para aplicarlo en MOSFET y en otros dispositivos.

Por su parte, el GaN comenzó su historia en el campo de los LED, cuestión que ya hemos analizado en el capítulo 11 y empezó a ser de interés para la electrónica de potencia alrededor de 1990, con la primera demostración de un transistor de GaN que se remonta a 1991. Sin embargo, en el caso del GaN, no existía un conocimiento industrial previo, como en el caso del SiC, lo que planteó la necesidad de más tiempo para desarrollar la tecnología y lograr su maduración. Las ventajas del GaN se explotan mediante el transistor HEMT, un dispositivo que permite realizar transistores de alta frecuencia de conmutación. El primer HEMT de potencia de GaN disponible comercialmente fue introducido en el mercado diez años más tarde que el primer dispositivo comercial de SiC. Hoy en día, gracias al esfuerzo continuo tanto a nivel de investigación como industrial, es posible encontrar en el mercado HEMT de GaN con una tensión de trabajo de hasta 1200 V, aunque la mayoría de los productos disponibles tienen una tensión de 650 V o inferior.

3.3. Propiedades esenciales del SiC y el GaN

Aunque el silicio es un excelente semiconductor de uso general, tal y como hemos visto en la primera parte de este libro, tiene fuertes limitaciones cuando se requiere trabajar a altas tensiones, altas temperaturas y frecuencias de conmutación elevadas. Durante las últimas décadas, los dispositivos de conmutación de potencia dominantes han sido los MOSFET de Si, pero su desarrollo se ha estancado, en gran medida debido sus limitaciones. Esto ha hecho que, a medida que necesitamos dispositivos de mayor potencia, la industria se aleja del silicio en favor del GaN y el SiC. Las propiedades de ambos permiten que los dispositivos funcionen a temperaturas muy elevadas, altas densidades de potencia, voltajes elevados y frecuencias más altas, lo que los hace perfectos para su uso en sistemas electrónicos donde se requieren estas condiciones de trabajo[7]. Las claves son las siguientes.

i) Gap de energía prohibida

El GaN y el SiC son relativamente similares en relación con este parámetro. El GaN tiene un gap de 3.2 eV, mientras que el del SiC es de 3.4 eV.

---

[7] B. J. Baliga, «Power semiconductor device figure of merit for high-frequency applications», recogido en la Bibliografía.

Estos valores son notablemente superiores al del silicio, ya que, con solo 1.1 eV, es tres veces menor. El gap elevado permite que ambos semiconductores soporten cómodamente trabajar en circuitos de mayor tensión de la habitual que se utiliza en los circuitos de Si.

ii) Campo eléctrico crítico o de ruptura
Es el campo eléctrico máximo que puede soportar antes de romperse, provocando fugas de corriente elevadas y no controlables. Se representa como Er.

Er (GaN) = 3.5 MV/cm
Er (SiC) = 3 MV/cm

La correlación entre gap alto y campo eléctrico crítico de ruptura alto es directa y se traduce en una mayor tensión de ruptura aplicable, que alcanza hasta 1.700 voltios en algunas aplicaciones. Los altos campos de ruptura hacen que el SiC y el GaN estén mucho mejor preparados para gestionar tensiones más altas y producir corrientes de fuga más bajas. El Si tiene un campo de ruptura de 0.3 MV/cm, lo que indica que el GaN y el SiC son casi diez veces más capaces de mantener tensiones más altas. Todo esto hace que ambos semiconductores sean idóneos para los dispositivos semiconductores de potencia.

iii) Conductividad térmica
Determina la capacidad de disipar el calor generado en un dispositivo al paso de corriente a su través, por lo que cualquier calor generado puede transferirse por conducción, sin provocar un calentamiento indeseable en el propio dispositivo. Se representa mediante la letra W.

W (SiC) = 5 W/cm.K
W (GaN) = 1.3 W/cm.K

La mayor conductividad térmica del SiC que la del GaN o el silicio (1.5 W/cm.K) implica que los dispositivos de SiC son superiores en conductividad térmica y pueden funcionar teóricamente a densidades de potencia más altas que el GaN o el Si. La mayor conductividad térmica del SiC, combinada con un elevado gap de energía prohibida y un elevado campo crítico de ruptura, confiere al SiC una ventaja cuando la alta potencia es una característica clave deseable del dispositivo.

iv) Temperatura de fusión muy elevada

Es la temperatura a la que el semiconductor pasa a fase líquida. Se describe con Tf.

Tf (SiC) = 2730°C

Tf (GaN) = 2500°C

Tf (Si) = 1410°C

Estos valores permiten un funcionamiento viable a más de 400°C (SiC) y hasta 350°C (GaN). El Si tiene su temperatura máxima de trabajo limitada a 150°C. Estas mayores temperaturas de funcionamiento simplifican en gran medida los requisitos de refrigeración, lo que permite que los dispositivos de SiC y GaN funcionen en entornos de mayor temperatura ambiente.

v) Mayor frecuencia de trabajo

Esta es la diferencia más significativa entre el GaN y el SiC, que radica en su movilidad de electrones, magnitud con la que medimos la rapidez con la que los electrones pueden moverse a través del material semiconductor. Para empezar, el silicio tiene una movilidad de electrones máxima de 1450 cm^2/V.s. El GaN tiene una movilidad de electrones de 2000 cm^2/V.s, lo que significa que los electrones pueden moverse más de un 30% más rápido que los del silicio. El SiC, sin embargo, tiene una movilidad de electrones de 650 cm^2/V.s, lo que significa que sus electrones se mueven más lentamente que los del GaN y el silicio. Con una movilidad de electrones tan elevada, el GaN es la elección adecuada para aplicaciones de alta frecuencia.

La figura 14.8 muestra los campos de aplicación de estos semiconductores en función de la tensión máxima de trabajo.

- Por debajo de 400 V, el GaN domina el mercado y todo apunta a que lo seguirá dominando en el futuro inmediato. Estos valores corresponden a la tensión máxima de alimentación doméstica, considerando tanto los sistemas monofásicos como trifásicos, e incluye todos los aparatos domésticos, la electrónica de consumo, es decir, teléfonos inteligentes, PC y sus cargadores, electrodomésticos, etc., y la electrónica de potencia de los centros de datos.

- Entre 400 y 1200 V, el SiC y el GaN cooperan y coexisten, dependiendo del nivel de potencia manejado en cada aplicación. En este rango de tensiones, es posible encontrar inversores utilizados para instalaciones fotovoltaicas, controles para motores industriales y diversas aplicaciones en el segmento de la automoción. Este último es de gran interés para ambos semiconductores, debido al creciente interés y demanda por la electrificación del automóvil. Dentro de un VE o VEH, hay diferentes sistemas que utilizan convertidores de potencia y, por tanto, utilizan necesariamente transistores de potencia. Lograr una alta eficiencia, un tamaño y un peso reducidos de los componentes electrónicos de potencia es de vital importancia para la ampliación de la autonomía del vehículo y el aumento de sus prestaciones.

- Por encima de 1200 V, el SiC desempeña un papel fundamental en la tracción de trenes eléctricos, en turbinas eólicas y en redes de transporte de energía. En la actualidad, la tracción de trenes eléctricos es extremadamente interesante para el SiC, ya que las tensiones de interés se sitúan en el rango de los kV. Es en este importante sector donde el SiC está listo para sustituir a los dispositivos de Si y aportar un mayor rendimiento y eficiencia.

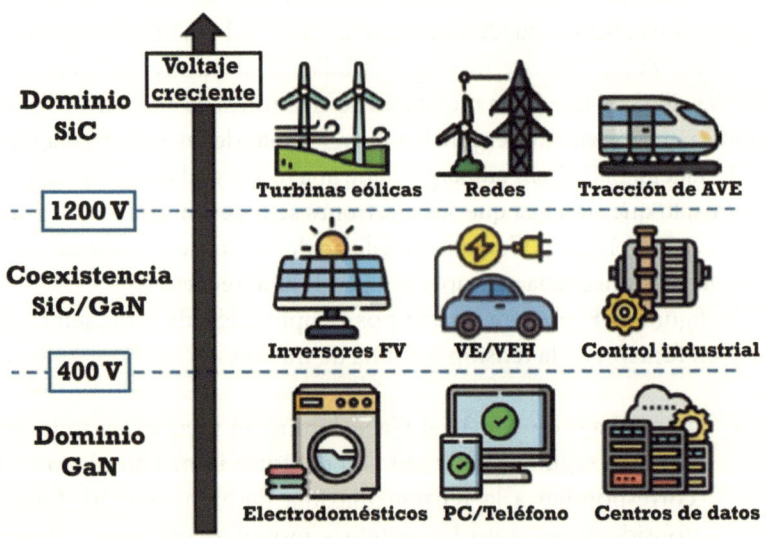

Figura 14.8. Principales aplicaciones del SiC y del GaN, en función de la tensión de trabajo[8].

---

[8] M. Buffolo *et al.*, «Review and Outlook on GaN and SiC Power Devices: Industrial State-of-the-Art, Applications, and Perspectives», recogido en la Bibliografía.

4. Aplicaciones principales de los dispositivos basados en SiC y GaN

SiC

- **Industria automotriz:** en la industria automotriz, el SiC se utiliza en la fabricación de dispositivos de electrónica de potencia para VE y VEH. Los dispositivos de SiC ayudan a mejorar la eficiencia energética, reducir el tamaño y el peso de los sistemas de propulsión, y aumentar la autonomía de los vehículos eléctricos.
- **Sistemas de energía renovable:** en aplicaciones como la energía solar y eólica, los dispositivos de SiC se utilizan en inversores de alta potencia. Gracias a su alta eficiencia y resistencia térmica, los dispositivos de SiC permiten una mayor conversión de energía y una mayor estabilidad en condiciones extremas.
- **Sistemas de almacenamiento de energía:** en baterías y supercondensadores, el SiC se utiliza en convertidores de energía que permiten una carga y descarga más rápidas y una mayor vida útil de la batería.
- **Aplicaciones aeroespaciales y militares:** el SiC se utiliza en sistemas de comunicación y electrónica de control de motores.

GaN

- **Comunicaciones inalámbricas:** en estaciones base de telecomunicaciones y sistemas de radar, el GaN se utiliza en amplificadores de potencia de radiofrecuencia. Los dispositivos de GaN ofrecen una mayor eficiencia y una mayor potencia de salida en comparación con otros materiales, lo que mejora el rendimiento y reduce los costos operativos.
- **Iluminación LED:** los LED de GaN ofrecen una mayor eficiencia luminosa, una vida útil más larga y una mejor reproducción del color en comparación con otros materiales, lo que los hace ideales para aplicaciones de iluminación comercial, industrial y doméstica.
- **Electrónica de radiofrecuencia:** en aplicaciones tales como radares y sistemas de comunicación por satélite, el GaN se utiliza en dispositivos de alta potencia y alta frecuencia. Los dispositivos de GaN pueden operar a frecuencias más altas y ofrecen una mayor eficiencia y potencia de salida en comparación con otros materiales, lo que mejora el rendimiento y la fiabilidad de los sistemas.

4.1. La aplicación por excelencia: el vehículo eléctrico

Como hemos visto en las figuras 14.8, el VE puede ser alimentado con ambos semiconductores. Por definición, en la electrónica de potencia se trabaja con corrientes y tensiones muy elevadas. Trabajar a corrientes tan elevadas trae una consecuencia indeseable: las denominadas pérdidas resistivas en los diferentes elementos de los subsistemas del VE, por lo que resulta obligado limitar las caídas de tensión (IR) y las pérdidas ($I^2 R$), para lo que se deben encarar dos actuaciones, consistentes en reducir la resistencia a la conexión y aumentar la tensión de funcionamiento del sistema, lo que, a su vez, reduce la corriente necesaria para suministrar una cantidad determinada de potencia a una carga. Para las pérdidas dinámicas de conmutación, cualquier mejora del dispositivo que pueda reducir estas pérdidas, que están relacionadas con la física del dispositivo, la frecuencia de conmutación y otros factores, tendrá un gran impacto.

La automoción, en sus diferentes variantes eléctricas –VE, VEH, sistemas de frenado para automóviles, AVE y, en general, tracción ferroviaria–, es uno de los sectores industriales donde el GaN y el SiC tienen un interés enorme, ya que todos estos sistemas necesitan dispositivos de potencia, es decir, que soporten tensiones de trabajo elevadas (kV), altas temperaturas, etc.

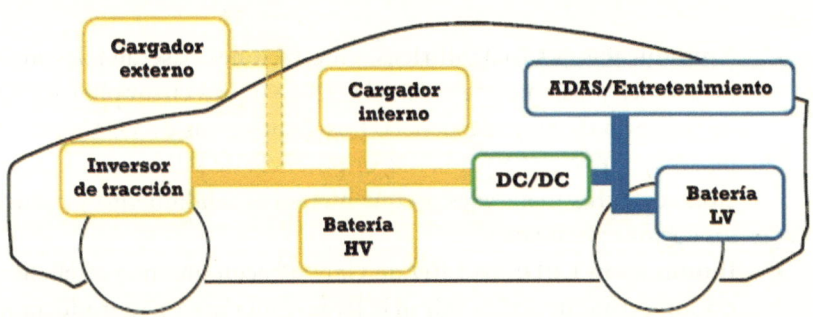

Figura 14.9. Distintos elementos de un VE que utilizan dispositivos semiconductores de potencia. ADAS: sistemas avanzados de ayuda a la conducción; LV: batería de baja tensión; HV: batería de alta tensión; DC/DC: convertidor de continua a continua.

El aumento de las ventas de VE y VEH desempeña un papel más importante que nunca. Un reto clave para la industria es aumentar la eficiencia general de los vehículos eléctricos. Y es aquí donde intervienen los protagonistas de este apartado: el SiC y en menor medida el GaN, cuyas extraordinarias propiedades les hacen los candidatos idóneos para cumplir con los estrictos requisitos que debe satisfacer la electrónica de los VE, siendo el SiC el que, en estos momentos, gana la partida. Algunos de los sistemas que llevan estos vehículos y que se basan en SiC son los convertidores DC/DC, los cargadores internos, los controladores de motor y los LiDAR. La figura 14.9 muestra los principales subsistemas de un VE que requieren transistores de conmutación de alta potencia.

Batería

La demanda de los subsistemas de alimentación de todos los vehículos, tanto de combustión interna (CI) como VE y VEH, ha crecido a un ritmo exponencial para dar soporte a funciones como los sistemas avanzados de asistencia al conductor, los elevalunas, las puertas y los retrovisores eléctricos, las redes internas, la conectividad, los sistemas de entretenimiento y el GPS, entre otros.

La principal fuente de energía de los vehículos de CI suele ser una batería de plomo de 12 V y 100 a 200 amperios por hora, lo que se traduce en un requisito de suministro de energía de 1.2-2.4 kWh. Sin embargo, esa cantidad de energía es modesta si se compara con los requisitos de las baterías de los VE, que además deben proporcionar energía para el arranque del vehículo. En consecuencia, la capacidad de la batería de un VE oscila entre 50 y 150 kWh, dependiendo de la función del vehículo, el tamaño y el fabricante, con un voltaje típico de trabajo de 200-300 V. Por todas las razones apuntadas en este punto, únicamente con una electrónica basada en SiC es posible trabajar con esos valores de potencia en los VE.

Convertidores DC/DC de alta tensión a baja tensión

Estos circuitos convierten el alto voltaje de la batería en un voltaje más bajo para hacer funcionar otros equipos eléctricos. El voltaje de la batería puede llegar a 600-900 V. Un convertidor de corriente continua a corriente continua (DC/DC) lo reduce a 12-48 V, para el funcionamiento de otros componentes electrónicos. En un VE, muchos de los equipos, excepto el motor, funcionan a una tensión muy inferior a la tensión de la batería, por lo que el convertidor DC/DC es necesario para convertir la salida de corriente continua de alto voltaje de la batería en corriente continua de bajo voltaje.

La corriente continua de alto voltaje de la batería de iones de litio debe convertirse en corriente continua de bajo voltaje con la que se carga la batería de plomo, y el convertidor DC/DC realiza esta conversión. La corriente continua de bajo voltaje resultante de la conversión permite que varios componentes del vehículo eléctrico funcionen con la tensión adecuada.

La baja tensión se suministra a componentes no relacionados con el motor, como diversos equipos del interior del vehículo y los faros. Incluso un dispositivo que funciona con alta tensión tiene un circuito de control interno que funciona con baja tensión. Por estas razones, el convertidor DC/DC que convierte la corriente continua de alto voltaje en corriente continua de bajo voltaje es esencial para el vehículo.

Cargador interno (OBC, On Board Charger)
Los VEH y VE enchufables contienen un cargador de batería interno que se conecta a una fuente de alimentación de corriente alterna (AC). Esto permite cargarlos en casa sin necesidad de un cargador externo de AC a DC.

Controlador del motor de tracción
El motor de tracción es el motor de AC de alta potencia que acciona las ruedas del vehículo. El controlador es un inversor que convierte la tensión de la batería en corriente alterna trifásica que acciona el motor.

LiDAR
El LiDAR (Laser Imaging Detection and Ranging, medida de distancia por láser) es una tecnología que incorpora métodos basados en luz y radar para detectar e identificar los objetos circundantes al VE, ayudando a una conducción más segura. Escanea un área de 360° con un láser infrarrojo pulsante y detecta la luz reflejada. Esta información se traduce en una imagen en 3-D detallada de las escenas hasta unos 300 metros, con una resolución de varios centímetros. Su alta resolución lo convierte en un sensor ideal para vehículos, sobre todo de conducción autónoma, para mejorar la identificación de objetos cercanos. Las unidades LiDAR funcionan con una tensión continua de entre 12 y 24 V, que se obtiene gracias al convertidor DC/DC.

UNAS BREVES CONCLUSIONES
Tanto el SiC como el GaN ofrecen una serie de ventajas sobre otros semiconductores, incluyendo una mayor eficiencia, una mayor densidad de potencia y una mayor resistencia térmica. Con el continuo avance en la investigación y el desarrollo, se espera que el SiC y el GaN desempeñen un papel cada vez más importante en la evolución de la electrónica moderna y en la transición hacia un futuro más sostenible y eficiente en términos energéticos.

Capítulo 15

Industria microelectrónica: tecnología, geopolítica y dinero, mucho dinero

El objetivo final de la industria microelectrónica es fabricar chips en obleas, cuyos diámetros oscilan entre 50 mm y 300 mm, dependiendo del semiconductor de que se trate. La de la figura 15.1 es de 300 mm de silicio.

Figura 15.1. Oblea de silicio de 300 mm de diámetro con chips ya fabricados[1].

Para lograrlo, la industria microelectrónica, compuesta por multitud de empresas de numerosos países, ha desarrollado un «ecosistema» complejo, diversificado y especializado, que es único y no tiene equivalente en ningún otro sector productivo. En este último capítulo haremos un recorrido por dicho ecosistema, deteniéndonos en varios de sus aspectos clave.

1. Una cadena de valor global, impulsada por la complejidad y la competencia

La industria de los semiconductores se caracteriza por tener una cadena de valor altamente especializada, globalmente dispersa y muy interconectada.

---

[1] «EU invests €216 million to promote semiconductor research and innovation, European Commision», 7-febrero-2024 (https://bit.ly/3VCpgix).

Esta cadena de valor y las actividades vinculadas a la misma forman un ecosistema industrial complejo y global y muy influyente en la geopolítica de las grandes naciones que pugnan por tener un papel relevante en dicho ecosistema.

Como hemos tenido ocasión de comprobar en los diversos capítulos que componen este libro, los semiconductores están presentes en prácticamente todas nuestras actividades cotidianas y esa ubicuidad explica en parte por qué la industria microelectrónica es una industria globalizada. La demanda constante de más y mejores capacidades de los equipos que los utilizan –teléfonos móviles, ordenadores portátiles, televisores, automóviles, etc.– está propiciada principalmente por los consumidores, que quieren mejoras constantes en características, fiabilidad y velocidad. Esta demanda impulsa enormes inversiones en investigación, diseño y fabricación de chips, prueba, ensamblaje, empaquetado y distribución, procesos a los que se les exige eficiencia y bajo coste.

Estas mismas presiones también afectan a las actividades de apoyo, como son la producción de equipos de fabricación de semiconductores, el desarrollo de software de diseño de los chips, el suministro de materias primas necesarias para su fabricación, etc. Estas presiones han llevado a las empresas de semiconductores a desarrollar modelos comerciales que van más allá de las fronteras nacionales para lograr eficiencias que les permitan competir en un mercado global y muy exigente. En el punto 3 de este capítulo veremos un ejemplo paradigmático de todo esto: la cadena de valor de fabricación de un teléfono móvil, probablemente el producto que mejor ilustra las peculiaridades de esta industria.

A lo largo de los años, la demanda de nuevas innovaciones tecnológicas que se basan en chips se ha vuelto cada vez mayor. Según vimos en el capítulo 7, la reducción de las dimensiones de los dispositivos y las disminuciones de costes ya no son suficientes para mejorar el rendimiento de los dispositivos que necesitan los chips para funcionar. La industria se está moviendo rápidamente hacia nuevas áreas como el denominado Internet de las Cosas (IoT), la automatización cada vez mayor de numerosos procesos industriales, la robótica y la Inteligencia Artificial (IA), campos todos ellos que requieren nuevos avances.

Para comprender cómo y por qué es así la cadena de valor, es importante comprender las complejidades de la producción de chips de semiconductores. Este análisis también permite entender el papel que juega la competencia feroz de este sector productivo. La producción de chips de semiconductores comienza con un proceso de investigación y diseño

y termina con la comercialización, tal y como se muestra en la figura
15.2.

Figura 15.2. La cadena de valor de la industria microelectrónica.

Como se puede apreciar en el diagrama de flujos, después de la investigación y el diseño, vienen la fabricación, el montaje, las pruebas, el empaquetado y finalmente la distribución y comercialización del chip. Si bien la investigación y la comercialización no son actividades de producción estrictamente hablando, se incluyen en la cadena de producción debido a su papel decisivo y de importancia crítica.

i) Aquí, allá, en todas partes: dispersión geográfica de la cadena de valor
La cadena de valor de la industria microelectrónica comenzó a cruzar las fronteras nacionales en 1961, justo cuando la empresa estadounidense Fairchild Semiconductor, que se enfrentaba a una competencia tecnológica y de mercado cada vez mayor, comenzó a ensamblar chips en Hong Kong[2]. Las ventajas de esta medida incluyeron costes más bajos, disponibilidad de personal altamente especializado, infraestructuras avanzadas, proximidad a los mercados de consumo e impuestos y aranceles bajos, lo que aumentó la competitividad de las empresas. Esto permitió que las empresas siguieran aumentando rápidamente su inversión en I + D, esencial para la creación de nuevos productos con prestaciones siempre crecientes. La cadena de valor se dispersó cada vez más a medida que aumen-

---

[2] I. Mártil, «Fairchild Semiconductor. Donde todo empezó en Silicon Valley», recogido en la Bibliografía.

taban los beneficios. Fiel reflejo de esa globalización, desde el comienzo de la presente década, las principales capacidades de diseño y fabricación de chips se encuentran repartidas de la siguiente forma, con pequeñas variaciones de un año a otro: EE. UU. (~50%), región Asia-Pacífico (~30%), Europa (~10%), Japón (~10%).

ii) Los peligros de la «localización»: Japón, EE. UU. y el síndrome de las «Islas Galápagos»

La industria microelectrónica se ha convertido en una industria global como respuesta a las condiciones cambiantes del mercado. El cambio tecnológico en una determinada etapa de la cadena de valor tiene un efecto en cascada, así como un efecto «aguas arriba» en las tecnologías involucradas en alguna de las etapas descritas en el punto anterior. Por ejemplo, el cambio en el diseño de un chip se refleja e incorpora en los procesos de fabricación, encapsulado y prueba de la cadena de valor. Los cambios en el diseño de los chips también tienen un efecto drástico en el diseño y las prestaciones de los productos donde se van a utilizar –el teléfono móvil es el ejemplo más característico de esto–. Una cadena de valor global con varias empresas involucradas en cada etapa, independientemente del país de origen, puede responder con éxito a unos cambios tan rápidos en la tecnología. Sin embargo, cuando toda la cadena de valor se localiza en un solo país, este debe concentrar sus esfuerzos en mejorar todas las etapas de la cadena a la vez, algo probablemente imposible de llevar a la práctica con éxito.

Japón

Esta característica de la industria global, algo que la industria microelectrónica ha sabido llevar a la práctica casi desde sus inicios, contrasta fuertemente con lo que podríamos definir como el nacionalismo tecnológico. Japón ofrece un ejemplo histórico clásico del peligro que significa apostar por un modelo de fabricantes concentrados en exclusiva en el mercado doméstico, aislados de los mercados globales. Si bien hoy en día Japón es un país muy abierto e integrado en la cadena microelectrónica global, durante gran parte de las cinco décadas anteriores, segmentos muy importantes del mercado de productos electrónicos de Japón estuvieron cerrados a competidores extranjeros y tanto la legislación como el marco regulatorio japonés impusieron ventajas para los productos nacionales, que resultaban insuperables para los posibles competidores externos. Es el caso de la telefonía móvil, donde la regulación nipona favorecía unos protocolos de comunicación entre terminales, de gestión de datos y de bandas de frecuencia que eran exclusivos para Japón y totalmente diferentes de los estándares usuales vigentes en la mayoría del resto del mundo.

Inicialmente y gracias a este modelo, la industria japonesa hizo avances asombrosos en su tecnología durante mucho tiempo, pero los productos japoneses a menudo eran incompatibles con las condiciones de venta de estos en el extranjero. Este aislamiento tecnológico, conocido popularmente como «síndrome de Islas Galápagos»[3], puso en riesgo la existencia de las empresas japonesas después de dominar su mercado interno, porque las dejó sin posibilidades de competir fuera del mercado japonés. El ejemplo clásico de esta situación lo brinda la compañía NEC, un exlíder en el mercado de telefonía móvil, que abandonó la producción en 2013; en la actualidad, es una filial de Lenovo, una gran empresa multinacional china.

EE. UU.

El otro ejemplo característico de esta situación de aislamiento lo proporciona, de nuevo, el mercado de la telefonía móvil, está vez de EE. UU., que también tiene su propio síndrome de Islas Galápagos: varios operadores de ese país trabajan con diferentes estándares de red, a menudo incompatibles entre sí. Por ejemplo, el iPhone diseñado para ser compatible con la red de A.T.& T. Mobility, el segundo operador de telefonía móvil de EE. UU., detrás de Verizon Wireless, no funciona con la red de T-Mobile –la tercera red, después de las anteriores–. Esta falta de compatibilidad significa que los operadores estadounidenses deben construir individualmente redes paralelas, con una inversión de capital muchas veces inasumible, con el efecto de limitar las opciones de los consumidores estadounidenses y generar problemas de cobertura de red, que a menudo es bastante deficiente. La no estandarización de las redes a nivel nacional y la falta de armonización con los estándares globales también han impedido que las marcas exteriores a EE. UU. inviertan en el mercado de teléfonos móviles estadounidense. A su vez, los operadores de telefonía móvil estadounidenses no han podido expandirse con éxito a los mercados internacionales, perdiendo importantes oportunidades en el extranjero.

No obstante, la globalización de la industria microelectrónica también ha tenido efectos nocivos para el empleo y la desindustrialización de numerosos países, de esto sabemos algo en España, con el caso A.T.&T.-Lucent Techno-

---

[3] J. Allen, «The Galapagos Effect: How Japan Sometimes Ends Up Standing Alone», Unseen-Japan.com, 10-enero-2023 (https://bit.ly/4izxLon).

logies. Este fenómeno también se da en otros sectores productivos, como es el caso de las plantas de fabricación de automóviles, por ejemplo. Es esta una cuestión que daría, no ya para un capítulo de un libro, sino para varios libros.

2. El ecosistema de la industria de los chips

Vamos a entrar de lleno en la cadena de valor de esta asombrosa industria. La figura 15.3 muestra las principales empresas que la componen, aunque está integrada por muchas más de las que aparecen en la imagen.

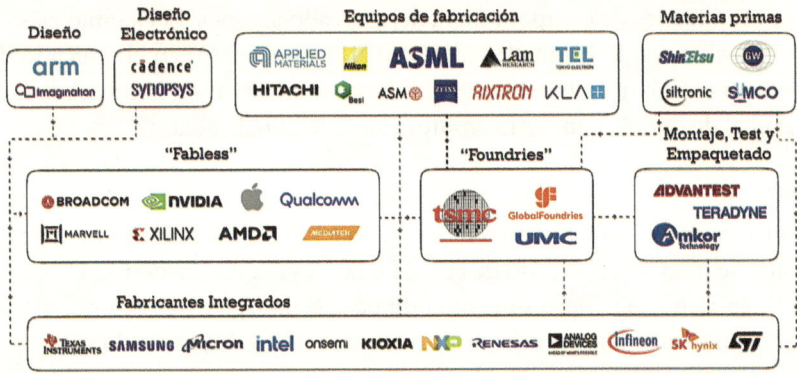

Figura 15.3. Los actores principales de la industria de los chips. Las diferentes categorías se desglosan en este capítulo[4].

A continuación, detallaré los diversos tipos de empresas que forman parte de la cadena, así como cuáles son las principales dentro de cada categoría.

i) Fabricantes de equipos para la producción de chips

Son empresas que diseñan, producen y venden maquinaria y herramientas esenciales para la producción de circuitos integrados. Estos fabricantes desempeñan un papel fundamental para la miniaturización continua y el aumento del rendimiento de los dispositivos electrónicos que utilizamos a diario. Las principales fabricantes son las siguientes:

- **Applied Materials:** es el mayor fabricante de equipos de semiconductores, ofrece tecnologías de fabricación para la industria de chips y la de la energía solar fotovoltaica.

---

[4] K. Karlsson, «Understanding the Semiconductor Value Chain: Key Players & Dynamics», Quartr.com, 27-septiembre-2024 (https://bit.ly/4fhnudt)

- **Aixtron:** produce sistemas de depósito asistido por plasma y sistemas de epitaxia y esté enfocada en la producción de estos equipos para la fabricación de dispositivos basados en semiconductores compuestos.
- **ASML:** ocupa una posición única en el mundo como proveedor exclusivo de máquinas de fotolitografía utilizadas en la fabricación de los chips de vanguardia, como ya vimos en el capítulo 6.
- **Lam Research:** empresa centrada en el diseño, fabricación, comercialización de equipos de grabado y depósito asistidos por plasma.

ii) Empresas de diseño electrónico (EDA)

Las empresas EDA proporcionan herramientas de software, técnicas y metodologías para diseñar circuitos integrados y placas de circuitos impresos. Estas herramientas permiten visualizar, simular y analizar el rendimiento de los chips antes de su fabricación física. Las soluciones aportadas por estas empresas son cruciales para optimizar el diseño, reducir el tiempo de comercialización y garantizar la fiabilidad de los dispositivos una vez fabricados. Las principales empresas del segmento son:

- **ANSYS:** comercializa software de simulación que predice cómo se comportarán los chips en entornos reales.
- **Cadence:** un actor fundamental que ofrece software, hardware y servicios y bloques de diseño de circuitos integrados reutilizables.
- **Synopsys:** ofrece herramientas y servicios para diseñar chips y sistemas electrónicos.

iii) Foundries

Las *foundries*, que muchos autores traducen pésimamente al castellano como «fundiciones», son empresas que fabrican por encargo chips para empresas que los diseñan. Estas últimas, en lugar de fabricar sus propios chips, entregan sus diseños a las *foundries*, que los convierten en chips físicos. Básicamente, las *foundries* son las fábricas del mundo de los semiconductores. A medida que los diseños de chips se hacen más complejos, las *foundries* se han convertido en un componente clave y crítico de la cadena de suministro de esta industria. Aquí es donde están algunas de las empresas más célebres del sector.

- **Corporación Internacional de Fabricación de Semiconductores (SMIC):** el mayor y más importante fabricante de chips de China.

- **Global Foundries:** *foundry* estadounidense, que nació al desgajarse de la división de fabricación de Advanced Micro Devices (AMD).
- **Samsung Electronics:** aparte de su conocida electrónica de consumo, Samsung tiene una gran *foundry* de semiconductores.
- **Taiwan Semiconductor Manufacturing Company (TSMC):** la *foundry* de semiconductores más grande e importante del mundo. La mayoría de las principales compañías de semiconductores que no poseen fabricación propia son sus clientes: AMD, Apple, Broadcom, Media Tek, Nvidia, Qualcomm, etc.
- **United Microelectronics Corporation (UMC):** empresa taiwanesa, hermana menor de TSMC.

iv) Fabless

Las empresas de semiconductores *fabless* –etimológicamente, sin fábrica– se centran en el diseño de chips semiconductores, pero no tienen sus propias instalaciones de fabricación para producir los chips físicos. En su lugar, subcontratan la producción a *foundries* especializadas, como se ha mencionado anteriormente. Al operar sin necesidad de disponer de fábricas de chips, las empresas *fabless* reducen drásticamente los gastos de capital y se concentran en el diseño y la innovación de chips. Esto les permite adaptarse rápidamente a los cambios del mercado y aprovechar la experiencia en fabricación de las *foundries* especializadas para la producción de chips. Las más importantes, con alguna especialmente célebre, son las siguientes:

- **Advanced Micro Devices (AMD):** especializada en CPU y GPU.
- **Broadcom:** diseña chips y software que aceleran el almacenamiento y las redes en los centros de datos.
- **MediaTek:** un nombre destacado en diseño de chips para teléfonos móviles.
- **NVIDIA:** más conocida por su unidad de tarjetas gráficas (GPU) y sus chips destinados a aplicaciones de Inteligencia Artificial.
- **Qualcomm:** especializada en chips para telefonía móvil y redes de comunicaciones inalámbricas.

v) Fabricantes integrados de dispositivos (Integrated Device Manufactures, IDM)

Los IDM se encargan tanto del diseño como de la producción de chips. A diferencia de las empresas *fabless*, los IDM poseen y gestionan sus propias instalaciones de fabricación, lo que les permite supervisar todo el proceso de fabricación de chips, desde el diseño hasta el producto final. Este enfoque integrado les da un mayor control sobre la producción, la garantía de calidad y la dinámica de la cadena de suministro. Tener tanto el diseño como la fabricación bajo el mismo techo puede dar lugar a iteraciones más rápidas, posibles ahorros de costes y un enfoque más sincronizado de la innovación y la producción. Aquí están algunas de las más grandes:

- **Infineon:** conocida por sus chips de potencia para electrónica de automoción e industrial. Nació en 1999 al desgajarse la división de semiconductores de Siemens.
- **Intel:** líder mundial conocido principalmente por sus unidades centrales de procesamiento (CPU). Fundada en 1968 por dos grandes nombres de la historia de los semiconductores, Gordon Moore y Robert Noyce, ha sido el líder indiscutible del sector durante casi un cuarto de siglo. La evolución tecnológica de Intel ha sido la inversa que la de Samsung: empezó en el mercado de las memorias, mercado que fue abandonando progresivamente por el de las CPU.
- **Samsung Electronics:** uno de los principales actores en chips de memoria, almacenamiento y procesadores para aplicaciones en teléfonos móviles. Bajo el nombre Samsung se engloba uno de los conglomerados industriales más grandes del mundo; está integrado por unas 70 compañías, con plantas de fabricación y redes de venta en más de 60 países y cuenta con más de 200.000 empleados. Samsung Electronics fue fundada en noviembre de 1969 en Daegu, Corea del Sur, como Samsung Electric Industries, fabricando originalmente electrodomésticos como televisores, calculadoras, refrigeradores, acondicionadores de aire y lavavajillas.
- **STMicroelectronics:** empresa europea, especializada en diversos productos como microcontroladores y sensores.
- **Texas Instruments:** conocida por sus circuitos integrados analógicos. Es una de las empresas más antiguas del sector, que sigue manteniéndose como fábrica independiente.

vi) Empresas subcontratadas de ensamblaje y ensayo de semiconductores (Outsourced Semiconductor Assembly and Test, OSAT)
Las empresas OSAT están especializadas en ofrecer servicios de encapsulado y pruebas para fabricantes de semiconductores. Una vez fabricados

los chips, hay que encapsularlos para que puedan integrarse en dispositivos y comprobar su buen funcionamiento. Aquí es donde entran en juego las empresas OSAT. En lugar de que los fabricantes de semiconductores se ocupen internamente de estos pasos, suelen subcontratar este proceso posterior a la fabricación a empresas OSAT especializadas. Esto garantiza que los fabricantes de chips puedan centrarse en el diseño y la fabricación básica mientras confían en la experiencia de los OSAT para efectuar las pruebas de los chips. Las principales de esta categoría son mucho menos conocidas.

- **Amkor:** conocida por sus soluciones de encapsulado y su amplia oferta de servicios.
- **ASE Technology Holding:** uno de los principales nombres en servicios de encapsulado y ensayo de semiconductores.
- **Tianshui Huatian Technology Co.:** uno de los principales operadores OSAT de China, conocido por su experiencia en pruebas y encapsulado de chips.

La figura 15.4 muestra con cierto detalle el reparto mundial de las principales industrias de la cadena de valor.

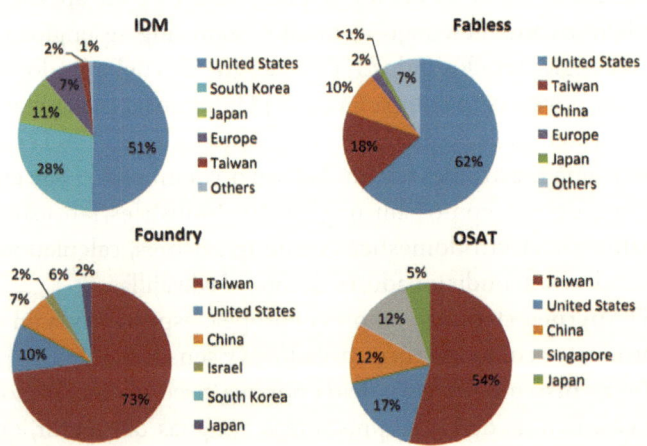

Figura 15.4. Los distintos actores de la industria microelectrónica y su reparto geográfico. Obsérvese el papel clave que juega Taiwán en este ecosistema[5].

---

[5] J. Overstreet, «EWT: Taiwan has too much Geopolitical and Tech risk», Seeking Alpha, 9-agosto-2022 (https://bit.ly/3ZShO5e).

Los quince mayores fabricantes de chips del mundo se localizan principalmente en EE. UU. y Extremo Oriente, con alguna representación de fabricantes europeos. En el conjunto del sector, suponen cerca del 70% del total.

Los fabricantes integrales se concentran principalmente en Estados Unidos (Intel, Texas Instrument), Corea del Sur (Samsung), Japón (Toshiba, Renesas) y Europa (Infineon, NXP), en ese orden. Por otra parte, los *foundries* están localizados en ciertos países asiáticos liderados por Taiwán (TSMC, UMC). Respecto a los fabricantes sin fábrica, están concentrados en EE. UU. (Broadcomm, Nvidia, Qualcomm) y poco a poco, en China (HiSilicon). Otros países también juegan un papel relevante, ya que, en el segmento de fabricación, hay *foundries* en Israel y China y plantas de fabricación de grandes fabricantes integrados en Irlanda y Singapur. Finalmente, el montaje, las pruebas y el empaquetado se realizan en varios países incluidos Taiwán, EE. UU., China, Singapur y Japón. Como se ve, es una industria absolutamente global.

El dato que mejor representa la pujanza de la industria mundial de semiconductores es su cifra de facturación anual, que muestro en la figura 15.5, desglosada año a año desde 1987 hasta el año en curso.

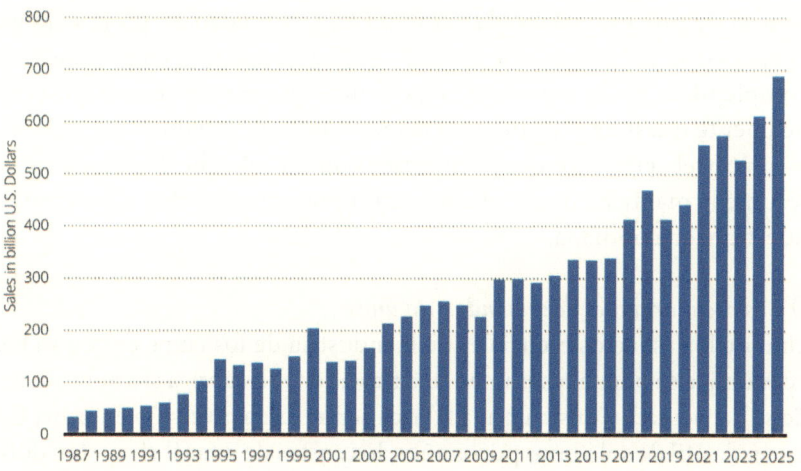

Figura 15.5. Facturación anual de la industria de semiconductores, en miles de millones de dólares USA[6].

---

[6] T. Alsop, «Semiconductor market revenue worldwide from 1987 to 2025», Statista, 5-junio-2024 (https://bit.ly/2YZH8ox).

No obstante, este modelo de subdivisión y reparto especializado de la cadena de valor no ha sido siempre así. En el penúltimo punto de este capítulo describiré la evolución de esta industria durante los últimos 30-40 años hasta llegar al modelo actual, denominado *foundry-fabless*, de éxito sin precedentes. Hay muchos detalles de esta peculiar industria que iré describiendo en los siguientes puntos.

3. UNA INDUSTRIA DE ÉXITO Y DE COSTES ASOMBROSOS

La innovación ha sido, es y siempre será el sello distintivo de la industria de los semiconductores. Pero eso no sale gratis; antes al contrario, acarrea unos gastos prohibitivos para la mayoría de los actores implicados. Ese poder de los chips para innovar se ha extendido más allá de sus aplicaciones originales. Aunque hace más de medio siglo, cuando surgieron los chips, pocas personas lo vieron venir[7]. Con el paso de los años, también ha cambiado la forma en que se fabrican, dando lugar al complejo ecosistema que hemos visto en el punto anterior.

¿Cuál es la finalidad de todo el proceso de fabricación de un chip? Lo indico en pocas palabras con un ejemplo: cuando utilizamos un ordenador para reservar unas vacaciones, encontrar la dirección de un restaurante, ver una película o acceder a nuestro correo electrónico, la unidad central de proceso, conocida como CPU, y la unidad de procesado gráfico, la GPU del ordenador portátil, ambas basadas en chips de elevada complejidad, realizan multitud de cálculos que convierten casi instantáneamente nuestras preguntas en respuestas gráficas, con datos, enlaces a páginas web, etc., a los que accedemos con un solo clic. La frase anterior resume la maravilla que la electrónica representa en estos momentos en nuestra vida cotidiana.

i) Las peculiaridades de una industria única

Uno de los aspectos esenciales de la industria de los chips es que su base económica se puede resumir en una frase: tener la fábrica siempre al 100% de su capacidad. Construir una fábrica acarrea una inversión enorme. Con una vida útil de solo unos pocos años, los costes de una fábrica están dominados por la depreciación de sus activos: el edificio, los equipos de purificación de aire y agua, los equipos de fabricación que vimos en los capítulos 5 y 6: implantación iónica, metalización, litografía, etc. Esto fuerza a

---

[7] I. Mártil, *Microelectrónica. La historia de la mayor revolución silenciosa del siglo XX*, recogido en la Bibliografía.

hacerla funcionar lo más cerca posible del límite de su capacidad. Si una fábrica no trabaja a un ritmo de 24 horas al día los siete días de la semana, entonces los costes fijos superarán a las ganancias que se obtengan por la capacidad utilizada y la fábrica perderá dinero. Pero si la demanda es alta, hay otro problema porque una fábrica que ya está al límite de su capacidad no puede, por definición, fabricar más.

La capacidad de una fábrica generalmente satisface la mayoría de las necesidades de la empresa que la construyó, pero puede haber desajustes: a veces, la fábrica está al 100%, pero podría vender más producto si tuviera mayor capacidad de fabricación. En otras ocasiones, la fábrica tiene una capacidad superior a lo que demanda el mercado en ese momento y no tiene suficientes pedidos para mantenerla funcionando al máximo de su capacidad. Mantener el equilibrio para que esté la mayor parte de su vida útil al 100% es un objetivo que no siempre se puede satisfacer.

ii) El ejemplo paradigmático: el teléfono móvil
Para ilustrar la naturaleza global de esta industria, en las figuras 15.6, 15.7 y 15.8 muestro el ejemplo más representativo que podemos encontrarnos hoy en día: la cadena de valor de un teléfono móvil. Vean, vean.

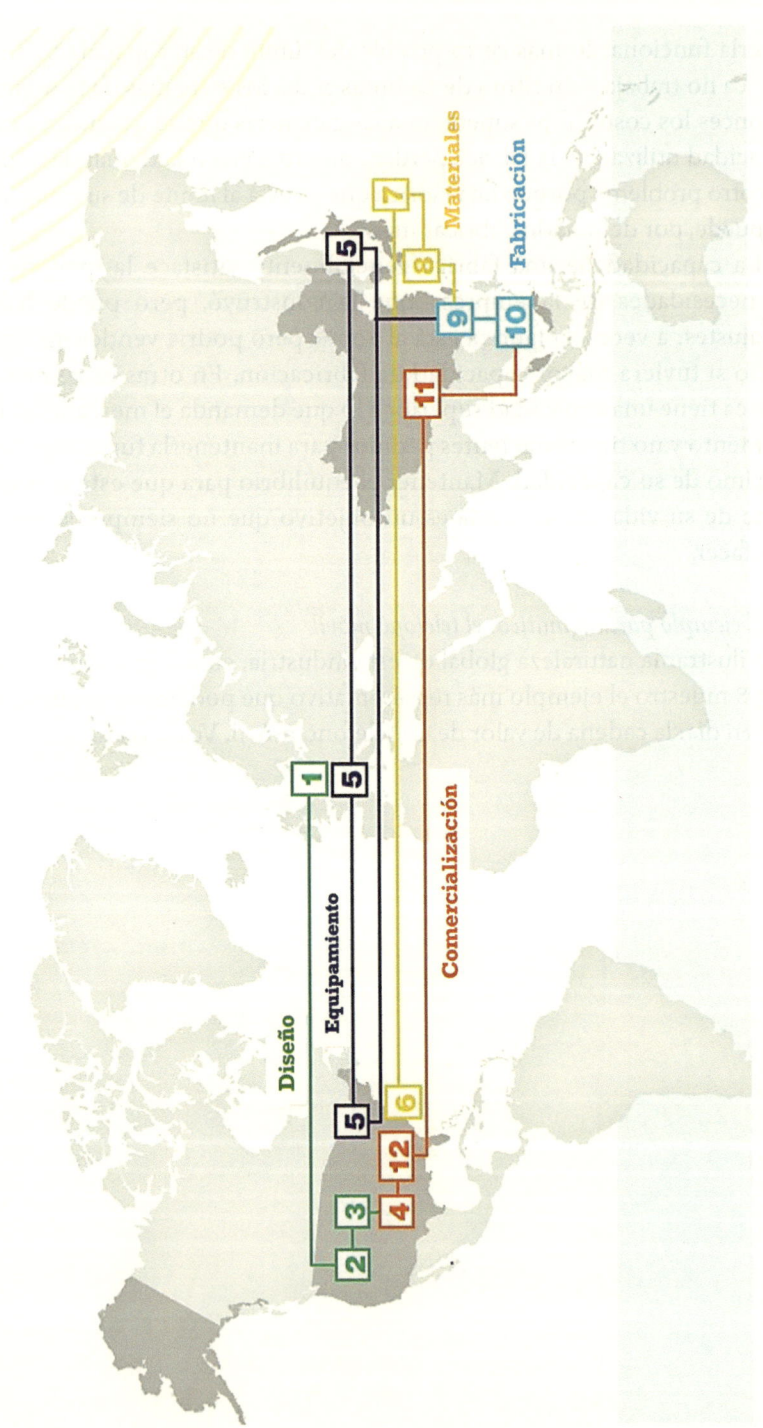

Figura 15.6. La dispersión internacional de la cadena de valor de un teléfono móvil.

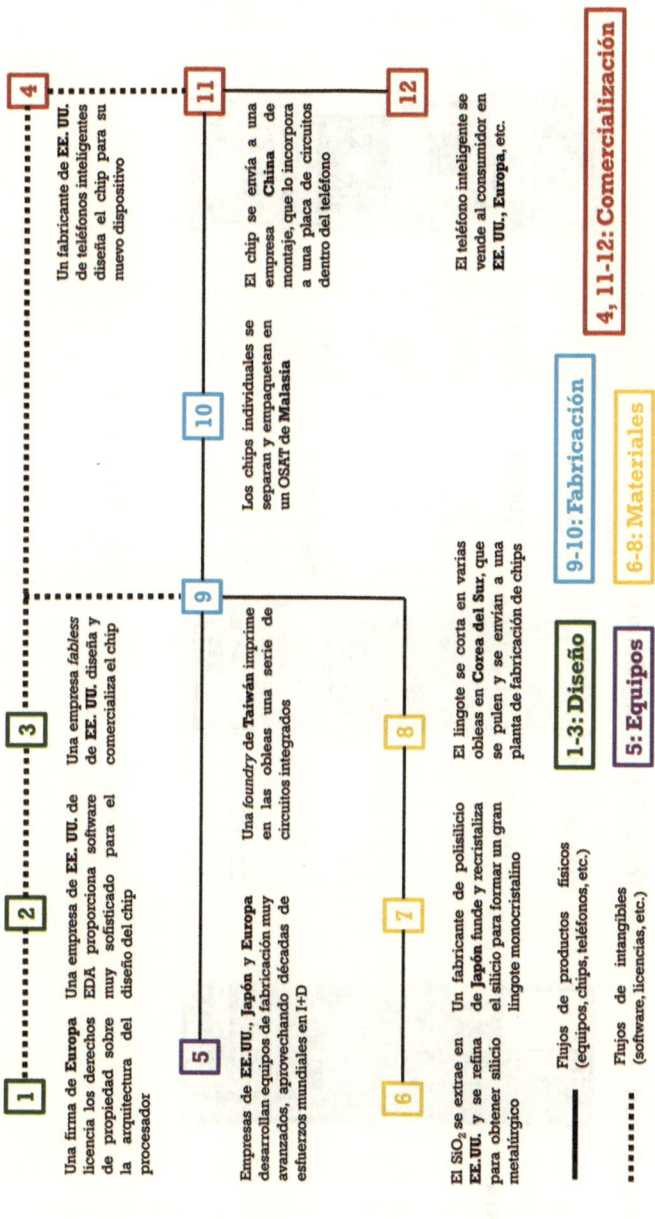

Figura 15.7. La cadena de valor de un teléfono móvil de gama media-alta[8].

1

Una firma de **Europa** licencia los derechos de propiedad sobre la arquitectura del procesador

2

Una empresa de **EE.UU.** de EDA proporciona software muy sofisticado para el diseño del chip

3

Una empresa *fabless* de **EE.UU.** diseña y comercializa el chip

4

Un fabricante de **EE.UU.** de teléfonos inteligentes diseña el chip para su nuevo dispositivo

5

Empresas de **EE.UU., Japón y Europa** desarrollan equipos de fabricación muy avanzados, aprovechando décadas de esfuerzos mundiales en I+D

6

El SiO₂ se extrae en **EE.UU.** y se refina para obtener silicio metalúrgico

El SiO_2 se extrae en **EE.UU.** y se refina para obtener silicio metalúrgico

7

Un fabricante de polisilicio de **Japón** funde y recristaliza el silicio para formar un gran lingote monocristalino

8

El lingote se corta en varias obleas en **Corea del Sur**, que se pulen y se envían a una planta de fabricación de chips

9

Una *foundry* de **Taiwán** imprime en las obleas una serie de circuitos integrados

10

Los chips individuales se separan y empaquetan en un OSAT de **Malasia**

11

El chip se envía a una empresa **China** de montaje, que lo incorpora a una placa de circuitos dentro del teléfono

12

El teléfono inteligente se vende al consumidor en **EE.UU., Europa**, etc.

1-3: Diseño

5: Equipos

9-10: Fabricación

6-8: Materiales

4, 11-12: Comercialización

Flujos de productos físicos (equipos, chips, teléfonos, etc.)

Flujos de intangibles (software, licencias, etc.)

---

8 «Strengthening the Global Semiconductor Supply Chain in an Uncertain Era», Semiconductor Industry Association, recogido en la Bibliografía.

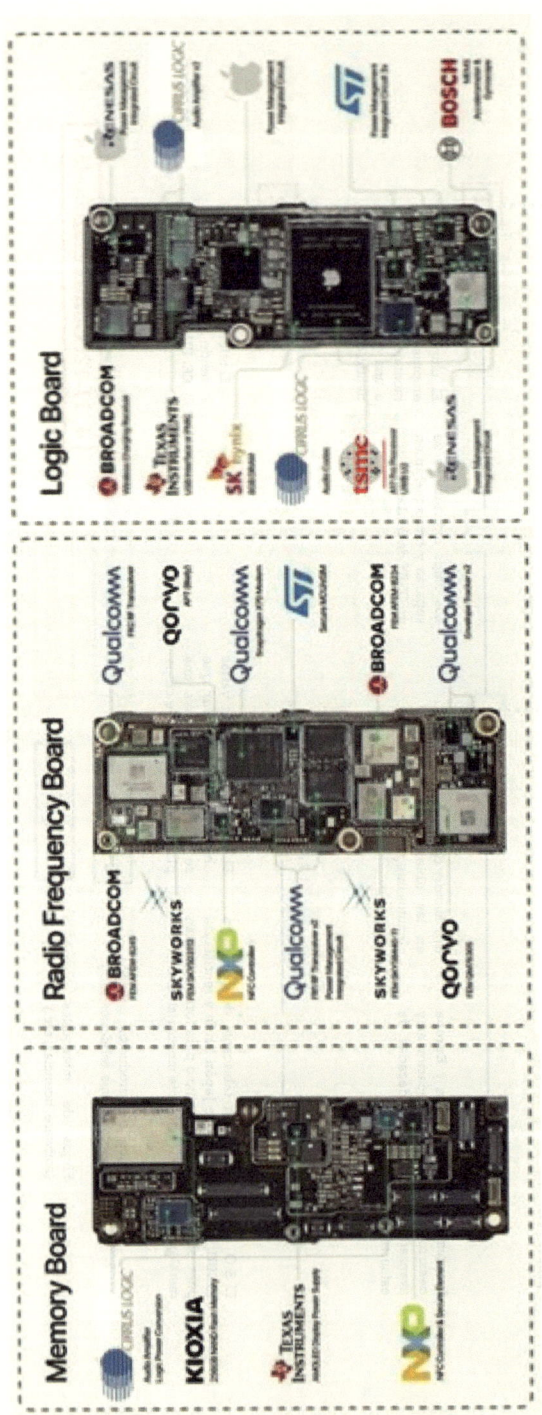

Figura 15.8. Las placas base de un iPhone 15[9].

[9] E. Persson, «The suppliers making the iPhone possible», Quartr.com, 10-mayo-2024 (https://bit.ly/3Db4LTB)

Se puede afirmar que el iPhone de Apple es uno de los objetos tecnológicos más influyente de los tiempos modernos, calificación que se debe extender a los dispositivos equivalentes de sus rivales directos, como el Samsung Galaxy, el Xiaomi Redmi Note, Google Píxel, etc. La primera versión se lanzó en 2007 y desde entonces ha transformado la forma en que se diseñan los teléfonos móviles y lo que los consumidores esperan de sus dispositivos. Aunque el iPhone es sin duda un producto de Apple y es lo primero que a muchos le viene a la mente cuando piensan en esa empresa, siempre ha dependido de terceros para obtener los chips que necesita para funcionar. Eso implica que hay numerosos fabricantes de chips que forman parte de la lista de proveedores de Apple, según se muestra en la figura 15.8. Si nos fijamos en esa figura, una cosa queda clara: cuando se fabrica un producto tan increíblemente complejo y vanguardista, ni siquiera una empresa del tamaño de Apple puede hacerlo todo por sí sola. Las relaciones y colaboraciones necesarias para hacer posible este tipo de productos ponen de relieve la complejidad de la tecnología microelectrónica, al tiempo que muestran lo vulnerable que puede llegar a ser.

El ejemplo ilustrado en las figuras 15.6, 15.7 y 15.8 permite entender mejor que la cadena de suministro de semiconductores, fuertemente distribuida, sigue la huella geográfica global de la industria electrónica. La proximidad a las principales empresas que desarrollan estos dispositivos puede ser importante para las empresas de diseño de semiconductores. Diferentes regiones son fuertes en determinados tipos de dispositivos electrónicos finales o aplicaciones:

- EE. UU. es el líder mundial en el diseño de dispositivos electrónicos. Las empresas estadounidenses de electrónica de consumo, tecnologías de la información, automoción e industria producen el 35 % de los semiconductores utilizados en el mundo, con especial predominio en chips avanzados para PC y centros de datos.
- La República Popular China, junto con Taiwán y Corea del Sur, son el mayor centro mundial de fabricación de dispositivos electrónicos. En conjunto, los fabricantes integrados y los *foundries* de la región son responsables de más del 60% de la producción mundial de electrónica de consumo, teléfonos móviles y PC.
- Europa es líder mundial en electrónica para la automoción y en equipos de automatización industrial; Japón es fuerte en estos dos sectores y también en electrónica de consumo.

El reparto geográfico de los grandes fabricantes se muestra en la figura 15.9.

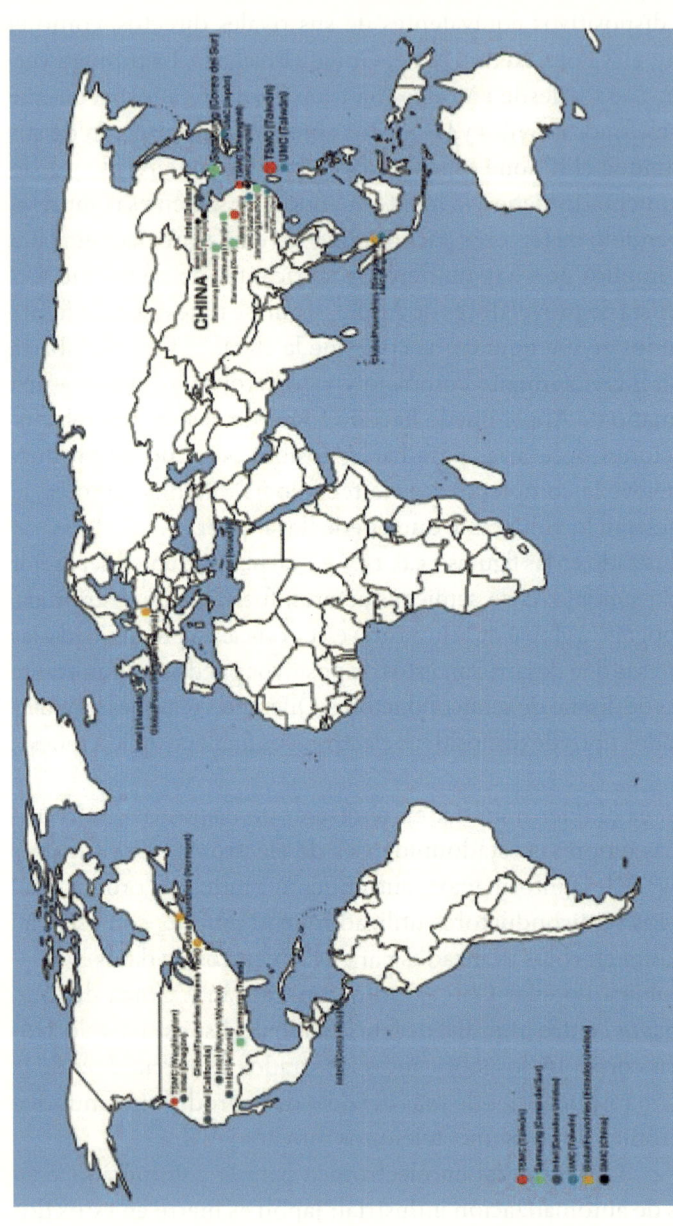

Figura 15.9. Reparto geográfico de los mayores fabricantes de chips. La concentración en la región Asia-Pacífico salta a la vista[10].

[10] J. C. López, «Una industria en manos de TSMC y las fábricas asiáticas: el mapa de la producción mundial de chips», Xataka, 13-febrero-2022 (https://bit.ly/41wgruo).

4. EL LARGO CAMINO HACIA EL MODELO *FOUNDRY-FABLESS*

Durante los primeros treinta años de su existencia, la industria de fabricación de chips siguió el exitoso modelo de fabricación probado en aquella época, en la que las empresas del sector eran todos fabricantes integrados. Como hemos visto al comienzo de este capítulo, poseían todas las etapas del proceso: investigaban, diseñaban, desarrollaban, fabricaban, probaban y comercializaban sus propios productos. Poco a poco, la dinámica de la innovación se mezcló con las leyes de la oferta y la demanda y un nuevo concepto, la subcontratación, surgió y dio a luz a lo que hoy se conoce como el modelo de *foundry-fabless* que, como ya hemos visto, está constituido por las empresas que diseñan los chips sin fabricarlos y por las que los fabrican sin diseñarlos. Esta transformación en la industria de los chips ha sido y sigue siendo esencial para su éxito, como veremos en los próximos párrafos.

El cambio tan drástico de modelo productivo fue debido a que los tamaños y las inversiones que requerían las fábricas para seguir siendo competitivas en costes aumentó hasta el punto de que la mayoría de las compañías de fabricación de chips no tenían la capacidad necesaria para mantener grandes fábricas al 100% de sus capacidades durante mucho tiempo. No adaptarse con la suficiente celeridad a este cambio fue una de las causas del declive de la industria de los chips de Japón, hegemónica durante las décadas de 1980 y principios de la de 1990.

Unos datos ilustran esto perfectamente: en 2002, el coste de levantar una nueva fábrica era de 2.000 millones de euros. En 2006, la factura se duplicó, se necesitaban 4.000 millones de euros para levantar una fábrica. En 2014, las nuevas fábricas rondaban los 8.000 millones. En la presente década, las fábricas más avanzadas necesitan inversiones superiores a los 20.000 millones de euros. A esto hay que sumar el hecho de que una fábrica tiene una vida útil no superior a cinco o seis años, al cabo de los cuales tiene que renovar prácticamente toda su instalación. Esto se traduce en que, durante su vida útil, poner en pie una fábrica en la vanguardia, cuesta alrededor de ¡60 euros por segundo!, sin contar los costes del proceso de diseño de chips, salarios, consumibles, mantenimiento, etc. Obviamente, cualquiera que posea una fábrica de estas características tendrá como objetivo fabricar y vender el mayor número de obleas que sea capaz de hacer cada día. Eso es exactamente lo que hacen: una fábrica moderna procesa cada mes más de 50.000 obleas de 300 mm de diámetro y si no consigue fabricar ese número de obleas, pierde dinero. Algo similar ocurre con los aviones comerciales: una silla vacía cuesta casi tanto como otra con pasajero, por lo que la prioridad es llenar cada vuelo.

A principios de la década de 1980, el volumen de fabricación requerido para tener un proceso rentable no era demasiado alto, por lo que mantener las fábricas a plena capacidad no era difícil. Durante las siguientes dos décadas, los gastos asociados con la gestión de una fábrica subieron a un ritmo vertiginoso. Hoy en día, el coste de todas las etapas de investigación, diseño y desarrollo de un proceso para obtener un chip avanzado y competitivo es ya tan alto, que solo Intel y Samsung son capaces de hacerlo en solitario; son los únicos grandes fabricantes integrados que quedan en el sector, junto a otros de menos volumen de negocio, según vimos en la figura 15.3 –Infineon, Texas Instrumemnt, STMicroelectronics, etc.–. Rápidamente ha quedado claro que solo las compañías más grandes pueden permitirse construir una fábrica de chips de vanguardia que sea competitiva en costes. Todos los demás fabricantes están en un club de empresas de semiconductores de alguno de los tipos *foundry* o *fabless*, que comparten muchos de los costes de desarrollo, siendo este el modelo dominante en la actualidad para las empresas de chips.

De manera que, según ha ido avanzando el siglo XXI, muchas compañías de semiconductores se han vuelto *fabless*, como Sony, IBM o AMD, entre otras. Otras compañías no han llegado tan lejos, un ejemplo del cual es Texas Instrument (TI), el mayor fabricante de chips durante 25 años. TI mantiene sus fábricas, pero se dedica a fabricar chips alejados de la vanguardia, entre otras razones porque el mercado de los chips no avanzados es enorme: automóviles, televisores, electrodomésticos, etc. Los chips de vanguardia se necesitan en productos muy específicos, aunque con grandes volúmenes de ventas y son esencialmente cuatro: teléfonos móviles, tarjetas gráficas, inteligencia artificial y centros de datos. Si una empresa de chips que mantiene sus fábricas en producción necesita para un determinado producto los chips más avanzados, utiliza los servicios de los *foundries* porque no pueden permitirse ni la inversión ni el coste del desarrollo de la tecnología para mantenerse al día.

Al igual que ocurre con todos los mercados dinámicos, el cambio es una constante en la forma en que se fabrican los chips. Si bien es justo decir que después de treinta años, el modelo de *foundry-fabless* ha resistido la prueba del tiempo, deberá evolucionar si quiere superar los interminables desafíos tecnológicos y económicos de la industria de los chips. Está claro que aquellos que no pueden adaptarse al cambio en el mundo de la fabricación de chips están condenados, como le ocurrió a la industria japonesa. El modelo *foundry-fabless* está impulsando la revolución en la telefonía móvil y ya es la base del Internet de las Cosas (IoT) y de la Inteligencia Artificial.

La aparición de las *foundries* ha permitido el éxito de algunas de las empresas *fabless* más reconocidas e innovadoras en la industria de los chips: Qualcomm, Broadcom, Nvidia y muchos otros, como Apple, Tesla o Microsoft. Pueden dedicar todos sus recursos al diseño de chips, puesto que hay detrás *foundries* que se encargarán de fabricarlos. De hecho, los días de los fabricantes integrados parece que están llamados a su fin, conforme la tecnología de proceso se está acercando a niveles inferiores a 5 nm y las ventanas del mercado se miden en semanas y no en años.

El modelo foundry-fabless en retrospectiva
La fundación de TSMC en 1987 supuso, de facto, el origen del nuevo modelo basado en los dos tipos de industrias. En este escenario, las empresas de una categoría no compiten con las de la otra, si no que colaboran estrechamente. Este modelo ha tenido tal éxito que hoy en día seis de las quince principales compañías de semiconductores del mundo son *fabless*. En la actualidad, las empresas *fabless* son la principal fuente de la innovación de esta industria, gracias a la existencia del segmento de las *foundries*, que ha permitido a las *fabless* invertir en diseño e innovación en lugar de en fabricación. Como resultado, la innovación ha avanzado a un ritmo sin precedentes.

El modelo *foundry-fabless* ha reemplazado en gran medida a los fabricantes integrados, ya que un ecosistema de empresas especializadas y en cooperación innova rápidamente a costes asumibles. No obstante, la transición de los fabricantes integrados al modelo *foundry-fabless* fue bastante dramática. A principios de este siglo, cuando los chips de vanguardia eran los del nodo de 130 nm, había veintidós fabricantes integrados con sus propias fábricas y tres *foundries*. En 2006-2007, con la vanguardia en 45 nm, se redujo a nueve fabricantes integrados y cinco *foundries*. En 2012, en el nodo de 22 nm solo estaban IBM, Intel y Samsung como los tres grandes fabricantes integrados, siendo en ese momento los principales *foundries* TSMC, Global Foundries, UMC, SMIC y Samsung. En la actualidad solo quedan tres empresas con capacidad de fabricación de chips de los nodos de 10 nm e inferiores: Intel (fabricante integrado), Samsung (fabricante integrado-*foundry*) y TSMC (*foundry*). Todas las demás grandes empresas de chips son *fabless* para estos nodos de chips de vanguardia.

La figura 15.10 muestra cómo han ido desapareciendo fabricantes en el presente siglo, según entraban en producción los chips más avanzados y, en consecuencia, subían los costes de instalación de nuevas fábricas.

	130 nm	90 nm	65 nm	45 nm/40 nm	32 nm/28 nm	22 nm/20 nm	16 nm/14 nm	10 nm	7 nm	5 nm
ADI	ADI									
Atmel	Atmel									
Rohm	Rohm									
Sanyo	Sanyo									
Mitsubishi	Mitsubishi									
ON	ON									
Hitachi	Hitachi									
Cypress	Cypress	Cypress								
Sony	Sony	Sony								
Infineon	Infineon	Infineon								
Sharp	Sharp	Sharp								
Freescale	Freescale	Freescale								
Renesas	Renesas	Renesas	Renesas	Renesas						
Toshiba	Toshiba	Toshiba	Toshiba	Toshiba						
Fujitsu	Fujitsu	Fujitsu	Fujitsu	Fujitsu						
TI	TI	TI	TI	TI						
Panasonic	Panasonic	Panasonic	Panasonic	Panasonic	Panasonic					
STM	STM	STM	STM	STM	STM					
HLMC	HLMC		HLMC	HLMC	HLMC					
UMC	UMC	UMC	UMC	UMC	UMC		UMC			
IBM	IBM	IBM	IBM	IBM	IBM	IBM				
SMIC	SMIC	SMIC	SMIC	SMIC	SMIC		SMIC			
AMD	AMD	AMD	GlobalFoundries	GF	GF	GF	GF			
Samsung	Samsung	Samsung	Samsung	Samsung	Samsung	Samsung	Samsung	Samsung	Samsung	Samsung
TSMC	TSMC	TSMC	TSMC	TSMC	TSMC	TSMC	TSMC	TSMC	TSMC	TSMC
Intel	Intel	Intel	Intel	Intel	Intel	Intel	Intel	Intel	Intel	Intel
	2000		**2005**		**2010**		**2015**			**2020**

Figura 15.10. Fabricantes de chips en función del año y del nodo tecnológico. A medida que los chips han ido aumentando en complejidad, la mayoría de los fabricantes han dejado de tener fábricas propias[11].

Una última cuestión que destacar antes de finalizar este punto. A medida que ha ido aumentando la complejidad de los chips, también lo ha hecho el coste de su diseño. Gordon Moore señaló en 1979 que el coste necesario para diseñar un circuito integrado aumentaba aproximadamente al mismo ritmo que la complejidad de la tecnología. El número de transistores se duplicaba cada dos años y los costes de diseño hacían lo mismo. De haber seguido así, hoy en día se diseñarían muy pocos circuitos integrados con la capacidad de la tecnología actual, cifrada en decenas de miles de millones de transistores por chip, sencillamente porque sería difícil definir productos que pudieran rentabilizar la enorme inversión necesaria para diseñar

---

[11] Technology Node, WikiChip.org (https://bit.ly/3CQXloo)

esos chips. Sin embargo, a partir de finales de la década de 1970 se produjo una revolución que redujo drásticamente los costes de diseño. Esa revolución fue la introducción de herramientas muy potentes de diseño asistido por ordenador, que se encargan de muchos de los detalles del diseño. Hoy en día, la industria que da soporte a estas herramientas, las empresas EDA que describimos en el segundo punto de este capítulo, ofrecen un potente conjunto de herramientas para diseñar, depurar, simular y probar chips complejos. Estas herramientas se renuevan con cada nueva generación tecnológica y han tenido un éxito extraordinario a la hora de mantener unos costes razonables en el proceso de diseño de chips.

5. ¿CÓMO SERÁN LOS CHIPS DEL FUTURO?

Como ya vimos en la figura 7.6 del capítulo 7, hace ya más de veinte años que el escalado dimensional de los transistores MOSFET no pudo continuar más allá de las dimensiones nanométricas. Debido a esto, muchas investigaciones empezaron a buscar la estructura del «próximo interruptor», un dispositivo que pudiera escalarse hasta dimensiones atómicas para continuar la Ley de Moore. Hasta la fecha, no ha surgido ningún dispositivo de este tipo, aunque la investigación continúa en muchos laboratorios de todo el mundo. Así que, por ahora, supondremos que el interruptor MOS básico y la arquitectura CMOS seguirán dominando cuando consideremos las perspectivas futuras de la tecnología de semiconductores.

Mientras exista una fuerza económica que impulse el aumento de la densidad de dispositivos, no hay que subestimar la creatividad de los ingenieros de semiconductores para resolver los retos del escalado. Aunque el volumen de inversión necesario para lograr cada vez mayores densidades de dispositivos ha seguido aumentando, el creciente tamaño de la industria de semiconductores ha proporcionado los recursos necesarios para financiar la investigación y el desarrollo. Hoy la pregunta es cuánto tiempo más podrá seguir así. En el punto anterior hemos visto que los costes de las fábricas modernas de chips de silicio superan con creces los 20.000 millones de euros. Solo un pequeño número de empresas –Intel, Samsung y TSMC en la actualidad– puede permitirse las inversiones necesarias para crear tecnologías de nueva generación. Como los costes de diseño y construcción de chips con la última tecnología son ahora extraordinariamente grandes, esta tecnología se limita a aplicaciones que tienen mercados de chips muy grandes: ordenadores, teléfonos móviles, centros de datos, inteligencia artificial y poco más. Por supuesto, las aplicaciones emergentes, como los vehículos autónomos, la realidad virtual y otras, requieren cantidades masivas de cálculo y podrían proporcionar un nuevo incentivo económico para continuar con las mejoras históricas en la tecnología del silicio.

i) Transistores: hacia el escalado vertical

En casi todos los momentos de los más de sesenta años de historia de la tecnología del silicio, las soluciones para seguir avanzando en la reducción de las dimensiones de los dispositivos se limitaban a 5-10 años. Esta realidad hizo que se publicaran con regularidad muchos artículos que predecían el fin de la ley de Moore en un plazo de 10 años. Por supuesto, todas estas predicciones resultaron ser incorrectas, sobre todo porque subestimaban la creatividad de los ingenieros de semiconductores para resolver las dificultades y porque también subestimaban las fuerzas económicas que impulsan la búsqueda de soluciones a problemas difíciles de escalado. Hoy la situación no es diferente, en el sentido de que se predice el fin de la Ley de Moore para el final de esta década, pero la novedad es que hoy esta visión es compartida por mucha más gente de lo que ha sido hasta la fecha.

En los últimos años ha quedado bastante clara una hoja de ruta general acerca de cómo pueden seguir evolucionando las estructuras de los dispositivos. La figura 15.11 ilustra una hoja de ruta general para la evolución de los dispositivos CMOS en la próxima década, los dispositivos apilados o CFET –FET Complementario–.

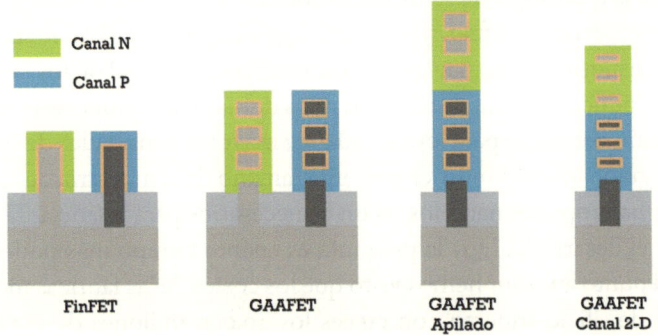

Figura 15.11. Posibles dispositivos más allá del FinFET y del GAAFET. La sección transversal muestra la región del canal del dispositivo con la corriente fluyendo hacia la página o saliendo de esta. La fuente y el drenador no se muestran; están delante y detrás de la página[12].

---

[12] J. D. Plummer and P. B. Griffin, «Integrated Circuit Fabrication. Science and Technology», recogido en la Bibliografía

La estructura FinFET de la izquierda ha sido la tecnología dominante para los chips avanzados desde 2012. Esta estructura proporciona un control total de la puerta de tres lados del canal del MOSFET de silicio –la parte superior y los dos lados de la aleta–. Sin embargo, la puerta no controla el flujo de corriente que tiene lugar a través del silicio situado bajo la aleta y a medida que los dispositivos han ido reduciendo sus dimensiones, esto se ha convertido en un problema, ya que por esa zona hay una vía de corriente de fuga entre la fuente y el drenador que no está bien controlada por la puerta. Esta limitación la ha resuelto el GAAFET, cuyas peculiaridades vimos en el capítulo 4.

La siguiente evolución natural en la estructura de dispositivos es apilar verticalmente ambos transistores NMOS y PMOS, el CFET, lo que obviamente mejora la densidad de transistores. Sin embargo, hay que señalar que la fabricación de una tecnología de este tipo supone un enorme reto. Una cosa es hacer dibujos sencillos como el de la figura 15.11 y otra muy distinta construir miles de millones de dispositivos de este tipo en dimensiones nanométricas con un alto rendimiento. En la arquitectura final del dispositivo que se muestra a la derecha en la figura 15.11, se sustituye el silicio por una lámina de material semiconductor. En la actualidad se está investigando mucho sobre materiales como $MoSe_2$, MoS_2 y cientos de otros materiales similares que pueden obtenerse en láminas delgadas y que tienen propiedades semiconductoras que podrían ser interesantes para emplearlos en dispositivos como el de la figura 15.11. Estos materiales a menudo crecen en sustratos separados y después deben transferirse a obleas de silicio. En definitiva, retos, retos y más retos.

ii) Memorias Flash 3-D: 1.000 capas como objetivo
A lo largo de los años ha habido muchos intentos de sustituir el silicio como el semiconductor de referencia para fabricar chips, ninguno de los cuales ha tenido éxito hasta la fecha. Por lo general, tanto la complejidad del proceso como las mejoras marginales de rendimiento se han combinado para permitir que el silicio mantenga su dominio. Las estructuras de dispositivos mostradas en la figura 15.11 consiguen mayores densidades de dispositivos, aunque no se reduzcan las dimensiones laterales porque utilizan la tercera dimensión, el eje Z, para lograr mayor densidad de integración. La primera aplicación comercial importante de este enfoque fue la introducción de las tecnologías de memoria Flash 3-D en los últimos años, tal y como hemos visto en el capítulo 4. El escalado en 2-D de las memorias Flash alcanzó un límite práctico hace aproximadamente una década,

cuando las dimensiones de los dispositivos se redujeron por debajo de los 20 nm, por las razones que vimos allí, esencialmente la interferencia electrostática entre celdas contiguas.

Los retos que afronta la fabricación de memorias Flash 3-D están relacionados con el número de capas que llevarán las memorias del futuro. La industria de chips está presionando para cuadruplicar la altura del apilamiento de los dispositivos 3-D de las 200 capas de las más avanzadas en la actualidad a 800 o más en los próximos años, lo que ayudará a dar soporte físico a la necesidad interminable de más memoria de todo tipo. Esas capas adicionales añadirán nuevos problemas de fiabilidad, pero los fabricantes de memorias Flash 3-D llevan casi una década aumentando constantemente la altura del apilamiento.

El apilamiento vertical abrió la puerta a una densidad significativamente mayor y a tiempos de acceso a los datos mucho más rápidos. La memoria Flash 3-D se dirige hacia 1.000 capas, pero lograr tantas capas no se conseguirá simplemente haciendo más de lo que la industria ha estado haciendo hasta ahora. Los principales problemas del procesamiento convencional están relacionados con el depósito secuencial de un número de capas tan elevado y el posterior grabado fuertemente anisótropo para tallar zanjas verticales en ese número de capas. Esto deberá realizarse con técnicas de grabado que plantean retos hoy por hoy no resueltos.

Reto 1. Mantener las capas uniformes
La ventaja fundamental del apilamiento de una memoria Flash 3-D que vimos en el capítulo 4 es que se obtienen cientos de capas utilizando un único paso litográfico para modelarlas todas. El inconveniente es que resulta más difícil perforar agujeros a través de ellas, sobre todo con factores de anisotropía, denominados «relaciones de aspecto», cercanas a 100: 1. Por ejemplo, si se necesita grabar un agujero de 10 μm en la coordenada Z, en el plano XY se debe mantener en todo ese grosor un diámetro para el agujero no superior a 0.1 μm. Podría parecer beneficioso hacer cada capa más fina para añadir capas sin que el apilamiento sea vuelva demasiado grueso. El grosor de las capas oscila entre 15 y 10 nm, pero ese adelgazamiento de las capas de las líneas de palabras las haría más resistivas, lo que perjudicaría el rendimiento. El reto no es solo el grabado. Añadir capas adicionales manteniendo una buena planitud es más difícil. Errores menores, que antes eran perdonables, ahora se acumulan, haciéndolos demasiado grandes para ignorarlos en la parte superior de un apilamiento con mayor número de capas.

En cada generación, a medida que el apilamiento ha ido creciendo, se ha hecho hincapié en mantener las capas lo más uniformes posible. Se pueden tolerar ligeros errores, pero tienden a multiplicarse a medida que crece el grosor del apilamiento, lo que significa que cada nueva generación debe esforzarse más por mejorar la planitud. Lo ilustra la figura 15.12.

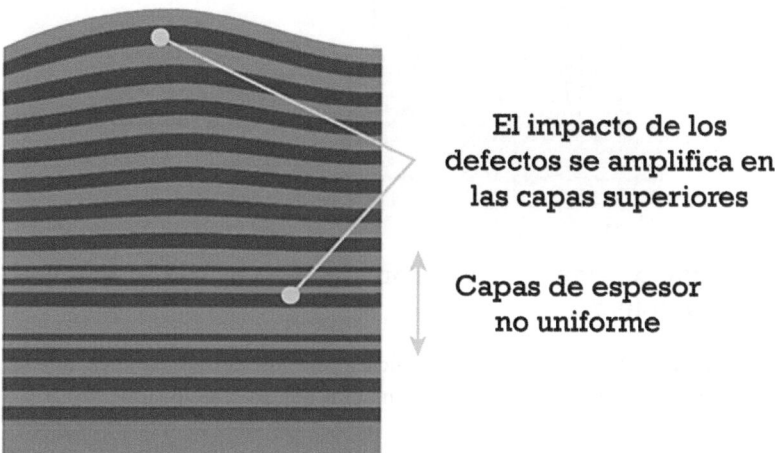

Figura 15.12. Planitud y uniformidad deficientes en un apilamiento de una memoria Flash 3-D[13]

Reto 2. Problemas de apilamiento
A medida que aumenta el número de capas en el apilamiento, también aumentan los problemas potenciales, ya que el estrés físico y térmico derivado de la mayor altura puede crear problemas adicionales para la litografía y otros procesos posteriores. Esto es especialmente evidente en el proceso de grabado. Lo que debe ser una columna recta y uniforme puede verse distorsionada por diferentes velocidades de grabado lateral en las distintas capas, diferencias en las dimensiones críticas entre la parte superior y la inferior, grabado incompleto e incluso migración o torsión de la columna fuera del eje de grabado, etc. Todos esos posibles problemas se muestran en la figura 15.13. A estos y a otros retos se enfrentará la industria de las memorias de aquí al final de la década y puede que más allá.

---

[13] y [14] B. Moyer, «NAND Flash Targets 1.000 Layers», Semiconductor Engineering, 4-diciembre-2024 (https://bit.ly/3PfsLrt)

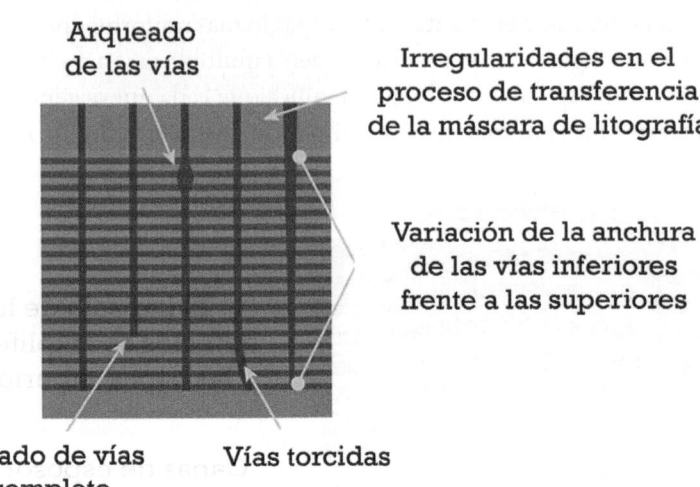

Arqueado
de las vías

Irregularidades en el
proceso de transferencia
de la máscara de litografía

Variación de la anchura
de las vías inferiores
frente a las superiores

Grabado de vías   Vías torcidas
incompleto

Figura 15.13. El grabado de los orificios para los canales también puede
plantear dificultades, que aumentan a medida que crece el apilamiento[14].

iii) Sistemas: el concepto Chiplet

En la actualidad, muchas empresas y laboratorios de investigación están
buscando enfoques de integración 3-D para aplicaciones lógicas más
generales a través de enfoques como la unión de obleas y la integración
heterogénea mediante métodos de apilamiento avanzados, es decir, lo que
vimos bajo el epígrafe «More than Moore» del capítulo 4. Este enfoque
permite utilizar diferentes tecnologías para distintas partes del sistema, lo
que a menudo resulta más económico que construir todo el sistema en un
único chip, lo que a su vez exige utilizar un nodo tecnológico para todo
el sistema fijado por la parte más avanzada del mismo. Obviamente, este
enfoque, denominado «chiplet», que veremos con algo más de detalle a
continuación, también permite combinar distintos tipos de chips, como
dispositivos de potencia de GaN o SiC o componentes ópticos fabricados
con semiconductores III-V.

Los chiplets son pequeños chips modulares con una función específica,
como pueda ser una CPU, una GPU, etc., que se fabrican por separado y
luego se interconectan para formar un sistema mayor y, por lo tanto, más
completo. Este enfoque, que podríamos definir como «Tipo Lego»,
ofrece a los fabricantes la flexibilidad necesaria para componer un sistema
de forma rentable, con menores costes de entrada para nuevos diseños de
chips y mayor eficiencia y rendimiento. Los diseños basados en chiplets

aceleran el proceso de desarrollo porque los chiplets obsoletos pueden actualizarse fácilmente y con mayor frecuencia. La figura 15.14 muestra esta idea de manera muy gráfica.

Figura 15.14. El concepto Chiplet aplicado a un sistema destinado a Inteligencia Artificial. Se integran de manera heterogénea diversos chips, cada uno con una misión específica, se fabrican por separado con la tecnología óptima en cada caso y posteriormente se integran en el conjunto final[14].

Los diseños basados en chiplets responden a la ralentización de la Ley de Moore que ha impulsado la industria de semiconductores durante las últimas décadas. Para garantizar la duplicación de transistores cada dos años en los circuitos integrados, los fabricantes de chips exploraron formas de reducir el tamaño de los transistores e introducir más en los chips, lo que dio lugar a diseños de sistemas completos en un único chip de gran tamaño, que se conoce como System-on-Chip (SoC). Los teléfonos móviles son un testimonio del éxito de los diseños monolíticos SoC, que combinan funciones matemáticas, pantalla, comunicación inalámbrica, audio, etc., todo en un único chip de ~100 mm². Sin embargo, un mayor escalado resultaba tremendamente caro a cambio de una ventaja de rendimiento mínima. De ahí que la idea sea dividir el gran y complejo SoC en chips más pequeños y unirlos para construir un chiplet para aplicaciones específicas.

[14] P. Vivet *et al.*, «IntAct: A 96-Core Processor With Six Chiplets 3D-Stacked on an Active Interposer With Distributed Interconnects and Integrated Power Management», *IEEE Journal of Solid-State Circuits*, 56 (2021) 79. DOI: 10.1109/JSSC.2020.3036341

Este enfoque modular acorta el tiempo de comercialización, sustituyendo o actualizando los chiplets durante la vida útil de un producto en comparación con el largo proceso que supone actualizar un SoC monolítico. La figura 15.15 ilustra este concepto.

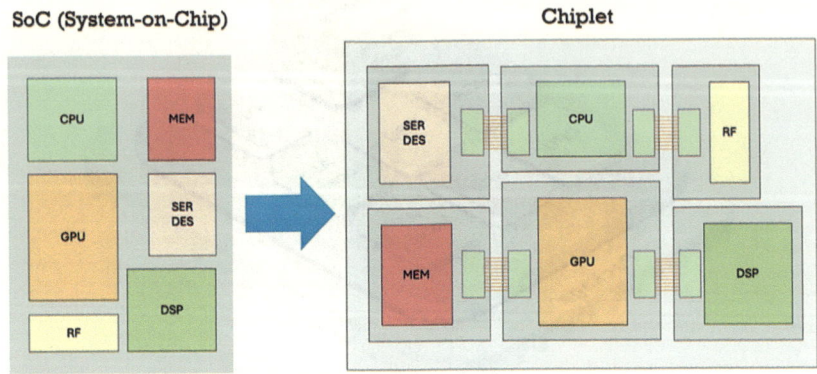

Figura 15.15. Los chiplets, como el de la derecha de la figura, ofrecen un sistema modular que combina chips independientes de distintos fabricantes y nodos tecnológicos en lugar de diseñar todas las funciones en un sistema monolítico en un único chip, el SoC mostrado a la izquierda[15].

La tecnología chiplet es relativamente nueva. Solo un número pequeño de grandes empresas de semiconductores, como AMD e Intel, tienen productos en el mercado, mientras que TSMC estudia introducirlos en su catálogo. En algunos casos, los chiplets pueden apilarse unos sobre otros e interconectarse mediante densas conexiones verticales. De este modo se puede seguir aplicando la Ley de Moore sin necesidad de reducir las dimensiones de los dispositivos en 2-D. Por supuesto, seguir aumentando la densidad de dispositivos con estos métodos tridimensionales también plantea problemas de disipación de energía, que deben resolverse con sofisticados procedimientos de eliminación del calor. De hecho, en los próximos años veremos la evolución del concepto chiplet a la dimensión Z, dando lugar al chiplet 3-D, una manifestación compleja de la tendencia «More than Moore» ya descrita en el capítulo 4, que se puede ver en la figura 15.16.

---

[15] E. Beyne, «Chiplets: Piecing Together the Next Generation of Chips», 3D InCities, 3-julio-2024 (https://bit.ly/4ggL2Au).

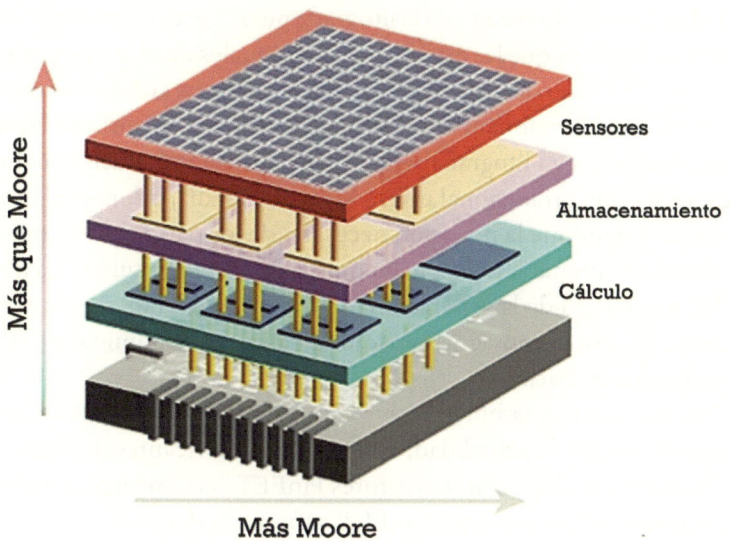

Figura 15.16. Esquema del potencial de integración tridimensional de los transistores 2-D, siguiendo los conceptos «Más Moore» en el plano XY y «Más que Moore» en el eje Z[16]. Sería el concepto de chiplet en 3-D

Puede imaginar el lector la complejidad de un dispositivo como el aquí descrito. En todo caso, lo que parece claro es que los chiplets han llegado para quedarse. De hecho, se espera que el mercado mundial de chiplets crezca a un ritmo anual superior al 40%.

iv) Los retos de la industria de aquí al final de la década: más pequeño, mejor, más rápido
Con el creciente uso de la inteligencia artificial para hacer frente a los grandes retos de nuestro tiempo, se espera que las necesidades de computación se dupliquen cada seis meses a partir de ahora. Para gestionar de forma sostenible unas cantidades de datos que crecen exponencialmente, necesitamos una tecnología de semiconductores de alto rendimiento mejorada. Aunque ninguna empresa del mundo puede lograrlo por sí sola, la innovación y la colaboración en todo el ecosistema de semiconductores permitirán la continuación de la Ley de Moore. Para lograrlo, la industria tiene que abordar cuatro retos simultáneamente.

---

[16] D. Jayachandran *et al.*, «Three-dimensional integration of two-dimensional field-effect transistors», *Nature* 625, 276 (2024). DOI: 10.1038/s41586-023-06860-5

Escalado: el escalado basado en la litografía pura se está ralentizando. Cada vez es más difícil, ya que las estructuras individuales de chips y transistores se acercan al tamaño de los átomos, donde los efectos cuánticos empiezan a interferir en el funcionamiento de los dispositivos. En primer lugar, los continuos avances en litografía serán clave para seguir reduciendo dimensiones: la litografía tradicional utiliza luz y, hoy en día, la longitud de onda de la luz es mayor que la precisión necesaria de los patrones. Por eso se ha introducido la litografía UVE que hemos visto en el capítulo 6. La litografía UVE nos llevará de la generación de 5 nm a la de 2 nm. Para ir a nodos inferiores, necesitaremos una versión actualizada, denominada UVE de alta apertura numérica.

Al mismo tiempo, también será necesario innovar en la arquitectura de los transistores. En la actualidad, casi todos los fabricantes de chips avanzados construyen chips con transistores FinFET. Sin embargo, al entrar en la generación de los 3 nm, los FinFET sufren interferencias cuánticas, lo que provoca interrupciones en su funcionamiento. El siguiente en llegar es el GAAFET, ya reseñado en el capítulo 4 y en el punto anterior de este capítulo. Esta arquitectura será esencial a partir de los 2 nm. Los principales fabricantes de chips avanzados, como Samsung, Intel y TSMC, ya han anunciado que introducirán transistores GAAFET en sus nodos de 3 nm y 2 nm.

Se puede conseguir un mayor escalado superponiendo los canales negativo y positivo, lo que se conoce como transistor CFET o GAAFET apilado, visto en la figura 15.11, un complejo sucesor vertical del GAAFET. Mejora notablemente la densidad, pero a costa de aumentar la complejidad del proceso. Con el tiempo, los transistores de esta arquitectura incorporarán nuevos materiales monocapa 2-D ultrafinos con un grosor atómico. Esta hoja de ruta de los dispositivos, combinada con la de la litografía, nos llevará a la «era Angstrom (Å)» –recuerde el lector que 1 Å = 0.1 nm–.

Memoria: el rendimiento del sistema se enfrenta a las limitaciones de la ruta de datos entre los núcleos y la memoria. De hecho, el ancho de banda de la memoria no puede seguir el ritmo del rendimiento del procesador. Tenemos más *flops* por segundo –operaciones de coma flotante por segundo, miden la capacidad de cálculo de una CPU– que gigabytes por segundo. El ancho de banda de la memoria no puede seguir el ritmo del rendimiento de la CPU. El procesador no puede funcionar más rápido que el ritmo al que los datos y las instrucciones están disponibles en la memoria. Para derribar esta especie de muro de la memoria, esta debe acercarse más al chip. Una posibilidad para sortear esta limitación es la integración 3-D del sistema global, tal y como hemos visto en el punto anterior.

Energía: cada vez es más difícil suministrar energía al chip y extraer el calor de su interior, por lo que tendremos que desarrollar nuevos conceptos de suministro de energía y refrigeración. Hay varias vías de solucionar este problema, pero describir su complejidad escapa a los objetivos de este libro.

Costes y sostenibilidad: obviamente, los costes de fabricación de chips se disparan con el aumento de la complejidad, junto con los costes de diseño y desarrollo de procesos. La fabricación de semiconductores requiere grandes cantidades de energía y agua y genera residuos peligrosos. Toda la cadena de suministro tiene que comprometerse a abordar este problema, y será esencial un enfoque global que involucre a todo el ecosistema, cuyo objetivo sea reducir la huella de carbono de toda la industria. La solución de todos estos retos nos llevará de 5 nm a 0.2 nm o 2 Angstrom a mediados de la siguiente década[17].

La tecnología del silicio se ha convertido en la base para construir otros tipos de dispositivos semiconductores, como hemos tenido ocasión de ver en la segunda parte del libro, al analizar los dispositivos basados en semiconductores compuestos, cuya tecnología se ha beneficiado enormemente de la madurez de la del silicio. Pero la potencia de la tecnología microelectrónica no se detiene en sus aplicaciones específicas. La lista de sistemas que se pueden fabricar es realmente interminable y, en muchos sentidos, solo está limitada por las energías creativas de los científicos e ingenieros que las piensan, diseñan y fabrican. Todas estas cuestiones abren un abanico de posibilidades casi inabarcable. Creo que, con lo aquí mostrado, el lector se puede hacer una idea muy precisa de las peculiaridades de la industria de los semiconductores.

---

[17] «Smaller, better, faster: IMEC presents chip scaling roadmap», IMEC (https://bit.ly/49FMIBe)

Epílogo

Seguramente, algún lector habrá echado de menos algún capítulo o parte de uno que aborde temas que no he tratado aquí: circuitos integrados fotónicos, pantallas planas, energía eólica, electrónica de potencia basada en silicio, etc. Hay varias razones para esas ausencias: la primera, no las conozco con la profundidad suficiente como para atreverme con ellas. La segunda es que, aunque algunas son muy importantes, creo que se desvían demasiado del objetivo central del libro. Y la tercera, este libro se habría convertido en un «ladrillo» cercano o por encima de las 500 páginas, lo que habría desincentivado a muchos lectores a atreverse con él.

Creo que, con los contenidos mostrados, el lector se habrá hecho una composición muy precisa de la importancia de los semiconductores y de la industria que los sustenta. Como hemos podido ver con detalle, la industria microelectrónica es una de las industrias más grandes del mundo en la actualidad, solo comparable a las grandes corporaciones farmacéuticas o a las de la industria del automóvil. Es realmente notable pensar que todo comenzó en el laboratorio de investigación de una empresa privada hace ahora poco más de 75 años[1] y con la invención del chip en dos empresas rivales del sector, un producto cuyos primeros tiempos fueron realmente complicados. Eso sucedió en 1960, cuando muchos lectores de este libro ya habían nacido[2]. Hoy en día, la industria de los semiconductores es la columna vertebral de nuestro mundo tecnológico. Desde los teléfonos móviles hasta los automóviles, estos minúsculos componentes alimentan una amplia gama de dispositivos electrónicos y su industria compone una cadena de valor absolutamente global, como hemos podido ver en el último capítulo del libro.

Es interesante establecer una comparación entre esta tecnología y otra de evidente contenido de alta tecnología: la aeronáutica. Es bien

---

[1] I. Mártil, «El 75 aniversario del transistor bipolar. La invención más importante del siglo XX», recogido en la Bibliografía.

[2] I. Mártil, «Fairchild Semiconductor. Donde todo empezó en Silicon Valley», recogido en la Bibliografía.

conocido que la evolución de los aviones de combate ha seguido un ritmo vertiginoso. Voy a fijarme en un par de características de estos aviones, la velocidad máxima de vuelo y el coste, y voy a hacer un ejercicio de imaginación al compararla con la industria microelectrónica y su evolución.

1. UN EJERCICIO DE CIENCIA FICCIÓN... ¿O NO?

Uno de los aviones más icónicos de la década de 1960 fue el F-104 Starfighter, que se vendía a un precio de 1.42 millones de dólares de 1960, que se corresponden con 16 millones actualizados a hoy en día. Este avión alcanzaba una velocidad máxima de 2.100 km/h, muy similar a la del Eurofigther Typhoon (2.470 km/h), un célebre avión de combate actual; de los precios no daré datos, pues no hacen al caso. Sin embargo, en cualquier otro aspecto que analicemos –radar, electrónica, armamento– son aparatos completamente diferentes, tanto en concepción como en utilización de tecnologías de fabricación, materiales, aviónica, etc. Con los chips ha pasado y seguirá pasando algo similar. Los chips actuales no son más rápidos que los de las décadas de 1980 y 1990: en ambos casos, la velocidad de proceso, expresada en términos de frecuencia de trabajo, se sitúa en el margen de 1-5 GHz, pero las prestaciones de unos y otros son absolutamente incomparables.

Uno de los aspectos más asombrosos de la tecnología microelectrónica, como hemos visto en varios capítulos de este libro, es la reducción que ha experimentado el tamaño de los transistores en los chips, así como el desarrollo de la tecnología de su fabricación. Esto tiene consecuencias de toda índole, tanto en el coste de los chips, como en sus capacidades. En efecto, si los circuitos integrados se fabricaran de forma individual, su coste sería prohibitivo, pero el procedimiento de fabricación descrito en los capítulos 5 y 6 permite abaratar los costes unitarios drásticamente, de forma que si un transistor costaba a finales de los años 1950 del orden de 150 € a precios actuales, hoy día los chips que tienen miles de millones de transistores tienen unos precios que en muy contadas ocasiones superan los 200 €, con lo que el coste de cada transistor es insignificante. Unos números lo demuestran: el primer chip comercial, el Micrologic de Fairchild, se comercializó en 1960 y se vendía al astronómico precio de 1.000 € actuales. Puesto que tenía 4 transistores, el coste de cada transistor era de 250 €. Uno de los chips más avanzados de la actualidad es el procesador del iPhone 15, se denomina A 17 Bionic, y lo fabrica TSMC. Este chip posee en su interior la friolera de 19.000 millones de transistores. El precio al que lo compra

Apple al fabricante es de 130 dólares[3]. Es decir, cada transistor de ese chip cuesta 6.85×10^{-9} €, una cifra realmente irrisoria. Comparando el precio de cada transistor del Micrologic con el de cada transistor del A 17, constatamos que el precio se ha reducido en el asombroso factor de 2.6×10^{-11}.

Vamos con las comparaciones anunciadas y nos planteamos las siguientes preguntas: ¿qué habría sucedido con la velocidad y con el coste de los aviones de combate actuales si hubieran seguido una evolución idéntica a la de los transistores?

Empezamos por el coste: si aplicamos al coste del avión el mismo factor de reducción de costes de los transistores, que hemos mostrado en el párrafo anterior, el dato sería el mostrado en la Tabla E.1. ¿Y qué habría sucedido con la velocidad máxima, si hubiera evolucionado con la escala de integración de los chips? Pues hacemos el cálculo: el primer chip, ya se ha dicho, tenía cuatro transistores. El A 17 Bionic tiene 19×10^9. Esto significa que la escala de integración ha crecido en un factor 4.75×10^9. Si aplicamos ese factor al incremento que habría experimentado la velocidad, nos encontraríamos con los datos que recoge la Tabla E.1.

Parámetro	F-104	Eurofigther
Velocidad (km/h)	2.100	10^{13}
Precio (dólares 2025)	16×10^6	0.0005

Tabla E.1. Un ejercicio de ciencia ficción. Recuerde el lector que la velocidad de la luz es 300.000 km/s o lo que es lo mismo, 1.08×10^9 km/h.

Es evidente que estos cálculos son algo tramposos, pero me parece que ilustran de una forma muy contundente la asombrosa evolución de la industria microelectrónica.

Otro aspecto reseñable de esta industria es su naturaleza estratégica. Casi cualquier país de los denominados desarrollados quiere disponer de capacidad de fabricación propia de chips porque, como hemos visto en los sucesivos capítulos de estes libro, necesitamos los chips para prácticamente todo: teléfonos móviles, ordenadores, GPS, automóviles, electrodomésticos, gestión de redes de transporte, Inteligencia Artificial, etc. Las iniciativas surgidas después de la pandemia del covid-19 así lo atestiguan:

---

[3] O. Sohail, «A17 Pro is cheaper to make than last year's Snapdragon 8 Gen 2, but is 27 % more expensive than the A16 Bionic, claim new estimates», wccftech.com, 16-octubre-2023 (https://bit.ly/3BvRXqu). Como he hecho a lo largo de todo el libro, hago una equivalencia 1:1 para el cambio dólar/euro.

Chips Act (EE. UU.), Ley Europea de Chips (Unión Europea), PERTE de microelectrónica y semiconductores (España). Las tensiones geopolíticas en Extremo Oriente tienen a un protagonista indirecto: TSMC, el mayor fabricante de chips de vanguardia del mundo. Sin chips, el planeta se paraliza. Pocas industrias tan sensibles como la de los semiconductores y de tanto valor real y simbólico. Podríamos seguir analizando estas cuestiones, y quien ya lo ha hecho, el estadounidense Chris Miller, profesor de Historia Internacional, lo ha recogido en un magnífico libro con el llamativo título *La guerra de los chips*. El lector interesado en estas cuestiones debería leerlo. Los datos están en la sección bibliográfica.

2. EPÍLOGO PARA TECNOOPTIMISTAS

Pat Gelsinger, el anterior consejero delegado de Intel, declaró hace pocos años[4]:

> La tecnología nunca ha sido tan importante para la humanidad como ahora. Todo se está volviendo digital, con cuatro vectores clave: computación ubicua, infraestructura de la nube, conectividad omnipresente e inteligencia artificial, están llamadas a trascender y transformar el mundo.

La prueba de la veracidad de tal afirmación la podemos contrastar con unos datos apabullantes: en el universo digital, se estima que, en la actualidad, hay más de ¡4×10^{22} bits (40 zettabits) de datos![5] Esto equivale a los datos almacenados en ¡un billón (10^{12}) de Blu-ray! Cerca del 90% de esos datos se han generado en la última década. Cada día, en el mundo se crean 270 exabytes, es decir, 2.7×10^{20} datos[6]. Las cifras marean.

Se prevé que, para finales de esta década, todos dispondremos de media una potencia de cálculo de un petaflops, es decir, 10^{15} operaciones en coma flotante por segundo y acceso a un petabyte de datos (10^{15}) en menos de 1 milisegundo. Esas cantidades no dejan de crecer un año tras otro, lo que implica que cada vez necesitamos de más dispositivos, con prestaciones siempre crecientes, capaces de manipularlos y guardarlos. Cuando usted

---

[4] A. Kelleher, «Moore's Law – Now and in the Future», Intel Newsroom, 16-febrero-2022 (https://bit.ly/4iBIOxo).

[5] H. Guiness, «How Much Internet Data Are You Using?», frontier.com, 31-octubre-2023 (https://bit.ly/3V8rc26).

[6] A. Kelleher, «Moore's Law – Now and in the Future», Intel Newsroom, recogido en la Bibliografía

lea este párrafo, redactado en algún momento del otoño de 2024, las cifras anteriores ya se habrán quedado desfasadas...

Esta demanda de cada vez mayor y más rápida potencia de cálculo es la que empuja a la industria a mantener el ritmo impuesto por la Ley de Moore, ley que ha cambiado nuestra vida, sin duda. El adulto medio pasa hoy alrededor de la mitad de su tiempo de vigilia inmerso en interacciones electrónicas de todo tipo, lo cual nos lleva a hacernos una pregunta de índole filosófica: ¿nos altera esto fundamentalmente? No olvide el lector un hecho incontrovertible: el transistor de silicio afecta a todas las facetas de nuestra existencia material y espiritual, de manera que el transistor nos está moldeando tanto en expectativas como en las decisiones que tomamos casi cada día. La Ley de Moore ha desempeñado un papel crucial en nuestras vidas, hasta el punto de cambiar **el significado de lo que entendemos por ser humano.**

En definitiva, espero que la lectura de este libro haya permitido tener una visión amplia y detallada del papel que los semiconductores y su industria juegan en nuestro mundo y, dentro de él, en nuestras vidas. Así pues, debemos concluir que los Monty Python tenían razón: los romanos modernos, los semiconductores, nos lo dan prácticamente todo.

Apéndice

Cuestiones básicas de semiconductores

Es recomendable que el lector de este libro tenga unas nociones básicas de la ciencia de los semiconductores, para lo que la lectura de este Apéndice le permitirá adquirirlas sin demasiado esfuerzo.

1. ¿Qué es un semiconductor?

Desde el punto de vista de la facilidad o dificultad para conducir la corriente eléctrica, la materia se clasifica en tres grandes grupos de materiales: metales, semiconductores y aislantes. La magnitud que lo cuantifica se denomina conductividad o su inversa, resistividad. La resistencia que un determinado material presenta al paso de la corriente eléctrica se mide en Ω.m, que quiere decir que un metro de un cierto material presenta una resistencia de un ohmio al paso de la corriente. La inversa de esa magnitud es la conductividad, se expresa en $(\Omega.m)^{-1}$ y determina la capacidad que posee para conducir la corriente. Los valores entre los que varía esta propiedad en los tres grupos de materiales se muestran en la figura A.1:

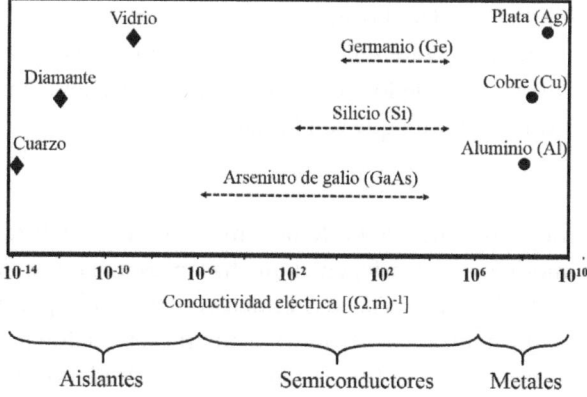

Figura A.1. Márgenes de variación de la conductividad en diversos aislantes, semiconductores y metales. La escala horizontal es logarítmica.

Llama la atención en la figura que mientras que, en aislantes y metales, la conductividad presenta valores bien definidos, en los semiconductores el margen de variación es muy amplio, moviéndose desde valores próximos a los de los aislantes hasta los de los metales, cuestión que comprenderemos más adelante. Por consiguiente, la palabra semiconductor se debe relacionar con el hecho de que esos materiales conducen la corriente eléctrica mejor que los aislantes pero peor que los metales, aunque con un margen de variación muy elevado.

Los metales son buenos conductores, porque contienen una alta densidad de electrones, mientras que los aislantes son malos conductores porque contienen muy pocos; los semiconductores están en una situación intermedia, ya que su densidad de electrones está a mitad de camino entre la de los aislantes y la de los metales. Las preguntas evidentes son ¿por qué sucede esto? ¿Cuáles son las diferencias entre estos diversos materiales que hacen que haya una variación tan grande en la densidad de electrones que contienen? Esas preguntas intrigaron durante décadas a los científicos y solo se pudieron entender claramente a partir del desarrollo de la teoría cuántica de sólidos en las décadas de 1920 y 1930, teoría sin la que el comportamiento eléctrico de los semiconductores, que describo en este Apéndice, sería imposible de comprender.

Históricamente, la palabra semiconductor fue acuñada por primera vez en 1910 en Alemania por J. Weiss, estudiante de doctorado en la Universidad de Friburgo. Durante la realización de su tesis doctoral, para referirse a las inusuales propiedades eléctricas que había observado en una gama de materiales amplia, óxidos y sulfuros como el óxido férrico, Fe_2O_3 o el sulfuro de plomo, PbS, decidió emplear esa palabra.

A continuación, realizaré una breve descripción de las características y propiedades principales de los semiconductores. Para ello, empezaremos por entender someramente qué son los átomos.

i) Átomos

De manera muy simplificada, podemos imaginar la estructura de los átomos con un modelo planetario, en el que hacemos una equivalencia de su estructura con la del sistema solar. El núcleo, constituido por cargas positivas (protones) y neutras (neutrones), ocuparía la posición del Sol, mientras que las cargas negativas (electrones) girarían alrededor del núcleo en diferentes órbitas, al igual que hacen los planetas del sistema solar. Esta analogía, habitual en la literatura de divulgación ceintífica, es una verdadera aberración desde un punto de vista formal y riguroso. No obstante, y aun a riesgo de ser condenado al fuego eterno, la mantendré, pues a los efectos de este libro la considero suficiente.

El radio de las órbitas de los electrones, que es la magnitud que determina el tamaño del átomo, es del orden de 0.1 nm –recuerde el lector que 1 nm = 10^{-9} m–, mientras que el diámetro del núcleo es del orden de 10^{-14} m, unas diez mil veces más pequeño. De hecho, si representásemos el núcleo atómico por una pelota situada en el centro de un estadio de fútbol de gran capacidad, los electrones serían como la punta de una cabeza de alfiler y sus órbitas se situarían en la última fila de la última grada. Es decir, el átomo es, en esencia, espacio vacío, y su consistencia se debe a las intensas fuerzas electrostáticas entre las partículas que lo integran. Globalmente, los átomos son eléctricamente neutros, lo que implica que el número de electrones que giran alrededor del núcleo debe ser igual al número de protones que hay en este.

Pero el hecho de que los electrones giren trae aparejada una inconsistencia imposible de resolver desde el punto de vista de la física clásica: cuando una carga se mueve en una órbita circular, emite energía y por lo tanto la pierde, por lo que el electrón debería realizar órbitas en espiral hasta chocar con el núcleo, lo que obviamente no sucede, pues ningún átomo sería estable, en contra de la evidencia. Esta paradoja la resolvió el modelo atómico de Niels Bohr, quien lo formuló en 1913, al postular que los niveles de energía en los que pueden estar los electrones son discretos, es decir, los electrones no pueden cambiar alegremente de órbita[1], sino que solo pueden situarse en ciertos niveles de energía fijos, que están separados entre sí por espacios de energía prohibidos, en los que no pueden estar. De esta forma, en su movimiento, los electrones no pierden su energía; esto hace al átomo estable. No obstante, hay que señalar que el modelo atómico de Bohr tiene notables limitaciones, pero para lo que nos interesa conocer proporciona un marco muy adecuado y suficiente como para no tener que profundizar más en esta cuestión.

ii) Sólidos

El siguiente paso que debemos dar es responder a la pregunta de qué sucede cuando juntamos átomos para formar un sólido. Lo primero que hay que decir es que debemos juntar muchos para lograrlo, del orden de

---

[1] De igual forma que los planetas del sistema solar tampoco lo hacen, aunque en este caso es más sencillo de entender, ya que los planetas no tienen carga eléctrica, su movimiento está gobernado por las leyes de la gravitación

10^{23} átomos en cada centímetro cúbico de material. Dentro del sólido, los átomos permanecen unidos entre sí gracias al enlace químico que se establece entre ellos. Debemos recurrir de nuevo a la teoría cuántica para entender que en los sólidos los niveles de energía discretos donde se sitúan los electrones del átomo, es decir, las órbitas en las que se mueven, son ahora reemplazados por bandas de energía, es decir, por franjas de energía dentro de las que se pueden mover los electrones, franjas que también están separadas unas de otras por espacios de energías que siguen estando prohibidos para los electrones.

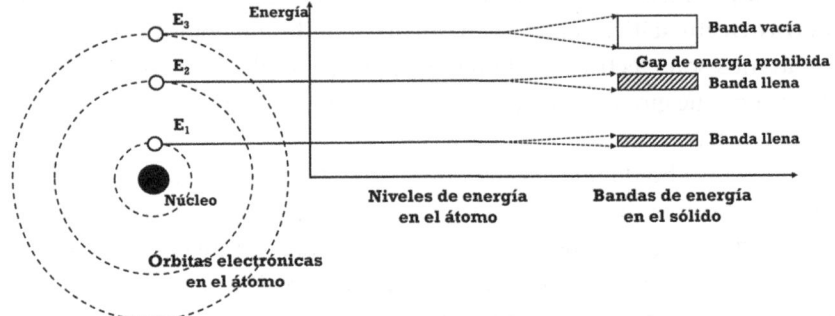

Figura A.2. Los niveles de energía en el átomo (izquierda) y en el sólido (derecha). En el átomo, los electrones se sitúan en órbitas bien definidas, cada una de energía creciente según nos alejamos del núcleo. En el sólido, esos niveles se transforman en bandas de energía. La última banda, que es la que tiene la energía más elevada se llama banda de conducción; la penúltima, banda de valencia. A temperaturas muy bajas, que es la situación que refleja la figura, la última banda está vacía y todas las demás llenas, por lo que, a esas temperaturas, no puede haber conducción de corriente eléctrica.

Además, y a diferencia de lo que ocurre en los átomos, los electrones situados dentro de cada banda de los sólidos se pueden mover libremente a lo largo de todo el material, que en adelante denominaremos «cristal», por lo que pueden conducir la corriente eléctrica, siempre y cuando la banda no esté completamente llena; si fuera este el caso, los electrones no tendrían lugares a los que moverse, por lo que, en tal situación, una banda totalmente llena no puede conducir la corriente eléctrica. Lo que ocurre con los electrones en una banda completamente llena se puede explicar de forma parecida a lo que lo que ocurre en un atasco: no hay espacio para que un vehículo (un electrón) se mueva de su sitio, ya que está rodeado por otros. Únicamente cuando el vehículo de delante o los de los laterales se desplazan, también se podrá mover. Obviamente, si está completamente vacía, tampoco puede conducir la corriente, al no haber electrones disponibles. La figura A.2 muestra la situación descrita en los párrafos anteriores, mostrando los niveles de energía en un átomo y su transformación en bandas en un sólido.

iii) Metales, aislantes y semiconductores
Ahora estamos en condiciones de entender la razón por la cual algunos sólidos contienen elevadas concentraciones de electrones (los metales) y otros, muy baja (los aislantes) y se debe a la diferencia esencial entre ambos tipos de materiales: los metales contienen bandas parcialmente llenas, mientras que los aislantes contienen bandas que están completamente llenas o completamente vacías. Más aún, en los aislantes, los espacios de energía prohibida entre bandas son muy grandes, del orden de 10 eV. El eV (electrón-voltio) es la energía que adquiere un electrón cuando está sometido a una diferencia de potencial de un voltio. Es una energía pequeñísima (1 eV $= 4.45 \times 10^{-23}$ W.h) y es la forma habitual de tratar con esta magnitud en semiconductores.

¿Y qué pasa en un semiconductor? Al igual que los aislantes, contienen bandas completamente vacías o completamente llenas, pero las bandas están separadas por regiones prohibidas relativamente pequeñas, de modo que es fácil que, propiciado por la temperatura a la que se encuentre el semiconductor, un electrón situado en la penúltima banda, denominada «Banda de valencia» (en adelante, BV), salte a la siguiente banda vacía superior, que es la última y se llama «Banda de conducción» (en adelante, BC); una vez situados en la BC, los electrones pueden moverse por todo el cristal, por lo que pueden conducir la corriente eléctrica. En los semiconductores, el intervalo de energías prohibidas existente entre la BV y la BC se denomina «gap» –término que he usado en todo el texto– y está comprendido en el margen 0.2-3 eV para los semiconductores que hemos visto en este libro.

Es muy difícil que en aislantes sucedan los saltos entre la BV y la BC, ya que el gap de energía prohibida existente entre ellas es enorme, según acabamos de ver. Por esa razón los aislantes no pueden conducir la corriente eléctrica. En efecto, la energía que puede adquirir un electrón por encontrarse a la temperatura ambiente (20-30° C), es del orden de 0.025 eV. Obviamente, en un aislante situado a esa temperatura, es imposible que pueda saltar ningún electrón de una banda a otra. En un semiconductor, tampoco será fácil, pero alguno habrá que lo haga. Lo vemos un poco más adelante.

En contraste con esta situación, en los metales la BV y la BC están solapadas, lo que quiere decir que no hay gap de energía prohibida entre ellas —no entraré en sucesivos detalles de porqué ocurre esto en los metales— y por lo tanto, todos los electrones de la BV pueden ir a la BC sin necesitar un aporte extra de energía; de esta forma, todos esos electrones, del orden de 10^{23} por cm^3, contribuyen a la conducción de la corriente eléctrica. La figura A.3 muestra cómo es la distribución de bandas y sus diferencias entre los tres tipos de materiales:

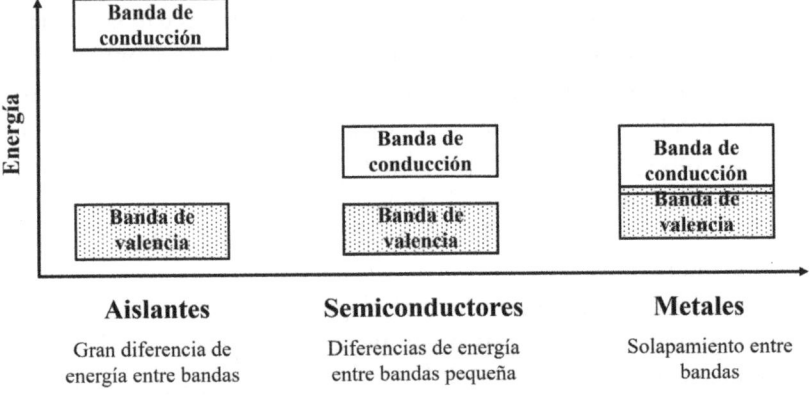

Figura A.3. Diferencias en la estructura de las bandas de energía en los aislantes, metales y semiconductores.

iv) Enlace químico en los semiconductores: enlace covalente

¿Cómo se disponen los átomos, es decir, los núcleos y sus electrones en un sólido? La figura A.4 muestra cómo es esa distribución de una manera muy simplificada en un semiconductor característico, el silicio.

El silicio está en la columna IV de la Tabla Periódica, lo que quiere decir que tiene cuatro electrones en su última órbita, la más alejada del núcleo. Para formar enlaces estables, los diversos átomos de silicio deben tener ocho electrones, en vez de los cuatro que tiene cuando está aislado —en el enlace químico, se necesita que cada átomo tenga ocho electrones para parecerse a los gases nobles, que tienen esos ocho electrones y son los elementos más estables que se conocen—. Para poder tener ocho, cada átomo se rodea de otros cuatro, para así compartir sus cuatro electrones con los de sus cuatro vecinos, de manera que el resultado global es que todos los átomos tienen ocho electrones; a ese tipo de enlace se le denomina «enlace covalente». No obstante, no todos los semiconductores tienen ese enlace, en los semiconductores compuestos el enlace es parcialmente covalente y parcialmente iónico, incluso en algunos es metálico, pero no necesitamos profundizar más en esta cuestión.

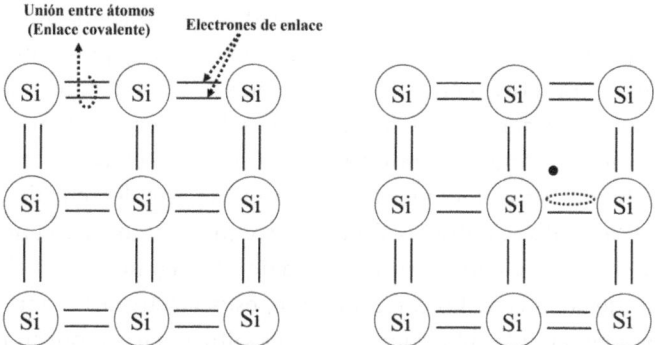

Figura A.4. Izquierda: red cristalina de silicio a temperaturas próximas al cero absoluto. Las rayas representan electrones ligados a los núcleos por las fuerzas del enlace covalente. Cada raya representa un electrón del enlace entre átomos; como se ve, cada átomo de silicio está rodeado por ocho electrones, cuatro propios de cada átomo y otros cuatro que comparte con sus vecinos, uno de cada uno. Derecha: la misma red a temperatura elevada; ahora, algunos electrones pueden romper su enlace y convertirse en electrones libres. Al liberarse del enlace, dejan un hueco, que puede ser rellenado por otro electrón de un enlace próximo.

2. CONDUCCIÓN DE LA CORRIENTE ELÉCTRICA EN LOS SEMICONDUCTORES

Los semiconductores poseen una propiedad muy poco habitual, ya que pueden conducir la corriente eléctrica mediante dos procesos bastante diferentes. En el punto anterior, hemos visto cómo los electrones que saltan desde la BV hasta la BC pueden moverse en el seno de esta última, dando lugar a la conducción por parte de los electrones. Mucho menos obvio es el hecho de que los lugares o estados en su denominación técnica que se quedan vacíos en la banda inferior, la BV, también dan lugar a un proceso de conducción. Esos lugares o estados vacíos se denominan «huecos» y también se pueden mover por el semiconductor. Para que tales huecos existan, debe haber alguien que proporcione a los electrones de la BV la energía suficiente como para saltar a la BC, dejando libre el lugar que ocupaba, creándose el hueco, por lo tanto. Como acabamos de ver, quien proporciona esa energía es la temperatura a la que se encuentra el semiconductor, aunque hay otra forma de facilitar esos saltos, que es iluminando el semiconductor, y es lo que sucede en los fotodetectores o las células solares que hemos analizado en los capítulos 8, 9, 12 y 13.

La figura A.4 anterior ilustra esta situación: a temperaturas bajas, representada en la izquierda de la figura mencionada, no hay ningún electrón ni hueco libre, todos los electrones están ligados a los núcleos, formando el enlace químico entre los diferentes átomos del sólido y por tanto el semiconductor se comporta como un aislante; en esta situación decimos que la BV está completamente llena de electrones y la BC completamente vacía, por lo que no puede haber conducción de la corriente eléctrica. A la temperatura ambiente, situación que se muestra en la parte derecha de la figura, algunos de los enlaces entre los átomos se rompen debido al calentamiento del semiconductor y, como consecuencia de ello, algunos de los electrones se liberan de su enlace. En ese momento, esos electrones saltan a la BC, donde pueden circular libremente. Tras el salto, dejan un hueco en la BV y le resulta relativamente fácil a un electrón de un átomo próximo dejar a su vez el enlace que ocupa para llenar este hueco. Este electrón que deja su sitio para llenar un hueco, deja a su vez otro hueco en su posición inicial; de esta manera el hueco también se mueve y contribuye a la corriente lo mismo que el electrón que ha saltado a la BC, con una trayectoria de sentido opuesto a la de este. De nuevo, la analogía con el movimiento de coches en una calle congestionada es oportuna: los coches (los electrones) se mueven hacia delante cada vez que el vehículo que le antecede se desplaza, dejando un espacio vacío, que haría las veces del hueco. Cada vez que un coche avanza en un sentido de la calle, el espacio vacío se desplaza en el sentido opuesto; algo similar es lo que hacen los huecos en el semiconductor.

Prosigamos con lo que sucede en el semiconductor cuando se encuentra a temperatura ambiente o superior. La cantidad de electrones excitados térmicamente que pueden saltar desde la BV hasta la BC a través del gap de energía prohibida depende inversamente de su valor: cuanto mayor es el gap, más energía necesitan los electrones para saltar de una banda a la otra y, por lo tanto, menor es la probabilidad de que el salto se produzca, lo que lleva aparejado que la concentración de electrones que habrá en la BC y de huecos en la BV será tanto menor cuanto mayor sea el valor del gap. La Tabla A.1 muestra los valores de esta concentración a temperatura ambiente, que se denomina «concentración intrínseca» y se denota como n_i, para InSb, Ge, Si y GaAs, cuatro de los semiconductores que nos hemos encontrado en diversos capítulos de este libro y que tienen valores del gap diferentes:

	Gap (eV)	$n_i(cm^{-3})$
InSb	0.17	2.7×10^{16}
Ge	0.67	1.7×10^{13}
Si	1.12	1.5×10^{10}
GaAs	1.42	2.2×10^{6}

Tabla A.1. Valores del gap de energía prohibida y de la concentración intrínseca para InSb, Ge, Si y GaAs a la temperatura ambiente. Como se puede apreciar, pequeños cambios en el valor del gap implican cambios en n_i de varios órdenes de magnitud. La cantidad de portadores de carga eléctrica en un semiconductor se expresa en términos de «densidad de portadores»; por ejemplo en el silicio hay 1.5×10^{10} electrones en cada cm³ de semiconductor y se escribe, como se ve en la tabla, cm⁻³.

Como se puede ver, los valores de n_i son tanto más elevados cuanto más reducido es el valor del gap de energía prohibida. Es decir, la conducción intrínseca ocurre como resultado de la excitación térmica de electrones desde la BV a la BC; la conducción se debe por igual tanto a los electrones en la BC como a los huecos en la BV, ya que ambas cantidades son idénticas; a estos semiconductores se los denomina semiconductores intrínsecos. Por lo tanto, la densidad de electrones y huecos, que llamamos portadores libres, en un semiconductor intrínseco depende del valor del gap de energía y de la temperatura, aumentando de forma pronunciada a medida que aumenta la temperatura, lógicamente.

No obstante, ese número de electrones y de huecos es muy reducido si se le compara con la densidad atómica del semiconductor. En efecto, la densidad de átomos que hay en un semiconductor, como ya hemos visto, es del orden de 10^{23} átomos por cada cm³. Si observamos la tabla A.1, podemos ver cómo, por ejemplo, en el silicio, el número de electrones intrínsecos es del orden de 10^{10} por cada cm³. Dado que estos electrones provienen de enlaces que se han roto, eso quiere decir que, a temperatura ambiente, se rompen uno de cada $\sim 10^{13}$ enlaces, una cantidad realmente pequeña. Como ya se ha indicado, esto es debido a que, a temperatura ambiente, la energía promedio que puede adquirir un electrón es del orden de 0.025 eV. Si comparamos este valor con el gap del silicio, 1.12 eV, entendemos por qué se rompe un número tan reducido de enlaces. Además, el valor de esta magnitud no se puede modificar en estos semiconductores, salvo cambiando la temperatura. Si queremos modificar de manera controlada la concentración de portadores libres sin subir o bajar la temperatura –¡naturalmente que queremos!–, debemos recurrir a realizar un proceso en el semiconductor que lo hace único y que ha permitido fabricar dispositivos electrónicos con ellos. Lo vemos a continuación.

i) Dopado de semiconductores: semiconductores extrínsecos
Un aspecto clave del comportamiento de los semiconductores, que hace que tengan el enorme número de aplicaciones en las que se utilizan, es que es posible modificar la densidad de electrones o huecos libres al «doparlos» con ciertos elementos químicos específicos. A los semiconductores dopados los denominamos semiconductores «extrínsecos». El término «dopar» es una traducción literal de la terminología habitual en inglés para este proceso, «doping». Tal vez sería más correcto decir «impurificar», pero se suele emplear el término dopar, que es el que he utilizado en el libro. Además, impurificar tiene connotaciones de contaminado o sucio para el semiconductor. Nada más lejos de la realidad, como hemos tenido ocasión de ver en el capítulo 5 al analizar los requerimientos de pureza tan estrictos que se necesitan en la fabricación de chips.

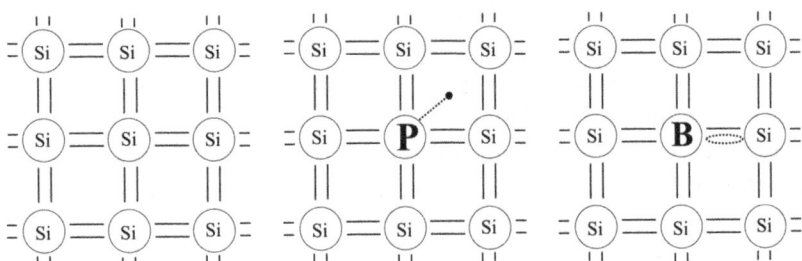

Figura A.5. Izquierda: red cristalina de silicio intrínseco; como en la figura A.4, cada raya representa un electrón del enlace entre átomos. Centro: silicio dopado con un átomo de fósforo, en el que se muestra el quinto electrón ligado débilmente al núcleo del átomo de fósforo. Derecha: silicio dopado con un átomo de boro, se observa la presencia de un hueco justo a la derecha de la posición del átomo de boro.

Ilustraré el concepto de dopado de nuevo con ayuda del silicio. Supongamos que, en una muestra de este semiconductor, un átomo de silicio es reemplazado por un átomo de fósforo, tal y como se muestra en la figura A.5. El fósforo está junto al silicio en la Tabla Periódica, en la columna v y tiene una estructura electrónica muy similar pero con un electrón más en la última órbita, es decir cinco, en lugar de cuatro, por lo que cuando sustituye al silicio usa cuatro de estos electrones para unirse con los átomos de silicio que lo rodean, dejando un electrón, el quinto, que puede liberarse fácilmente de la atracción que el núcleo ejerce sobre él, lo que le permite saltar a la BC y moverse libremente a través del cristal. El átomo de fósforo se llama átomo «donante» o «donor», porque ha donado un electrón extra al cristal de silicio y se dice que el silicio está dopado «tipo N», es decir, tipo negativo, debido al signo de la carga que aporta este electrón extra. La imagen central de la figura A.5 lo ilustra.

Para comprender cuantitativamente de qué estamos hablando, supongamos el siguiente ejemplo: imaginemos que, en una muestra de silicio, con una densidad atómica $N_{atomica} \sim 10^{23}$ átomos/cm³ y una concentración intrínseca de electrones $n_i \sim 10^{10}$ electrones/cm³, introducimos una concentración de átomos de fósforo de 10^{17} fósforos/cm³.

- Con relación a la densidad atómica, la cantidad de átomos de fósforo introducidos supone que cada átomo de fósforo ha sustituido a un átomo de silicio de cada millón de estos que hay en la red cristalina ($10^{17}/10^{23} = 10^{-6}$), es decir, una cantidad extraordinariamente pequeña en relación con la densidad atómica del semiconductor. O sea, que hemos introducido en el silicio un átomo del elemento químico que actúa como dopante por cada millón de átomos de silicio.

- Como cada átomo de fósforo proporciona un electrón extra, la muestra de silicio tiene ahora 10^{17} electrones en cada cm³, lo que significa que respecto a la concentración de electrones que tiene el silicio no dopado a temperatura ambiente, hay un aumento de siete órdenes de magnitud en el número de electrones que pueden conducir la corriente eléctrica, $10^{17} = 10^7 n_i$.

Una de las varias conclusiones que se extrae de este ejemplo es que, para que el dopado sea efectivo, es imprescindible que el cristal de silicio tenga un grado de pureza elevadísimo, es decir, que la concentración de imperfecciones residuales esté muy por debajo del nivel de dopado, es decir, muy por debajo de 10^{17} por cada cm³, pues en caso de que no fuera así, el dopado no funcionaría, al mezclarse sus efectos con el de las imperfecciones incontroladas presentes en el semiconductor. Dicho en otros términos: el silicio debe ser silicio en una proporción de ¡99.9999999% o mejor!, tal y como hemos tenido ocasión de ver en los capítulos 2 y 4. Recordemos que este grado de pureza tan elevado no tiene parangón en otras ramas de la tecnología moderna.

Si, en lugar de dopar nuestro cristal de silicio con fósforo, elegimos el boro, que se encuentra en la columna III de la Tabla Periódica, el efecto que se logra es otro. A diferencia del fósforo, el boro tiene solo tres electrones de enlace en su última órbita, lo que significa que cuando reemplaza a un átomo de silicio, utiliza los tres en la unión con los átomos vecinos, pero deja un enlace vacío, tal y como ilustra la imagen de la derecha de la figura A.4, que representa un hueco en la BV. En esta circunstancia, decimos que el boro es un átomo «aceptor» porque acepta un electrón de la BV, dejando un hueco atrás. Puesto que el hueco es una ausencia de un electrón, el signo de su carga eléctrica es el opuesto, es decir, positivo; se dice entonces que el silicio está dopado «tipo P» o tipo positivo, por el signo de la carga del hueco.

En definitiva, lo que hemos visto es que es posible controlar la densidad de electrones libres al dopar el semiconductor con impurezas donoras, ya que cada átomo donor suministra un electrón extra a la banda de conducción. De manera similar, se pueden generar huecos libres al dopar con impurezas aceptoras. Ahora podemos entender el gran margen de variación que presenta la conductividad en los semiconductores que vimos en la figura A.1 y que quedó pendiente de aclarar: si el dopado se modifica entre unos valores amplios, digamos desde 10^{14} hasta 10^{21} átomos dopantes por cada cm^3, que son los que se emplean habitualmente para hacer dispositivos electrónicos, el número de electrones o huecos extra que aportan los dopantes se puede modificar en siete órdenes de magnitud, modificándose en esa cantidad la conductividad, tal y como muestra la figura A.1. En otras palabras, podemos hacer que los semiconductores conduzcan mucho o conduzcan muy poco a voluntad.

No hay absolutamente nada equivalente a esto en el caso de los metales: cualquier metal muestra una conductividad característica que no se puede variar de forma apreciable introduciendo otros elementos, ya que el número de electrones libres que tienen es similar a la densidad atómica, es decir 10^{23} átomos por cada cm^3, como ya hemos visto. En este sentido, los semiconductores realmente son una clase de materiales drásticamente diferentes. Es su notable flexibilidad en lo que hace relación a la posibilidad de doparlos, lo que posibilita la electrónica de estado sólido y el sinfín de aplicaciones que hemos visto en este libro. Efectivamente, el dopado abre la puerta a toda una gama de dispositivos electrónicos con los que se pueden realizar un gran número de funciones sin más que combinar adecuadamente regiones dopadas con donores y regiones dopadas con aceptores: rectificadores, detectores de radio, transistores, diodos emisores de luz, diodos láser, fotodetectores, células solares; todos ellos los hemos visto en diversos capítulos del libro y todos se basan en las propiedades de las uniones entre zonas dopadas N con otras dopadas P. Si bien esto no representa toda la magia de los semiconductores, ciertamente añade una dimensión totalmente nueva a la aplicación de estos materiales en el campo de la electrónica.

El avance determinante en el conocimiento y la compresión de los fenómenos implicados en la física de los semiconductores, que hemos descrito someramente en este punto, se produjo cuando el científico británico Alan H. Wilson publicó en 1931 dos artículos sobre la teoría de bandas en sólidos[2]. No solo explicó el origen de las bandas de conducción y valencia en semiconductores, sino también el mecanismo de la actuación de las impurezas, que proporcionó la base para la comprensión detallada de las propiedades de los semiconductores dopados. Los artículos citados en la nota al pie los elaboró mientras realizaba una estancia de investigación en el Institut für Thoeretische Physik de Leipzig y tuvo ocasión de discutir sus resultados con Werner Heisenberg –Premio Nobel de Física de 1932–, uno de los padres de la mecánica cuántica y con Félix Bloch –Premio Nobel de Física de 1952–, unos de los padres de la teoría cuántica de sólidos. Eso sí que son buenas compañías.

ii) ¿Cuántos semiconductores hay?
Sin entrar en detalles de qué compuestos químicos tienen comportamiento semiconductor, en la actualidad el número de semiconductores conocidos supera los 500. No obstante, cuando nos preguntamos a propósito de cuál o cuáles han sido comercializados como integrantes de algún dispositivo específico, el número se reduce drásticamente hasta no más de 25-30, tal y como hemos comentado en diversos capítulos del libro. La razón se debe esencialmente a que cada semiconductor comercializado hasta la fecha ha requerido una inversión considerable para desarrollar su tecnología, por lo que los nuevos materiales surgen solo cuando son absolutamente necesarios para la solución de un problema concreto que los semiconductores existentes en ese momento no pueden resolver.

La mayoría, por no decir la totalidad de los semiconductores que han alcanzado la comercialización, han aparecido en los diversos capítulos de este libro. Confío en que el lector haya obtenido un conocimiento amplio de qué son y qué representan los semiconductores en nuestro mundo.

---

[2] A. H. Wilson, «The theory of electronic semiconductors», *Proc. R. Soc. A* 133, 458 (1931), DOI: 10.1098/rspa.1931.0162; «The theory of electronic semi-conductors-II», *Proc. R. Soc. A* 134, 277 (1931), DOI: 10.1098/rspa.1931.0196.

Bibliografía

Como ya he indicado en el Prólogo, la bibliografía de semiconductores es inabarcable y comprende una variedad abrumadora de documentos, desde páginas web de contenido divulgativo muy asequible hasta libros y artículos solo destinados a especialistas y profesionales. De esta última categoría aparecen algunos en el listado que podrá verse a continuación, pero citaré solo aquellos que, siendo de buen nivel científico, pueden leerse por personas no especialistas. También el lector encontrará numerosas referencias de páginas web. Hoy en día es inconcebible no acudir a Internet a la hora de documentar casi cualquier asunto. El gran problema de la información obtenida por este medio es que no hay revisión por pares de los contenidos, al contrario de lo que ocurre con la bibliografía científica más tradicional. Por este motivo, he limitado la información utilizada en este libro a la recogida en páginas web cuyo contenido he podido contrastar con otras fuentes especializadas y, cómo no, acudiendo a mí ya dilatada experiencia en el campo, que me ha permitido desarrollar un cierto «olfato» para discriminar los contenidos.

Las referencias que el lector encontrará continuación están agrupadas en tres categorías: referencias a las Nobel Lectures de los veintiún galardonados con el premio que detallé en el capítulo 1, referencias específicas de los capítulos dedicados al silicio y, finalmente, referencias de semiconductores compuestos. A su vez, las referencias están agrupadas por capítulos o grupos de capítulos. Hay algunas cuyos contenidos abarcan cuestiones tratadas en más de un capítulo, en cuyo caso las referencias están situadas en el capítulo principal. Están listadas por orden alfabético del primer apellido del primer autor de cada referencia. En aquellos documentos que no poseen DOI, especifico la URL –Uniform Resource Locator, la dirección de Internet de una determinada página– donde se pueden encontrar.

1. Conferencias de los Premios Nobel

En la página web de la Fundación Nobel se pueden encontrar las grabaciones en vídeo de las lecciones de aceptación del premio de todos los galardonados. Basta con acudir a los años en los que recibieron la distinción los veintiún científicos relacionados con los semiconductores que he recogido en el capítulo 1 del libro:

- 1956: W. Shockley, J. Bardeen, W. Brattain
- 1973: L. Esaki, I. Giaever y B. Josephson
- 1977: Sir N. F. Mott, P. W. Anderson y J. H. van Vleck
- 1985: K. Von Klintzing
- 1998: R.Laughlin, H. Stormer y D. Tsui
- 2000: Z. I. Alferov, H. Kramer y J. Kilby
- 2009: W.S. Boyle y G. E. Smith
- 2014: I. Akasaki, H. Amano y S. Nakamura

La URL de la página es esta: https://www.nobelprize.org/prizes/lists/video-lectures-from-nobel-laureates-in-physics/
En cada una de las páginas dedicadas a cada uno de los galardonados se pueden descargar en pdf las conferencias impartidas en la ceremonia de aceptación. No deje de navegar por esta página, es un verdadero tesoro del conocimiento humano más excepcional.

2. BIBLIOGRAFÍA ESPECÍFICA DE SILICIO
Capítulos 1, 2 y 3

«1926: Field Effect Semiconductor Device Concepts Patented», Computer History Museum, https://www.computerhistory.org/siliconengine/field-effect-semiconductor-device-concepts-patented/.

«1960: Metal Oxide Semiconductor (MOS) Transistor Demonstrated», Computer History Museum, https://www.computerhistory.org/siliconengine/metal-oxide-semiconductor-mos-transistor-demonstrated/.

D. Laws, «Fairchild Semiconductor: The 60th Anniversary of a Silicon Valley Legend», https://computerhistory.org/blog/fairchild-semiconductor-the-60th-anniversary-of-a-silicon-valley-legend/.

D. Laws, «Moore's Law@50: «The most important graph in human history», https://computerhistory.org/blog/moores-law50-the-most-important-graph-in-human-history/.

I. Mártil, *Microelectrónica. La historia de la mayor revolución silenciosa del siglo xx*, Ediciones Complutense, Madrid, 2018.

I. Mártil, «El 75 aniversario del transistor bipolar. La invención más importante del siglo xx», *Revista Española de Física* 36, 17 (2022).

I. Mártil, *El radar en la historia del siglo xx*, Guillermo Escolar Editor, Madrid, 2023.

I. Mártil, «El primer transistor europeo. Un éxito que pudo ser y no fue», *Revista Española de Física* 37, 7 (2023).

I. Mártil, «Fairchild Semiconductor. Donde todo empezó en Silicon Valley», *Revista Española de Física* 38, 1 (2024).

G. Moore, «Are we really ready for VLSI2?», *IEEE International Solid-State Circuits Conference. Digest of Technical Papers*, Philadelphia, PA, USA, 1979, pp. 54-55, DOI: 10.1109/ISSCC.1979.1155953.

G. Moore, «No exponential is forever: but 'Forever' can be delayed!», *IEEE International Solid-State Circuits Conference, 2003. Digest of Technical Papers*. ISSCC., San Francisco, CA, USA, 2003, pp. 20-23, DOI: 10.1109/ISSCC.2003.1234194.

G. Moore, «Cramming more components onto integrated circuits», reimpreso de *Electronics*, vol. 38, n.º 8, abril 2019, 1965, p.114, *IEEE Solid-State Circuits Society Newsletter*, 11, 33 (2006), DOI: 10.1109/N-SSC.2006.4785860.

G. Moore, «Progress in digital integrated electronics», *IEEE Solid-State Circuits Society Newsletter* 11, 36 (2006), DOI: 10.1109/N-SSC.2006.4804410.

G. Moore, «Lithography and the future of Moore's Law», *IEEE Solid-State Circuits Society Newsletter* 11, 37 (2006), DOI: 10.1109/N-SSC.2006.4785861.

T. R. Reid, *The Chip, How Two Americans Invented the Microchip and Launched a revolution*, Random House Trade Paperbacks, New York, 1985.

C. T. Sah, «Evolution of the MOS Transistor – From Conception to VLSI», *Proceedings of the IEEE*, 76, 1280 (1988), DOI: 10.1109/5.16328.

A. N. Saxena, «Invention of Integrated Circuits», Singapore, World Scientific Publishing Co., 13-4-2009.

«Silicon Engine Timeline», Computer History Museum, https://www.computerhistory.org/siliconengine/timeline/.

E. O. Vicente, «El ENIAC un pionero de los computadores», Museo de Informática, Universidad Politécnica de Valencia. https://museo.inf.upv.es/eniac-2/.

Capítulo 4

I. C. Cherik, S. Mohammadi y S. K. Maity, «Vertical tunneling FET with Ge/Si doping-less heterojunction, a high-performance switch for digital applications», *Scientific Reports* 13, 16757 (2023), DOI: 10.1038/s41598-023-44096-5 .

J.-P. Colinge (ed.), «FinFETs and Other Multi-Gate Transistors (Integrated Circuits and Systems)», Springer 26 (2007).

L. Collins, «Intel, TSMC FinFETs to star at IEDM», Tech Design Forum, 11-10-2012, https://www.techdesignforums.com/blog/2012/10/11/intel-tsmc-finfet-iedm/.

N. Collaert, «From FinFET to Nanosheets and Beyond», en M. Rudan, R. Brunetti, S. Reggiani. (eds), *Springer Handbook of Semiconductor Devices*, Springer Handbooks. Springer, Cham., 2023, DOI: 10.1007/978-3-030-79827-7_7.

C.-Y. Huang *et al.*, «3-D Self-aligned Stacked NMOS-on-PMOS Nanoribbon Transistors for Continued Moore's Law Scaling», *IEEE International Electron Devices Meeting (IEDM)*, San Francisco, CA, USA, 2020, pp. 20.6.1-20.6.4, DOI: 10.1109/IEDM13553.2020.9372066.

D. Jayachandran *et al.*, «Three-dimensional integration of two-dimensional field-effect transistors», *Nature* 625, 276 (2024), DOI: 10.1038/s41586-023-06860-5.

K. Kajal y V. K. Sharma, *FinFET: A Beginning of Non-planar Transistor Era*, Springer, Singapore, 2020.

I. Mártil, «El protagonista silencioso de la Revolución Digital», *Investigación y Ciencia*, 533 (2021) 54. Dado que la revista ha desaparecido, se puede leer aquí: https://archive.org/details/iyc2021/IYC533-2021-02-feb/page/52/mode/2up.

T. S. Perry, «The father of FinFets: Chenming Hu took transistors into the third dimension to save Moore's Law», *IEEE Spectrum* 57, 46 (2020), DOI: 10.1109/MSPEC.2020.9078456.

K. O. Petrosyants, D. S. Silkin y D. A. Popov, «Comparative Characterization of NWFET and FinFET Transistor Structures Using TCAD Modeling», *Micromachines* 13, 1293 (2022), DOI: 10.3390/mi13081293.

M. Radosavljevic y J. Kavalieros, «3D-Stacked CMOS Takes Moore's Law to New Heights», IEEE Spectrum, https://spectrum.ieee.org/3d-cmos.

H. Sunami, «The Role of the Trench Capacitor in DRAM Innovation», *IEEE Solid-state Circuits Newsletter* 13, 42 (2008), DOI: 10.1109/N-SSC.2008.4785691.

P. D. Ye, T. Ernst y M. V. Khare, «The Nanosheet Transistor Is the Next (and Maybe Last) Step in Moore's Law», *IEEE Spectrum* 56, 30 (2019), DOI: 10.1109/MSPEC.2019.8784120.

Capítulos 5 y 6

F. Chen, H. Amekura y Y. Jia, «Fundamentals of Ion Beam Technology, Waveguides, and Nanoparticle Systems», *Ion Irradiation of Dielectrics for Photonic Applications. Springer Series in Optical Sciences*, vol 231, Springer, Singapore, 7-5- 2020, DOI: 10.1007/978-981-15-4607-5_1.

R. Courtland, «The molten tin solution», *IEEE Spectrum* 53, 28 (2016), DOI: 10.1109/MSPEC.2016.7607024.

I. V. Fomenkov, «Light sources for high-volume manufacturing EUV lithography: technology, performance, and power scaling», *Advanced Optical Technologies* 6, 173 (2017), DOI: 10.1515/aot-2017-0029.

J. Friedrich, «Methods for Bulk Growth of Inorganic Crystals: Crystal Growth», *Reference Module in Materials Science and Materials Engineering*, Elsevier, 2016, DOI: 10.1016/B978-0-12-803581-8.01010-9.

N. Fu, Y. Liu, X. Ma y Z. Chen, «EUV Lithography: State-of-the-Art Review», *Journal of Microelectronic Manufacturing*, 2, 19020202 (2019), DOI: 10.33079/jomm.19020202.

S. K. Gandhi, *VLSI fabrication Principles. Silicon and Gallium Arsenide*, 2.º ed., J. Wiley, New York, 1994.

J. V. Hermans, E. Hendrickx, D. Laidler, C. Jehoul, D. Van Den Heuvel y A.-M. Goethals, «Performance of the ASML EUV Alpha Demo Tool», *Proc. SPIE 7636*, Extreme Ultraviolet (EUV) Lithography, 76361L (22-3-2010), DOI: 10.1117/12.848210.

«IBM's development of copper interconnect for ICs», The Chip History Center, https://www.chiphistory.org/ibm-s-development-of-copper-interconnect-for-ics.

S. B. Inayat, A. P. Nayak, V. J. Logeeswaran y M. S. Islam, «Dry Etching Processes», B. Bhushan (ed.), *Encyclopedia of Nanotechnology*, Springer, Dordrech, 2015, DOI: 10.1007/978-94-007-6178-0_353-2.

G. S. May y C. J. Spanos, *Fundamentals of Semiconductor Manufacturing and Process Control*, John Wiley & Sons, 2006, DOI: 10.1002/0471790281.

J. D. Plummer y P. B. Griffin, «Integrated Circuit Fabrication. Science and Technology», Cambridge University Press, 2024.

«Semiconductor Clean Room Design Requirements», Air Innovations https://airinnovations.com/blog/semiconductor-clean-room-requirements/.

«Semiconductor Front-End Process Episode 6: Metallization Provides the Connections That Bring Semiconductors to Life», SKhynix Newsroom, 3-2023, https://news.skhynix.com/semiconductor-front-end-process-episode-6/.

«Semiconductor Solutions», MKS https://www.mks.com/s/semiconductor-solutions.

S. I. Shim, J. Jang y J. Song, «Trends and Future Challenges of 3D NAND Flash Memory», *IEEE International Memory Workshop (IMW)*, Monterey, CA, USA, 2023, pp. 1-4, DOI: 10.1109/IMW56887.2023.10145825.

Capítulo 7

Y.J. Chang *et al.*, «Virtual Metrology Technique for Semiconductor Manufacturing», *The 2006 IEEE International Joint Conference on Neural Network Proceedings*, Vancouver, BC, Canada, 2006, pp. 5289-5293, DOI: 10.1109/IJCNN.2006.247284.

R. H. Dennard, F. H. Gaensslen, *et al.*, «Design of ion-implanted MOSFET's with very small physical dimensions», *IEEE Journal of Solid-State Circuits* 9, 256 (1974), DOI: 10.1109/JSSC.1974.1050511.

«Emerging resilience in the Semiconductor Supply Chain», Semiconductor Industry Association. Final Report, 5-2024, https://www.semiconductors.org/emerging-resilience-in-the-semiconductor-supply-chain/.

«International Technology Roadmap for Semiconductors (ITRS)», Semiconductor Industry Association, 2015, https://www.semiconductors.org/resources/2015-international-technology-roadmap-for-semiconductors-itrs/.

D. James, «Moore's law continues into the 1x-nm era», *27th Annual SEMI Advanced Semiconductor Manufacturing Conference (ASMC)*, 5-2016, DOI: 10.1109/ASMC.2016.7491159.

A. Kelleher, «Moore's Law – Now and in the Future», Intel Report, https://www.intel.com/content/www/us/en/newsroom/opinion/moore-law-now-and-in-the-future.html.

P. Moorhead, «Intel updates IDM 2.0 Strategy with new Node naming and Transistor and packaging technologies», *Forbes*, 26-7-2021, https://www.forbes.com/sites/patrickmoorhead/2021/07/26/intel-updates-idm-2o-strategy-with-new-node-naming-and-technologies/.

B. Moyer, «Legacy process Nodes going strong», Semiconductor Engineering, 23-7-2024, https://semiengineering.com/legacy-process-nodes-going-strong/.

«Strengthening the Global Semiconductor Supply Chain in an Uncertain Era», Semiconductor Industry Association. Final Report, abril 2021. https://www.semiconductors.org/strengthening-the-global-semiconductor-supply-chain-in-an-uncertain-era/.

H. S. P. Wong *et al.*, «A Density Metric for Semiconductor Technology», *Proceedings of the IEEE* 108, 478 (2020). DOI: 10.1109/JPROC.2020.2981715.

Capítulo 8

M. Bigas, E. Cabruja, J. Forest y J. Salvi, «Review of CMOS image sensors» *Microelectronics Journal* 37, 433 (2006), DOI: 10.1016/j.mejo.2005.07.002.

«CCD vs. CMOS: Discovering the Tech Behind Today's Digital Sensors», Science Shot, https://www.scienceshot.com/post/cmos-vs-ccd-who-is-the-clear-winner.

«Introduction to Charge-Coupled Devices (CCDs)», MicroscopyU https://www.microscopyu.com/digital-imaging/introduction-to-charge-coupled-devices-ccds.

M. Shakeri *et al.*, «Advanced CMOS based image sensors», *Australian Journal of Basic and Applied Sciences* 6, 62 (2012), https://www.ajbasweb.com/old/ajbas/2012/July/62-72.pdf.

G. Smith, «The invention and early history of the CCD», *Nuclear Instruments and Methods in Physics Research* A607, 1 (2009), DOI:10.1016/j.nima.2009.03.233.

G. Smith «Willard Boyle (1924–2011). Physicist who helped invent the "eye of the digital camera"», *Nature* 474, 37 (2011), DOI: 10.1038/474037a.

K. D. Stefanov, *CMOS Image Sensors*, IOP Publishing, 2022.

R. Turchetta, K. R. Spring y M. W. Davidson, «Introduction to CMOS Image Sensors», Digital Imaging in Optical Microscopy https://micro.magnet.fsu.edu/primer/digitalimaging/cmosimagesensors.html.

«What is a CCD?», Spectral Instruments, https://specinstcameras.com/what-is-a-ccd/.

Capítulo 9

«All back contact solar cells», PV Manufacturing.org, https://pv-manufacturing.org/all-back-contact-solar-cells/.

G. Hedon, «Professor Martin Green. The father of solar cells», Pause Awards, 10-7-2022, https://www.pauseawards.com/professor-martin-green-the-father-of-solar-cells/.

I. Mártil, *Energía Solar. De la utopía a la esperanza*, Guillermo Escolar Editor, Madrid, 2020.

S. Martinuzzi, «Silicon Solar Cells, Crystalline», R. A. Meyers (ed.), *Encyclopedia of Sustainability Science and Technology*, Springer, New York, NY, 2012, DOI: 10.1007/978-1-4419-0851-3_461.

A. M. Nahhas, «Review of Recent Advances of Shading Effect on PV Solar Cells Generation», *Sustainable Energy* 8, 1 (2020), DOI:10.12691/rse-8-1-1.

J. Schmidt *et al.*, «Silicon surface passivation by ultrathin Al_2O_3 films and Al_2O_3/SiN_x stacks», *35th IEEE Photovoltaic Specialists Conference*, Honolulu, HI, USA, 2010, pp. 000885-000890. DOI: 10.1109/PVSC.2010.5614132.

I. Shaffiee, «TOPCon, a new buzzworld in solar, here is why», PSW Energy, 7-12-2021, https://pswenergy.com.au/topcon-solar-cell-technology/.

J. Stein *et al.*, «Bifacial Photovoltaic Modules and Systems: Experience and Results from International Research and Pilot Applications», IEA PVPS Task 13 Performance, Operation and Reliability of Photovoltaic Systems – Technical Report, 4-2021, https://iea-pvps.org/wp-content/uploads/2021/04/IEA-PVPS-T13-14_2021-Bifacial-Photovoltaic-Modules-and-Systems-report.pdf.

«What Is Heterojunction Technology (HJT) in the Solar Industry?», Kaneka, https://www.kanekaenergysolutions.com/what-is-heterojunction-technology-hjt-in-the-solar-industry/

3. BIBLIOGRAFÍA DE SEMICONDUCTORES COMPUESTOS
Capítulo 10

F. Capasso, «Band-Gap Engineering: From Physics and Materials to New Semiconductor Devices», *Science* 235, 172 (1987), DOI: 10.1126/science.235.4785.172.

«Compound semiconductors: Let there be light, speed and power», Cleanroom Technology, 26-6-2019, https://www.cleanroomtechnology.com/news/article_page/Compound_semiconductors_Let_there_be_light_speed_and_power/155772.

«Compound Semiconductor Market Outlook from 2024 to 2034», Future Markets Insigths, Inc., https://www.futuremarketinsights.com/reports/compound-semiconductor-market.

«Compound Semiconductor Market Size. Share and Trends 2024 to 2034», Precedence Research, https://www.precedenceresearch.com/compound-semiconductor-market.

J. W. Orton, *The Story of Semiconductors*, Oxford, 2009.

J. W. Orton, *Semiconductors and the Information Revolution: Magic Crystals that made IT Happen*, Academic Press, 2009.

P. H. Siegel y C. Mead, «Carver Mead: It's All About Thinking. A Personal Account Leading up to the First Microwave Transistor», *IEEE Journal of Microwaves* 1, 269 (2021), DOI: 10.1109/JMW.2020.3028277.

Capítulo 11

«50 years ago: How Holonyak won the race to invent visible LEDs», *MRS Bulletin* 37, 963 (2012), DOI: 10.1557/mrs.2012.262.

A. Baranov y E. Tournié (eds.), *Semiconductor Lasers. Fundamentals and Applications*, Woodhead Publishing Series in Electronic and Optical Materials, 2013.

A. Beléndez, «Una revolución para la óptica», *Métode* 67, 21 (2011), https://metode.es/revistas-metode/article-revistes/una-revolucion-para-la-optica.html.

J. Cho, J. H. Park, J. K. Kim y E. F. Schubert, «White light-emitting diodes: History, progress, and future», *Laser Photonics Rev.* 11, 1600147 (2017), DOI 10.1002/lpor.201600147

J.J. Coleman, «The development of the semiconductor laser diode after the first demonstration in 1962», *Semiconductor Science and Technology* 27, 090207 (2012), DOI: 10.1088/0268-1242/27/9/090207/meta.

M. G. Craford, R. D. Dupuis *et al.*, «50th Anniversary of the Light-Emitting Diode (LED): An Ultimate Lamp», *Proceedings of the IEEE* 101, 2154 (2013), DOI: 10.1109/JPROC.2013.2274908.

D. Feezeil y S. Nakamura, «Invention, development, and status of the blue light-emitting diode, the enabler of solid-state lighting», *Comptes Rendus Physique* 19, 113 (2018), DOI: 10.1016/j.crhy.2017.12.001.

O. V. Lossev, «CII. Luminous carborundum detector and detection effect and oscillations with crystals», *The London, Edinburgh, and Dublin Philosophical Magazine and Journal of Science* 6, 1024, (1928). DOI: 10.1080/14786441108564683.

T. H. Maiman, «Stimulated Optical Radiation in Ruby», *Nature* 187, 493 (1960), DOI: 10.1038/187493a0.

S. Nakamura, Nobel lecture: «Background story of the invention of efficient blue InGaN light emitting diodes», *Rev. Mod. Phys.* 87, 1139 (2015), DOI: 10.1103/RevModPhys.87.1139.

«S. Nakamura: Inventor of the High Brightness Blue LED (light emitting diode)», Radiant History, https://radianthistory.com/shuji-nakamura-inventor-of-the-high-brightness-blue-led-light-emitting-diode/.

G. Purohit «Overview of Lasers», Applied Innovative Research 2, 193 (2020) https://www.researchgate.net/publication/348574808_Overview _of_Lasers.

C. Woodford, «Semiconductor diode lasers», Explain that Stuff, 26-7-2023, https://www.explainthatstuff.com/semiconductorlaserdiodes.html).

C. Woodford, «Lasers», Explain that Stuff, 9-9-2023, https://www.explainthatstuff.com/lasers.html.

D. Zhu y C. J. Humphreys, «Solid-State Lighting Based on Light Emitting Diode Technology», Al-Amri, M., El-Gomati, M., Zubairy, M. (eds), *Optics in Our Time*, Springer, Cham., DOI: 10.1007/978-3-319-31903-2_5.

Capítulo 12

«Infrared Detectors», NASA https://science.nasa.gov/mission/webb/infrared-detectors/.

«Infrared homing», Wikipedia, https://en.wikipedia.org/wiki/Infrared_homing.

«Missile Countermeasures», Aerospaceweb.org https://aerospaceweb.org/question/electronics/q0191.shtml.

«Overcoming Precision-Guided Munitions, Sensing Challenges», Excelitas Technologies, 1-12-2016, https://www.excelitas.com/editorials/overcoming-precision-guided-munitions-sensing-challenges.

A. Rogalski, *Infrared Detectors*, CRC Press, 2.ª ed., 2010.

A. Rogalski, «History of infrared detectors», *Opto-Electron. Rev.* 20, 279 (2012). DOI: 10.2478/s11772-012-0037-7.

S. Y. Siew *et al.*, «Review of Silicon Photonics Technology and Platform Development», *Journal of Lightwave Technology* 39, 4374 (2021), DOI: 10.1109/JLT.2021.3066203.

S. Wills, «Marvelous MIRI», Optics and Photonic News, 33, april 2022, https://www.optica-opn.org/home/articles/volume_33/april_2022/features/marvelous_miri/.

Capítulo 13

E. Aydin *et al.*, «Interplay between temperature and bandgap energies on the outdoor performance of perovskite/silicon tandem solar cells», *Nature Energy* 5, 851 (2020). DOI: 10.1038/s41560-020-00687-4.

J. F. Geisz *et al.*, «Six-junction III–V solar cells with 47.1% conversion efficiency under 143 Suns concentration», *Nature Energy* 5 326 (2020), DOI: 10.1038/s41560-020-0598-5.

Y. Hou *et al.*, «Efficient tandem solar cells with solution-processed perovskite on textured crystalline silicon», *Science* 367, 1135 (2020), DOI: 10.1126/science.aaz3691.

M. Jošt, L. Kegelmann, L. Korte y S. Albrecht, «Monolithic Perovskite Tandem Solar Cells: A Review of the Present Status and Advanced Characterization Methods Toward 30% Efficiency», *Advanced Energy Materials* 10, 1904102 (2020), DOI: 10.1002/aenm.201904102.

A. Kojima, K. Teshima, Y. Shirai y T. Miyasaka, «Organometal Halide Perovskites as Visible-Light Sensitizers for Photovoltaic Cells», *Journal of the American Chemical Society* 131, 6050 (2009), DOI: 10.1021/ja809598r.

J. Liu *et al.*, «Perovskite/silicon tandem solar cells with bilayer interface passivation», *Nature* 633 (2024), DOI:10.1038/s41586-024-07997-7.

A. Maalouf, T. Okoroafor, Z. Jehl, V. Babu y S. Resalati, «A comprehensive review on life cycle assessment of commercial and emerging thin-film solar cell systems», *Renewable and Sustainable Energy Reviews* 186, 113652 (2023), DOI: 10.1016/j.rser.2023.113652.

N. L. Muttumthala y A. Yadav, «A concise overview of thin film photovoltaics», *Materials Today Proceedings* 64, 1475 (2022), DOI: 10.1016/j.matpr.2022.04.862.

Capítulo 14

R. Adappa, K. Suryanarayana, H. S. Hatwar y M. R. Rao, «Review of SiC based Power Semiconductor Devices and their Applications», *2nd International Conference on Intelligent Computing, Instrumentation and Control Technologies (ICICICT)*, Kannur, India, 2019, pp. 1197-1202, DOI: 10.1109/ICICICT46008.2019.8993255.

B. J. Baliga, «Power semiconductor device figure of merit for high-frequency applications», *IEEE Electron Device Letters* 10, 455 (1989), DOI: 10.1109/55.43098.

M. Buffolo *et al.*, «Review and Outlook on GaN and SiC Power Devices: Industrial State-of-the-Art, Applications, and Perspectives», *IEEE Transactions on Electron Devices* 71, 1344 (2024), DOI: 10.1109/TED.2023.3346369.

H. Cheng *et al.*, «Integrated multifunctional power converter for small electric vehicles», *J. Power Electron.* 21, 1633 (2021), DOI: 10.1007/s43236-021-00308-7.

«GaN vs. SiC Transistors», OnSemi.com, Power Electronics News, 16-11-2021 https://www.powerelectronicsnews.com/the-difference-between-gan-and-sic-transistors/.

L.-H. Hsu *et al.*, «Development of GaN HEMTs Fabricated on Silicon, Silicon-on-Insulator, and Engineered Substrates and the Heterogeneous Integration», *Micromachines* 12, 1159 (2021), DOI: 10.3390/mi12101159.

N. J. Kolias, «MMIC pioneers: A historical review of MMIC development at Raytheon», *IEEE MTT-S International Microwave Symposium Digest*, Boston, MA, USA, 2009, pp. 1405-1408, DOI: 10.1109/MWSYM.2009.5165969.

C. Langpoklakpam *et al.*, «Review of Silicon Carbide Processing for Power MOSFET», *Crystals* 12, 245 (2022), DOI: 10.3390/cryst12020245.

H. Lu *et al.*, «A review of GaN RF devices and power amplifiers for 5G communication applications», *Fundamental Research* 5, 315 (2025), DOI: 10.1016/j.fmre.2023.11.005.

R. S. Pengelly y J. A. Turner, «Monolithic broadband GaAs FET. amplifiers», *Electronics Letters* 12, 251 (1976), DOI:10.1049/EL:19760193.

C. Poole y I. Darwazeh, «Cap 12-Microwave transistors and MMICs», *Microwave Active Circuit Analysis and Design*, Academic Press Inc, 2015, DOI: 10.1016/B978-0-12-407823-9.00012-3.

X. Tong, S. Zhang, P. Zheng, J. Xu y X. Shi, «18–31 GHz GaN MMIC LNA using a 0.1 um T-gate HEMT process», *22nd International Microwave and Radar Conference (MIKON)* (2018), 500-503. DOI:10.23919/MIKON.2018.8405269.

A. Udabe, I. Baraia-Etxaburu y D. G. Diez, «Gallium Nitride Power Devices:

A State-of-the-Art Review», *IEEE Access*, 11, 48628 (2023), DOI: 10.1109/ ACCESS.2023.3277200.

Y. Zhang «The Application of Third Generation Semiconductor in Power Industry», *E3S Web of Conferences* 198, 04011 (2020), DOI: 10.1051/ e3sconf/202019804011.

Finalmente, muestro las referencias principales del último capítulo del libro (el 15) y del Apéndice. En estos dos casos, las referencias señaladas abarcan a todos los semiconductores, sin distinción entre silicio y/o semiconductores compuestos

Capítulo 15

L. Colombo *et al.*, «Future Materials for Beyond Si Integrated Circuits: A Perspective», *IEEE Transactions on Materials for Electron Devices* 1, 178 (2024), DOI: 10.1109/TMAT.2024.3497835.

E. Conway, *Material World. Arena, sal, acero, cobre, petróleo y litio. Construyeron el mundo. Transformarán el futuro*, Península, Barcelona, 2024.

«Emerging resilience in the Semiconductor Supply Chain», Semiconductor Industry Association. Final Report, 5-2024, https://www.semiconductors. org/emerging-resilience-in-the-semiconductor-supply-chain/.

C. Miller, *La guerra de los chips: La gran lucha por el dominio mundial*, Península, Barcelona, 2023.

J. Overstreet, «EWT: Taiwan Has Too Much Geopolitical And Tech Risk», Seeking Alpha, 9-8-2022, https://seekingalpha.com/article /4531818-ewt-taiwan-has-too-much-geopolitical-and-tech-risk.

S. I. Shim, J. Jang y J. Song, «Trends and Future Challenges of 3D NAND Flash Memory», *IEEE International Memory Workshop (IMW)*, Monterey, CA, USA, 2023, pp. 1-4, DOI: 10.1109/IMW56887.2023.10145825.

R. Shirota, «3D-NAND Flash memory and technology», *Advances in Non-Volatile Memory and Storage Technology*, 2.ª ed., B. Magyari-Köpe y Y. Nishi (eds.), Elsevier, 2019, DOI:10.1016/B978-0-08-102584-0.00009-7.

«Strengthening the Global Semiconductor Supply Chain in an Uncertain Era», Semiconductor Industry Association. Final Report, abril 2021, https://www.semiconductors.org/strengthening-the-global-semico nductor-supply-chain-in-an-uncertain-era/.

R. Toews «The Geopolitics Of AI Chips Will Define The Future Of AI» Forbes, 7-5-2023, https://www.forbes.com/sites/robtoews/2023/05/07/the-geopo litics-of-ai-chips-will-define-the-future-of-ai/.

«Understanding the Semiconductor Value Chain: Key Players & Dynamics»

Quartr.com, 5-10-2023, https://quartr.com/insights/company-research/ understanding-the-semiconductor-value-chain-key-players-and-dynamics.

Apéndice

P. Bhattacharya, R. Fornari y H. Kamimu (eds.), *Comprehensive Semiconductor Science and Technology*, Elsevier, 2011.

R. H. Bube, *Electrons in Solids. An Introductory Survey*, 3.ª ed., Academic Press, Boston, 1992.

M. Evstigneev, *Introduction to Semiconductor Physics and Devices*, Springer Cham, 2022.

A. Rockett, «The Materials Science of Semiconductors», Springer, 2007.

Índice